全国中医药行业中等职业教育"十二五"规划教材

无机与分析化学基础

（供中药、中药制药、药学、医学检验等专业用）

主　编　闫冬良（南阳医学高等专科学校）
副主编　李　春（江苏省南通卫生高等职业技术学校）
　　　　邹春阳（辽宁医药职业学院）
编　者　（按姓氏笔画排序）
　　　　刘　乐（北京市实验职业学校）
　　　　孙丽花（郑州市卫生学校）
　　　　李　强（安阳职业技术学院医药卫生学院）
　　　　李文艳（曲阜中医药学校）
　　　　李明月（南阳医学高等专科学校）
　　　　陈炳湘（广东省湛江卫生学校）
　　　　赵迎晖（黑龙江省中医药学校）

中国中医药出版社
·北　京·

图书在版编目（CIP）数据

无机与分析化学基础/闫冬良主编 . —北京：中国中医药出版社，2015.8（2022.1 重印）
全国中医药行业中等职业教育"十二五"规划教材
ISBN 978 - 7 - 5132 - 2511 - 3

Ⅰ . ①无…　Ⅱ . ①闫…　Ⅲ . ①无机化学 - 中等专业学校 - 教材②分析化学 - 中等专业学校 - 教材　Ⅳ . ①O61②O65

中国版本图书馆 CIP 数据核字（2015）第 110513 号

中 国 中 医 药 出 版 社 出 版
北京经济技术开发区科创十三街31号院二区8号楼
邮政编码　100176
传真　010-64405721
三河市同力彩印有限公司印刷
各地新华书店经销

＊

开本 787 × 1092　1/16　印张 19.75　字数 441 千字
2015 年 8 月第 1 版　2022 年 1 月第 4 次印刷
书　号　ISBN 978 - 7 - 5132 - 2511 - 3

＊

定价　56.00 元
网址　www.cptcm.com

如有印装质量问题请与本社出版部调换
版权专有　侵权必究
服务热线　010-64405510
购书热线　010-89535836
微信服务号　zgzyycbs
微商城网址　https://kdt.im/LIdUGr
官方微博　http：//e.weibo.com/cptcm
天猫旗舰店网址　http：//zgzyycbs.tmall.com

全国中医药职业教育教学指导委员会

主 任 委 员 卢国慧（国家中医药管理局人事教育司司长）

副主任委员 赵国胜（安徽中医药高等专科学校校长）

张立祥（山东中医药高等专科学校校长）

姜德民（甘肃省中医学校校长）

王国辰（中国中医药出版社社长）

委 员（以姓氏笔画为序）

王义祁（安徽中医药高等专科学校党委副书记）

王秀兰（上海中医药大学医学技术学院院长）

卞 瑶（云南中医学院职业技术学院院长）

方家选（南阳医学高等专科学校校长）

孔令俭（曲阜中医药学校校长）

叶正良（天士力控股集团有限公司生产制造事业群首席执行官）

包武晓（呼伦贝尔职业技术学院蒙医蒙药系副主任）

冯居秦（西安海棠职业学院院长）

尼玛次仁（西藏藏医学院院长）

吕文亮（湖北中医药高等专科学校校长）

刘 勇（成都中医药大学峨眉学院院长、四川省食品药品学校校长）

李 刚（亳州中药科技学校校长）

李 铭（保山中医药高等专科学校校长）

李伏君（株洲千金药业股份有限公司副总经理）

李灿东（福建中医药大学副校长）

李建民（黑龙江中医药大学佳木斯学院院长）

李景儒（黑龙江省中医药学校校长）

杨佳琦（杭州市拱墅区米市巷街道社区卫生服务中心主任）

吾布力·吐尔地（新疆维吾尔医学专科学校药学系主任）

吴 彬（广西中医学校校长）

宋利华（连云港中医药高等职业技术学校党委书记）

迟江波（烟台渤海制药集团有限公司总裁）

张美林（成都中医药大学附属医院针灸学校党委书记、副校长）

张登山（邢台医学高等专科学校教授）

张震云（山西药科职业学院副院长）

陈　燕（湖南中医药大学护理学院院长）

陈玉奇（沈阳市中医药学校校长）

陈令轩（国家中医药管理局人事教育司综合协调处副主任科员）

周忠民（渭南职业技术学院党委副书记）

胡志方（江西中医药高等专科学校校长）

徐家正（海口市中医药学校校长）

凌　娅（江苏康缘药业股份有限公司副董事长）

郭争鸣（湖南中医药高等专科学校校长）

郭桂明（北京中医医院药学部主任）

唐家奇（湛江中医学校校长、党委书记）

曹世奎（长春中医药大学职业技术学院院长）

龚晋文（山西职工医学院/山西省中医学校党委副书记）

董维春（北京卫生职业学院党委书记、副院长）

谭　工（重庆三峡医药高等专科学校副校长）

潘年松（遵义医药高等专科学校副校长）

秘　书　长　周景玉（国家中医药管理局人事教育司综合协调处副处长）

前　言

中医药职业教育是我国现代职业教育体系的重要组成部分，肩负着培养中医药多样化人才、传承中医药技术技能、推动中医药事业科学发展的重要职责。教育要发展，教材是根本，是提高教育教学质量的重要保证，是人才培养的重要基础。为贯彻落实习近平总书记关于加快发展现代职业教育的重要指示精神和《国家中长期教育改革和发展规划纲要（2010—2020 年)》，国家中医药管理局教材办公室、全国中医药职业教育教学指导委员会紧密结合中医药职业教育特点，适应中医药中等职业教育的教学发展需求，突出中医药中等职业教育的特色，组织完成了"全国中医药行业中等职业教育'十二五'规划教材"建设工作。

作为全国唯一的中医药行业中等职业教育规划教材，本版教材按照"政府指导、学会主办、院校联办、出版社协办"的运作机制，于 2013 年启动编写工作。通过广泛调研、全国范围遴选主编，组建了一支由全国 60 余所中高等中医药院校及相关医院、医药企业等单位组成的联合编写队伍，先后经过主编会议、编委会议、定稿会议等多轮研究论证，在 400 余位编者的共同努力下，历时一年半时间，完成了 36 种规划教材的编写。本套教材由中国中医药出版社出版，供全国中等职业教育学校中医、中医护理、中医康复保健、中药和中药制药等 5 个专业使用。

本套教材具有以下特色：

1. 注重把握培养方向，坚持以就业为导向、以能力为本位、以岗位需求为标准的原则，紧扣培养一线技能型、服务型高素质劳动者的目标进行编写，体现"工学结合"的人才培养模式。

2. 注重中医药职业教育的特点，以教育部新的教学指导意见为纲领，贴近学生、贴近岗位、贴近社会，体现教材针对性、适用性及实用性，符合中医药中等职业教育教学实际。

3. 注重强化精品意识，从教材内容结构、知识点、规范化、标准化、编写技巧、语言文字等方面加以改革，具备"精品教材"特质。

4. 注重教材内容与教学大纲的统一，涵盖资格考试全部内容及所有考试要求的知识点，满足学生获得"双证书"及相关工作岗位需求，有利于促进学生就业。

5. 注重创新教材呈现形式，版式设计新颖、活泼，图文并茂，配有网络教学大纲指导教与学（相关内容可在中国中医药出版社网站 www.cptcm.com 下载)，符合中等职业学校学生认知规律及特点，有利于增强学生的学习兴趣。

本版教材的组织编写得到了国家中医药管理局的精心指导、全国中医药中等职业教育学校的大力支持、相关专家和教材编写团队的辛勤付出，保证了教材质量，提升了教材水平，在此表示诚挚的谢意！

我们衷心希望本版规划教材能在相关课程的教学中发挥积极的作用，通过教学实践的检验不断改进和完善。敬请各教学单位、教学人员及广大学生多提宝贵意见，以便再版时予以修正，提升教材质量。

国家中医药管理局教材办公室

全国中医药职业教育教学指导委员会

中国中医药出版社

2015 年 4 月

编写说明

　　《无机与分析化学基础》是"全国中医药行业中等职业教育'十二五'规划教材"之一。本教材是依据习近平总书记关于加快发展现代职业教育的重要指示和《国家中长期教育改革和发展规划纲要（2010—2020 年）》精神，为适应中医药中等职业教育的教学发展要求，突出中医药中等职业教育的特色，由全国中医药职业教育教学指导委员会、国家中医药管理局教材办公室统一规划、宏观指导，中国中医药出版社具体组织，全国中医药高职和中职教育院校联合编写，供中医药中等职业教育教学使用的教材。

　　本教材力求职业教育专业设置与产业需求、课程内容与职业标准、教学过程与生产过程"三对接"，"崇尚一技之长"，提升人才培养质量，做到学以致用。教材编写强化质量意识、精品意识，以学生为中心，以"三对接"为宗旨，突出思想性、科学性、实用性、启发性、教学适用性，在教材内容结构、知识点、规范化、标准化、编写技巧、语言文字等方面加以改革，从整体上提高教材质量，力求编写出"精品教材"。

　　本教材的读者对象主要是中医药中等职业学校中药、中药制药、药学和医学检验等专业的在校学生，本教材也可以作为相关人员的参考资料。

　　本教材在编写过程中，本着"必需、够用"的原则和"以应用为主旨"的教学思想，从中职教育的实际出发，以初中化学知识为起点，简明扼要地介绍有关的知识、理论和技能，坚持以利于学生学习为出发点、以服务人才培养为目标、以提高教材质量为核心，力求体现教育教学改革和教材改革的新成果，深化教材改革，力求发挥教材在提高人才培养质量中的基础性作用，最大程度地满足中医药中等职业教育教学的实际需要，精心选择了无机化学和分析化学的基础知识、基本理论、基本技能。无机化学部分主要介绍物质结构、重要元素及其化合物、物质的量、分散系、化学反应速度和化学平衡、电解质溶液等；分析化学部分主要介绍定量分析的误差和有效数字、称量工具、滴定分析法、直接电位法、紫外 - 可见分光光度法、色谱法基础等。全书分为 17 章，书后有 23 个实验项目，还有必要的附录，力争为学生学习后续课程、适应工作岗位或进一步学习深造奠定基础。本教材主要有下列几个特点：

　　1. 以初中化学知识作为基础，使之既源于初中又高于初中，既有利于初中与中职知识的衔接，又有利于化学与专业知识的衔接，便于中医药中职学生更顺利地学习新课程。

　　2. 力求实用为先、够用为度，兼顾知识的先进性和技术的实用性，贴近岗位，贴近社会，着力培养和提高学生的专业知识、实践技能和思维能力，引导学生养成严谨的科学态度。

　　3. 每章开篇列出了"学习要点"，正文中以"知识链接"的形式介绍相关的基础知识，以"视域拓展"的形式介绍相关知识的提升，以"课堂互动"的形式强化重点知识，力争使之成为"教师好教、学生好学"的中职教材。

　　鉴于本教材涉及无机化学和分析化学两大部分，建议安排教学 144 学时，其中理论教学 98 学时，实验教学 46 学时。在使用本教材时，各校可根据课程要求、实验基础条件等具体情况进行适当调整。

本教材由闫冬良统稿。具体分工如下：闫冬良编写第一章、第十章、第十五章和附录，参编第七章；赵迎晖编写第二章；孙丽花编写第五章；李文艳编写第六章；李春编写第八章、第九章和第十六章，参编第十一章；邹春阳编写第十二章和第十七章，参编第四章；李明月编写第十三章和第十四章，参编第三章；李强参编第三章和第四章；陈炳湘参编第七章；刘乐参编第十一章。各位编者还编写了与理论知识相应的实验指导。

本教材从立项到出版，得到了中国中医药出版社领导的热情关怀，同时也得到各位编委所在院校领导和老师的大力支持和帮助，在此一并致以衷心感谢！

由于编者的理论水平和实践经验都很有限，书中难免存在不足，恳请专家和读者提出宝贵意见，以便再版时修订提高。

《无机与分析化学基础》编委会
2015 年 6 月

目　录

第一章 绪 论

📖 学习要点

1. 基本概念：化学；无机化学；分析化学；高分子。
2. 基本理论：化学变化的基本特征。
3. 基本知识：化学的研究对象；化学的学科分支。
4. 基本技能：《无机与分析化学基础》的学习方法。

世界是由物质组成的，物质处于不停的运动和变化之中。物质的变化包括化学变化和物理变化两种形式。人类在认识和改造物质世界的实践过程中，不断积累经验，逐步总结规律，慢慢深化认识，反过来，用这些经验、规律和认识来指导实践活动，从而形成了两门自然科学，即物理和化学，它们都是历史悠久而又富有活力的科学，也是人们认识和改造物质世界的主要方法和手段之一，它们的成就促进了人类进步和社会发展。

第一节 化学及其基本内容

一、化学的研究对象

化学是在分子、原子、离子等层次上研究物质的组成、结构、性质、变化规律以及在变化过程中能量关系的一门自然科学。

1. 研究物质的组成 目前发现的元素有 112 种，它们以不同的质（元素的种类）和量（元素质量之比）组成了无数种类的物质，其中，有上千万种已经被人类认识。可以说，元素是物质的成分，物质是元素的存在形式。这里讲的物质特指单一成分，如水、二氧化碳等；其他学科讲的物质的内涵比较多，除单一成分之外，还有混合成分，如生理盐水、如空气等，甚至还有其他形式，如磁场、电场等，学习时应注意区分。

2. 研究物质的结构 物质的组成是宏观的，物质的结构则是微观的。从对物质的宏观认识深化到对物质的微观认识，是化学科学的一个重要进展和现代化标志，也是人类认识水平的一个飞跃。物质的结构决定物质的性质，例如，铅笔芯和钻戒的组成相同，都是由碳元素组成的，但二者的性质、用途、价格却相差悬殊，其原因是二者的结构不同。

3. 研究物质的性质 医护工作者常常给危重病人输氧气，为什么不输氢气呢？原因是氧气和氢气的性质不同，用途也不同。物质的性质包括宏观的物理性质和微观的化学性质，研究前者是认识物质的起点，研究后者是揭示物质本性的必由之路。所以，化学对物质性质的研究主要聚焦于它们的化学性质。

4. 研究物质的变化及其规律 物质的变化与物质的组成、结构、性质紧密相关，也可以认为物质的变化是物质的组成、结构和性质的集中体现。因此，化学研究的重点之一是物质的化学变化及其规律。例如，金属铁在潮湿的空气中很容易生锈，经过研究知道，铁与氧气发生了一系列复杂的化学变化，其他金属是否有同样的化学变化呢？需要研究物质变化的规律。

化学变化在一定条件下定量进行，服从质量守恒定律（又称物质不灭定律）。在化学反应前后，物质的结构或存在形态发生了改变，但组成物质的原子种类没有改变，原子数目没有增减，因此，反应物分子的总质量等于生成物分子的总质量。换句话说，参加反应的各物质的质量总和等于反应后生成的各物质的质量总和，这一规律称为质量守恒定律，这是自然界普遍存在的基本定律之一，也是我们依据化学反应方程式进行定量计算的理论基础。

5. 研究物质变化中的能量关系 在物质变化的过程中，常常伴有能量的变化，这种变化常常表现为吸热——温度降低，或放热——温度升高，或吸光、发光，或需要输入电能，或输出电能等。例如，浓硫酸溶于水时强烈放热，燃料燃烧时强烈放热、放光等。再如，电池放电时输出的电能就是某些物质发生化学变化的结果。化学仅研究化学变化过程中的能量关系。

在化学变化过程中，能量变化服从能量守恒定律。能量既不会凭空产生，也不会凭空消失，它只能从一种形式转化为另一种形式，或者从一个物体转移到其他物体，而能量的总量保持不变，这一规律称为能量守恒定律，这同样是自然界普遍存在的基本定律之一，也是我们依据化学反应前后的能量关系进行定量计算的理论基础。

二、化学变化的基本特征

化学变化是"质变"的过程。在化学反应中，反应物分子的化学键断裂而形成生成物分子的化学键，产生了新的物质，常常表现为颜色有改变，或放出气体，或沉淀生成、溶解等。这种"旧""新"更替的过程，有时可以在瞬间完成，如酸碱中和反应、炸药爆炸等；有时却要经历较长或漫长的时间，如食用油的腐败变质、石油的形成等。化学变化必须在一定条件（温度、浓度、催化剂、压力等）下才能完成，如氢气和氮气混合，在高温、高压和催化剂条件下合成氨；又如二氧化氮与四氧化二氮的混合体系，加压或适当降低温度时有利于生成四氧化二氮，混合物的颜色变浅，减压或适当升高温度时有利于生成二氧化氮，混合物的颜色变深。

三、化学的学科分支

按照研究物质化学运动的对象和方法不同，通常将化学分为如下几个最基本的学科分支。

1. 无机化学 是研究无机物质的组成、结构、性质、变化规律及其应用的科学。也就是说，无机化学是除碳氢化合物及其衍生物外，对所有元素及其化合物的组成、结构、性质、变化规律及其应用进行实验研究和理论解释的科学，是化学学科中发展最早的一个分支。

2. 有机化学 是研究有机化合物（碳氢化合物及其衍生物）的来源、制备、结构、性质、相互作用规律、应用以及有关理论的科学。有机化学可以看作是研究碳氢化合物及其衍生物的科学，专门揭示构成物质世界的各类有机化合物的结构、有机分子中各原子之间键合的本质、有机分子之间相互转化的规律，从而设计合成大量具有特定性质的有机化合物。有机化合物和无机化合物之间没有绝对的分界，二者在一定条件下可以相互转化。

3. 分析化学 是研究物质组成（离子、元素、官能团或化合物）及其相对含量、物质结构及存在形态等化学信息的方法、原理和实验技术的科学。对物质进行研究，不仅需要确定物质的组成及其含量，还需要确定物质分子中原子的排列顺序和方式，也就是说，分析化学研究的是分离、分析的方法及其理论和技术，是化学学科的一个重要分支。

4. 物理化学 是利用数学、物理学等基础科学的理论和实验手段，研究化学体系的性质和行为，探索、归纳化学体系最一般的宏观、微观规律和理论的科学。物理化学是在物理学和化学两大学科基础上发展起来的，是化学学科的理论基础和重要分支，其内容与物理学、无机化学、有机化学的界限难以准确划分，其发展水平大致反映化学学科发展的深度。

5. 高分子化学与物理 是研究高分子结构及化学、物理性质的科学。高分子化学与物理成为一门科学的时间并不长，但发展非常迅速，是近代化学新兴的学科分支。

知识链接

高 分 子

高分子又称聚合物分子或大分子，是指分子量大于 1 万的化合物，其分子结构由许多个简单的结构单元通过共价键重复连接而成，如聚氯乙烯、蛋白质、核酸等。人类与高分子密切相关，自然界的动植物，包括人体本身，就是以高分子为主要成分而构成的。人们很早就开始用高分子作原料来制造生产工具和生活资料，随着科技进步，越来越离不开高分子了。

四、化学与其他学科的关系

化学是一门基础学科，与其他学科的关系非常密切。近年来，化学与其他学科迅速交叉渗透，产生了很多边缘学科，如药物化学、生物化学、食品化学、能源化学、环境化学、材料化学、地球化学、宇宙化学、海洋化学、大气化学等等，促使相关领域的科学技术迅猛发展，对国民经济的各个领域和人们的衣、食、住、行都产生了深刻影响。从某种意义上讲，化学是人类社会迫切需要的实用科学。反过来，其他学科的发展能够为化学研究提供更加先进的技术手段，把化学研究引向更深的层次，并为化学的发展开拓了更为广阔的前景。

针对中医药来讲，中药专业开设的天然药物化学、中药化学、药品检测技术、波谱解析、中药研究技术与方法、中药制剂、药用辅料、中药炮制等课程，都需要用化学的知识、理论和实验技术来支撑。当前，亟待加快"中药研究"迈向实验实证、科学精确的步伐，加强中药的深入研究和开发利用，我们必须掌握一定的化学知识、理论和实验技术。

第二节　无机与分析化学的基本内容和作用

一、无机与分析化学的基本内容

无机与分析化学基础是为了适应中职中药和药剂专业教育改革的需要，将本专业所需要的无机化学和分析化学基础知识融合起来而形成的一门课程，其主要内容包括：

1. 物质结构和重要金属及非金属元素的基础知识。
2. 化学平衡和溶液的基础知识和理论。
3. 水溶液滴定分析的基础知识和基本技能。
4. 电化学分析的基础知识和方法。
5. 光学分析的基础理论和方法。
6. 色谱分析的基础知识和方法。

二、无机与分析化学的作用

无机化学和分析化学都是非常重要的自然科学，对化学学科自身、其他学科、国民经济诸领域的发展具有不可替代的作用。

中等职业教育教材《无机与分析化学基础》是以初中化学知识为起点、与中等职业教育中药和药学专业知识相衔接的一门专业基础课。通过学习物质结构的基础知识，引导学生认识物质的微观构成；通过学习重要金属及非金属元素的基本知识，深化对物质微观结构的认识，初步理解物质结构决定物质性质的基本理论；通过学习物质的量和溶液的浓度，初步了解物质的计量和表征方法，建立"量"的概念；通过学习化学反应速度和化学平衡的基本理论，深化对化学反应是一个"过程"的认识；通过学习电解质溶液的基础知识和理论，初步了解物质在水溶液中的行为及溶液的某些性质；通过学习滴定分析法、直接电位法、紫外可见分光光度法和经典色谱法的基础知识和理论，初步了解分离、检测物质组分的手段和方法，进一步树立"量"的概念；通过各个实验项目的训练，提高实践操作技能，初步养成科学严谨的工作态度和习惯。

我们知道，中药或天然药物中的化学成分十分复杂，为了科学地研究和应用其中的有效成分，必须将它们从药材中提取、分离出来，并鉴定其成分、测定其含量。完成这些工作的每个环节，构成了对中药或天然药物的化学成分去其糟粕、取其精华的过程，也是采取必要的手段和方法，研究中药或天然药物化学成分、寻找具有生理活性部位的重要步骤。

总之，无机与分析化学可以培养学生由宏观到微观的思维能力，训练学生由理论到实践的操作技能，从而优化学生的知识结构，提高学生的操作技能，为学习中药知识和研究中药有效成分奠定基础。

第三节　无机与分析化学的学习方法

无机与分析化学基础是一门实践性很强的课程，其内容多、课时少，因此，要有一套行之有效的学习方法。在学习理论的同时，还要认真上好实验课，做到理论联系实际。反过来，通过实践技能的训练，能够加深对理论知识的理解，对理论课的学习更加有利。

一、理论学习

学习理论课，应把握如下学习环节。

1. 课前认真预习　做好预习的意义在于提前了解老师要讲的内容，自己理出重难点，做到心中有数，在课堂上就能够紧跟老师的讲授思路，有针对性地突破自己的重难点，从而增强学习效果，更为重要的是能够有效培养和提高自己的自学能力。

2. 课堂专心听讲　进入中专以后，老师授课的节奏都很快，学生一旦分散注意力，就很难再跟上老师的思路，造成理解上困难，因此，要确保在课堂上有充足的精力和积极灵活的思维专心听讲，并做好课堂笔记。

3. 课下及时复习　在学完每个章节后，应再次阅读教科书和课堂笔记，认真复习主要内容以及自己认为的重难点和重要的解题思路，及时巩固学习成果。通过复习，正确理解并牢固掌握基本概念、基础理论、基本知识和基本研究方法，逐步认识知识的条件性和局限性，深入认识化学变化的基本规律和知识的连续性。学会分层次（掌握、熟悉、了解）学习，学会理论联系实际。如学习元素部分知识时，要以元素周期律为基础，以原子结构为中心，再从性质理解物质存在、制法、保存、检验和用途等内容，使知识既主次分明，又系统条理；再如，学习滴定分析知识时，要理出一条主线，即滴定反应、滴定条件、指示剂、指示剂的变色原理、滴定终点的显示（指示剂变色或者电位突跃）、化学计量关系、滴定计算等，使知识既经纬清楚，又共性个性突出。

4. 独立完成作业　通过独立解答老师布置的习题，可以检验学习效果，此不赘述。

5. 主动与他人讨论　一般情况下，老师上完课后，大家都各自忙碌去了，老师没有过多的监督，同学之间没有过多的敦促，缺乏彼此对学术问题的探讨。但是，对于不懂的问题，一定要及时主动地向老师请教、跟同学探讨、查阅参考书籍，确保消除在学习过程中出现的"夹生饭"。

二、实践训练

通过实验课的实践训练，可以提高实践操作技能，还可以深化对理论知识的理解和巩固，实现从感性认识上升到理性认识的飞跃。上好实验课，获得良好的实践训练效果，应该把握如下几个环节：

1. 课前预习　重点把握实验基本内容和原理，了解实验所用的主要仪器和试剂，熟悉实验的关键步骤和注意事项等。

2. 规范操作　这是实践训练的重点。在整个实验过程中，要服从老师安排，遵守实验室规则，严格按照操作规程行事，认真观察、准确记录实验现象和数据等。要注意提高动手能力、观察能力和总结能力，着力培养实事求是、客观严谨的工作作风。切忌动用与实验项目无关的物品及试验自己临时起意的项目，以免损坏仪器或造成危险。

3. 撰写实验报告　实验结束后，应对实验过程认真分析，归纳总结，做好数据处理，报告实验结果，解答思考题，上交一份完整的实验报告。

总而言之，学习无机与分析化学基础这门课程，要逐步养成良好的学习习惯，培养和提高自学能力，不断强化学习效果，力争为后续课程的学习打下坚实的基础。

同 步 训 练

一、单选题

1. 化学的研究对象不包括（　　　）
   A. 物质的结构　　　B. 物理变化规律　　　C. 化学变化规律　　　D. 物质的性质
2. 无机化学的研究对象主要是（　　　）
   A. 碳氢化合物及其衍生物　　　　　　B. 高分子化合物
   C. 碳氢化合物及其衍生物除外的物质　　D. 生物体外的物质
3. 分析化学的研究对象主要是（　　　）
   A. 分析方法　　　B. 物质的性质　　　C. 无机化合物　　　D. 有机化合物
4. 有机化学的研究对象主要是（　　　）
   A. 碳氢化合物及分析方法　　　　　　B. 化学体系的性质和行为
   C. 碳氢化合物及其衍生物除外的物质　　D. 生物体内的物质

二、填空题

1. 化学是在_____、_____、_____等层次上研究物质的组成、结构、性质、变化规律以及在变化过程中能量关系的一门自然科学。
2. 在化学反应中，_____分子的化学键断裂而形成生成物分子的_____，即产生了新物质。

3. 化学变化在一定条件下是_____进行的，服从_____定律。

4. 化学变化过程中，常常伴有_____变化，服从_____定律。

5. 化学学科的分支有_____、_____、_____、_____、_____等。

三、简答题

1. 学习《无机与分析化学基础》应把握哪些环节？

2. 谈谈《无机与分析化学基础》对学习中等职业教育中药知识的作用。

第二章 物 质 结 构

▮ 学习要点

1. 基本概念：元素；同位素；原子量；元素周期律；离子键；共价键；配位键；金属键；分子间作用力；氢键。

2. 基本理论：核外电子的运动状态和排布规律；同周期、同主族元素原子结构与性质递变规律；离子键、共价键和配位键的形成；分子间作用力与物理性质的关系。

3. 基本知识：原子的组成；原子序数、核电荷数、质子数、核外电子数之间的相互关系；原子的质量与核内质子数、中子数的关系；元素周期表的结构。

4. 基本方法：用原子结构示意图、电子式、电子排布式、轨道式表示原子核外电子的排布。

5. 基本技能：判断极性键和非极性键、极性分子和非极性分子。

自然界中形形色色的物质，种类繁多，性质各异，都是由不同种类的原子以不同数目和方式相结合而形成的。不同物质之间的转化是化学变化的结果，即旧的化学键断裂和新的化学键形成，因此，有必要了解原子结构和分子结构的知识。

第一节 原 子 结 构

一、原子的构成

英国物理学家卢瑟福（E. Rutherford）于 1911 年研究了 α 质点在空气和其他物质中的运动情况后，确定了原子核的存在，提出了原子的天体模型，即在每个原子的中心都有一个带正电荷的原子核，核外有若干个带负电荷的电子绕核做高速运动。电子绕核运动所产生的离心力和原子核对电子的吸引力相平衡，因此，电子就像行星围绕太阳的运动一样，与原子核保持一定的距离。原子核的体积很小，直径大约在 $10^{-16} \sim 10^{-14}$ m 之间，约为原子直径的十万分之一。原子核和电子仅占整个原子所占空间的极小一部分，原子中绝大部分是空的。

原子核所带的正电量与核外电子所带的负电总量相等，所以，原子呈电中性。如果以一个电子所带的电荷作为一个单位电荷，则：

$$核电荷数 = 核外电子数$$

按元素核电荷数由小到大的顺序将元素编排序号，元素的序号就是该元素的原子序数。

20 世纪初期，人们用天然放射性元素放出的高速 α 粒子去冲击原子核时，实现了人工的原子核裂变，发现了质子和中子。

原子核由质子和中子所构成，质子带正电荷，中子不带电，所以，核内质子数等于原子核所带的电荷数，即：

$$核内质子数 = 核电荷数 = 核外电子数 = 原子序数$$

构成原子的粒子及其性质见表 2 – 1。

表 2 – 1　构成原子的粒子及其性质

构成原子的粒子	电性和电量	质量（kg）
质子	1 个质子带 1 个单位正电荷	1.6726×10^{-27}
中子	电中性	1.6748×10^{-27}
核外电子	1 个电子带 1 个单位负电荷	9.1049×10^{-31}

从表 2 – 1 可以看出，电子的质量很小，仅约为质子质量的 1/1836，所以原子的质量主要集中在原子核上，即原子的质量近似等于质子和中子质量之和。

将 ^{12}C（原子核内有 6 个质子和 6 个中子，质量为 $1.6606 \times 10^{-27} kg$）质量的 1/12 作为质量单位，则质子和中子的相对质量分别为 1.007 和 1.008。由于电子的质量很小，可以忽略不计，则原子的相对质量就是原子核内质子和中子的相对质量之和，即原子量。将质子和中子相对质量取近似整数值为 1，用 A 表示原子的质量数，Z 表示质子数，N 表示中子数，则：

$$质量数（A）= 质子数（Z）+ 中子数（N）$$

只要知道质量数、质子数、中子数三者中的任意两个，就可以计算出另一个数值。例如，氮原子的质量数为 14，核电荷数为 7，则氮的中子数：$N = A - Z = 14 - 7 = 7$。

构成原子的粒子间的关系如下：

$$原子\,_Z^A X \begin{cases} 原子核 \begin{cases} 质子\ Z\ 个 \\ 中子\ (A-Z)\ 个 \end{cases} \\ 核外电子\ Z\ 个 \end{cases}$$

二、同位素

具有相同核电荷数（即质子数）的同一类原子叫做元素。也就是说，同种元素的原子质子数一定相同，中子数不一定相同，如氢元素的三种原子的组成见表 2 – 2。

表 2 - 2　氢元素的三种原子的组成

同位素	质子数	中子数	核电荷数	质量数	符号
氕	1	0	1	1	^1_1H（H）
氘	1	1	1	2	^2_1H（D）
氚	1	2	1	3	^3_1H（T）

从表 2 - 2 中可以看出：氢元素的三种原子都含有 1 个质子，但中子数各不相同，分别为 0、1、2。这些质子数相同而中子数不同的原子互称为同位素。许多元素都有同位素，如碳元素有三种同位素 $^{12}_6C$、$^{13}_6C$、$^{14}_6C$，再如，铀元素也有三种同位素 $^{234}_{92}U$、$^{235}_{92}U$、$^{238}_{92}U$。同位素之间由于中子数不同，所以质量数也不同，导致同位素原子间的物理性质有一定差异，但由于原子的核外电子数相同，所以化学性质几乎相同。

同位素可分为稳定性同位素和放射性同位素。放射性同位素能自发地放出看不见的射线，这些射线已经在医药领域得到应用，例如，利用 $^{60}_{27}Co$ 射线抑制和破坏癌细胞的生长来治疗肿瘤，利用 $^{60}_{27}Co$ 作示踪原子来研究药物的吸收和代谢等。

知识链接

居里夫人与放射性元素

玛丽·思科罗多夫斯卡，于 1867 年 11 月 7 日在波兰华沙出生，后因嫁给法国科学家皮埃尔·居里，被称为居里夫人。

居里夫人以毕生精力研究放射性元素，出版过《同位素及其组成》《论放射性》《放射性物质及其辐射的研究》等著作，曾经发现了钋元素的放射性和放射性元素镭，先后获得 1903 年诺贝尔物理奖和 1911 年诺贝尔化学奖。

三、原子核外电子的运动状态

（一）电子云

电子带负电荷，体积和质量极小，运动速度却很大，与光速接近。在原子核外的一定范围内，由于电子的高速运动，好像是一团带负电的云雾笼罩在原子核周围，形象地称为电子云。氢原子的电子云切面如图 2 - 1 所示。

在图 2 - 1 中，小黑点比较密集的地方，表示电子出现的几率较大，黑点疏的地方就是电子出现的几率较小。电子云与天空的云朵具有不同的内涵，前者表示个电子在半径为 $10^{-10} \sim 10^{-8}$ m 的空间内高速运动而形成的几率分布，后者是无数个水分子和尘埃聚集而成的实体。

通常把电子出现几率相等的地方连接起来，作为电子云的界面，这个界面所包括的空间范围称为原子轨道。事实上我们永远不会遇到一个单独的孤立的原子，因为

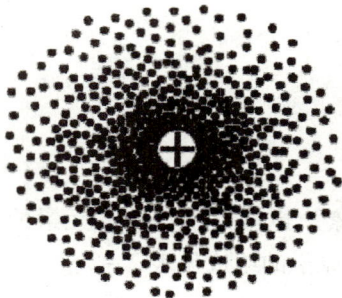

图 2 - 1　氢原子的电子云

一个原子总是被其他许多原子包围着。原子在每一秒钟都要受到其他原子几亿次甚至几十亿次的作用，因而在原子里运动着的电子就经常受到其他原子里的原子核或电子所形成的电场影响，使它离开固定的轨道。不仅如此，在多电子原子中，某一电子还会经常受到本原子中其他电子的影响，使得电子不严格地沿着固定的轨道运动，时而偏向一方，时而偏向另一方。所以，我们在原子结构中应用"轨道"这一术语时，其含义与宏观上的轨道含义有所不同。例如氢原子的原子轨道的界面是一个球面，通常用一个圆来表示，电子经常在此界面空间区域内运动。

（二）核外电子的运动状态

电子在原子核外一定区域内作高速运动时，都具有一定的能量，不同的电子具有不同的能量，电子离核越近，能量越低；离核越远，能量越高。电子离核的远近，反映了电子能量的高低。氢原子核外只有一个电子，它在离核 53pm 处出现的几率最大，这时的能量最低，称为基态。处于基态的电子最稳定。如果给氢原子增加能量，电子就会跳到离核较远的区域运动。由此可见，核外电子由于能量不同表现为分层运动。对于其他元素的原子来说，电子数比氢原子的电子数多，这些电子在核外的运动状态就更复杂，需要从四个方面来描述，即电子层、电子亚层、电子运动伸展方向和电子自旋方向。这样可以描述出电子在原子核外区域出现几率的大小及其能量高低的情况。

1. 电子层（n） 我们知道，在含有多电子的原子里，电子的能量并不相同，能量低的电子，通常在离核较近的区域运动，能量高的电子，通常在离核较远的区域运动。根据电子的能量差异和通常运动区域离核的远近不同，我们可以将核外空间分成几个不同的运动区域，即电子层。

电子层按离核由近到远的顺序，依次称为第一电子层、第二电子层……习惯上用 K、L、M、N、O、P、Q 等字母来表示。离核最近的称为第一层或 K 层，其次是第二层或 L 层，以此类推。目前已经知道最复杂的原子不超过 7 个电子层，即 n 的取值范围为 1、2、3、4、5、6、7，对应的电子层符号为 K、L、M、N、O、P、Q。

显然，n 的数值越大，电子层数越大，电子离核越远，能量越高；n 的数值越小，电子层数越小，电子离核越近，能量越低。因此，电子层数不仅表示电子离核的远近，而且反映电子能量的高低。

2. 电子亚层（l）和电子云形状

（1）电子亚层 科学研究发现，在同一个电子层内，电子的能量也稍有差别，因此，又可以把一个电子层分成若干能量稍有差别的亚层，分别用 s、p、d、f 等符号来表示，分别称为 s 亚层、p 亚层、d 亚层和 f 亚层。

第一电子层或 K 层只有一个亚层，即 s 亚层；第二电子层或 L 层有两个亚层，即 s 亚层和 p 亚层；第三电子层或 M 层有三个亚层，即 s 亚层、p 亚层和 d 亚层；第四电子层或 N 层有四个亚层，即 s 亚层、p 亚层、d 亚层和 f 亚层，等等。

为了表示某个电子处在核外某个电子层的某个亚层上，常将电子层数标在亚层符号的前面，见表 2-3。

表 2-3 各电子层的亚层

n	电子层符号	亚层符号
1	K	1s
2	L	2s, 2p
3	M	3s, 3p, 3d
4	N	4s, 4p, 4d, 4f

在同一电子层中，不同亚层的电子能量（E）按 s、p、d、f 的顺序依次升高，即 $E(n\text{s}) < E(n\text{p}) < E(n\text{d}) < E(n\text{f})$。

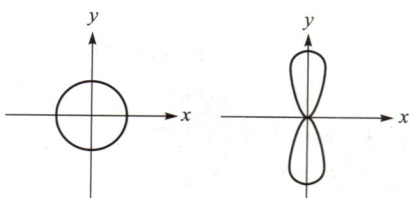

图 2-2 s、p 电子云形状示意图

（2）**电子云形状** 在不同亚层上运动的电子，电子云形状也不相同。s 亚层的电子云是以原子核为中心的球形；p 亚层的电子云为哑铃形（纺锤形）；d 亚层和 f 亚层的电子云形状比较复杂，不做介绍。s 亚层、p 亚层的电子云形状如图 2-2。

3. 电子云的伸展方向（m） 电子云不仅有确定的形状，而且在空间有一定的伸展方向。s 电子云为对称的球形，在空间各个方向伸展的程度相同，所以只有 1 个伸展方向；p 电子云在空间有 3 种相互垂直的伸展方向；d 电子云在空间有 5 个伸展方向；f 电子云在空间有 7 个伸展方向。s、p 电子云的伸展方向如图 2-3。

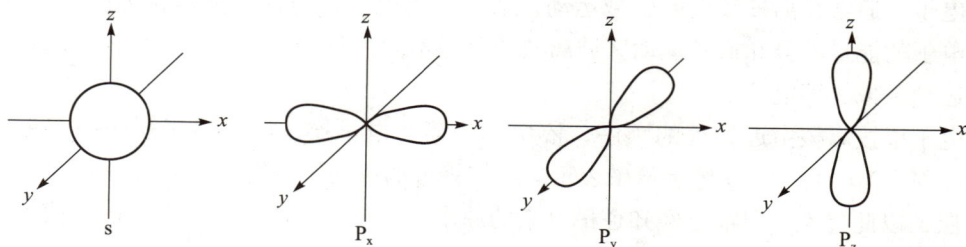

图 2-3 s、p 电子云的伸展方向示意图

把在一定的电子层上、具有一定形状和伸展方向的电子云所占据的空间称为一个原子轨道。所以，s、p、d、f 亚层分别有 1、3、5、7 个原子轨道。各电子层可能有的轨道总数见表 2-4。

表 2-4 各电子层可能有的最多原子轨道数

电子层	电子亚层	轨道总数
1	1s	$1 = 1^2$
2	2s, 2p	$1 + 3 = 2^2$
3	3s, 3p, 3d	$1 + 3 + 5 = 3^2$
4	4s, 4p, 4d, 4f	$1 + 3 + 5 + 7 = 4^2$

由表 2-4 可知，每个电子层可能有的最多原子轨道数应为 n^2。

4. 电子的自旋（m_s） 电子不仅在核外空间不停地运动，而且还作自旋运动。电子自旋有两种状态，相当于顺时针和逆时针两种方向，分别用"↑"和"↓"表示。

实验发现，电子自旋方向相同的两个电子相互排斥，不能在同一个原子轨道内运动。电子自旋方向相反的两个电子相互吸引，能在同一个原子轨道内运动。这是因为电子自旋时能产生磁场，自旋方向相同的两个电子所产生的磁场，方向相同，同极相斥，因此不能在同一个原子轨道中运动。反之，自旋方向相反的两个电子所产生的磁场，方向正好相反，所以可以相互吸引，能在同一个原子轨道中运动。

综上所述，电子在原子核外的运动状态是相当复杂的，必须用它所处的电子层、电子亚层、电子云的空间伸展方向和电子的自旋状态等四个方面来描述。前三个方面和电子在核外空间的位置有关，体现了电子在核外空间的运动状态，确定了电子的轨道。所以，在说明一个电子运动状态时，必须同时指出它处于什么轨道和哪一种自旋状态。

四、原子核外电子的排布

在多电子原子里，电子的能量并不相同。能量低的通常在离核较近的区域运动；能量高的通常在离核较远的区域运动。也就是说核外电子是分层运动的，又称核外电子的分层排布。

（一）原子核外电子的排布规律

1. 能量最低原理 在核外电子的排布中，通常状况下电子总是尽先占有能量较低的原子轨道，只有当能量较低的原子轨道占满后，电子才依次进入能量较高的原子轨道，这个规律称为能量最低原理。

大家知道，不同电子层具有不同的能量，每个电子层中不同亚层的能量也不同。为了表示原子各电子层中和亚层电子的能量差异，把原子在不同电子层中亚层的电子按能量高低排成序，像台阶一样，称为能级。如1s能级、2s能级、2p能级等。在一个原子中，离核越近，n 越小的电子层能量越低。在同一电子层中，各亚层的能量是按 s、p、d、f 的次序增高的。因此，2s能级高于1s能级，2p能级高于2s能级等。对于那些核外电子较多的元素的原子来说，情况比较复杂。多电子原子的各个电子之间存在斥力，在研究某个外层电子的运动状态时，必须同时考虑核对它的吸引力及其他电子对它的排斥力。由于其他电子的存在，往往削弱了原子核对外层电子的吸引力，而使多电子原子的电子所处的能级产生了交错现象。决定能级高低的主要因素是电子层，电子层数越大，能级越高，但在多电子原子中，由于电子之间的相互排斥作用及电子与原子核的吸引作用，会使某些电子层数较大的亚层能级低于某些电子层数较小的亚层能级。如 $E(4s) < E(3d) < E(6s) < E(4f)$，此现象称为能级交错。多电子原子轨道的近似能级图如图 2-4 所示。

图 2-4 中每一个小方框代表一个原子轨道。根据多电子原子的近似能级图，并按照能量最低原理，就可以确定电子排入原子轨道的先后顺序，即：1s→2s→2p→3s→3p→4s→3d→4p→5s→4d→5p→6s→4f→5d→6p→7s→5f→6d→7p。

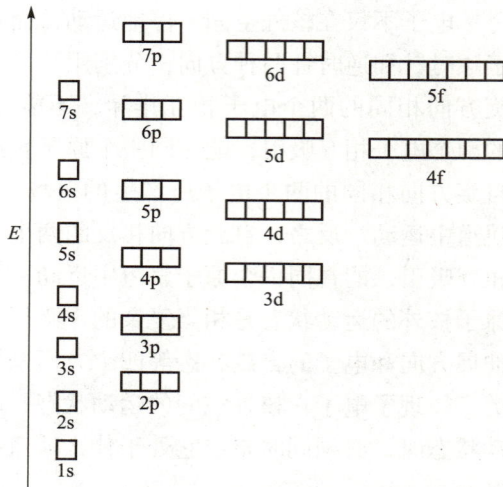

图 2-4　多电子原子的近似能级图

核电荷数 1～20 的元素原子的核外电子排布情况见表 2-5。

表 2-5　核电荷数 1～20 的元素原子的核外电子排布

核电荷数	元素名称	元素符号	电子层和亚层									
			K	L		M			N			
			1s	2s	2p	3s	3p	3d	4s	4p	4d	4f
1	氢	H	1									
2	氦	He	2									
3	锂	Li	2	1								
4	铍	Be	2	2								
5	硼	B	2	2	1							
6	碳	C	2	2	2							
7	氮	N	2	2	3							
8	氧	O	2	2	4							
9	氟	F	2	2	5							
10	氖	Ne	2	2	6							
11	钠	Na	2	2	6	1						
12	镁	Mg	2	2	6	2						
13	铝	Al	2	2	6	2	1					
14	硅	Si	2	2	6	2	2					
15	磷	P	2	2	6	2	3					
16	硫	S	2	2	6	2	4					
17	氯	Cl	2	2	6	2	5					
18	氩	Ar	2	2	6	2	6					
19	钾	K	2	2	6	2	6		1			
20	钙	Ca	2	2	6	2	6		2			

2. 保利（Pauli）不相容原理　讨论锂的核外电子排布，可以看出锂原子有三个电子，这三个电子是都在一个原子轨道上，还是分别在几个原子轨道上呢？实验证明，有两个是在 1s 轨道上，一个是在 2s 轨道上。在 1s 轨道上的两个电子自旋方向是相同的还是相反的？是相反的。在 2s 轨道上的那个电子虽然自旋方向与 1s 轨道上一个电子相同，但它

们分别处于两个不同的原子轨道。其他元素的原子核外电子的排布有类似情况。

由此可以看出，在原子核外电子的排布中，排在同一个轨道上的两个电子，自旋方向必然相反；而自旋方向相同的电子，必然处于不同的原子轨道上。我们知道一个原子轨道是由电子层、电子亚层和电子云的伸展方向三方面确定的，因此，可以得出一个结论：在同一个原子里，没有运动状态四个方面完全相同的电子存在，这一规律称为保利不相容原理。

根据这个原理，如果两个电子处在同一轨道上，即它们的电子层，电子云形状、电子云的伸展方向都相同，则其自旋方向必相反。即在每一个原子轨道上最多能容纳两个自旋方向相反的电子。

已知在每个电子层上最多有 n^2 个轨道，而每个轨道中最多容纳两个自旋方向相反的电子，因此，各电子层最多可容纳 $2n^2$ 个电子。

根据能量最低原理和保利不相容原理，对于核电荷数为 6 的碳原子，核外的 6 个电子可能出现三种不同的排布方式，如图 2–5 所示。

由于 3 个 2p 轨道的能量相同，碳原子核外电子无论采取哪种排布方式都不违背能量最低原理和保利不相容原理。那么，碳原子的核外电子排布究竟采取哪一种方式呢？

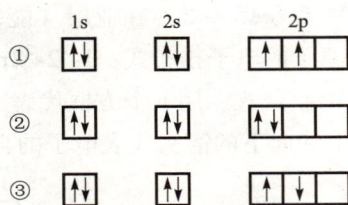

图 2–5 碳原子核外电子排布方式

3. 洪特（F. Hund）规则 根据能量最低原理和保利不相容原理，讨论碳、铬、铜三种元素原子的核外电子排布的情况。

碳元素原子的核电荷数为 6，即核外有 6 个电子。根据上述两个原理，核外电子首先在 1s 轨道排入 2 个自旋方向相反的电子，然后另外 2 个自旋方向相反的电子排入 2s 轨道，还剩 2 个电子，应排入 2p 轨道。2p 轨道有 3 个，它们是以自旋方向相反的方式排入 1 个 2p 轨道，还是以自旋方向相同的方式排入 2 个 2p 轨道呢？实验中总结出一条规律，即洪特规则：在同一亚层中的各个轨道（如 3 个 p 轨道，或 5 个 d 轨道，或 7 个 f 轨道）上，电子排布尽可能单独分占不同的轨道，而且自旋方向相同，这样排布使整个原子的能量最低。

根据洪特规则，碳原子正确的原子轨道表示式应为图 2–5 中的①。

根据核外电子排布的三条规律，核电荷数为 24 的铬元素和核电荷数为 29 的铜元素，其电子排布式应分别为：$1s^2 2s^2 2p^6 3s^2 3p^6 3d^4 4s^2$ 和 $1s^2 2s^2 2p^6 3s^2 3p^6 3d^9 4s^2$。但查阅元素周期表可知，铬原子的电子排布式是 $1s^2 2s^2 2p^6 3s^2 3p^6 4s^1 3d^5$；铜原子的电子排布式是 $1s^2 2s^2 2p^6 3s^2 3p^6 4s^1 3d^{10}$。它们的电子层结构并没有完全按照前述规律排布，而是有特殊的规律，即在同一亚层的各个轨道上，当电子排布为全充满、半充满或全空时，整个原子的能量最低，原子比较稳定。

全充满　　s^2 或 p^6 或 d^{10} 或 f^{14}

半充满　　s^1 或 p^3 或 d^5 或 f^7

全空　　　s^0 或 p^0 或 d^0 或 f^0

这是洪特规则的特例。

核外电子排布规律是在概括了大量实验事实的基础上得出的一般结论，大多数元素的原子符合这些规律，但也有少数例外，所以我们在学习中应当尊重实验事实，如实反映客观事物的本来面目，并不断地完善理论。

（二）原子核外电子排布的表示方法

在初中阶段的学习中，通常用原子结构示意图来表示原子核外电子的排布，除此之外，还可以用下列三种方法来表示。

1. 电子式　用圆点"·"或叉号"×"表示原子最外层上的电子，标在元素符号周围。例如，氢原子最外层上有 1 个电子，其电子式为：H· 或 H×；碳原子最外层上有 4 个电子，其电子式为：·$\dot{\text{C}}$· 或 ×$\dot{\text{C}}$×。

2. 电子排布式　在亚层（能级）符号的右上角用阿拉伯数字注明所排布的电子数。如 N 原子的电子排布式：$1s^2 2s^2 2p^3$。

3. 轨道式　用 1 个方框代表 1 个原子轨道，在方框上方标示出轨道的能级，方框内用向上和向下的箭头代表电子的自旋状态。如 N 原子的轨道式：

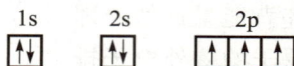

$$\begin{array}{ccc} 1s & 2s & 2p \\ \boxed{\uparrow\downarrow} & \boxed{\uparrow\downarrow} & \boxed{\uparrow\,|\,\uparrow\,|\,\uparrow} \end{array}$$

第二节　元素周期律和元素周期表

一、元素周期律

为了认识元素之间存在规律性的变化，我们将原子序数（核电荷数）3～18 的元素原子的核外电子排布、原子半径、主要化合价以及元素的金属性、非金属性、最高价氧化物的水化物的酸碱性等性质列于表 2－6 中加以讨论。

表 2－6　元素性质随原子序数的变化情况

原子序数	元素符号	最外层电子排布式	原子半径 (10^{-10} m)	主要化合价	金属性和非金属性	最高价氧化物及其水化物的性质
3	Li	$2s^1$	1.52	+1	活泼金属	LiOH 碱
4	Be	$2s^2$	1.11	+2	两性元素	$Be(OH)_2$ 两性氢氧化物
5	B	$2s^2 2p^1$	0.88	+3	不活泼非金属	H_3BO_3 很弱酸
6	C	$2s^2 2p^2$	0.77	+4、−4	非金属	H_3CO_3 弱酸
7	N	$2s^2 2p^3$	0.70	+5、−3	活泼非金属	HNO_3 强酸
8	O	$2s^2 2p^4$	0.66	−2	很活泼非金属	
9	F	$2s^2 2p^5$	0.64	−1	最活泼非金属	
10	Ne	$2s^2 2p^6$	—①		稀有气体元素	
11	Na	$3s^1$	1.86	+1	很活泼的金属	NaOH 强碱
12	Mg	$3s^2$	1.60	+2	活泼金属	$Mg(OH)_2$ 中强碱
13	Al	$3s^2 3p^1$	1.43	+3	两性元素	$Al(OH)_3$ 两性氢氧化物

续表

原子序数	元素符号	最外层电子排布式	原子半径(10^{-10}m)	主要化合价	金属性和非金属性	最高价氧化物及其水化物的性质
14	Si	$3s^23p^2$	1.17	+4、−4	不活泼非金属	H_2SiO_3 弱酸
15	P	$3s^23p^3$	1.10	+5、−3	非金属	H_3PO_4 中强酸
16	S	$3s^23p^4$	1.04	+6、−2	活泼非金属	H_2SO_4 强酸
17	Cl	$3s^23p^5$	0.99	+7、−1	很活泼非金属	$HClO_4$ 最强酸
18	Ar	$3s^23p^6$	—①		稀有气体元素	

注：①稀有气体元素原子半径与普通元素原子半径的测定方法不同。

由表2-6可以看出，随着原子序数的增加，元素性质的变化有一定的规律性，即经过一定数目的元素之后，又出现和前面元素相类似的性质。下面分别叙述：

1. 核外电子排布的周期性变化　从表2-6可以看出，原子序数为3~10的元素，即从Li到Ne，都有2个电子层，最外层电子数从1个递增到8个，达到稳定结构；原子序数为11~18的元素，即从Na到Ar，都有3个电子层，最外层电子数也从1个递增到8个，达到稳定结构。如果我们对18号以后的元素继续研究，也会发现同样的规律：即每隔一定数目的元素，会重复出现原子的最外层电子数从1个递增到8个的情况，也就是随着原子序数的递增，元素原子的最外层电子排布呈现出周期性变化。

2. 原子半径的周期性变化　从表2-6可以看出，除了稀有气体元素Ne、Ar外，原子序数为3~9的元素，即从Li到F，随着原子序数的递增，原子半径由1.52×10^{-10}m递减到0.64×10^{-10}m，即原子半径由大逐渐变小；原子序数为11~17的元素，即从Na到Cl，随着原子序数的递增，原子半径由1.86×10^{-10}m递减到0.99×10^{-10}m，原子半径也是由大逐渐变小。如果对18号以后元素继续研究，同样会发现，每间隔一定数目元素，随着原子序数的递增，元素原子的原子半径发生周期性变化。

3. 元素主要化合价的周期性变化　从表2-6可以看出，11~18号元素，在极大程度上重复着3~10号元素所表现的化合价的变化，即最高正化合价从+1价（Na）逐渐递变到+7价（Cl），非金属元素的负化合价从−4价（Si）逐渐递变到−1价（Cl）。并且非金属元素的最高正化合价与负化合价的绝对值之和为8，稀有气体元素的化合价为0。若对18号以后的元素进行研究，也可得到类似的规律：元素的化合价随着原子序数的递增而呈现周期性变化。

4. 元素的金属性和非金属性的周期性变化　元素的金属性通常是指它的原子失去电子成为阳离子的能力。元素的非金属性是指它的原子得到电子成为阴离子的能力。从表2-6可以看出，从Li到Ne，由活泼的金属（Li）开始逐渐过渡到活泼的非金属（F），最后是稳定结构的稀有气体（Ne）。从Na到Ar，也重复着类似的变化。同样，元素的最高价氧化物对应的水化物的酸碱性也表现出明显的规律性变化。

综上所述，可以归纳出：元素的性质随着原子序数的递增而呈现周期性的变化，这一规律叫做元素周期律。

元素性质的周期性变化是元素原子核外电子排布周期性变化的必然结果。这种周期性变化，不是简单地重复，而是在相似基础上的发展和变化。

二、元素周期表

目前，人们确知了 112 种元素，根据元素周期律，将其中具有相同电子层数的各种元素，按原子序数递增的顺序从左到右排成横行；再将不同横行中最外层电子数相同的各种元素，按电子层数递增的顺序由上到下排成纵行，制成一个表，这个表称为元素周期表（见书后附表）。

元素周期表是元素周期律的具体表现形式，它反映了元素之间相互联系的规律性，也是我们认识元素性质的重要工具。

（一）元素周期表的结构

1. 周期 把电子层数相同的元素，按照原子序数递增的顺序从左到右排列的一系列元素，称为一个周期。

元素周期表有 7 个横行，每个横行即为 1 个周期，依次用 1、2、3、4、5、6、7 表示。周期的序数就是该周期元素具有的电子层数。各个周期里元素的数目并不完全相同。如第 1 周期里只有 2 种元素，第 2、3 周期里各有 8 种元素，这 3 个周期元素的数目比较少，统称为短周期。第 4、5 周期里各有 18 种元素，第 6 周期里有 32 种元素，这三个周期元素的数目比较多，统称为长周期。第 7 周期目前只有 26 种元素，还未填满，称作不完全周期。

除第 1 周期只包括氢和氦，第 7 周期尚未填满外，同一周期的元素都是从最外层电子数为 1 的活泼的金属元素开始，逐渐过渡到最外层电子数为 7 的活泼的非金属元素，最后以最外层电子数为 8 的稀有气体元素结束。

第 6 周期中从 57 号元素镧（La）到 71 号元素镥（Lu）共 15 种元素，它们的电子层结构和性质都非常相似，总称为镧系元素。为了使周期表的结构紧凑，把镧系元素放在周期表的同一格里，并按照原子序数递增的顺序，将它们另列在表的下方，实际上还是占一格。

第 7 周期中从 89 号元素锕（Ac）到 103 号元素铹（Lr）也有 15 种元素，它们彼此的电子层结构和性质也非常相似，总称为锕系元素，同样也把它们放在周期表的同一格里，并按原子序数递增的顺序，将它们另列在表下方镧系元素的下面。在锕系元素中，铀（U）后面的元素多数是人工进行核反应制得的，通常称作超铀元素。

2. 族 周期表中有 18 个纵行。除左起第 8、9、10 这三个纵行合称为Ⅷ族外，其余 15 个纵行，每个纵行称为一族。族序数用罗马数字Ⅰ、Ⅱ、Ⅲ、Ⅳ、Ⅴ、Ⅵ、Ⅶ、0 表示。

由短周期元素和长周期元素共同构成的族称为主族，用字母 A 表示，如Ⅰ A、Ⅱ A……Ⅶ A。主族序数等于元素原子的最外层电子数。完全由长周期元素构成的族称为副族，用字母 B 表示，如Ⅰ B、Ⅱ B……Ⅶ B。位于元素周期表最右边的一个纵行称为 0 族，该族元素原子的最外电子层上均有 8 个电子，性质稳定，称为惰性元素。

因此，在整个元素周期表里，有 7 个主族、7 个副族、1 个Ⅷ族、1 个 0 族，共 16

个族。

副族和Ⅷ族共有 60 多种元素，称为过渡元素。这些元素都是金属元素，所以又称为过渡金属元素。把镧系和锕系元素称为内过渡元素。

（二）元素周期表中元素性质的递变规律

1. 同周期元素性质的递变规律　在同一周期中（第 1 周期除外），各元素原子的核外电子层数相同，从左到右，核电荷数依次增多，原子核对核外层电子的吸引力逐渐增强，原子半径逐渐减小，失去电子能力逐渐减弱，得到电子能力逐渐增强。因此，从左到右，同周期元素的金属性逐渐减弱，非金属性逐渐增强。

一般来说，可以根据元素的单质与水或酸反应置换出氢气的剧烈程度和元素的最高价氧化物的水化物的碱性强弱，来判断元素的金属性强弱；根据元素的单质与氢气反应的难易和元素的最高价氧化物的水化物的酸性强弱，来判断元素的非金属性强弱。

下面以第 3 周期元素钠（Na）、镁（Mg）、铝（Al）、硅（Si）、磷（P）、硫（S）、氯（Cl）、氩（Ar）为例来说明同周期元素性质的递变规律。

11 号元素钠的单质遇冷水就剧烈反应，生成氢氧化钠和氢气。氢氧化钠是强碱。

$$2Na + 2H_2O = NaOH + H_2\uparrow$$

12 号元素镁单质与沸水才能反应，生成氢氧化镁和氢气。氢氧化镁的碱性比氢氧化钠的碱性弱，说明镁的金属活性不如钠强。

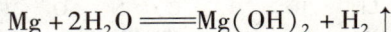

$$Mg + 2H_2O = Mg(OH)_2 + H_2\uparrow$$

13 号元素铝的单质与冷水、沸水反应均不明显，它能与盐酸反应置换出氢气，但不如镁与盐酸的反应剧烈，说明铝的金属活性不如镁强。

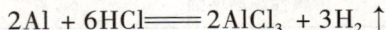

$$Mg + 2HCl = MgCl_2 + H_2\uparrow$$

$$2Al + 6HCl = 2AlCl_3 + 3H_2\uparrow$$

铝的氧化物 Al_2O_3 对应的水化物 $Al(OH)_3$，既能与酸反应，又能与碱反应，是一种两性氢氧化物。

$$2Al(OH)_3 + 3H_2SO_4 = Al_2(SO_4)_3 + 6H_2O$$

$$Al(OH)_3 + NaOH = NaAlO_2 + 2H_2O$$

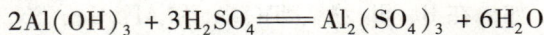

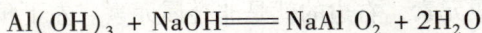

$Al(OH)_3$ 既然呈酸碱两性，说明铝已表现出一定的非金属性。

14 号元素硅是非金属。硅的氧化物 SiO_2 是酸性氧化物，它对应的水化物 H_2SiO_3 是一种很弱的酸。硅只有在高温下才能与氢气反应生成气态氢化物 SiH_4。

15 号元素磷是非金属。磷的最高价氧化物 P_2O_5 对应的水化物 H_3PO_4 是一种中强酸。磷的蒸气与氢气能生成气态氢化物 PH_3，但比较困难。

16 号元素硫是比较活泼的非金属。硫的最高价氧化物 SO_3 对应的水化物 H_2SO_4 是一种强酸。在加热的条件下，硫的蒸气与氢气化合生成气态氢化物 H_2S。

17 号元素氯是很活泼的非金属。氯的最高价氯化物 Cl_2O_7 对应的水化物 $HClO_4$ 是目前已知酸中的最强酸。氯气与氢气在光照或点燃时，就能剧烈反应生成气态氢化物 HCl。

18 号元素氩是稀有气体，性质比较稳定。

综上所述，可以得出结论：

$$Na \quad Mg \quad Al \quad Si \quad P \quad S \quad Cl$$

金属性逐渐减弱，非金属性逐渐增强

对其他周期元素的化学性质逐一进行研究，也会得出类似规律：即同一周期元素从左到右金属性减弱，非金属增强。在短周期里这种递变比较明显，在长周期里这种递变则比较缓慢。

2. 同主族元素性质的递变规律   在同一主族的元素中，各元素原子的最外层电子数相同，从上到下电子层数逐渐增多，原子半径逐渐增大，原子核对核外层电子的吸引力逐渐减弱，失去电子的能力逐渐增强，得到电子的能力逐渐减弱，所以元素的金属性逐渐增强，非金属性逐渐减弱。如ⅤA族元素 N、P、As、Sb、Bi，就是从非金属元素 N 起，由上而下，逐渐变化到金属元素 Bi。

主族元素的最高正化合价等于它所在族的序数。非金属元素的最高正化合价与它的负化合价的绝对值之和等于 8。

主族元素的金属性和非金属性的递变情况见图 2-6。

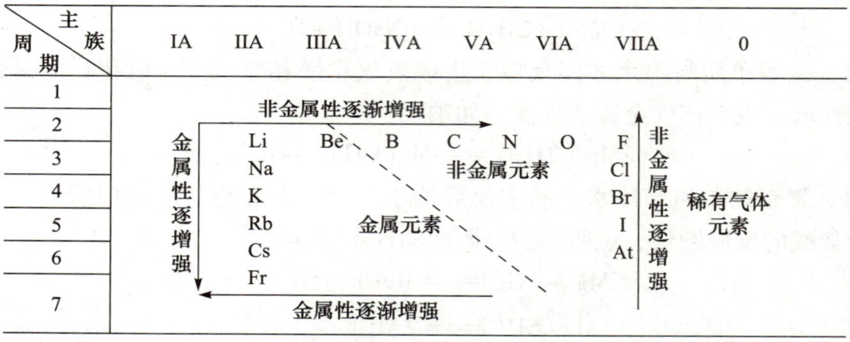

图 2-6   主族元素金属性和非金属性的递变示意图

在元素周期表中，如果在 B、Si、As、Te、At 和 Al、Ge、Sb、Po 之间划一分界线，在分界线左边的就是金属元素，右边的就是非金属元素。左下角是金属性最强的元素钫（Fr），右上角是非金属性最强的元素氟（F）。由于元素的金属性和非金属性没有严格的界限，因此，位于分界线附近的元素就表现出两性。

三、元素周期表的应用

为了寻求各种元素和化合物间的内在联系和规律性，许多人都在进行着各种尝试。1869 年，俄国化学家门捷列夫在总结前人探索的基础上提出了"元素的性质随着原子量的递增而呈周期性的变化"的元素周期律，并且根据元素周期律编制了第一个元素周期表，它是元素周期律和元素周期表的最初形式。直到 20 世纪，原子结构理论有所发展以后，元素周期律和元素周期表才发展成为现在的形式。

元素周期表在生产和科学研究方面有着广泛的应用。

（一）判断元素的一般性质

元素周期表可以反映元素的递变规律，根据元素在表中所处的位置，我们可以判断它的一般性质。例如ⅦA族中的氟，位于周期表的右上角，由此就可以判断它在所有元素中非金属性最强，与任何元素反应，氟的化合价总是 −1 价。再如ⅣA族中的锗，在周期表中介于金属元素和非金属元素之间，可以判断它的金属性和非金属性强弱差不多，它的氢氧化物有明显的两性。

（二）寻找新材料

通过实践和分析研究证明，性质相似的元素往往有类似的用途，这些元素一般都集中在周期表中的某一区域。例如用来制造农药常用的氟、氯、硫、磷、砷等元素，它们都在周期表的非金属区，对这一区域的元素进一步研究就有可能找到制造新品种农药的原料。又例如，在金属元素和非金属元素的分界线附近寻找新的半导体材料，在过渡元素或者它们的化合物中寻找催化剂和耐高温、耐腐蚀的材料等。

视域拓展

生命元素

组成生命体的元素有60多种，其中有28种是生命必需元素，包括氢、硼、碳、氮、氧、氟、钠、镁、硅、磷、硫、氯、钾、钙、钒、铬、锰、铁、钴、镍、铜、锌、砷、硒、溴、钼、锡和碘。硼是某些绿色植物和藻类生长的必需元素，而哺乳动物并不需要硼，因此，人体必需元素实际上为27种。

凡是占人体总重量万分之一以上的元素称为宏量元素，如碳、氢、氧、氮、磷、硫、氯、钙、镁、钠、钾等，这 11 种元素共占人体总质量的99.95%。凡是占人体总重量万分之一以下的元素称为微量元素，如铁、锌、铜、锰、铬、硒、钼、钴、氟、碘等，微量元素共占人体总质量的 0.05%。

第三节　化　学　键

不同的物质在组成和性质上各不相同。例如氢分子是由两个氢原子所构成，而氯化钠却是由钠离子和氯离子所构成；氢气的熔点很低，在通常状况下呈气态，而氯化钠的熔点却很高，在通常状况下呈固态。为什么物质在组成和性质上有着千差万别呢？我们知道，元素的性质主要决定于该元素的原子的电子层结构，而物质的组成和性质主要决定于该物质的分子结构。

分子是由原子组成，原子要结合成分子必然存在着相互作用力。化学上把分子或晶体中，相邻原子（或离子）间产生结合的强烈相互作用称为化学键。化学键主要包括离子键、共价键、金属键等类型。

一、离子键

活泼的金属与活泼非金属在适当条件下都能发生反应生成离子型化合物（如 NaCl、KBr 等）。下面以 NaCl 为例来说明离子键的形成。

在加热条件下，金属 Na 与 Cl_2 能发生剧烈反应生成 NaCl 晶体，同时释放大量的热。

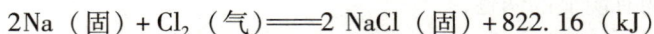

$$2Na（固）+ Cl_2（气）\!\!=\!\!\!=\!\!2\ NaCl（固）+ 822.16（kJ）$$

那么 NaCl 晶体是怎样形成的呢？钠是很活泼的金属元素，原子最外层只有 1 个电子，钠原子在反应时有失去 1 个价电子的倾向；氯是很活泼的非金属元素，氯原子最外层有 7 个电子，在反应时有得到 1 个电子的倾向。在一定条件下，当钠原子和氯原子相互作用时，钠原子的 1 个 3s 电子很容易转移到氯原子的 3p 轨道上。

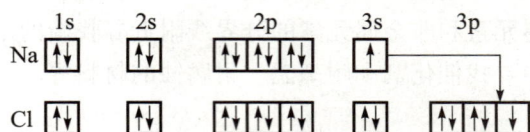

钠原子失去 1 个 3s 电子（形成类似氖原子的电子层结构）而带上 1 个单位正电荷，成为钠离子（Na^+）；氯原子得到 1 个电子（形成类似氩原子的电子层结构）而带上 1 个单位负电荷，成为氯离子（Cl^-）。

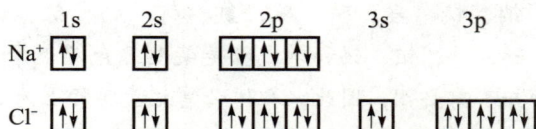

带相反电荷的 Na^+ 和 Cl^-，由于静电引力，存在着相互吸引作用，阴、阳离子彼此接近。由于它们的原子核与原子核之间、电子云与电子云之间的电性相同，又同时产生相互排斥的作用，这种排斥力随着离子的相互接近而迅速增大。当它们接近到一定距离时，阴、阳离子间的吸引力与排斥力达到平衡，就形成了氯化钠晶体，如图 2-7 所示。

阴、阳离子之间通过静电作用所形成的化学键，称为离子键。

由离子键结合的化合物称为离子型化合物。离子型化合物在通常状况下是以晶体形式存在的。这种阴、阳离子通过离子键而形成的有规则排列的晶体称为离子晶体。氯化钠、氧化镁、氟化钙等都是离子晶体。

●Na^+ ○Cl^-

图 2-7 NaCl 晶体结构

在离子晶体中，阴、阳离子是按一定规律在空间排列的。实验测定，在 NaCl 晶体中每个 Na^+ 周围有 6 个 Cl^-，每个 Cl^- 周围有 6 个 Na^+，这样交替延伸而成为有规则排列的晶体。NaCl 的晶体结构如图 2-7 所示。

离子晶体的热稳定性、硬度都比较大，熔沸点也比较高。这是为什么呢？因为离子

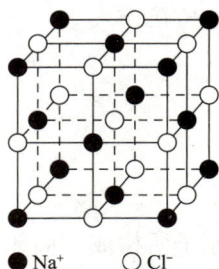

键的形成总是伴随着能量的变化，而且总是放热的过程。由于形成离子键时放出的能量较多，破坏该离子键时需要的能量也比较多，所以离子键的强度就比较大，形成的离子晶体就比较牢固，这就是离子晶体的热稳定性和硬度都比较大的原因。固体熔化、液体气化时，必定破坏离子键，需要消耗很多的能量，所以离子晶体又具有较高的熔沸点。

NaCl 的形成也可以用电子式表示：

$$Na \times + \cdot \ddot{\underset{..}{Cl}}: \longrightarrow Na^+ \left[\times \ddot{\underset{..}{Cl}}: \right]^-$$

一般情况下，活泼的金属（ⅠA、ⅡA 元素）和活泼的非金属（ⅥA、ⅦA 元素）相互化合时都能通过离子键形成离子型化合物。如 NaCl、$MgCl_2$、CaO、CaF_2 等都是典型的离子型化合物。

$MgCl_2$、CaF_2 形成的电子式分别为：

$$\cdot \ddot{\underset{..}{Cl}}: + \times Mg \times + \cdot \ddot{\underset{..}{Cl}}: \longrightarrow \left[: \ddot{\underset{..}{Cl}} \times \right]^- Mg^{2+} \left[\times \ddot{\underset{..}{Cl}}: \right]^-$$

$$\cdot \ddot{\underset{..}{F}} + \times Ca \times + \cdot \ddot{\underset{..}{F}}: \longrightarrow \left[: \ddot{\underset{..}{F}} \times \right]^- Ca^{2+} \left[\times \ddot{\underset{..}{F}}: \right]^-$$

二、共价键

相同的或者不同的非金属原子也可以结合成分子，如 H_2、H_2O 等，它们又是怎样结合在一起的呢？

（一）共价键的形成

以 H_2 分子的形成为例来说明共价键的形成。

通常情况下，气态的氢原子和另一个气态氢原子相互接近时，就会相互作用生成氢分子。

$$H（气态）+ H（气态）\Longrightarrow H_2（气）+ 435.97（kJ）$$

这是个放热反应，每生成 1mol 氢分子，就放出 435.97kJ 的热量。同样相反，要破坏氢分子，则需要吸收同样多的热量，此过程只有在温度高达几千度才能发生。这说明氢分子中两个氢原子之间形成的化学键很强，所以氢分子很稳定。

那么两个氢原子是如何相互接近，形成化学键的呢？

当两个 H 原子相互接近时，每个 H 原子的 1s 电子不仅被它自己的核所吸引，而且同时也被另一个氢原子的核所吸引，两个电子在核外空间的运动状态就发生改变，由于异性相吸同性相斥的静电作用，两个电子同时围绕两个氢原子运动，每个原子都能满足两个电子的稳定结构，这样，两核之间是出现电子的几率密度最大的区域。由于两个电子都经常在两核之间出现，使原来分属于两个氢原子的电子，成为两原子的共用电子对。两核之间由于电子的几率密度最大，成了负电荷的重心，对两个核都发生吸引作用，使两个氢原子相互接近，同时放出能量。两个氢核之间由于电性相同，又有相互排斥作用，这种排斥作用随着原子的接近而迅速增大。原子之间的这种吸引和排斥作用的结果，使得两个氢原子在一定的平衡位置上振动而形成氢分子，如图 2-8 所示。

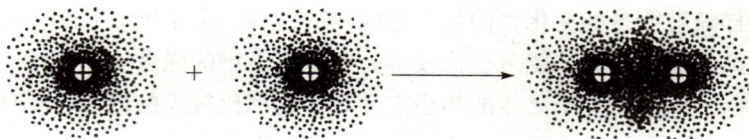

图 2-8   氢分子形成示意图

氢分子的形成也可简单地用电子云重叠来表示。当形成氢分子时，两个氢原子的电子云就发生重叠，同时放出能量，形成稳定的分子，如图 2-9 所示。

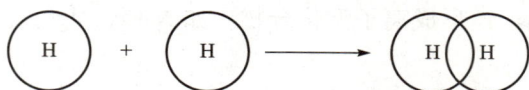

图 2-9   电子云的重叠

像氢分子那样，原子间通过电子云重叠（共用电子对）所形成的化学键称为共价键。

从氢分子的形成可以看出，两个原子相互接近时能否形成共价键，关键在于电子云是否重叠和能量是否降低。如一个原子 A，在它的外层轨道上有一个未成对电子，另一个原子 B，在它的外层轨道上也有一个未成对电子，而且这两个电子的自旋方向相反。当 A 和 B 相互接近时，两个自旋相反的电子就可以配对，同时放出能量而形成共价键。这种形成共价键的理论称为价键理论，又称电子配对法

氢分子的形成还可以简单地用电子式来表示：

$$H \cdot + \times H \longrightarrow H \times H$$

像氢分子这样，两个原子间共用一对电子所形成的共价键称为单键；共用两对电子所形成的共价键称为双键；共用三对电子所形成的共价键称为叁键。

在化学上常用一根短线表示一对共用电子对，这种表示分子结构的式子称为结构式。如 H_2、O_2、N_2 结构式分别为：H—H、O＝O、N≡N。

全部由共价键形成的化合物称为共价化合物。不同的非金属元素的原子间形成的化合物一般都是共价化合物，如氯化氢、水、氨气、甲烷等。它们的分子式、电子式、结构式分别为：

分子式	电子式	结构式
HCl	H×C̈l:	H—Cl
H_2O	H×Ö×H	O / H H
NH_3	H×N̈×H H	N / H H H
CH_4	H×C̈×H (H,H)	C / H H H H

（二）共价键的类型

由于成键原子轨道的重叠方式不同，所以形成了两种不同类型的共价键。

1. σ键 两个原子轨道沿键轴（成键原子核连线）的方向进行同号重叠，所形成的键称为σ键。例如氯化氢分子形成那样，两原子的成键轨道沿键轴方向以"头碰头"的方式发生重叠，原子轨道重叠部分沿键轴呈圆柱形对称。因为它发生最大限度的重叠，所以键能大，稳定性高。原子中未成对的s、p_x电子可以沿x轴彼此接近形成$s-s$、$s-p_x$、p_x-p_x等σ键，见图2-10a。

2. π键 两原子轨道沿键轴方向在键轴两侧平行同号重叠，所形成的键称为π键。例如氮原子有$2p_x$、$2p_y$、$2p_z$三个未成对电子，当两个氮原子形成氮分子时，两个$2p_x$轨道沿着键轴（设为x轴）方向重叠成键，而$2p_y$与$2p_y$、$2p_z$与$2p_z$就不能再沿原子轨道伸展方向重叠成键，只能按原子轨道以"肩并肩"方式平行重叠成键了。其特点是轨道重叠部分有一个通过键轴、密度为零的平面，呈垂直、对称分布，见图2-10b。由两个p轨道重叠形成的π键称为$p-p\pi$键，由p轨道与d轨道重叠形成的π键称为$p-d\pi$键。π键的轨道重叠程度小于σ键，所以π键的键能通常小于σ键，稳定性也比较低。

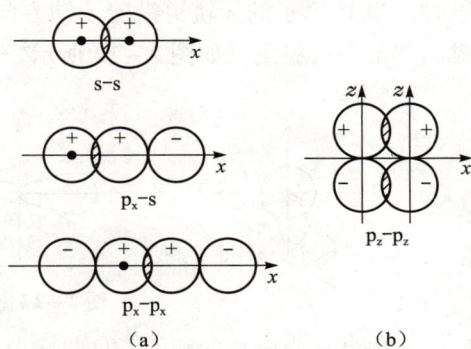

图2-10 原子轨道重叠形成σ键（a）和π键（b）示意图

两原子形成共价键时，首先形成σ键。因此，两原子形成共价单键时，此键应该是σ键；形成共价双键时，应该是一个σ键和一个π键；形成共价叁键时，应该是一个σ键和两个π键。例如在氮分子中，有一个σ键和两个π键，氮原子间形成了共价三键，如图2-11所示。

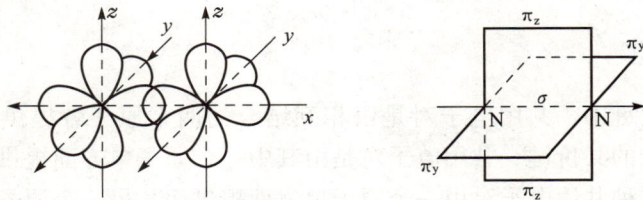

图2-11 氮分子中σ键和π键形成示意图

（三）共价键的特点

在离子化合物中，由于一个离子可以在各个方向上和带相反电荷的离子相结合，所以离子键既没有方向性也没有饱和性。

原子在形成共价键时并未发生电子得失，只是通过共用电子对成键，因此它与离子键有着显著的不同，其主要特点是：

1. 饱和性 形成共价键时，一个未成对电子和另外一个自旋方向相反的电子配对以后，就不能再和第三个电子配对，所以共价键具有饱和性。

例如，当两个 H 原子结合成 H_2 分子后，其中的 H 原子已无成单电子，即使有第三个 H 原子存在，也不可能再形成共价键，所以不能形成 H_3 分子。

2. 方向性 我们知道，s 轨道的电子云是球形对称的，其他轨道（p 轨道、d 轨道等）的电子云都有一定的方向性。共价键的形成原因就在于电子云的重叠，重叠程度越大，放出能量越大，共价键也就越稳定。为了达到电子云最大程度的重叠，电子云必须沿着原子轨道伸展的方向发生重叠，所以共价键是具有方向性的。例如，在形成 HCl 分子时，当 H 原子的 s 轨道沿着 x 轴方向与 Cl 原子的 p 轨道成键时，轨道重叠最大，形成的共价键最稳定，如图 2-12 所示。

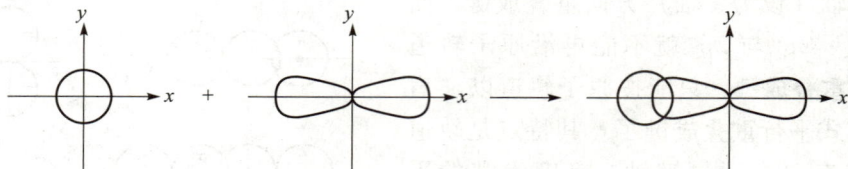

图 2-12 HCl 分子成键示意图

共价键具有饱和性和方向性，所以原子之间通过共价键所形成的有规则排列的晶体叫做原子晶体。典型的原子晶体是金刚石。

共价键的强度比离子键要强，所以原子晶体很硬，而且熔点很高。例如金刚石的硬度很大，是自然界最硬的物质，熔点也很高，可以广泛应用于地质勘探、石油钻井及硬质金属和玻璃加工等。

周期表中间部位的元素比如 B、C、Si、Ge、As 等，它们的单质在固态时都形成原子晶体。金刚石就是碳的一种单质。

在原子晶体中没有离子存在，所以在固态和熔融状态时不易导电。但是硅、锗等原子晶体，可以做优良的半导体材料。

（四）配位键

在上述的共价键中，共用电子对是由相互结合的两个原子各提供一个电子而形成的。还有一种特殊的共价键，共用电子对是由其中一个原子单方面提供的，而另一个原子提供空轨道，这种共用电子对由一个原子单方面提供而与另一个原子共用而形成的共价键称为配位键。配位键用 A→B 来表示，其中 A 原子是提供电子对的，是电子对的给予体；B 原子是提供空轨道接受电子对的，是电子对的接受体。配位键可以看作是特殊的共价键。

1. 配位键的形成 以 NH_4^+ 为例说明之。

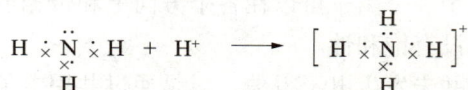

NH_3 分子中的 N 原子上有一对没有与其他原子共用的电子，这对电子称为孤对电子。H^+ 是 H 原子失去一个 1s 电子而形成的，它具有一个 1s 空轨道，当 NH_3 分子与 H^+ 相遇时，NH_3 分子中 N 原子上的孤对电子便与 H^+ 的空轨道共用而形成配位键。

从配位键形成的过程可以看出，形成配位键必须具备两个条件：一是电子对的给予体必须具有孤对电子；二是电子对的接受体必须具有空轨道。

2. 配位化合物　如果一个金属阳离子和一定数目的中性分子或阴离子以配位键相结合而形成复杂的离子，这种复杂的离子则称为配位离子，简称配离子，或称络离子。配离子与带相反电荷的其他离子所组成的化合物称为配位化合物，简称配合物，或称络合物。

在配合物中，金属阳离子位于中心，称为中心离子，在中心离子的周围结合着几个中性分子或阴离子，称为配位体。配位体中能够提供孤对电子的原子称为配位原子。中心离子和配位体之间通常以配位键相结合，二者相距较近，共同构成了配离子，故称为配合物的内界。除配离子外的其他离子，距中心离子较远，称为配合物的外界。内界和外界之间通常以离子键相结合。

例如，配合物 $[Co(NH_3)_6]Cl_3$，其构成如下：

$$[Co(NH_3)_6]Cl_3$$

中心离子　配体　配位数　　　外界

内界

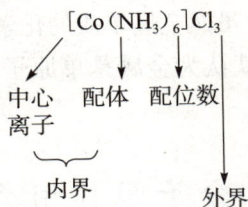

在配合物 $[Co(NH_3)_6]Cl_3$ 分子中，1 个钴离子和 6 个氨分子之间均以配位键相结合，钴离子和氨分子相距较近，共同构成了配离子，是配合物 $[Co(NH_3)_6]Cl_3$ 的内界。其中，钴离子是中心离子，氨分子是配位体，氮原子是配位原子。除此之外，3 个氯离子距中心离子较远，是配合物 $[Co(NH_3)_6]Cl_3$ 的外界。

在周期表中，过渡元素的离子大多具有空的价电子轨道。如 Fe^{2+}、Fe^{3+}、Ag^+、Cu^{2+}、Hg^{2+}、Pt^{2+} 等，形成配合物的倾向都比较大，是最常见的中心离子。某些阴离子和中性分子，如 Cl^-、I^-、CN^-、SCN^-、NH_3、H_2O 等，都有孤对电子，可以作为配位体与中心离子结合生成配离子。外界一般是较为简单的阴离子或阳离子，如 Cl^-、SO_4^{2-}、K^+、NH_4^+ 等。

3. 螯合物　螯合物是一类特殊的配合物，其单个配位体中含有两个或两个以上的配位原子，可以与中心离子形成具有稳定环状结构的配合物。能够与中心离子形成螯合物的配位体称为螯合剂。常见的有机螯合剂如乙二胺、氨基乙酸、乙二胺四乙酸等，其配位原子是 N、O 等原子。

形成螯合物必须满足三个条件：一是中心离子必须具有空轨道；二是螯合剂必须含有 2 个或 2 个以上能提供孤对电子的配位原子；三是配位原子之间必须相隔 2 个或 3 个其他原子，以便形成稳定的五元环或六元环。

离子键、共价键和配位键可以单独存在于某个分子中，也可以同时存在于同一分子中。如在 NaOH 中，Na^+ 和 OH^- 之间是离子键，而 O 和 H 原子之间是共价键。又如在 NH_4Cl 中，NH_4^+ 和 Cl^- 之间是离子键，而 NH_4^+ 中 N 和 H 原子之间有 3 个共价键和 1 个配位键。

三、金属键

金属的内部结构是复杂的，它包含着电中性的原子，和带有正电荷的阳离子及从原子上脱落下来的电子。这些电子不是固定在某一金属离子的附近，而是在整块金属内部的原子和离子之间，不停地进行着交换及不规则地移动着位置，我们把这种在一瞬间不受一定原子束缚的电子叫做自由电子。在金属结构中，电子不停地进行着交换，当电子从原子上脱落下来时，原子就变成了阳离子，当阳离子与电子结合时又变成原子。同时，总有一些自由电子存在，如图 2-13 所示。这种由于自由电子运动而引起金属原子和离子之间互相结合的化学键叫做金属键。

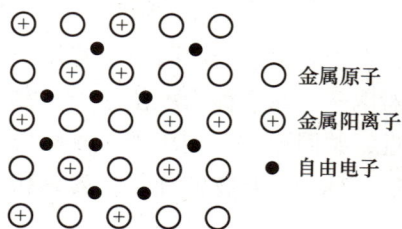

图 2-13　金属结构示意图

○ 金属原子　⊕ 金属阳离子　● 自由电子

由于自由电子并没有完全离开金属，所以从整体上来说，金属还是呈电中性的。虽然金属单质的化学式通常是用元素符号来表示，如 Fe、Cu 等，但是不能根据这一点就认为金属是单原子分子，这只能说明在金属单质中只存在着一种元素的原子。

第四节　分子间作用力和氢键

一、键的极性和分子的极性

（一）非极性键和极性键

电子从一个原子完全转移到另外一个原子上，形成离子键；电子被两个原子所共用，就形成共价键。

由同种元素的原子形成的双原子分子中，共价键如 H—H 键、Cl—Cl 键等，由于两个原子对共用电子对的吸引能力完全相同，电子对不偏向其中任何一个原子，成键的原子都不显电性，这样的共价键叫做非极性共价键，简称为非极性键。

由不同种元素的原子形成的共价键中，如 H—Cl 键、H—O 键等，共用电子对偏向吸引电子能力较强的原子一方，使其带上部分的负电荷，而吸引电子能力较弱的原子就带上部分的正电荷。这样的共价键叫做极性共价键，简称为极性键。

形成离子键时，电子从一个原子完全转移到另外一个原子；在非极性键里，电子对平均地被两个原子所共有。所以，极性键是离子键和非极性键的过渡状态，换句话说离子键、极性键、非极性键之间没有绝对的界限。

如何判断原子吸引电子的强弱呢？

分子中原子吸引电子的能力可以用电负性来表示。电负性越大，原子在分子中吸引电子的能力就越强；电负性越小，原子在分子中吸引电子的能力就越弱。

根据两种元素的电负性数值大小就可以推测出它们成键的类型和共价键极性的强弱。活泼金属的电负性比较小，活泼非金属的电负性比较大。所以，形成离子键的两种原子的电负性数值差就比较大，形成非极性键的原子之间电负性数值差等于零，形成极性键的原子之间电负性数值差介于形成离子键和非极性键的原子之间电负性数值的差之间。所以，形成化学键的两个原子的电负性数值差越大，形成键的极性也越强；电负性数值差越小，形成键的极性也越弱。

（二）极性分子和非极性分子

如果分子中正电荷重心和负电荷重心重合，这样的分子称为非极性分子。如氢分子中，两个氢原子以非极性键结合，共用电子对不偏向任何一个原子，整个的分子不显示极性，即为非极性分子。如果分子中，正电荷重心和负电荷重心不能相互重合，这样的分子称为极性分子。如在氯化氢分子中，氯原子和氢原子之间以极性键结合，而氯的电负性比氢大，氯原子的一端带部分的负电，氢原子的一端带部分的正电，整个的分子呈现极性，即为极性分子。

以极性键结合的多原子分子，既可能是极性分子，也可能是非极性分子，主要取决于分子中各键的空间排列。即分子的极性与键的极性和分子的空间构型有关。

如果是以非极性键相结合的双原子分子，则分子一定是非极性分子，例如 H_2、Cl_2 等。

如果是以极性键相结合的分子，则分子可能是极性的，也可能是非极性的，具体情况如下：

1. 以极性键相结合的双原子分子一定是极性分子 因为其共用电子对偏向吸引电子能力比较强的原子，而使分子一端带上部分的负电荷，另一端则带上部分的正电荷，正、负电荷重心不能相互重合，而使整个分子电荷分布不均匀而产生极性。例如 HCl、HF、H_2S 等。

2. 以极性键相结合的多原子分子不一定是极性分子 分子的极性取决于化学键的极性和分子的空间构型。如果分子的空间构型是完全对称的，键的极性就会相互抵消，正、负电荷重心重合，则分子为非极性分子。反之，则为极性分子。

例如，CO_2 是直线型分子，虽然 C＝O 键是极性键，但由于两个氧原子对称地分布在碳原子的两侧（结构式为：O＝C＝O），两键的排列是对称的，键的极性可以相互抵消，则分子中正、负电荷重心相互重合，整个分子没有极性，因此，CO_2 为非极性分子。

CH_4 分子呈正四面体型，碳原子位于正四面体的中心，四个氢原子位于四个顶角，对称排列在碳原子的周围，四个 C—H 键的极性相互抵消，CH_4 是非极性分子。

H_2O 分子不是直线型的，呈 V 型结构。两个 O—H 键的极性不能相互抵消，分子中正、负电荷重心也不能重合，氢原子一端带部分的正电荷，氧原子一端带部分的负电荷，因此，H_2O 是极性分子。

NH₃ 分子结构也不是直线型的，呈三角锥型，也是极性分子。

二、分子间作用力

许多共价化合物如糖、干冰、碘等，都是由许许多多的分子组成的，它们在固态时都是晶体状态，那么这些分子是怎样形成晶体的呢？实验证明，分子之间也存在着相互作用力。把分子和分子之间的相互作用力称为分子间作用力。分子间作用力是由荷兰物理学家范德华（Van der Waals）首先提出来的，所以又称为范德华力。分子之间的范德华力很弱，其能量的大小通常在 40kJ/mol 以下，比化学键能要小 1～2 个数量级。分子间通过范德华力所形成的有规则排列的晶体叫做分子晶体。极性分子和非极性分子都可以形成分子晶体，如氯化氢、水、二氧化碳、氧气及氖等。由于分子间作用力比离子之间的作用力要弱很多，所以分子晶体的熔点、沸点比较低，硬度也比较小。例如固体二氧化碳（干冰）就是典型的分子晶体，其熔点在 −79℃ 左右，沸点在 −20℃ 左右。

分子间作用力的特点：范德华力比化学键能小；它没有方向性和饱和性；范德华力普遍存在于分子之间，作用范围非常小。

范德华力与物质分子式量及分子的极性有关。一般来说，相同类型的分子，物质的分子量越大，分子间的范德华力也就越大，物质的熔点、沸点也越高。如 Cl₂ 分子量比 F₂ 大，Cl₂ 分子间的作用力就大。分子量相当的极性分子之间的作用力比非极性分子之间的作用力要大很多。例如，卤素单质的分子量、熔点和沸点见表 2−7。

表 2−7　卤素单质的熔点和沸点

卤素单质	F₂	Cl₂	Br₂	I₂
分子量	38	71	160	254
熔点（℃）	−219.6	−101	−7.2	113.5
沸点（℃）	−188.1	−34.6	58.78	184.4

三、氢键

（一）氢键的形成

我们以 HF 为例说明氢键是如何形成的。

在 HF 分子中，由于 F 的原子半径很小而吸引电子的能力很强，共用电子对就强烈地偏向 F 原子，而使氢原子几乎成为"裸露"的氢核，它就可以和另一分子中的 F 原子产生较强的静电作用从而形成氢键。可用下式表示：

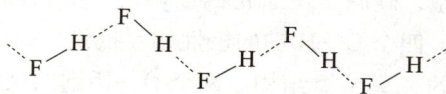

……F—H……F—H……F—H……F—H

上式中虚线表示所形成的氢键。

凡是与非金属性很强、原子半径很小的原子 X（F、O、N）以共价键相结合的氢原子，还可以再和这类元素的另外一个原子 Y 产生较强的相互作用，这种较强的作用称为氢键。通常以 X—H…Y 表示，式中 X 和 Y 可以是相同也可以是不相同的。

形成氢键必须具备两个基本条件：一是分子中必须有一个与非金属性很强、原子半径小的元素原子形成强极性键的氢原子；二是分子中必须有非金属性很强、原子半径小、具有孤对电子的原子，如 F、O、N 等原子。

氢键不是化学键，而是分子间的一种特殊作用力，它直接影响物质的熔点和沸点。化学键、氢键和范德华力之间的强弱比例大约是：

$$化学键：氢键：范德华力 = 100：10：1$$

化学键主要影响物质的化学性质，氢键和范德华力主要影响物质的物理性质。

（二）氢键对物质性质的影响

1. 对沸点和熔点的影响 在同种类型的化合物中，能形成氢键的物质，其熔点和沸点要比不能形成氢键的物质的熔点和沸点高很多。例如 H_2O 的熔点和沸点比 H_2S 熔点和沸点就要高得多。

2. 对溶解度的影响 如果溶质分子和溶剂分子之间能够形成氢键，那么溶质的溶解度就会增大。例如，氨极易溶于水，乙醇与水能以任意比例互溶，这都是形成氢键的缘故。

3. 对其他性质影响 氢键是一种很重要的分子间作用力，例如在 H_2O 分子中，由于氢键的作用，分子间的作用力加强，使其在常温下即为液态。氢键可以使冰中的水分子排成四面体型，从而导致冰的结构空旷密度变小。

视域拓展

相似相溶规则

"相似"是指溶质与溶剂的结构和极性相似；"相溶"是指溶质与溶剂彼此溶解。例如，水分子间有较强的氢键，水分子既可以为生成氢键提供氢原子，又因其中氧原子上有孤对电子能接受其他分子提供的氢原子，氢键是水分子间的主要结合力。所以，凡能为生成氢键提供氢或接受氢的溶质分子，均和水"结构相似"，可以通过氢键与水结合，在水中有很大的溶解度。如果溶质中非极性成分增大，则它与水（极性分子）的结构差异就会增大，在水中的溶解度也会降低。

对于气体和固体溶质来说，"相似相溶"也适用。结构相似的一类气体溶质，沸点愈高，它的分子间作用力愈大，在液体中的溶解度也愈大。如 O_2 的沸点（90K）高于 H_2 的沸点（20K），所以 O_2 在水中的溶解度大于 H_2 的溶解度。结构相似的一类固体溶质，其熔点愈低，则其分子间作用力愈小，在水中的溶解度也愈大。

总而言之，如果两种物质的分子结构和极性相似，则这两种物质就相溶。

同 步 训 练

一、选择题

1. 某元素原子的最外层电子数与次外层电子数相同，且最外层电子数与次外层电子数之和小于 8，它是（　　）

    A. 锂　　　　　　　B. 铍　　　　　　　C. 氦　　　　　　　D. 钙

2. 不属于化学键的是（　　）

    A. 离子键　　　　　B. 共价键　　　　　C. 极性键　　　　　D. 氢键

3. 下列微粒中，决定元素种类的是（　　）

    A. 质子数　　　　　B. 中子数　　　　　C. 质量数　　　　　D. 核外电子数

4. 下列互为同位素的是（　　）

    A. H_2 和 D_2　　　B. ^{14}N 和 C^{14}　　　C. ^{16}O 和 ^{17}O　　　D. 金刚石和石墨

5. 某元素原子核内质子数为 m，中子数为 n，则下列论断正确的是（　　）

    A. 不能由此确定该元素的相对原子质量

    B. 这种元素的相对原子质量为 $m+n$

    C. 若碳原子质量为 Wg，则此元素原子质量为 $(m+n)Wg$

    D. 该元素原子核内中子的总质量小于质子的总质量

6. 任何一种原子必定具有的微粒是（　　）

    A. 质子、中子、电子　　　　　　　　B. 质子、中子

    C. 质子、电子　　　　　　　　　　　D. 中子、电子

7. 下列化合物中，是离子型化合物的是（　　）

    A. HCl　　　　　　B. SiO_2　　　　　C. CaO　　　　　　D. H_2O

8. 下列各组物质中，分子中只有非极性共价键的是（　　）

    A. CO_2、NO_2、SiO_2　　　　　　　B. HCl、NH_3、CH_4

    C. NO、CO、CaO　　　　　　　　　D. O_2、N_2、Cl_2

9. 下列叙述正确的是（　　）

    A. ^{40}K 和 ^{40}Ca 原子中的质子数和中子数都相等

    B. 金刚石和石墨的性质相同

    C. H_2 和 D_2 互为同位素

    D. 某物质中只含一种元素，该物质一定是纯化合物

10. 下列说法错误的是（　　）

    A. 元素周期表中的横行称为周期

    B. 元素周期表中的纵行称为周期

    C. 周期的序数等于该周期元素原子具有的电子层数

    D. 主族的序数等于该主族元素最外电子层的电子数

二、填空题

1. 原子是由居于原子中心的带 _____ 电的 _____ 和核外带 _____ 电的 _____ 构成的。

2. 原子显电中性的原因是核内的 _____ 和核外 _____ 相等，但二者 _____ 相反。

3. 有一种原子，它的原子核内有 12 个中子，核外有 11 个电子，则它的原子核内一定有 _____ 个质子并带有 _____ 个单位的正电荷。

4. 原子核外电子排布所遵循的三条规律分别是 _____，_____，_____。

5. 元素的性质随 _____ 的递增呈现周期性变化的规律，称为 _____。

6. 电子层中又分亚层，第一电子层只有 1 个亚层，称为 _____ 亚层；第二层电子有 2 个亚层，为 _____ 亚层和 _____ 亚层；第三层电子有 _____ 个亚层，分别为 _____。处于同一电子层的不同亚层中的电子，能量高低是不同的，以含有 4 个亚层的 N 层为例，各亚层能量从低到高的顺序依次为 _____、_____、_____、_____。

三、简答题

1. 什么是同位素？

2. 氢的三个同位素是哪几个？

3. 原子的构成包括哪几个？

4. 相对原子质量是如何计算出来的？

5. 试述原子半径随着电子层增多的变化规律。

6. 化学键有哪些类型？

7. 什么是共价键？共价键的形成条件？

第三章　重要元素及其化合物

学习要点

1. 基本概念：卤族元素；氧族元素；氮族元素；碳族元素；碱金属元素；碱土金属元素。
2. 基本理论：原子结构与元素性质的关系；同族元素性质的变化规律。
3. 基本知识：卤族元素、氧族元素、氮族元素、碳族元素、碱金属元素、碱土金属元素的原子结构特点；钙、铬、铁、铜、锌等元素的价电子构型；氯气、氧气、氮气、碳、钾、钠、钙、铬、铁、铜、锌等元素及其重要化合物的主要理化性质。

第一节　卤　族　元　素

在元素周期表中，位于第ⅦA族的氟（F）、氯（Cl）、溴（Br）、碘（I）、砹（At）五种元素，能够直接与金属化合生成无机盐类，称为卤族元素，简称卤素。自然界中，氟主要以萤石（CaF_2）和冰晶石（Na_3AlF_6）等矿物存在；氯、溴、碘主要以钠、钾、钙、镁的无机盐形式存在于海水中，碘还被富集于海藻类植物之中；砹是放射性元素，在自然界中的含量极少，且短暂地存在于铀和钍的蜕变产物中。氟、氯、溴、碘是重要的化学化工原料，可以用来制备药物、染料、塑料、合成橡胶等。

氟和碘都是人体的必须微量元素，氟主要存在于骨骼、牙釉质中，碘主要存在于甲状腺内；氯是人体的必须宏量元素，主要存在于血液中。

一、卤族元素的结构特点

卤素原子的最外电子层均有 7 个电子，电子构型为 ns^2np^5，与稳定的 8 电子构型 ns^2np^6 相比，仅缺少 1 个电子，所以，卤素原子很容易获得 1 个电子，是各自所在周期中核电荷数最多（除惰性元素外）、原子半径最小、电负性最大、最活泼的非金属，除 I_2 外，F_2、Cl_2、Br_2 均为强氧化剂。卤素原子随着原子序数的递增，外层电子离原子核越来越远，原子核对最外层价电子的吸引力逐渐减弱，因此，氟、氯、溴、碘的非金属性依次减弱。

卤素单质均是双原子分子，常温常压下，F_2 是淡黄绿色气体，能够与水激烈反应；

Cl_2 是黄绿色气体，易溶于水并缓慢发生反应；Br_2 是红棕色液体，易挥发成溴蒸气；I_2 是紫黑色固体，受热易升华，即固态碘受热不经熔化直接变成紫色蒸气，碘蒸气遇冷直接凝结成固体碘。卤素的其他物理性质见表 3-1。

表 3-1　卤素的结构特点及单质的物理性质

元素	原子序数	电子构型	单质	常温密度	熔、沸点（℃）	常温溶解度
氟 F	9	$2s^2 2p^5$	F_2	1.69g/L	-219.6、188.1	与水反应
氯 Cl	17	$3s^2 3p^5$	Cl_2	3.21g/L	-101、-34.6	310cm³
溴 Br	35	$4s^2 4p^5$	Br_2	3.12g/cm³	-7.2、58.78	4.17g
碘 I	53	$5s^2 5p^5$	I_2	4.93g/cm³	113.5、184.4	0.029g

二、卤族元素的主要化学性质

（一）氟的主要化学性质

氟是氧化性最强的元素，只能呈 -1 价。氟气与水剧烈反应，立即生成氢氟酸和氧气并发生燃烧。单质氟与盐溶液的反应，都是先与水反应，生成的氢氟酸再与盐的反应；将氟气通入碱中可能导致爆炸；氟和氟化氢（氢氟酸）对玻璃都有较强的腐蚀性；氟化氢的水溶液叫氢氟酸，是一种弱酸，但却是稳定性最强的氢卤酸。

（二）氯的主要化学性质

氯的化学性质很活泼，氯气能同大多数金属和非金属直接反应，亦能同水、碱等化合物起反应。

1. 氯气与金属反应　把一束细铜丝灼烧红热后，立即插入充满氯气的集气瓶中，可以看到火星四溅并出现棕黄色的烟雾，即氯化铜晶体颗粒。

$$Cu + Cl_2 =\!=\!= CuCl_2$$

如果将铜丝换成铁丝实验，则出现棕黑色烟雾，即三氯化铁晶体颗粒。

2. 氯气与非金属反应　在常温没有光照的情况下，氯气和氢气的化合反应非常缓慢，若在点燃或光照射时，反应会迅速进行，甚至发生爆炸，生成氯化氢气体。反应如下：

$$Cl_2 + H_2 =\!=\!= 2HCl$$

视域拓展

盐酸的工业制法

　　工业上制取盐酸时，首先在反应器中将氢气点燃，然后通入氯气进行反应，制得氯化氢气体。氯化氢气体冷却后被水吸收成为盐酸。在氯气和氢气的反应过程中，有毒的氯气被过量的氢气所包围，使氯气能够充分反应，防止对空气造成污染。

3. 氯气与水反应　氯气溶于水成为氯水，但氯气与水能够缓慢发生化学反应，生成次氯酸和盐酸。

$$Cl_2 + H_2O = HClO + HCl$$

次氯酸易分解，光照时更易分解。

$$2HClO = HCl + O_2 \uparrow$$

次氯酸是强氧化剂，具有消毒杀菌和漂白作用，所以常用氯气消毒饮用水。1L 水中大约通入 0.002g 氯气。实验室使用氯水时，应盛于棕色瓶中，在阴暗处、短时间保存。

课堂互动

取干燥和湿润的有色布条各一块，分别放入两个盛有氯气的集气瓶中。观察两块有色布条的颜色有什么变化。

4. 氯气与碱反应　氯气与碱发生反应，生成次氯酸盐、氯化物和水。例如：

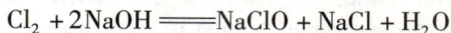

$$Cl_2 + 2NaOH = NaClO + NaCl + H_2O$$

将氯气通入石灰水中，会有类似的反应，生成的产物称为漂白粉。化学反应方程式如下：

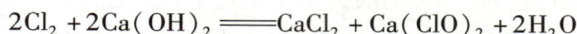

$$2Cl_2 + 2Ca(OH)_2 = CaCl_2 + Ca(ClO)_2 + 2H_2O$$

漂白粉是次氯酸钙和氯化钙的混合物，其中，次氯酸钙是有效成分，称为漂白精，在水中能够生成次氯酸，具有漂白作用。

$$Ca(ClO)_2 + H_2O = 2HClO + Ca(OH)_2$$

漂白粉溶液的碱性增大时，漂白作用进行缓慢。要短时间内收到漂白效果，必须除去 $Ca(OH)_2$，所以工业上使用漂白粉时要加入少量弱酸，如醋酸等，或加入少量的稀盐酸。家庭使用漂白粉不必加酸，因为空气里的二氧化碳溶在水中能够起弱酸的作用。

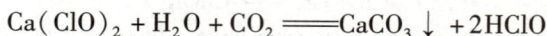

$$Ca(ClO)_2 + H_2O + CO_2 = CaCO_3 \downarrow + 2HClO$$

在潮湿环境中，漂白粉与水分缓慢反应生成次氯酸（易分解失去漂白作用），长时间存放会失效。

知识链接

氯气的制法

在实验室需用少量氯气时，可以用浓盐酸与氯化钠反应来制取。工业上制取大量氯气时，多采用电解饱和食盐水的方法，将氯气加压液化后储存于绿色钢瓶中。

（三）溴的主要化学性质

溴的化学性质比较活泼，能够与金属、氢气、水等直接反应，生成物类似于氯气与对应物质反应的生成物，但反应的剧烈程度远不如氯气。

（四）碘的主要化学性质

碘的化学性质不太活泼，可与活泼的金属、氢气直接反应，生成物也类似于氯与对应物质反应的生成物，例如，碘在高温或有催化剂存在下才能与氢气发生反应，且反应不能进行到底。

$$I_2 + H_2 \rightleftharpoons 2HI$$

碘单质 I_2 有一个特殊性质，能与淀粉生成蓝色的配合物，反应非常灵敏，常用于检验 I_2 或检验淀粉。

（五）卤素单质活泼性比较

从上面的介绍可以看出，卤素单质的活泼性按照氟、氯、溴、碘的顺序依次降低。因此，位于前面的卤素单质可以把后面的元素从卤化物中置换出来。

$$Cl_2 + 2I^- = 2Cl^- + I_2$$
$$Cl_2 + 2Br^- = 2Cl^- + Br_2$$
$$Br_2 + 2I^- = 2Br^- + I_2$$

（六）卤离子的检验

实验室检验卤素离子时，常用硝酸银溶液，硝酸银与 Cl^- 反应生成白色沉淀，与 Br^- 反应生成浅黄色沉淀，与 I^- 反应生成黄色沉淀。再加入少量稀硝酸时，沉淀不溶解，即证明溶液中存在 Cl^-、Br^-、I^-。反应方程式为：

$$Ag^+ + Cl^- = AgCl\downarrow （白色）$$
$$Ag^+ + Br^- = AgBr\downarrow （浅黄色）$$
$$Ag^+ + I^- = AgI\downarrow （黄色）$$

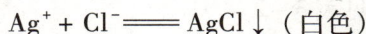

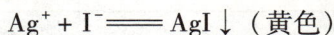

也可利用卤素原子活泼性差异进行检验，分别向待鉴别的溶液中加入氯水，若溶液变橙色，证明是 Br^- 溶液；若溶液变黄色，再加入少量淀粉溶液，变蓝色证明有 I^-，反应方程式为：

$$2Br^- + Cl_2 = 2Cl^- + Br_2$$
$$2I^- + Cl_2 = 2Cl^- + I_2$$

三、卤族元素的主要化合物

1. 含氯的化合物 主要有氯化钠（NaCl）、氯化钾（KCl）、氯化氢（HCl）等。氯化氢的水溶液称为盐酸，市售的浓盐酸密度为 1.19g/mL，浓度为 37%。这些化合物在日常生活、人体生命和工农业生产中必不可少。

2. 含溴的化合物 主要是溴化银（AgBr），它对光非常敏感，稍微受到光的刺激就会分解，人们利用这个特性制备照相胶卷、照相底片和印相纸。

3. 含碘的化合物　主要是碘化钾（KI）和碘化银（AgI）等，前者在分析化学中用于配制碘滴定液（后面要讲到），在临床上用于预防和治疗地方性性甲状腺疾病等；后者用于制备高速照相胶片。

第二节　氧族元素

在元素周期表中，位于第ⅥA族的氧（O）、硫（S）、硒（Se）、碲（Te）、钋（Po）等五种元素，称为氧族元素。其中，氧和硫属于非金属；硒和碲属于半金属元素，在自然界中含量少，称为稀有元素；钋是放射性金属元素。氧和硫是本族最重要的元素，它们主要以化合物矿物的形式存在于自然界。

一、氧族元素的结构特点

氧族元素的价电子层构型是 ns^2np^4，同卤族元素相比，位于同一周期的元素，获得两个电子比卤原子获得一个电子要困难一些，所以，氧族元素的非金属活泼性比卤素弱。

氧单质有氧气（O_2）和臭氧（O_3）两种同素异形体。氧气在空气重约占21%，无色无味，是延续生命必不可少的物质。氧气在低温或加压时，能够成为淡蓝色液体，常用蓝色钢瓶储存液态氧气。臭氧存在于在距离地面 $20 \sim 25km$ 之间的大气中，它能吸收阳光中的紫外线辐射，从而保护地球上的生物免受损害。

硫单质是黄色的晶体，俗称硫黄，有多种不同的同素异形体（由同种元素构成的性质不同的单质），如斜方硫、单斜硫和弹性硫等。

氧族元素的其他物理性质见表3－2。

表3－2　氧族元素的结构特点及单质的物理性质

元素	原子序数	电子构型	单质	化合价	常温密度（g/cm³）	熔、沸点（℃）
氧 O	8	$2s^22p^4$	O_2	-2	1.429×10^{-3}	-218.4、-183
硫 S	16	$3s^23p^4$	S	-2、+4、+6	2.07	112.8、444.6
硒 Se	34	$4s^24p^4$	Se	-2、+4、+6	4.81	217、684.9
碲 Te	52	$5s^25p^4$	Te	-2、+4、+6	6.25	449.5、989.8

二、氧族元素的主要化学性质

（一）氧气的主要化学性质

氧气的化学性质非常活泼，易与多种金属、非金属、化合物发生反应，依据反应条件不同，可表现为缓慢氧化、燃烧、爆炸等现象，反应中放出大量的热。

1. 氧气与金属反应　氧气能够与多种金属发生剧烈反应，例如镁在空气中或氧气中剧烈燃烧，发出耀眼白光，生成白色粉末状物质；红热的铁丝在氧气中燃烧，火星四射，生成黑色固体物质；亮红色的铜丝加热后，表面会生成一层黑色物质。反应方程式分别为：

$$2Mg + O_2 \!=\!\!=\!\!= 2MgO$$
$$3Fe + 2O_2 \!=\!\!=\!\!= Fe_3O_4$$
$$2Cu + O_2 \!=\!\!=\!\!= 2CuO$$

2. 氧气与非金属反应　氧气能够与多种非金属发生剧烈反应，例如氢气在氧气中燃烧，呈淡蓝色火焰，生成水蒸气；木炭在氧气里剧烈燃烧，发出白光，生成无色、无气味能使澄清石灰水变浑浊的二氧化碳气体；硫在氧气里剧烈燃烧，产生明亮的蓝紫色火焰，生成无色的二氧化硫气体；磷在氧气剧烈燃烧，发出明亮光辉，生成白色的五氧化二磷烟雾。反应方程式分别为：

$$2H_2 + O_2 \!=\!\!=\!\!= 2H_2O$$
$$C + O_2 \!=\!\!=\!\!= CO_2$$
$$S + O_2 \!=\!\!=\!\!= SO_2$$
$$4P + 5O_2 \!=\!\!=\!\!= 2P_2O_5$$

3. 氧气与化合物反应　氧气能够与很多化合物发生反应，例如一氧化碳在氧气中燃烧生成二氧化碳；氧化亚铜与氧气反应生成氧化铜等。氧气能够与绝大多数有机物发生剧烈反应，表现为燃烧，生成的主要物质是二氧化碳和水等。

（二）臭氧的主要性质

臭氧（O_3）是氧气（O_2）的同素异形体，在常温下，它是一种有特殊臭味的淡蓝色气体，可缓慢分解为氧气，高温下迅速分解为氧气。臭氧主要存在于距地球表面 $20 \sim 35km$ 的同温层下部的臭氧层中，能够吸收紫外线，使地球表面的生物不受紫外线侵害。

吸入少量臭氧对人体有益，吸入过量对人体健康危害很大。

（三）硫的主要化学性质

硫的化学性质比较活泼，易与金属、氢气、碳等还原性物质反应，呈现氧化性；也能与浓硫酸、硝酸等强氧化性物质反应，呈现还原性。反应方程式如下：

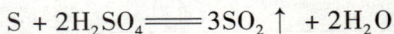

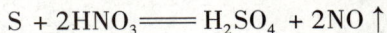

$$S + Cu \!=\!\!=\!\!= CuS$$
$$S + H_2 \!=\!\!=\!\!= H_2S$$
$$2S + C \!=\!\!=\!\!= CS_2$$
$$S + 2H_2SO_4 \!=\!\!=\!\!= 3SO_2\uparrow + 2H_2O$$
$$S + 2HNO_3 \!=\!\!=\!\!= H_2SO_4 + 2NO\uparrow$$

三、氧族元素的主要化合物

氧是自然界分布最广、含量最多的元素，其主要化合物有水（H_2O）、双氧水

（H_2O_2）、地壳中大量存在的含氧酸盐、动植物体内的含氧有机化合物等。

水是一切生命所必需的物质。

双氧水的学名叫过氧化氢，易分解，遇到污物时更易分解，反应为：

$$2H_2O_2 =\!=\!= 2H_2O + O_2 \uparrow 。$$

双氧水在分解时，尚未结合成氧气分子的氧原子，具有很强的氧化能力，与细菌接触时，能破坏细菌菌体，杀死细菌。因此，常用3%的过氧化氢（医用级）水溶液进行伤口消毒、环境消毒和食品消毒。杀灭细菌后，剩余的物质是无任何毒害、无任何刺激作用的水，不会形成二次污染。

硫的主要化合物有硫酸（H_2SO_4）、硫化物、硫酸盐等。

氧和硫是构成蛋白质的重要元素，对生命活动具有重要意义。

第三节　氮族元素

在元素周期表中，位于第ⅤA族的氮（N）、磷（P）、砷（As）、锑（Sb）、铋（Bi）等5种元素，称为氮族元素。其中，氮和磷是非金属元素，表现出比较明显的非金属性；砷虽然是非金属元素，但具有一些金属性；锑和铋是金属元素，具有比较明显的金属性。因此本族元素在性质的递变上也表现出从典型的非金属到金属的一个完整过渡。氮和磷在地壳中的质量分数分别为0.0025%和0.1%，其他三种元素的质量分数非常小。氮是大气中含量最多的元素，也是构成蛋白质的主要元素之一；磷在自然界中总是以磷酸盐的形式存在，还存在于生物体所有细胞中，是维持骨骼和牙齿的必要物质，几乎参与所有生理上的化学反应，磷还是使心脏有规律地跳动、维持肾脏正常机能和传达神经刺激的重要物质。

一、氮族元素的结构特点

氮族元素原子的价电子层结构为 ns^2np^3，它们的最高正价均为 +5 价，最高正价氧化物对应水化物为酸。本族元素与ⅦA、ⅥA两族元素比较，要获得3个电子形成 −3 价离子是较困难的，若能形成气态氢化物，则显 −3 价。

通常状态下，氮气为无色气体；磷有两种同素异形体，白磷为白色蜡状固体，红磷为红棕色粉末；砷为灰色固体；锑为银白色金属；铋为白色或粉红色金属。

氮族元素的其他性质见表3 − 3。

表3 − 3　氮族元素的结构特点及单质的物理性质

元素	原子序数	电子构型	单质	化合价	常温密度（g/cm^3）	熔、沸点（℃）
氮 N	7	$2s^22p^3$	N_2	−3、+5 ～ +1	1.25×10^{-3}	−218.4、−183
磷 P	15	$3s^23p^3$	P_4、P_2	−3、+5、+3、+1	白磷1.82、红磷2.2	112.8、444.6
砷 As	33	$4s^24p^3$	Se	−3、+5、+3	5.72	217、684.9
锑 Sb	51	$5s^25p^3$	Te	+5、+3	6.69	449.5、989.8
铋 Bi	83	$6s^26p^3$	Bi	+3	9.80	271.3、1560

二、氮族元素的主要化学性质

（一）氮的主要化学性质

氮元素的单质是氮气（N_2），在空气中约占 78%，无色无味，比空气稍轻，难溶于水。氮气分子是由两个氮原子共用三对电子而形成的分子，化学性质很不活泼。但在高温高压和催化剂的作用下，氮气能与氢气、氧气等发生反应。

工业上，在高温高压和催化剂作用条件下，氮气可以与氢气反应合成氨。

$$N_2 + 3H_2 \rightleftharpoons 2NH_3 \uparrow$$

雷雨天气时，在放电条件下，空气中的氮气与氧气反应生成一氧化氮（NO），NO 又被 O_2 氧化成 NO_2，NO_2 与水反应生成硝酸。

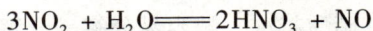

$$N_2 + O_2 \xlongequal{} 2NO$$

$$2NO + O_2 \xlongequal{} 2NO_2$$

$$3NO_2 + H_2O \xlongequal{} 2HNO_3 + NO$$

如果产生大量的 NO_2，就会造成酸雨，酸雨腐蚀金属和建筑物，破坏森林，污染湖泊。

（二）磷的主要化学性质

单质磷有两种最常见的同素异形体，白磷和红磷，它们在一定条件下可以互相转化。磷在化学性质上与氮有相似的地方，如单质也能与非金属反应等。磷的化学活泼性远高于氮气，如磷在氯气中能自燃。白磷又比红磷活泼得多，例如，白磷在空气中缓慢氧化，表面集聚热量，温度达到 40°C 能自燃。再如，磷在氯气中燃烧生成三氯化磷（PCl_3），在过量氯气中燃烧生成五氯化磷（PCl_5）。

我们在初中曾学习过，磷能在氧气中燃烧生成 P_2O_5。

$$4P + 5O_2 \xlongequal{} 2P_2O_5$$

P_2O_5 是酸性氧化物，与热水反应生成磷酸（H_3PO_4）。

$$P_2O_5 + 3H_2O \xlongequal{} 2H_3PO_4$$

> **视域拓展**
>
> #### 磷与生物体
>
> 磷和氮一样，都是构成蛋白质的成分之一。动物的骨骼、牙齿和神经组织，植物的果实和幼芽，生物的细胞里都含有磷。磷对于维持生物体正常的生理机能起着重要的作用。

三、氮族元素的主要化合物

（一）氮的主要化合物

1. 氨（NH_3） 氨是无色有刺激性气味的气体，比空气轻，容易被液化，在常压下

冷却至 $-33.5°C$ 或常温下加压 $700 \sim 800kPa$ 时，氨即变成无色液体，同时放出大量的热。液氨气化时要吸收大量的热，能使周围温度急剧降低，因此，氨常用作制冷剂。氨气极易溶于水，在常温常压下，1 体积水可溶解 700 体积的氨，氨的水溶液称为氨水，呈碱性。

氨与水反应生成一水合氨，相当于一元弱碱，发生部分电离，使溶液呈碱性。

$$NH_3 + H_2O \rightleftharpoons NH_3 \cdot H_2O \rightleftharpoons NH_4^+ + OH^-$$

氨与酸反应生成铵盐。向铵盐溶液中加入强碱，会逸出氨气，氨气能使湿润的红色石蕊试纸变蓝色，常用这种方法检验铵盐的存在。例如：

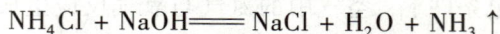

$$NH_3 + HCl = NH_4Cl$$

$$NH_4Cl + NaOH = NaCl + H_2O + NH_3\uparrow$$

2. 铵盐 常见的铵盐如氯化铵（NH_4Cl）、硫酸铵、硝酸铵、碳酸氢铵等，受热易分解为氨气和对应的酸。

3. 硝酸（HNO_3） 市售浓硝酸的质量分数为 69.2%，是一种强酸，具有强氧化性和腐蚀性。硝酸易见光分解，硝酸越浓，越容易分解，分解放出的红棕色的二氧化氮溶于硝酸而使硝酸溶液呈黄色。应把硝酸装入棕色瓶中于阴暗处避光保存。硝酸是重要的化工原料，用以制造化肥、炸药、硝酸盐等。浓硝酸、浓盐酸以体积 1：3 的比例混合，就是具有极强腐蚀性的王水。

知识链接

亚硝酸盐有毒，它可将人体血液中亚铁血红蛋白氧化成高铁血红蛋白，使血液失去携氧能力，造成人体组织缺氧、甚至窒息、死亡。

实验室常用的亚硝酸钠，外观类似食盐，应严防把它误当成食盐使用。

有人吃了烂白菜会出现中毒症状，原因是白菜腐烂后，在细菌的作用下，白菜中的硝酸盐变成有毒的亚硝酸盐而导致的。

（二）氮族元素的其他化合物

1. 磷酸（H_3PO_4） 是一种中等强度的三元酸，具有酸的通性，是重要的化工原料，主要用于制磷肥，也用于食品、纺织等工业。

2. 三氧化二砷（As_2O_3） 又称砒霜，白色晶体，无臭无味，有剧毒。三氧化二砷易溶于碱，稍溶于水。三氧化二砷是两性化合物，酸性高于碱性，是制备砷衍生物的主要原料，可做杀虫剂、除草剂、外用中药、抗癌药物，也用于制备药物、皮毛防腐、玻璃脱色等。

第四节 碳族元素

在元素周期表中，位于第ⅣA族的碳（C）、硅（Si）、锗（Ge）、锡（Sn）、铅

（Pb）等五种元素，称为碳族元素。碳是非金属，硅是准金属，锗、锡、铅是金属。碳在自然界主要以石化燃料及动植物有机体形式存在，无机矿藏主要有石灰石、大理石、白云石、菱镁矿等，空气中存在约 0.03% 的二氧化碳；硅在地壳中的蕴藏量仅少于氧，主要以硅酸盐和石英矿存在；锗常伴生于其他金属硫化物矿中；锡主要以二氧化物（锡石）和各种硫化物（硫锡石）的形式存在；铅主要以方铅矿（PbS）形式存在。

一、碳族元素的结构特点

碳族元素原子价电子层构型是 ns^2np^2，最外电子层都有 4 个电子，既不容易得电子，也不容易失电子，因此，本族元素的主要化合价（准确地讲是氧化数）为 +2 和 +4，其中，铅 +2 价稳定，其余的 +4 价稳定。本族原子易形成共价键，而不易形成离子键。

碳单质有三种同素异形体，金刚石、石墨、球型碳。金刚石俗称钻石，折射率非常高，是自然界中最坚硬的物质，除用作装饰外，工业上主要用于制作刀具、钻头及精密轴承等。石墨具有层状结构，有金属光泽，质软，导电，可用作润滑剂、铅笔芯、电极等。球型碳是由 60 个碳原子组成的球形碳分子（称为富勒烯碳 C_{60}），是近 30 年新兴的高技术材料。人们常说的无定形碳如木炭、炭黑、活性炭、焦炭等实际都是石墨的微晶体。

硅单质呈灰色或黑色，有金属光泽，用作半导体材料。锗呈暗灰色，晶态锗是重要的半导体材料。锡呈银白色或灰色，化学性质稳定，常用于其他活泼金属的防护材料。铅呈银灰色，是较软的重金属，熔点为 337℃，用于制造低熔点合金、铅酸蓄电池和 X 射线防护装置等。

碳族元素的其他性质见表 3 - 4。

表 3 - 4　碳族元素的结构特点及单质的物理性质

元素	原子序数	电子构型	单质	化合价	常温密度（g/cm³）	熔、沸点（℃）
碳 C	7	$2s^2p^2$	C	-4、+2、+4	金刚石 3.51	3550、3825
硅 Si	14	$3s^23p^2$	Si	+2、+4	2.40	1410、2355
锗 Ge	32	$4s^24p^2$	Ge	+2、+4	5.36	937.4、2830
锡 Sn	50	$5s^25p^2$	Sn	+2、+4	白锡 7.31	231.9、2270
铅 Pb	82	$6s^26p^2$	Pb	+2、+4	11.35	327.5、1740

二、碳族元素的主要化学性质

（一）碳的主要化学性质

从碳的价电子构型可知，碳在常温下具有较强的稳定性，但在高温条件下能够表现出较强的还原性。

1. 还原性　在高温条件下，木炭可将氧化铜还原成铜单质，焦炭可将氧化铁还原成铁单质。反应方程式如下：

$$C + 2CuO \!=\!\!= 2Cu + CO_2 \uparrow$$

$$3C + 2Fe_2O_3 \!=\!\!= 4Fe + 3CO_2 \uparrow$$

2. 可燃性 碳在空气（或氧气）中充分燃烧时生成二氧化碳，在空气中燃烧不充分时生成一氧化碳。反应方程式如下：

$$C + O_2 \!=\!\!= CO_2 \uparrow$$

$$2C + O_2 \!=\!\!= 2CO \uparrow$$

从本质上讲，碳的可燃性仍然是还原性。

（二）硅的主要化学性质

常温下，硅不活泼，不与空气、水、碱反应。在高温时，硅能够与许多非金属单质化合，还能与某些酸反应。例如：

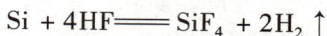

$$Si + O_2 \!=\!\!= SiO_2$$

$$Si + 2Cl_2 \!=\!\!= SiCl_4$$

$$Si + 4HF \!=\!\!= SiF_4 + 2H_2 \uparrow$$

三、碳族元素的主要化合物

（一）碳的主要化合物

1. 一氧化碳（CO）和二氧化碳（CO_2） 这是两种最常见的含碳化合物。

一氧化碳（CO）是无色、无臭的有毒气体。当空气中的 CO 达到 0.1% 时，就会引起人中毒。CO 与血红蛋白的结合能力是氧气与血红蛋白结合能力的 230～270 倍，一旦 CO 与血红蛋白结合，血红蛋白就失去输送氧气的能力，使人缺氧而亡。临床上遇到 CO 中毒患者，可注射亚甲基蓝急救。

二氧化碳（CO_2）是无色、无臭的无毒气体，在大气中约占 0.03%，主要来源于煤、石油和碳氢化合物的燃烧，以及动物的呼吸过程和微生物的发酵过程。绿色植物的光合作用能吸收 CO_2 放出 O_2，从而维持大气中 O_2 与 CO_2 的平衡。

2. 碳酸（H_2CO_3） 二氧化碳（CO_2）的水溶液称为碳酸，常温常压下的最高浓度为 0.033mol/L，溶液仅显弱酸性（pH≈4）。二氧化碳浓度过高时，会从水中逸出。

$$H_2CO_3 \rightleftharpoons H_2O + CO_2 \uparrow$$

3. 碳酸盐 碳酸的正盐中，除碱金属盐（锂盐除外）、铵盐及铊盐外，均难溶于水，但它们的酸式盐溶解度反而小，如碳酸钠的溶解度大于碳酸氢钠。难溶的正盐，其酸式盐溶解度却较大，如碳酸钙的溶解度小于碳酸氢钙。

碳酸盐的稳定性较强，但高温下也可分解，生成对应的金属氧化物和二氧化碳。例如，碳酸钙（$CaCO_3$）和碳酸钠（Na_2CO_3）在高温下分解：

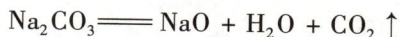

$$CaCO_3 \!=\!\!= CaO + CO_2 \uparrow$$

$$Na_2CO_3 \!=\!\!= NaO + H_2O + CO_2 \uparrow$$

碳酸氢钠（$NaHCO_3$）不稳定，受热易分解。在潮湿空气中缓慢分解。约在50℃开始反应生成CO_2，在100℃全部变为碳酸钠。

$$2NaHCO_3 \rule[0.5ex]{2em}{0.4pt} Na_2CO_3 + H_2O + CO_2\uparrow$$

碳酸钠俗称纯碱、苏打，其水溶液显强碱性，是重要的化工原料。碳酸氢钠俗称小苏打，其水溶液显碱性，内服可中和胃酸及碱化尿液，5%的$NaHCO_3$注射液用于治疗酸中毒。

（二）碳族其他元素的主要化合物

1. 二氧化硅（SiO_2）　纯净的二氧化硅是无色晶体，俗称水晶，是玻璃的主要成分之一，能溶于热碱和氢氟酸中：

$$SiO_2 + 2NaOH \rule[0.5ex]{2em}{0.4pt} Na_2SiO_3 + H_2O$$

$$SiO_2 + 4HF \rule[0.5ex]{2em}{0.4pt} SiF_4 + 2H_2O$$

因此，不能用玻璃容器盛放浓碱溶液和氢氟酸。

2. 硅酸钠（Na_2SiO_3）　其水溶液俗称"泡花碱"或"水玻璃"，常用作黏合剂，主要用来黏合瓦楞纸，也常用作洗涤剂添加物。

3. 氯化亚锡（$SnCl_2$）　具有强还原性，是实验室重要的还原剂。

4. 铅的氧化物　主要有氧化铅（PbO，黄色，俗称密陀僧）、四氧化三铅（Pb_3O_4，俗称红铅或铅丹）、三氧化二铅（Pb_2O_3，橙色）、二氧化铅（PbO_2，棕色）等。

PbO_2是强氧化剂，工业上用于染料、火柴、焰火及合成橡胶等，还用于制造铅酸蓄电池，化学反应式如下：

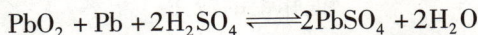

$$PbO_2 + Pb + 2H_2SO_4 \rightleftharpoons 2PbSO_4 + 2H_2O$$

铅是重金属，因此，铅的大多数化合物有毒性，工作人员要做好自身防护，并注意避免污染环境。

第五节　碱金属元素

在元素周期表中，第IA族包括锂（Li）、钠（Na）、钾（K）、铷（Rb）、铯（Cs）、钫（Fr）等六种元素，称为碱金属元素，其氢氧化物呈强碱性。锂、铷和铯属于稀有金属，钫具有放射性。碱金属元素都很活泼，只能以化合状态存在于自然界，其化合物通常都是离子型化合物。

锂的重要矿物是锂辉石（$Li_2O \cdot Al_2O_3 \cdot 4SiO_2$）。钠、钾主要以离子的形式存在于海水中，还有其他存在形式，如矿物钠长石（Na[$AlSi_3O_8$]）、钾长石（K[$AlSi_3O_8$]）、光卤石（$KCl \cdot MgCl_2 \cdot 6H_2O$）、和明矾[$KAl(SO_4)_2 \cdot 12H_2O$]等。钠、钾是正常人体细胞内外代谢所必需的宏量元素，在人体生命过程中发挥着重要作用。

一、碱金属元素的结构特点

碱金属元素最外层只有一个s电子，电子构型为ns^1，次外层为"八电子"稳定结构，带正电的原子核对最外层电子的吸引力较弱，因此它们极易失去此电子，形成 +1 价阳离子，显强金属性。它们分别是所在周期中金属性最强的元素，碱金属元素的金属性随原子序数的增大（或电子层数的增多，或原子半径的增大）而渐强。碱金属元素的其他性质见表 3-5。

表 3-5　碱金属的结构特点及单质的物理性质

元素	原子序数	电子构型	单质	常温密度	熔、沸点（℃）	硬度
锂 Li	3	$2s^1$	Li	$0.543 g/cm^3$	180.54、1342	0.6
钠 Na	11	$3s^1$	Na	$0.97 g/cm^3$	97.8、882.9	0.4
钾 K	19	$4s^1$	K	$0.86 g/cm^3$	63.2、774	0.5
铷 Rb	37	$5s^1$	Rb	$1.53 g/cm^3$	39.0、688	0.3
铯 Cs	55	$6s^1$	Cs	$1.88 g/cm^3$	28.5、678	0.2

碱金属单质表面都具有银白色金属光泽，是典型的轻、软金属。锂、钠、钾都比水轻，锂比煤油还轻，钠和钾比煤油稍重。Na 和 K 常储存于煤油中，Li 储存于液体石蜡中。钠和钾的液体合金用于核反应堆的冷却剂。钠溶解于汞中可形成钠汞齐（钠与汞的合金），在有机合成反应中作还原剂。金属铯像蜡一样软，铯的熔点低于人的体温，在手掌中，就能将铯融化成液态金属。

视域拓展

锂和铯的应用

锂主要用于制造高能电池和高能燃料，以及研发航空新材料等。我国对磷酸铁锂等新一代锂离子电池的研发与应用，目前处于世界领先水平。在绿色、低碳、节能的环保要求下，电动汽车的发展势在必行。科研人员正在刻苦攻关，力争使电池容量更大、续航里程更长的电动汽车早日走进千家万户。

铯对光敏感，当受到光的照射时，金属表面的电子易逸出，故常用来制造光电管。如铯光管自动报警器，可远程监控火灾报警；制成的天文仪器可根据星光转变成的电流大小测出太空中星体的亮度，推算出星体与地球之间的距离。

二、碱金属的主要化学性质

碱金属元素的单质是所处同周期中最活泼的金属，化学性质表现为很强的还原性，能与水、非金属和许多化合物直接发生反应。碱金属的活泼性按照锂、钠、钾、铷、铯、钫的顺序增强，

1. 与非金属反应　碱金属元素能与氧气反应生成氧化物、过氧化物和超氧化物，也能与卤素、氢气、硫等反应。例如：

$$4Na + O_2 === 2Na_2O$$
$$2Na + O_2 === Na_2O_2$$
$$Na + O_2 === NaO_2$$
$$2Na + Cl_2 === 2NaCl$$
$$2Na + H_2 === 2NaH$$
$$2Na + S === Na_2S$$

2. 与水、酸反应　碱金属单质都能与水反应，生成相应的氢氧化物，放出氢气和大量的热。例如：

$$2Na + 2H_2O === 2NaOH + H_2\uparrow$$

锂与水作用比较平稳，钠遇水反应激烈，因为反应热能使钠融化成液态。钾遇水燃烧，铷和铯遇水则爆炸。碱金属单质与水反应的剧烈程度依次增加。

3. 与酸反应　碱金属单质都能与稀酸剧烈反应，生成盐并放出氢气。

4. 焰色反应　用洁净的铂丝分别蘸取金属或其盐类，放在酒精灯的氧化焰中灼烧，锂或其盐的灯焰呈紫红色，钠或其盐的灯焰呈黄色，钾或其盐的灯焰呈紫色。在观察钾或其盐的焰色时，要用一块钴玻璃片滤掉黄色光后，才能观察到紫色光。

课堂互动

在实验室，能否将钾、钠保存于空气中？为什么？应该怎样保存钾和钠？

三、碱金属的主要化合物

（一）氧化物

碱金属非常活泼，极易失去一个电子，表现为 +1 价。但是，碱金属的氧化物可分为四类：

1. 普通氧化物　如 Li_2O、Na_2O、K_2O 等，它们与水反应生成对应的强碱。例如：

$$Na_2O + H_2O === 2NaOH$$

2. 过氧化物　碱金属元素都能形成过氧化物，常见的是过氧化钠（Na_2O_2）和过氧化氢（H_2O_2）。过氧化物都含有过氧键 $-O-O-$，也称过氧离子 O_2^{2-}。过氧化钠与水反应得到氢氧化钠和过氧化氢（H_2O_2），与二氧化碳（CO_2）反应得到碳酸钠和氧气。

$$Na_2O_2 + 2H_2O === 2NaOH + H_2O_2$$
$$2Na_2O_2 + 2CO_2 === 2Na_2CO_3 + O_2\uparrow$$

因此，过氧化钠常作为潜水员、飞行员、航天员的供氧剂及二氧化碳吸收剂。过氧化钠还是强氧化剂，熔化时若遇到棉花、碳粉、铝粉等还原剂极易发生爆炸，使用时必须注意安全。

3. 超氧化物　超氧化物都含有超氧离子（O_2^-），除锂以外，碱金属元素都能形成超氧化物，如钾、铷、铯在空气中燃烧生成超氧化物。

$$K + O_2 =\!=\!= KO_2$$

超氧化物与二氧化碳反应产生氧气。因此，超氧化物钾也常用作潜水员、飞行员、航天员的供氧剂及二氧化碳吸收剂。

4. 臭氧化物　碱金属元素与臭氧（O_3）反应生成的化合物称为臭氧化物，可表示为 MO_3。碱金属的氢氧化物与臭氧反应也能生成臭氧化物，例如：

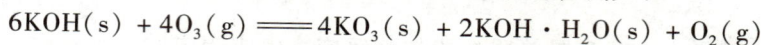

$$6KOH(s) + 4O_3(g) =\!=\!= 4KO_3(s) + 2KOH \cdot H_2O(s) + O_2(g)$$

臭氧化物是离子型化合物，分解后生成过氧化物，与二氧化碳反应的最终产物为碳酸盐和氧气，因此，臭氧化物也所以作为供氧剂。

（二）氢氧化物

碱金属氢氧化物是强碱，称为苛性碱。对于碱金属氢氧化物来说，金属离子的电子层数越多，其氢氧化物的碱性越强。最常用的是氢氧化钠和氢氧化钾。

苛性碱对皮肤、玻璃、金属、陶瓷和纤维有强烈的腐蚀作用，使用时应特别小心谨慎。

苛性碱易溶于水，并放出热量，在空气中易潮解，与空气中的二氧化碳反应生成碳酸盐。

$$2NaOH + CO_2 =\!=\!= Na_2CO_3 + H_2O$$

所以，苛性碱应密闭保存。

氢氧化钠（NaOH）称为苛性钠或烧碱，NaOH 固体或浓溶液应使用聚四氟乙烯塑料试剂瓶存放，而不能用玻璃容器存放，因为 NaOH 能与玻璃中的 SiO_2 反应，生成有黏性的 Na_2SiO_3，导致瓶塞粘连无法打开。

若需配制不含碳酸盐的氢氧化钠溶液时，应先配制成氢氧化钠的饱和溶液，密闭静置，然后再取上清液，用煮沸冷却后的新鲜蒸馏水稀释到所需浓度。因为碳酸钠不溶于饱和的氢氧化钠溶液而沉淀析出，所以，用氢氧化钠的饱和溶液配制时，制备的氢氧化钠稀溶液几乎不含碳酸盐。配制不含碳酸盐的氢氧化钾溶液时，也用类似的方法。

若暂时存放 NaOH 稀溶液或 KOH 稀溶液，可以临时使用带橡皮胶塞的玻璃瓶，但不能用玻璃塞。

苛性碱的水溶液能溶解许多金属、非金属氧化物。例如：

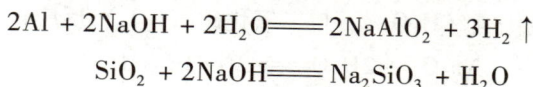

$$2Al + 2NaOH + 2H_2O =\!=\!= 2NaAlO_2 + 3H_2 \uparrow$$
$$SiO_2 + 2NaOH =\!=\!= Na_2SiO_3 + H_2O$$

（三）碱金属的盐类

1. 碳酸钠（Na_2CO_3）　俗称纯碱、碱面或苏打，是白色晶体。碳酸钠晶体通常含有结晶水（$Na_2CO_3 \cdot 10H_2O$），在空气中很容易风化而失去结晶水，渐渐失去光泽，碎裂成粉末。

碳酸钠与酸反应，放出二氧化碳气体。

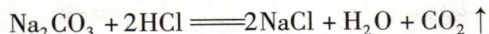

$$Na_2CO_3 + 2HCl =\!=\!= 2NaCl + H_2O + CO_2\uparrow$$

纯碱是重要的化工原料，用于造纸、玻璃、洗涤剂、水处理等行业。在食品行业，常利用它中和发酵过程所产生的有机酸，并利用生成的二氧化碳使食品膨胀松软。

视域拓展

我国近代化学工业的奠基人

范旭东（1883—1945 年），湖南湘阴县人，杰出的化工实业家，1914 年在天津塘沽创办久大精盐公司；20 世纪 20 年代初创办了亚洲第一座纯碱工厂——永利碱厂，突破了英、德公司对纯碱的垄断；1926 年在青岛开办永裕盐业公司；1937 年；在南京长江北岸六合县生产出我国第一批硫酸铵；1938 年在四川自流井开办了久大井盐厂，范旭东被称作"中国民族化学工业之父"。

侯德榜（1890—1974 年），福建闽侯人，著名科学家，他在范旭东的支持下，20 世纪 20 年代初主持建成永利纯碱厂；30 年代领导建成了我国第一座兼产合成氨、硝酸、硫酸和硫酸铵的联合企业；四五十年代又发明了连续生产纯碱与氯化铵的联合制碱新工艺（后人称之为"侯氏联合制碱法"）以及碳化法合成氨流程兼制碳酸氢铵化肥新工艺，并使之在 60 年代实现了工业化和大面积推广；主要著作有《碱的制造》《制碱》《制碱工学》等。侯德榜是我国民族化学工业的开拓者和奠基人之一。

2. 碳酸氢钠（$NaHCO_3$）　俗称小苏打，它的水溶液呈弱碱性，是临床上常用的抗酸药，治疗胃酸过多和代谢性酸中毒等。

$$NaHCO_3 + HCl =\!=\!= NaCl + H_2O + CO_2\uparrow$$

加热时，碳酸钠比较稳定，而碳酸氢钠不稳定，易分解放出二氧化碳。

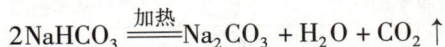

$$2NaHCO_3 \xrightarrow{\text{加热}} Na_2CO_3 + H_2O + CO_2\uparrow$$

3. 氯化钠（NaCl）　俗称食盐，是常用的调味剂，临床上常用来配制 9g/L 的生理盐水，用于配制输液药水，或补充因腹泻而致的缺水症，也可用来冲洗伤口等。

4. 氯化钾（KCl）　是一种利尿药，多用于心脏性和肾性水肿，还可以用于治疗多种原因引起的缺钾症和洋地黄中毒引起的心率不齐等。

5. 碳酸锂（Li_2CO_3）　是一种抗狂躁药，主要用于治疗狂郁型精神病。

6. 硫代硫酸钠（$Na_2S_2O_3$）　含有 5 分子结晶水的硫代硫酸钠，俗称海波或大苏打，是氧化还原滴定中常用的还原剂。10% 的硫代硫酸钠注射液和 20% 的硫代硫酸钠口服液，可用于治疗汞、铅、砷、碘、铋、氰化物等物质引起的中毒。

7. 芒硝（$Na_2SO_4 \cdot 10H_2O$）　具有泻热通便、润燥软坚、清火消肿的功效，是一味常用的中药。

知识链接

钠和钾的生物效应

钠和钾是人体必需的宏量元素，钠离子和钾离子是体液中的主要阳离子，它们特异地分布在细胞的内外，钠离子占细胞外液阳离子的 90% ~92%，主要功能是维持细胞外液的渗透压和酸碱平衡，参与神经信息的传递过程等。钾离子占细胞内液阳离子总数的 70% ~80%，主要功能是维持细胞内液的渗透压，稳定细胞的内部结构，参与神经信息的传递，维持心血管系统的正常功能等。

第六节　碱土金属元素

在元素周期表中，碱土金属指元素周期表中第ⅡA族元素，包括铍（Be）、镁（Mg）、钙（Ca）、锶（Sr）、钡（Ba）、镭（Ra）等 6 种元素，称为碱土金属元素，其中铍也属于轻稀有金属，镭是放射性元素。碱土金属元素都很活泼，通常以化合状态存在于自然界，矿石常以硫酸盐、碳酸盐的形式存在，例如白云石（$CaCO_3 \cdot MgCO_3$），方解石（也称大理石，$CaCO_3$）、天青石（$SrSO_4$）、重晶石（$BaSO_4$）等。钙、镁和钡在地壳内蕴藏较丰富，它们的单质和化合物用途较广泛。

一、碱土金属元素的结构特点

碱土金属的价电子构型是 ns^2，在化学反应中易失 2 个电子，形成 +2 价阳离子，表现出强还原性。碱土金属元素的活泼性比同周期的碱金属元素稍弱，因此，氢氧化物的碱性弱于同周期的碱金属氢氧化物，在水中的溶解度也较小，有的以沉淀形式析出。碱土金属元素的其他性质见表 3 – 6。

表 3 – 6　碱土金属的结构特点及单质的物理性质

元素	原子序数	电子构型	单质	常温密度	熔、沸点（°C）
铍 Be	4	$2s^2$	Be	$1.74 g/cm^3$	648.8、1090
镁 Mg	12	$3s^2$	Mg	$1.74 g/cm^3$	648.8、1090
钙 Ca	20	$4s^2$	Ca	$1.54 g/cm^3$	839、1484
锶 Sr	38	$5s^2$	Sr	$2.60 g/cm^3$	769、1384
钡 Ba	56	$6s^2$	Ba	$3.51 g/cm^3$	725、1640

二、碱土金属的主要化学性质

碱土金属中除铍外都是典型的金属元素，其单质为灰色至银白色金属，硬度比碱金属略大，导电、导热能力好，容易同空气中的氧气、水蒸气、二氧化碳作用，在表面形成氧化物和碳酸盐，失去光泽。碱土金属的氧化物熔点较高，溶于水显较强的碱性，其盐类中除铍外，皆为离子晶体，但溶解度较小。

1. 与非金属反应　碱土金属元素能与氧气反应生成氧化物，也能与卤素、硫等反应。例如：

$$2Ca + O_2 \!=\!=\!=\! 2CaO$$
$$Ca + Cl_2 \!=\!=\!=\! CaCl_2$$
$$Ca + S \!=\!=\!=\! CaS$$

在空气中，镁表面生成一薄层致密氧化膜，对内部的镁有保护作用，可以保存在干燥的空气里。钙、锶、钡等则易被氧化，生成的氧化物疏松，内部的金属会继续被氧化，所以钙、锶、钡等金属要密封保存。

2. 与水反应　碱土金属单质都能与水反应，生成相应的氢氧化物，放出氢气和大量的热。例如：

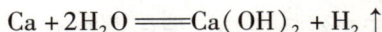

$$Ca + 2H_2O \!=\!=\!=\! Ca(OH)_2 + H_2 \uparrow$$

碱土金属的氢氧化物，碱性比碱金属的氢氧化物弱，但钙、锶、钡、镭的氢氧化物仍属强碱。镁与热水反应，钙、锶和钡易与冷水反应。

3. 与酸反应　碱金属单质都能与稀酸剧烈反应，生成盐并放出氢气。

4. 焰色反应　用洁净的铂丝分别蘸取金属或其盐类，放在酒精灯的氧化焰中灼烧，钙或其盐的灯焰呈砖红色，锶或其盐的灯焰呈洋红色，钡或其盐的灯焰呈黄绿色。

三、碱土金属的主要化合物

1. 氧化钙（CaO）　是生石灰的主要成分，遇水剧烈反应生成氢氧化钙。

2. 氢氧化钙［Ca(OH)$_2$］　是熟石灰的主要成分，用作建筑材料，也用于制取漂白粉。向饱和氢氧化钙溶液（俗称澄清的石灰水）通入二氧化碳气体，溶液变浑浊，依此鉴别二氧化碳气体。

$$Ca(OH)_2 + CO_2 \!=\!=\!=\! CaCO_3 \downarrow + H_2O$$

3. 碳酸钙（CaCO$_3$）　是石灰石、大理石、中药珍珠、钟乳石等的主要成分。碳酸钙受热易分解，生成氧化钙和二氧化碳。

4. 硫酸钙（CaSO$_4$）　俗称熟石膏，微溶于水。熟石膏与水反应变成二水硫酸钙（俗称生石膏，$CaSO_4 \cdot 2H_2O$），生石膏受热失去结晶水，变成熟石膏。

视域拓展

钙 与 人 体

人体中的钙元素约占体重的 2%，主要以羟基磷灰石的形式存在于骨骼和牙齿中，约占总量的 99%，其余分布在血液、细胞间液及软组织中，对人体内多种生理代谢发挥着极为重要的作用。

5. 硫酸镁（MgSO$_4$）　易溶于水，临床上用作泻药、抗惊厥剂、高血压危象救治剂、钡盐中毒解毒剂等。

6. 氯化钡（BaCl₂） 是常用的化学试剂，有毒，误食 0.2～0.5g 可引起中毒。如发现中毒，速服硫酸镁或硫酸钠，采取洗胃、灌肠、催吐等措施。

7. 硫酸钡（BaSO₄） 是溶解度最小的难溶盐之一，不溶于水，也不溶于酸和碱，临床上用于上、下消化道造影。

第七节 其他重要的金属元素

一、铬及其化合物

（一）铬

1. 铬的原子结构 铬的元素符号是 Cr，原子序数为 24，位于元素周期表第 4 周期第ⅥB 族，属于过渡元素，常见化合价为 +3 和 +6。铬原子的价电子构型是 $3d^5 4s^1$，有 6 个电子可参与形成金属键，且原子半径较小，所以，在第 4 周期的元素中，铬的熔点、沸点最高，硬度最大。

铬在地壳里含量很少，主要以铬铁矿 $Fe(CrO_2)_2$ 形式存在，我国的铬矿资源相对贫乏，属于短缺资源。

2. 铬的理化性质 铬单质呈银白色，有光泽、硬度大、耐磨、耐腐蚀，密度 $7.20g/cm^3$。

铬为不活泼性金属，常温下，在空气和水中相当稳定。因此，将铬镀在金属上可起保护和装饰作用，将铬加入到铁等金属中可制得性能优良的合金。

（二）铬的重要化合物

1. 氧化铬（Cr₂O₃） 是 +3 价铬化合物的代表，俗称铬酐或铬绿，是绿色的难溶性物质，常用作颜料玻璃和陶瓷的着色剂。

2. 重铬酸钾（K₂Cr₂O₇） 是 +6 价铬化合物的代表，为橙红色晶体，俗称红矾钾，在酸性介质中是强氧化剂，实验室常用的"铬酸洗液"是将重铬酸钾晶体溶于浓硫酸制成的饱和溶液，利用其强氧化性和强酸性来洗涤玻璃器皿上的油脂，效果很好。"铬酸洗液"使用一段时间之后，铬酸洗液将从橙红色转变成暗绿色，表明 +6 价铬已转变成 +3 价铬，洗液就失效了。

视域拓展

铬 与 人 体

铬是人体必需微量元素之一，常与其他控制代谢的物质（如激素、胰岛素、各种酶类、DNA 和 RNA 等）一起配合起作用，如铬能帮助胰岛素促进葡萄糖进入细胞内的效率，也能控制血液中的胆固醇浓度等，还有助于人的生长发育。铬在人体中的含量随着年龄的增大而逐渐减少。

二、铁及其化合物

（一）铁

1. 铁的原子结构　铁的元素符号是 Fe，原子序数为 26，位于元素周期表第 4 周期第Ⅷ族，属于过渡元素。铁原子的价电子构型是 $3d^6 4s^2$，常见化合价为 +2 和 +3，其中 +3 价较稳定。铁元素在地壳中分布广，总含量较高。

2. 铁的理化性质　铁单质呈银白色金属光泽，质柔软，有良好的韧性、延展性、可塑性和导热性，是优良的硬磁材料。铁是工业必不可少的重要金属。

铁是中等活泼的金属。举例如下：

（1）与酸反应　铁与非氧化性稀酸作用时，生成亚铁离子 Fe^{2+}，放出氢气；与氧化性稀酸作用时，生成铁离子 Fe^{3+}。

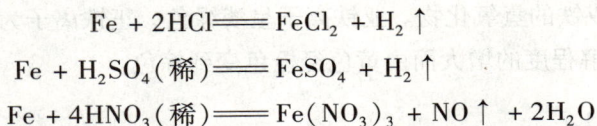

$$Fe + 2HCl == FeCl_2 + H_2 \uparrow$$
$$Fe + H_2SO_4（稀）== FeSO_4 + H_2 \uparrow$$
$$Fe + 4HNO_3（稀）== Fe(NO_3)_3 + NO \uparrow + 2H_2O$$

铁与铝相似，遇到冷的浓硫酸和浓硝酸时，表面可生成一层致密的氧化膜，保护内部金属不再继续发生反应，所以可用铁、铝制容器贮运浓硫酸和浓硝酸。

（2）与水反应　铁与水蒸气反应生成的 Fe_3O_4。

$$3Fe + 4H_2O(g) == Fe_3O_4 + 4H_2(g)$$

Fe 和高温水蒸气反应，生成的氢气一般不带气体符号。

将灼热的铁迅速扔进冷水（淬火），生成的氢气要加气体符号。

（3）与非金属反应　常温时，铁不易与干燥的氧、硫、氯等非金属单质起反应，在高温时，能剧烈反应，如铁在氧气中燃烧生成 Fe_3O_4（即 $FeO \cdot Fe_2O_3$），铁在氯气中燃烧生成 $FeCl_3$，铁与硫反应生成 FeS。

知识链接

铁的锈蚀及防护

铁在潮湿空气中容易生锈，反应的化学方程式为：

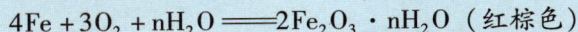

$$4Fe + 3O_2 + nH_2O == 2Fe_2O_3 \cdot nH_2O（红棕色）$$

铁锈的成分通常用 $Fe_2O_3 \cdot nH_2O$ 表示。铁锈质脆、多孔，容易脱落，所以，铁的锈蚀反应能持续发生，铁含杂质时锈蚀速度更快。为了防止铁质器件的锈蚀，常常在钢铁中加入铬、镍等金属制成不锈钢，或在铁制品表面覆盖保护层，如涂矿物性油、油漆、烧制搪瓷、喷塑，用电镀及热镀等方法制成锌、铬、镍等金属保护层；或用化学方法生成致密氧化膜等。每年要在钢铁防腐方面付出很大代价。

（二）铁的化合物

1. 铁的氧化物　主要有黑色的氧化亚铁（FeO）、砖红色的氧化铁（Fe_2O_3）、具有磁性的四氧化三铁（Fe_3O_4）等。铁的氧化物都是碱性氧化物，能与酸反应；都不溶于水，也不与水反应。

2. 铁的氢氧化物　主要有白色氢氧化亚铁 $Fe(OH)_2$ 和红棕色氢氧化铁 $Fe(OH)_3$ 两种，它们都是不溶性碱，能与酸反应，分别生成亚铁盐和铁盐。这两种氢氧化物都可用对应的可溶性盐与碱溶液反应而制得。

3. 铁的盐类　主要有亚铁（+2 价）和正铁（+3 价）化合物两类，亚铁化合物如氧化亚铁（FeO）、氯化亚铁（$FeCl_2$）、硫酸亚铁（$FeSO_4$）、亚铁氰化钾（俗称黄血盐）等；正铁化合物有三氧化二铁（Fe_2O_3）、三氯化铁（$FeCl_3$）、硫酸铁 $Fe_2(SO_4)_3$、铁氰化钾（俗称赤血盐）等。

铁盐易水解生成铁的氢氧化物。亚铁离子呈淡绿色，正铁离子为棕黄色，但溶液的颜色往往因 Fe^{3+} 水解程度的增大而由黄色经橙色变到棕色。

（三）Fe^{2+} 与 Fe^{3+}

1. Fe^{2+} 与 Fe^{3+} 的相互转化　在碱性条件下，Fe^{2+} 具有较强的还原性，很容易被空气中的氧气氧化成 Fe^{3+}，反应方程式如下。

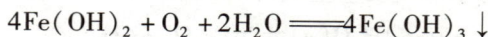

$$4Fe(OH)_2 + O_2 + 2H_2O = 4Fe(OH)_3 \downarrow$$

因此，实验室配制亚铁盐溶液时常加入一些铁屑或铁钉，防止 Fe^{2+} 被氧化成 Fe^{3+}。

在酸性条件下，Fe^{3+} 具有很强的氧化性，例如，

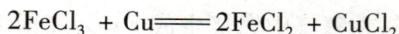

$$2FeCl_3 + Fe = 3FeCl_2$$

$$2FeCl_3 + Cu = 2FeCl_2 + CuCl_2$$

2. Fe^{2+} 与 Fe^{3+} 的检验　高浓度的 Fe^{2+} 溶液呈浅绿色，Fe^{3+} 溶液呈棕黄色，二者容易区别。

向含有 Fe^{3+} 的溶液中滴加无色的硫氰酸钾（KSCN）溶液，立即呈现血红色，反应非常灵敏，即使溶液中有很少量的 Fe^{3+}，也可显色。这是检验 Fe^{3+} 的特效方法。

向含有 Fe^{2+} 的溶液中滴加邻二氮菲溶液，立即出现橘红色。这是检验 Fe^{2+} 的特效方法。

视域拓展

铁 与 人 体

铁是人体必需微量元素之一，含量可达 0.006%，也被称为半微量元素。主要存在于血红蛋白中，是血红素的核心原子。铁在人体中参与氧的转运、交换、吸收等过程。生物体内许多氧化还原体系也离不开它。

三、铜及其化合物

（一）铜

1. 铜的原子结构 铜的元素符号是 Cu，原子序数为 29，位于元素周期表第 4 周期第 IB 族元素，属于过渡元素。铜原子的价电子构型是 $3d^{10}4s^1$，常见化合价为 +1 价和 +2 价。

在自然界中，铜的游离单质很少，主要以化合物的形式存在，常见的铜矿有辉铜矿（Cu_2S）、黄铜矿（$CuFeS_2$）、铜蓝矿（CuS）、赤铜矿（Cu_2O）和孔雀石 $[CuCO_3 \cdot Cu(OH)_2]$ 等。

2. 铜的理化性质 铜单质呈紫红色，属有色金属，密度较大，熔沸点较高，具有良好的导电、导热性和延展性。铜与其他金属能够形成合金，如铜锡合金称青铜；铜锌合金称黄铜；铜镍合金称白铜。铜及其离子的焰色反应呈绿色。

铜是一种较不活泼的金属，位于金属活动性顺序表中氢原子之后，不能与稀酸反应。

（1）**与 O_2 的反应** 在空气中或 O_2 中加热，生成黑色的氧化铜表面变黑。

$$2Cu + O_2 \stackrel{}{=\!=\!=} CuO$$

（2）**与 O_2、CO_2、H_2O 作用** 铜在潮湿空气中可生成碱式碳酸铜（俗称铜绿）。

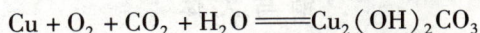

$$Cu + O_2 + CO_2 + H_2O \stackrel{}{=\!=\!=} Cu_2(OH)_2CO_3$$

（3）**与其他非金属反应** Cu 在 Cl_2 中燃烧生成棕黄色烟雾。

$$Cu + Cl_2 \stackrel{}{=\!=\!=} CuCl_2$$

（4）**与浓酸反应** 铜能够与氧化性的浓酸反应。

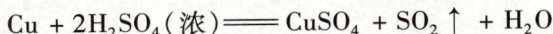

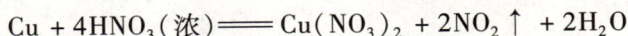

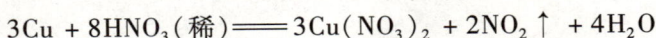

$$Cu + 2H_2SO_4(浓) \stackrel{}{=\!=\!=} CuSO_4 + SO_2\uparrow + H_2O$$

$$Cu + 4HNO_3(浓) \stackrel{}{=\!=\!=} Cu(NO_3)_2 + 2NO_2\uparrow + 2H_2O$$

$$3Cu + 8HNO_3(稀) \stackrel{}{=\!=\!=} 3Cu(NO_3)_2 + 2NO_2\uparrow + 4H_2O$$

（5）**与盐溶液反应** 铜单质能被 Fe^{3+} 氧化，以此用于刻蚀铜板。

$$2FeCl_3 + Cu \stackrel{}{=\!=\!=} 2FeCl_2 + CuCl_2$$

（二）铜的化合物

1. 氢氧化铜 $[Cu(OH)_2]$ 呈浅蓝色，是难溶性碱，可与酸反应生成对应的盐和水；受热易分解；具有弱氧化性，常用于检验某些有机化合物（如脂肪醛、还原性糖）。

2. 五水硫酸铜（$CuSO_4 \cdot 5H_2O$） 是蓝色晶体，俗称胆矾。胆矾受热可失去结晶水变成白色粉末——无水硫酸铜（$CuSO_4$），过热时，$CuSO_4$ 会进一步分解出 CuO。

白色无水硫酸铜极易吸水，吸水后变成蓝色的五水硫酸铜，常用无水硫酸铜白色粉末作为干燥剂，或检验有机物中的微量水分。

知识链接

波尔多液

$CuSO_4 \cdot 5H_2O$ 或 $CuSO_4$ 溶于水后，都电离为 Cu^{2+} 和 SO_4^{2+}，Cu^{2+} 有较强的杀菌能力，因此，在农业生产中，将胆矾和石灰乳按一定比例混合制成"波尔多液"，广泛用于防治蔬菜、果树、棉、麻等的多种病害。

（三）Cu^{2+} 的鉴别

1. 在铜盐溶液中滴加氨水，生成蓝色絮状沉淀；再加过量的氨水，沉淀溶解，生成深蓝色溶液。反应方程如下：

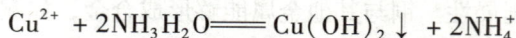

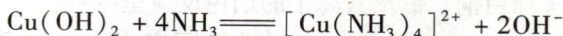

$$Cu^{2+} + 2NH_3 \cdot H_2O === Cu(OH)_2 \downarrow + 2NH_4^+$$

$$Cu(OH)_2 + 4NH_3 === [Cu(NH_3)_4]^{2+} + 2OH^-$$

2. 在铜盐溶液中加入亚铁氰化钾，生成棕红色沉淀亚铁氰化铜。

$$2CuSO_4 + K_4[Fe(CN)_6] === Cu_2[Fe(CN)_6] \downarrow + 2K_2SO_4$$

视域拓展

铜与人体

铜是人体必需微量元素之一，为血浆铜蓝蛋白、超氧化物歧化酶、细胞色素 c 氧化酶等的构成要素，对造血系统、中枢神经系统的发育，对骨骼及结缔组织的形成等具有重要作用。

四、锌及其化合物

（一）锌

1. 锌的原子结构 锌的元素符号是 Zn，原子序数为 30，位于元素周期表第 4 周期第 ⅡB 族，属于过渡元素。锌原子的价电子构型是 $3d^{10}4s^2$，常见化合价为 +2 价。

在自然界中，锌主要以铅锌矿形式存在，我国铅锌矿资源比较丰富，居世界第 4 位。

2. 锌的理化性质 锌单质呈银白色，有金属光泽，室温下有脆性，在 100℃ ~ 150℃时变得具有延展性，易于弯曲碾压成薄片。

锌是活泼金属，具有活泼金属的通性，是常用的还原剂。

然而，在空气中锌表面能生成一层致密的氧化物或碱式碳酸盐保护膜，对内层金属有保护作用，常常将锌镀在铁的表面保护铁不被腐蚀，如常用的镀锌铁管、白铁等。锌表面的保护膜很容易被酸或强碱破坏而失去保护作用。

在分析化学中，常用锌作基准物质配制锌滴定液或标定 EDTA 滴定液（后面介绍）。

（二）锌的化合物

1. 氧化锌（ZnO）　俗称锌白，为白色粉末，不溶于水，易溶于酸或碱。在工业上，氧化锌可作白色油漆颜料及橡胶填料；氧化锌具有一定的杀菌、收敛作用，在医药上用于制备软膏、锌糊、橡皮膏等。

2. 氯化锌（ZnCl$_2$）　易溶于水，能溶于甲醇、乙醇、甘油、丙酮、乙醚等。氯化锌具有很强的潮解性，具有溶解金属氧化物和纤维素的特性。熔融氯化锌有很好的导电性能。所以，氯化锌的用途很广泛，可以用作有机合成工业的脱水剂、催化剂，以及染织工业的媒染剂、上浆剂和增重剂，也用作石油净化剂和活性炭的活化剂。氯化锌还用于电池、电镀、医药、木材防腐、农药和焊接等方面。

3. 氢氧化锌〔Zn(OH)$_2$〕　是两性氢氧化物。能溶于强酸生成锌盐，溶于强碱生成锌酸盐。氢氧化锌和氢氧化铝不同，能溶于氨水中生成锌氨络离子。氢氧化锌用作橡胶添加剂、外科药膏等。

视域拓展

锌与人体

　　锌是人体必需微量元素之一，在人体生长发育、生殖遗传、免疫、内分泌等生理过程中起着极其重要的作用。

　　必须明确指出，前面讲到的氟、碘、铬、铁、铜、锌等都是人体必需微量元素，虽然在人体内的含量不足万分之一，但对人的生命起着至关重要的作用。如果必须微量元素的摄入过量、不足、不平衡或缺乏，都会不同程度地引起人体生理的异常或发生疾病，危及人的健康，甚至危及生命。

同 步 训 练

一、单选题

1. 既有颜色又有毒性的气体是（　　）
   - A. Cl$_2$
   - B. HF
   - C. HCl
   - D. CO

2. 下列各变化中，属于化学变化的是（　　）
   - A. 碘升华
   - B. 溴挥发
   - C. 用汽油从溴水中提取溴
   - D. 用氢氟酸雕刻玻璃

3. 下列排列不正确的是（　　）
   - A. 熔沸点：I$_2$ > Br$_2$ > Cl$_2$ > F$_2$
   - B. 氧化性：F$_2$ > Cl$_2$ > Br$_2$ > I$_2$
   - C. 稳定性：HI < HBr < HCl < HF
   - D. 还原性：F$^-$ > Cl$^-$ > Br$^-$ > I$^-$

4. 收集氯气时，可以用（　　　）
    A. 排水取气法   B. 向下排空气法
    C. 排氢氧化钠溶液法   D. 向上排空气法

5. 能够使淀粉碘化钾溶液变蓝色的气体是（　　　）
    A. 氯化氢   B. 氯气   C. 碘蒸气   D. 氢气

6. 要从砂与碘的混合物中分离出碘，应采用的方法是（　　　）
    A. 蒸馏   B. 加热   C. 萃取   D. 结晶

7. 氧族元素从氧到碲，下列说法正确的是（　　　）
    A. 单质的氧化性递增，M^{2-} 的还原性递减
    B. 单质的氧化性递减，M^{2-} 的还原性递减
    C. 单质的氧化性递减，M^{2-} 的还原性递增
    D. 单质的氧化性递增，M^{2-} 的还原性递增

8. 氧族元素与非金属元素化合形成的化合物为（　　　）
    A. 共价型   B. 离子型
    C. 共价型或离子型   D. 配位型

9. 向 $Al_2(SO_4)_3$ 和 $CuSO_4$ 的混合溶液中加入一个铁钉将发生什么反应（　　　）
    A. 生成 Al，H_2，Fe^{2+} B. 生成 Al 和 H_2
    C. 生成 Fe^{2+}，Al，Cu   D. 生成 Fe^{2+}，Cu

10. 在某无色溶液中，加入 $BaCl_2$ 溶液有白色沉淀，再加稀硝酸，沉淀不消失，则下列判断正确的是（　　　）
    A. 一定有 SO_4^{2-} B. 一定有 CO_3^{2-}
    C. 一定有 Ag^+ D. 可能有 SO_4^{2-} 或 Ag^+

11. 下列关于浓硝酸和浓硫酸的叙述，正确的是（　　　）
    A. 常温下都能用铝容器贮存
    B. 常温下都能与铜较快反应
    C. 露置在空气中，容器内酸液的质量都减少
    D. 露置在空气中，容器内酸液的浓度不变

12. 下列酸中酸性最强的是（　　　）
    A. H_4SiO_4 B. H_3AsO_4 C. HNO_3 D. H_3PO_4

13. 按氮、磷、砷元素顺序依次减弱的是（　　　）
    A. 非金属性   B. 金属性   C. 单质的氧化性   D. 单质的还原性

14. 可以用来干燥氨气的物质是（　　　）
    A. 浓硫酸   B. 无水氯化钙   C. 浓磷酸   D. 生石灰

15. 鉴别硫酸铵、氯化铵、硫酸钠、氯化钠四种无色溶液的试剂是（　　　）
    A. 氯化钡   B. 硝酸银   C. 火碱   D. 氢氧化钡

16. 下列叙述错误的是（　　　）
    A. 因为含有三价铁离子所以浓硝酸常呈现黄色

B. 浓硝酸能够使某些金属出现钝化现象

C. 雷雨显酸性

D. 硝酸钾受热分解放出氧气

17. 下列元素中非金属性最强的是（　　）

　　A. As　　　　　　B. P　　　　　　C. Cl　　　　　　D. S

18. 元素的原子半径最小的是（　　）

　　A. P　　　　　　B. S　　　　　　C. Cl　　　　　　D. As

19. 下列叙述中正确的是（　　）

　　A. 硝酸的酸性比磷酸强　　　　　　B. PH_3 的稳定性大于 NH_3

　　C. 硝酸的酸性比磷酸弱　　　　　　D. 氮气的化学性质比磷活泼

20. 砷为第四周期 V A 族元素，推测砷不可能具有的性质是（　　）

　　A. 砷在通常状况下是固体

　　B. 可以有 -3、$+3$、$+5$ 等多种化合价

　　C. As_2O_5 对应水化物的酸性比 H_3PO_4 弱

　　D. 砷的还原性比磷弱

21. N_2 的化学性质很不活泼，其原因是（　　）

　　A. N 元素的非金属很弱　　　　　　B. N 原子结构很稳定

　　C. N_2 分子中存在非极性键　　　　D. N_2 分子中有三个共价键，键能很大

22. 磷酸与硝酸相比较，性质相同的是（　　）

　　A. 难挥发性　　　B. 稳定性　　　C. 强氧化性　　　D. 水溶性

23. 下列试剂的存放方法，正确的是（　　）

　　A. 氢氧化钠、纯碱、水玻璃溶液存放在带磨砂玻璃塞的试剂瓶中

　　B. 氢氟酸盛放在棕色试剂瓶中

　　C. 液溴盛放在带橡胶塞的试剂瓶中

　　D. 氯水盛放在棕色细口瓶中

24. 苛性钠是（　　）

　　A. 氢氧化钠　　　B. 碳酸钠　　　C. 碳酸氢钠　　　D. 硫酸钠

25. 不能用磨口玻璃瓶存放的试剂是（　　）

　　A. 碳酸钠　　　B. 氢氧化钠　　　C. 碳酸氢钠　　　D. 硫代硫酸钠

二、填空题

1. 氟、氯、溴、碘、砹五种元素位于元素周期表中同一纵行，合称_____。卤素都是很活泼的_____，都很容易与_____直接化合生成典型的盐。

2. 氟和碘都是人体必需的_____。通常情况下，氯气 Cl_2 是一种_____色气体，碘 I_2 是一种_____色固体。

3. 碘 I_2 遇淀粉溶液显_____色。碘 I_2 受热时，由固态直接变为液态，这种现象称为_____。

4. 氧族元素包括_____、_____、_____、碲和钋等元素，其原子的最外电子层上有_____个电子，其金属性依次_____、非金属性依次_____。

5. 氨气是无色有_____气味的气体，它_____溶于水。氨水呈_____性，能使酚酞变_____色。

6. 白磷在空气中缓慢氧化，表面温度达到_____℃时能自燃。磷在氯气中燃烧生成_____，在过量氯气中燃烧生成_____。

7. 碳族元素包括_____、_____、锗、锡和铅等元素，其原子的最外电子层上有_____个电子。一氧化碳是无色、无臭的_____气体，二氧化碳是无色、无臭的_____气体。

8. 苏打是_____；大苏打是_____；小苏打是_____。五水硫酸铜 $CuSO_4 \cdot 5H_2O$ 俗称_____；俗称熟石膏，与水反应变成二水硫酸钙 $CaSO_4 \cdot 2H_2O$ 俗称_____，硫酸钙 $CaSO_4$ 俗称_____。

9. 实验室常用的"铬酸洗液"是将_____溶于_____制成的饱和溶液，可用于洗涤玻璃器皿上的_____。当洗液的颜色由_____色变为_____色时，就失去了去污能力。

10. 鉴定溶液中的 Fe^{3+}，常用的试剂是_____，溶液立即出现_____，说明溶液中有 Fe^{3+} 存在。

三、简答题

1. 简述氯元素在元素周期表中的位置及原子结构特征。
2. 如何鉴别氨气、铵根离子、硝酸根离子？
3. 举例说明氧气可以与金属发生反应。
4. 如何配制不含碳酸盐的氢氧化钠溶液？
5. 如何鉴别溶液中的铜离子？
6. 铁是比较活泼的金属，为什么可用铁制容器浓硫酸或浓硝酸？

第四章　物　质　的　量

学习要点

> 1. 基本概念：摩尔；物质的量；阿佛伽德罗常数；摩尔质量；气体摩尔体积。
> 2. 基本理论：物质的量与物质的摩尔质量之间的关系。
> 3. 基本知识：物质的量的单位。
> 4. 基本技能：物质的量、摩尔质量及气体摩尔体积的相关计算。

第一节　摩　　尔

一、物质的量的单位

化学所讲的物质，通常是指若干个微观粒子的集合体，例如，水、铁、氯化钠等，分别都是一种物质。物质之间发生化学反应时，不是几个、几十个分子、原子或离子参加反应，而是成千上万亿个分子、原子或离子按照化学反应方程式所表示的计量关系参加反应。物质是由分子、原子或离子等微观粒子构成的，这些微观粒子极小，难以计数，难以称量。如果用分子、原子或离子的个数来表示物质的数量，就好比用小米的个数来表示某粮仓中的小米颗粒数一样，既书写困难，又没有实际意义。因此，有必要有一个新的物理量，即"物质的量"，以此把微观与宏观联系起来，使微观粒子便于计数、便于称量。

"物质的量"是一个特定的词组，使用时不能缺字、多字或颠倒，也不能拆开。1971年，第十四届国际计量大会决定用"摩尔"（mol）作为计量微观粒子的"物质的量"的单位，符号为 n。换句话说，摩尔是一个用来表示物质的量的单位。

摩尔来源于拉丁文 mole，原意为"大量"和"堆积"。科学上用 0.012kg 碳 – 12 为单位来衡量碳原子集体。实验测得，0.012kg 碳 – 12 所含的原子数目为 6.02×10^{23} 个碳原子，这个数值最早是由意大利化学家阿佛伽德罗首先提出来的，故称为阿佛伽德罗常数，用符号为 N_A 表示，$N_A = 6.02 \times 10^{23}$。

由 6.02×10^{23} 个粒子所构成的物质的量，即为 1mol；反过来讲，1mol 任何物质都含

有 6.02×10^{23} 个粒子，例如：

1mol C，含有 6.02×10^{23} 个碳原子。

1mol H，含有 6.02×10^{23} 个氢原子。

2mol H，含有 $2 \times 6.02 \times 10^{23}$ 个氢原子。

1mol H_2，含有 6.02×10^{23} 个氢气分子，或者说含有 2mol 氢原子（$2 \times 6.02 \times 10^{23}$ 个氢原子）。

1mol H_2O，含有 6.02×10^{23} 个水分子；或者说含有 2mol 氢原子（$2 \times 6.02 \times 10^{23}$ 个氢原子）和 1mol 氧原子（6.02×10^{23} 个氧原子）。

1mol Ca^{2+}，含有 6.02×10^{23} 个钙离子，相当于 $2 \times 6.02 \times 10^{23}$ 个正电荷。

1mol SO_4^{2-}，含有 6.02×10^{23} 个硫酸根离子，相当于 $2 \times 6.02 \times 10^{23}$ 个负电荷；或者说含有 1mol 硫原子（6.02×10^{23} 个硫原子）和 4mol 氧原子（$4 \times 6.02 \times 10^{23}$ 个氧原子）。

1mol（$1/2H_2SO_4$），含有 6.02×10^{23} 个（$1/2H_2SO_4$）"微粒"，或者说含有 0.5mol H_2SO_4 分子（3.01×10^{23} 个 H_2SO_4 分子），或者说含有 1mol 氢原子（6.02×10^{23} 个氢原子）、0.5mol 硫原子（3.01×10^{23} 个硫原子）和 2mol 氧原子（$2 \times 6.02 \times 10^{23}$ 个氧原子）。

1mol（2NaOH），含有 6.02×10^{23} 个（2NaOH），相当于 $2 \times 6.02 \times 10^{23}$ 个氢氧化钠分子；或者说含有钠原子、氧原子、氢原子的物质的量均为 2mol（$2 \times 6.02 \times 10^{23}$ 个原子）。

为了便于描述"物质"，我们把原子、分子、离子、电子等微观粒子或其特定组合的微粒称为基本单元。如前所述的碳原子、氢原子、氢气分子（2 个氢原子）、水分子（2 个氢原子和 1 个氧原子）、钙离子、硫酸根离子、（$1/2H_2SO_4$）、（2NaOH），等，都作为选定的基本单元。

在使用摩尔时，应指明基本单元是什么，通常用适当的化学式表明。

物质的量相等的任何物质，它们所包含的基本单元数一定相同。例如，0.1mol H_2O 所包含的 H_2O 分子与 0.1mol N_2 所包含的 N_2 分子数相同，都含有 6.02×10^{22} 个分子。所以，物质的量 n、基本单元数 N、阿佛伽德罗常数 N_A 三者之间关系如下：

$$n = \frac{N}{N_A} \tag{4-1}$$

若比较几种物质所含的粒子数多少，就比较它们的物质的量 n 的大小，n 小的物质所含的粒子数少。

二、摩尔质量

1mol 物质的质量称为该物质的摩尔质量，常用单位是 g/mol。

1mol 不同物质所含粒子数虽然相同，但由于不同粒子的质量不一定相同，因此，1mol 不同物质的质量也不同。

以氢原子为例，1 个氢原子与 1 个 ^{12}C 原子的质量比为 1∶12，那么 6.02×10^{23} 个氢原子与 6.02×10^{23} 个 ^{12}C 的质量比也为 1∶12，由于 1mol 任何物质都含有 6.02×10^{23} 个基

本单元，即 1mol H 与 1mol ^{12}C 的质量比为 1∶12，1mol ^{12}C 的质量为 12g，所以 1mol H 的质量是 1g。同理，1mol O 的质量是 16g，1mol H_2O 的质量是 18g。

物质的质量以 g 为单位时，摩尔质量的单位就是 g/mol，其数值等于该物质基本单元化学式的"式量"。例如：

C 的式量是 12，则其摩尔质量是 12g/mol。

H 的式量是 1，则其摩尔质量是 1g/mol。

H_2 的式量是 2，则其摩尔质量是 2g/mol。

H_2O 的式量是 18，则其摩尔质量是 1g/mol。

Ca^{2+} 的式量是 40，则其摩尔质量是 40g/mol。

SO_4^{2-} 的式量是 96，则其摩尔质量是 96g/mol。

$1/2H_2SO_4$ 的式量是 49，则其摩尔质量是 49g/mol。

可见，物质基本单元确定之后，可以根据其式量确定该物质基本单元的摩尔质量。

摩尔质量的符号用 M 表示，物质的量（n）、质量（m）、摩尔质量（M）存在如下关系：

$$n = \frac{m}{M} \qquad (4-2)$$

式 4-2 表明，通过物质的量（n），确实能够把肉眼难见、难以统计的粒子数（N）与可以称量的物质的质量（m）联系起来，从而使化学科学的表达更科学、更系统、更简明，更利于人们深刻地理解化学反应中物质的变化规律和计量关系，极大地方便了化学研究。

三、关于摩尔质量的计算

例 4-1 1.5mol Mg 的质量是多少？

解：已知 $n_{Mg}=1.5$mol，$M_{Mg}=24$g/mol，则：

$$m_{Mg} = n_{Mg} \cdot M_{Mg} = 1.5\text{mol} \times 24\text{g/mol} = 36\text{g}$$

答：5mol Mg 的质量为 36g。

例 4-2 90g 水的物质的量是多少？

解：已知 $m_{H_2O}=90$g，$M_{H_2O}=18$g/mol，则：

$$n_{H_2O} = \frac{m_{H_2O}}{M_{H_2O}} = \frac{90\text{g}}{18\text{mol/L}} = 5\text{mol}$$

答：90g 水的物质的量为 5mol。

例 4-3 0.44g CO_2 含有多少个 CO_2 分子？

解：已知 $m_{CO_2}=0.44$g，$M_{CO_2}=44$g/mol。

求 $N_{CO_2}=?$

根据式 4-2 和式 4-1 得：

$$\frac{m_{CO_2}}{M_{CO_2}} = \frac{N_{CO_2}}{N_A}$$

$$N_{CO_2} = \frac{m_{CO_2}}{M_{CO_2}} \times N_A = \frac{0.44g}{44g/mol} \times 6.02 \times 10^{23} = 6.02 \times 10^{21}$$

答：$0.44g\,CO_2$ 含有 6.02×10^{21} 个 CO_2 分子。

例 4 - 4 多少克 $CaCO_3$ 与充足盐酸反应，能生成 $1mol$ 的 CO_2？

解： 根据化学方程式可知：

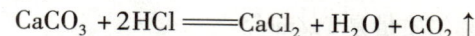

$$CaCO_3 + 2HCl == CaCl_2 + H_2O + CO_2 \uparrow$$

$$1mol \qquad\qquad\qquad\qquad\qquad 1mol$$

$$n_{CaCO_3} \qquad\qquad\qquad\qquad\qquad 1mol$$

$$1mol : n_{CaCO_3} == 1mol : 1mol$$

所以，$n_{CaCO_3} = 1mol$。

由于 $M_{CaCO_3} = 100.0g/mol$，根据式 4 - 2 得：

$$m_{CaCO_3} = n_{CaCO_3} \times M_{CaCO_3} = 1mol \times 100.0g/mol = 100.0g$$

答：$100.0g\,CaCO_3$ 与充足盐酸完全反应，能生成 $1mol$ 的 CO_2。

例 4 - 5 $49g$ 硫酸的物质的量 $n_{H_2SO_4}$ 为多少？若以 $(1/2H_2SO_4)$ 为基本单元，其物质的量 $n_{1/2H_2SO_4}$ 又为多少？

解： 已知 $m_{H_2SO_4} = 49g$，$M_{H_2SO_4} = 98g/mol$，$M_{1/2H_2SO_4} = 49g/mol$。

根据式 4 - 2 得：

$$n_{H_2SO_4} = \frac{m_{H_2SO_4}}{M_{H_2SO_4}} = \frac{49g}{98g/mol} = 0.5mol$$

$$n_{1/2H_2SO_4} = \frac{m_{H_2SO_4}}{M_{1/2H_2SO_4}} = \frac{49g}{49g/mol} = 1mol$$

答：H_2SO_4 的物质的量为 $0.5mol$，$(1/2H_2SO_4)$ 的物质的量为 $1mol$。

第二节 气体摩尔体积

一、气体摩尔体积的概念

物质的体积的大小取决于组成物质的粒子数目、粒子间距离及粒子自身的大小三个因素。$1mol$ 任何物质所含粒子数都相同，因此，$1mol$ 物质的体积大小就由粒子间距离及粒子自身的大小两个因素决定。

对于固体及液体物质，粒子间距离较小，则粒子的大小决定其体积大小，实验测得，不同固态或液态物质的摩尔体积是很不相同的。例如，$1mol$ 铁的体积是 $7.1cm^3$，$1mol$ 水的体积是 $18cm^3$，$1mol$ 硫酸的体积是 $54.1cm^3$，$1mol$ 氯化钠的体积是 $26.81cm^3$，$1mol$ 铝的体积是 $10cm^3$。

对于气态物质，由于气体分子间的距离远远大于气体分子本身的大小，所以气体的体积大小主要决定于气体分子间的平均距离。而分子间的距离大小与所处的状况（温度和压强）密切相关。一定量的气体，温度升高则分子间距离增大，体积随之增大；压强增大则分子间距离减小，体积随之减小。事实证明，在相同的温度和压强下，不同气体的分子间平均距离几乎都是一致的。所以，在相同温度和相同压强下，物质的量相同的任何气体，它们的体积也几乎相同。

通常，将温度为 0℃，压强为 101.325kPa 时的状况称为标准状况。通过实验测定，几种 1mol 气体物质在标准状况下的体积见表 4-1。

表 4-1　几种气体在标准状况下的摩尔体积

物质名称	摩尔质量 M（g/mol）	密度 ρ（g/L）	摩尔体积 V_m（L/mol）
O_2	32.00	1.429	22.39
H_2	2.016	0.0899	22.42
N_2	28.02	1.2506	22.41
CO_2	44.01	1.977	22.26

由表 4-1 可以看出，在标准状况下这四种气体物质所占的体积都约为 22.4L。通过其他气体的实验可得出相同的结论：在标准状况下，1mol 任何气体所占的体积都约为 22.4L，这个体积称为气体摩尔体积。气体摩尔体积的符号为 V_m，常用单位为 L/mol，记为 $V_m = 22.4$L/mol。

标准状况下，气体所占的体积 V 与物质的量 n、气体摩尔体积 V_m 之间的关系为：

$$n = \frac{V}{V_m} \tag{4-3}$$

式 4-3 表明，物质的量（n）又把粒子数（N）与可以测量的物质的体积（V）联系起来了，同时，也把物质的体积（V）与质量（m）联系起来了。

二、关于气体摩尔体积的计算

例 4-6　22g 二氧化碳在标准状况下的体积是多少升？

解：已知 $m_{CO_2} = 22$g，$M_{CO_2} = 44$g/mol，$V_m = 22.4$L/mol。

根据式 4-2 得：

$$n_{CO_2} = \frac{m_{CO_2}}{M_{CO_2}} = \frac{22g}{44g/mol} = 0.5mol$$

根据式 4-3 得：

$$V_{CO_2} = n_{CO_2} \times V_m = 0.5mol \times 22.4L/mol = 11.2L$$

答：22g 二氧化碳在标准状况下的体积为 11.2L。

例 4-7　将下列物质按分子数从多到少排序：3g H_2、10L O_2（标准状况）、20mL H_2O（$\rho = 1.0$g/mL）和 3.01×10^{23} 个 N_2。

解：要比较分子数多少，只需比较物质的量 n 的大小。

① 已知 $M_{H_2} = 2$g/mol，$m_{H_2} = 3$g。

根据式 4-2 得：$n_{H_2} = \dfrac{m_{H_2}}{M_{H_2}} = \dfrac{3g}{2g/mol} = 1.5mol$。

② 已知 $V_m = 22.4$L/mol，$V_{O_2} = 10$L。

根据式 4-3 得：$n_{O_2} = \dfrac{V_{O_2}}{V_m} = \dfrac{10L}{22.4L/mol} = 0.45 \, mol$。

③ 已知 $M_{H_2O} = 18g/mol$，$\rho = 1.0g/mL$，$m_{H_2O} = 20mL \times 1.0g/mL = 20g$。

根据式 4-2 得：$n_{H_2O} = \dfrac{m_{H_2O}}{M_{H_2O}} = \dfrac{20g}{18g/mol} = 1.1 \, mol$。

④ 已知 $N_A = 6.02 \times 10^{23}$ 个/mol，$N_{N_2} = 3.01 \times 10^{23}$ 个。

根据式 4-1 得：$n_{N_2} = \dfrac{N_{N_2}}{N_A} = \dfrac{3.01 \times 10^{23} \text{个}}{6.02 \times 10^{23} \text{个}/mol} = 0.5 \, mol$。

显然，$n_{H_2} > n_{H_2O} > n_{N_2} > n_{O_2}$，所以，物质按分子数从多到少排序为 3g H_2、20mL H_2O、3.01×10^{23} 个 N_2、10L O_2。

答：按分子数从多到少排序为 $N_{H_2} > N_{H_2O} > N_{N_2} > N_{O_2}$。

同 步 训 练

一、单选题

1. 符号 M 表示的物理量是（　　　）

    A. 物质质量　　　　B. 物质的量　　　　C. 摩尔质量　　　　D. 气体摩尔体积

2. 符号 n 表示的物理量是（　　　）

    A. 物质质量　　　　B. 物质的量　　　　C. 摩尔质量　　　　D. 气体摩尔体积

3. 在 1L 含有 0.1mol 氯化钠和 0.1mol 氯化镁的混合液中，含有 Cl^- 的个数是（　　　）

    A. 3×10^{22}　　　　B. 1.806×10^{24}　　　　C. 1.2×10^{22}　　　　D. 1.806×10^{23}

4. 1mol 组成为 C_xH_y 的物质完全燃烧生成 CO_2 和 H_2O，需要氧气的物质的量是（　　　）

    A. $(x+y)mol$　　　B. $(12x+y)mol$　　　C. $(2x+y/2)mol$　　　D. $(x+y/4)mol$

5. 若 1g 氧气含 x 个氧分子，则阿佛伽德罗常数是（　　　）

    A. $x/32$　　　　　B. $16x$　　　　　C. x　　　　　D. $32x$

6. 0.1mol KCl 与多少克 K_2CO_3 所含钾原子个数之比为 2：3（　　　）

    A. 10.35g　　　　　B. 20.7g　　　　　C. 13.8g　　　　　D. 27.8g

7. 下列物质中含分子数最多的是（　　　）

    A. 15g 氯气　　　　　　　　　　　　B. 1.5g 氢气

    C. 15L（标况下）氧气　　　　　　　　D. 15mL 水

8. 在标准状况下，下列哪种物质与 22g 二氧化碳所占的体积相同（　　　）

    A. 22.4L 一氧化碳　　　　　　　　　B. 42g 氮气

    C. 1mol 氢气　　　　　　　　　　　D. 3.01×10^{23} 个氯化氢分子

9. 物质的量相同的任何气体，它们具有相同的（　　　）

A. 体积   B. 质量   C. 摩尔质量   D. 分子个数

二、填空题

1. 摩尔是表示物质的量的_____，1mol 物质的质量通常称为该物质的_____，其单位是_____，氧气的摩尔质量是_____。

2. 某一定量硫酸全部解离产生了 1.806×10^{24} 个氢离子，这一定量的硫酸是_____ mol。

3. 3.01×10^{24} 个溴分子能氧化_____ mol 碘离子，或_____个 S^{2-} 离子。

4. 147g 硫酸是_____ mol 硫酸，它含有_____ mol 氧原子，_____ mol 氢原子，_____个硫原子。

5. 86g 氢氧化钡完全电离产生_____ mol 钡离子，_____ mol 氢氧根离子。

6. 1mol 钠、镁、铝分别与足量盐酸反应，在相同条件下，置换出氢气由多到少的顺序是_____。1g 钠、镁、铝分别与足量的盐酸反应，产生的氢气由多到少的顺序是_____。

7. _____克氧气与 0.2mol 的臭氧（O_3）所含的原子个数相同，在标准状况下，它们的体积比是_____，分子个数比是_____。

8. 同温同压下，1g 氢气所占的体积是 1g 氦气所占体积的_____倍，是 1g 氧气所占体积的_____倍。

9. 指出下列单位的物理量名称：
A. g/mol _____   B. mol _____
C. g/L _____   D. L/mol _____

10. 1mol H_2 的质量是_____ g。0.1g O_2 的物质的量是_____ mol。

11. 计算下列物质的物质的量：

8g O_2 是_____ mol，49g H_2SO_4 是_____ mol，20g NaOH 是_____ mol，135g 铝是_____ mol。

三、简答题

1. 实验室用稀盐酸与锌反应，标况下生成 3.36L 氢气，需要多少摩尔的氯化氢和锌？

2. 5.5g 氨在标况下是多少升？

3. 2.5mol 氢氧化钠的质量是多少克？

4. 18.23g 氯化氢物质的量是多少摩尔？

第五章　分　散　系

■ 学习要点

　　1. 基本概念：分散系；分散相；分散介质；溶液的浓度；物质的量浓度；质量浓度；质量分数；体积分数。

　　2. 基本理论：浓度的表示方法及其换算。

　　3. 基本知识：溶胶的主要性质；利用溶胶的聚沉作用净化水的原理。

　　4. 基本技能：鉴别真溶液和胶体溶液。

第一节　分散系的基础知识

　　胶体在自然界普遍存在，它对现代工农业生产和科学研究起着重要作用。可以说，上至天体行星，下至地壳岩石，都是以分散系的形式存在的。土壤的形成与发展，动植物体的骨架和组织以及各种生命现象，也都与胶体密切相关。因此，研究和掌握胶体的基础知识具有重要的意义。

一、分散系的概念

　　在自然界和生产实践中，遇到的气体、液体或固体通常并不是纯粹的单一物质，而是由一种或几种物质混合而成的体系。

　　一种或几种物质被分散成细小的粒子，分散在另一种物质中所形成的体系称为分散体系，简称分散系。其中被分散的物质称为分散相（分散质），容纳分散相的物质称为分散介质（分散剂）。例如，乙醇分子分散在水中形成乙醇水溶液，水滴分散在空气中形成的云雾，奶油和蛋白质分散在水中形成的奶茶，各种矿物分散在岩石中形成的矿石等，这些都是分散体系。上述分散体系中，乙醇、水滴、奶油、蛋白质、各种矿物是分散相，而水、空气、水、油，岩石则是分散介质。

　　从某种意义上讲，分散系是由两种或两种以上物质组成的混合物，分散相（分散质）通常是含量较少的物质，分散介质（分散剂）通常是含量较多的物质。

二、分散系的分类

　　根据分散相微粒直径大小的不同，将分散系分为三类：分子或离子分散系、胶体分散系和粗分散系。

1. 分子或离子分散系　分散相微粒直径小于 1nm（$1nm = 10^{-9}m$），并以分子或离子形式均匀分散在分散介质中所形成的分散系称为分子或离子分散系。在这类分散系中，分散相粒子是单个的分子或离子，分散相粒子能透过滤纸和半透膜。这类分散系的主要特征是均匀、透明、稳定，扩散快，用普通显微镜及超显微镜观察不到分散质粒子。

分子或离子分散系又称为真溶液，简称溶液。在真溶液里，分散相又称为溶质；分散介质称为溶剂。水是一种常用的溶剂，一般未指明溶剂的溶液就是水溶液。例如，临床上用的生理盐水属于分子或离子分散系，其中氯化钠为溶质，水为溶剂。

知识链接

饱和溶液和不饱和溶液

在一定温度下的分散系中，一定量的溶剂不能再溶解某种溶质的溶液称为该溶质的饱和溶液。饱和溶液中溶质的量达到最大值。如果还能继续溶解某种溶质的溶液，称为这种溶质的不饱和溶液。在一定温度下，100g 溶剂中所能溶解溶质的最大质量（g），称为该溶质在该溶剂中的溶解度（g/100g）。在室温（20℃）条件下，以水作溶剂，溶解度在 0.01g/100g 以下的称为难溶物质；溶解度在 0.01g/100g ~ 1g/100g 之间的称为微溶物质；溶解度在 1g/100g ~ 10g/100g 的称为可溶物质；溶解度大于 10g/100g 的称为易溶物质。

2. 胶体分散系　分散相微粒直径在 1 ~ 100nm 之间的分散系称为胶体分散系，简称胶体。在这类分散系的分散相中，有的是由许多分子聚集而成的多分子聚集体，例如，氢氧化铁溶胶、碘化银溶胶等，多分子的聚集体分散在液体（例如水）中所形成的胶体溶液，简称溶胶；另有一些分散相的粒子是单个的高分子，例如，蛋白质溶液、核酸水溶液等，这类溶液属于高分子溶液。胶体溶液主要包括溶胶和高分子溶液。胶体溶液的分散相粒子比分子或离子分散系粒子大，所以其分散相粒子不能透过半透膜，但能透过滤纸。胶体分散系主要特征是外观透明，比较稳定，扩散较慢，分散质粒子在普通显微镜下不可见，在超显微镜下可见。

胶体分散系的物理状态可以为气态，称为气溶胶，如粉尘、小水珠等分散在大气中形成的烟或雾；也可以为液态，称为液溶胶，如三氯化铁溶胶、牛奶、豆浆等；还可以为固态，称为固溶胶，如含有颜色颗粒的有色玻璃、红宝石、合金等。

3. 粗分散系　分散相粒子直径大于 100nm 的分散系称为粗分散系。这类分散系的分散相粒子是大量分子的聚集体，比胶体粒子更粗大，能阻止光线通过，也容易受重力作用而沉降。所以粗分散系的特征是很不均匀、很不稳定，整个体系浑浊而不透明，分散相粒子不能透过滤纸和半透膜，不扩散，普通显微镜下可见，甚至肉眼可见。根据分散相微粒的状态又分为悬浊液和乳浊液。

（1）**悬浊液** 不溶性的固体小颗粒分散在液体中所形成的粗分散系称为悬浊液。例如，泥浆、氢氧化铝凝胶、外用皮肤杀菌药硫黄合剂、氧化锌等就属于悬浊液。

（2）**乳浊液** 液体小珠滴分散在与它不相混溶的另一种液体中所形成的粗分散系称为乳浊液。例如，乳白鱼肝油就属于乳浊液。

乳浊液在医学上称为乳剂。乳剂一般不稳定，常常需要加入一种能使乳剂稳定的物质，该物质称为乳化剂。常用的乳化剂是一些表面活性物质，例如合成洗涤剂、肥皂等，人体的胆汁酸盐也是一种乳化剂。乳化剂能使乳剂稳定的作用称为乳化作用。

对上述三类分散系进行比较，见表 5 – 1。

表 5 – 1 三类分散系比较

分散系的类型		分散相粒子直径（nm）	分散相	分散系特征	实例
分子或离子分散系	溶液	<1	小分子或离子	透明，均匀，稳定，扩散快，能透过滤纸和半透膜	氯化钠，氢氧化钠等水溶液
胶体分散系	溶胶 高分子溶液	1～100	许多分子的聚集体单个高分子	透明度不一，不均匀，稳定，扩散慢，能透过滤纸，不能透过半透膜	氢氧化铁，碘化银溶液蛋白质，核酸水溶液
粗分散系	悬浊液 乳浊液	>100	固体小颗粒液体小颗粒	浑浊，不均匀，不稳定，扩散很慢，不能透过滤纸和半透膜	泥浆，硫黄合剂豆浆，农药乳液

第二节 溶胶的性质

液态的胶体分散系称为胶体溶液，简称溶胶。医药上常见的是以水为分散介质的水溶胶。

制备溶胶的方法有两种：一是将较大的固体颗粒粉碎成胶粒的分散法；二是使分子或离子聚集成胶粒的凝聚法。

实验室制备少量溶胶时，常用化学凝聚法。在适当的条件下，使化学反应中生成的难溶性物质聚集成胶体粒子的方法称为化学凝聚法。例如，在沸水中逐渐加入适量的三氯化铁溶液，生成的氢氧化铁胶粒分散在溶液中，形成了红棕色、透明的氢氧化铁溶胶，而氢氧化铁不发生沉淀。如果加入大量的三氯化铁或加热时间过长，就会产生氢氧化铁沉淀而得不到溶胶。因此，必须注意反应条件。

溶胶的粒子大小介于溶液和粗分散系之间，虽然分散程度比较高，但属于多相共存体系，因此有许多特殊的性质，简述如下：

一、丁铎尔现象

在暗室中让一束很强光经聚集通过溶胶时，从垂直于入射光前进的方向观察，可以从烧杯侧面看到胶体溶液中出现一个明亮的光柱，这种现象称为丁铎尔现象。溶胶的丁铎尔现象示意图见图5–1。

丁铎尔现象的实质是溶胶粒子强烈散射可见光的结果。当一束光照射在分散粒子上时，会发生光的吸收、反射、散射等，究竟产生哪一种现象，这与分散相粒子大小及入射光的波长（或频率）有密切关系。胶体粒子的直径小于入射光的波长，光波可以绕过胶粒向各个方向传播，即发生光的散射，此时胶粒就像一个个小光源，向各个方向发射出光线，形成了一条明亮的光柱。

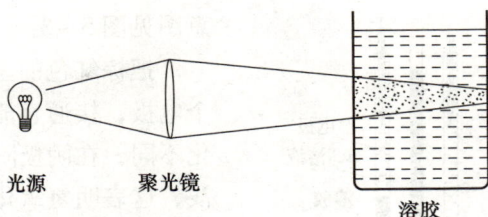

图5–1　丁铎尔现象示意图

真溶液中由于分散相粒子很小，光线直接通过，不发生散射，看不到丁铎尔现象。所以，可以用丁铎尔现象来鉴别真溶液和胶体溶液。

课堂互动

生理盐水和泥浆是否有丁铎尔现象，为什么？

二、布朗运动

用超显微镜观察溶胶的散射现象，可以看到溶胶中的发光点并非是静止不动的，它

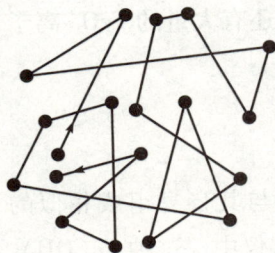

图5–2　布朗运动示意图

们是在做无休止、无规则的运动。我们把溶胶粒子无定向、无定速的不规则运动称为布朗运动。这一运动现象因为由植物学家布朗首先发现而得名。布朗运动示意图见图5–2。

产生布朗运动的原因是分散相粒子不断地受到分散介质粒子从四面八方不断的撞击。在粗分散系中，由于分散相粒子的质量和体积比分散介质粒子大的多，因此它受到的碰撞力与其本身的重力相比可以忽略，位移不明显。故无布朗运动。由于溶胶粒子的质量与体积都较小，所以在单位时间内所受到的力也较小，容易在瞬间受到冲击后产生一合力，又因为本身质量小，所以受力后使得胶体粒子发生不断改变方向、改变速度的不规则运动。由于粒子热运动的方向和大小是无法预测的，所以以溶胶粒子的运动是无规则的。

溶胶粒子的布朗运动必然导致溶胶具有扩散作用。因为胶体粒子质量比普通分子的质量大得多，所以溶胶的扩散速度比普通溶液要小得多。

由布朗运动引起的扩散作用在一定程度上可以抵消胶粒受重力作用而引起的沉降，因此溶胶具有一定的稳定性。

三、电泳

在外电场的作用下，溶胶粒子在分散介质中能发生定向移动，这种现象称为的电泳。可以通过溶胶粒子在电场的移动方向来判断溶胶粒子的带电性。溶胶的电泳现象示

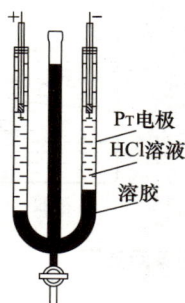

图 5 - 3 溶胶的电泳现象示意图

意图见图 5 - 3。

把棕红色的氢氧化铁溶胶装入 U 形管中，在管口两端插入两个电极，接通直流电源后，可以观察到 U 形管两极附近的颜色变化不同，在阴极附近红棕色逐渐变深，而阳极附近红棕色逐渐变浅，这表明氢氧化铁胶粒是带正电荷，移向阴极。

根据胶体粒子在电泳时移动的方向，可以确定它们所带的电荷符号。电泳时，移向负极的胶粒带正电荷，移向正极的胶粒带负电荷。

电泳技术不仅有助于了解溶胶粒子的结构及电学性质，而且电泳现象在生产和科研中也有很多应用。例如，根据不同蛋白质分子、核酸分子电泳的速度不同，可以对它们进行分离，目前已成为生物化学中的一项重要实验技术。又如，利用电泳的方法使橡胶的乳状液凝结而浓缩；利用电泳使橡胶电镀在金属模具上，可得到易于硫化、弹性好及拉力强的产品。

溶胶粒子带电的原因主要有以下两种情况。

一是溶胶系统是高度分散的多相系统，具有巨大的表面积，而这些小颗粒为了减少其表面能，就要有选择性地吸附介质中与其组成相类似的离子，从而使胶粒带上一层电荷。例如，氢氧化铁溶胶是用 $FeCl_3$ 溶液在沸水中水解而制成的。水解反应为：

$$FeCl_3 + 2H_2O \Longrightarrow Fe(OH)_3 + 3HCl$$

由于水解是分步进行的，因此，除了生成 $Fe(OH)_3$ 溶胶外，还有大量的 FeO^+ 离子生成。

$$FeCl_3 + 2H_2O \Longrightarrow Fe(OH)_2Cl + 2HCl$$

$$Fe(OH)_2Cl \Longrightarrow FeO^+ + Cl^- + H_2O$$

当 $Fe(OH)_3$ 分子聚集到胶体粒子的大小时，就会选择吸附与其自身组成相似的 FeO^+ 离子，而使 $Fe(OH)_3$ 胶粒带正电荷，形成正电溶胶。在电泳仪中，这种 $Fe(OH)_3$ 溶胶的胶粒会向负极移动。

又如，硫化砷溶胶的制备通常是将 H_2S 气体通入饱和 H_3AsO_3 溶液中，经过一段时间以后，生成淡黄色 As_2S_3 溶胶。制备反应为：

$$2H_3AsO_3 + 3H_2S \Longrightarrow As_2S_3 + 6H_2O$$

溶液中过量的 H_2S 解离，产生离子 HS^- 离子。

$$3H_2S \Longrightarrow H^+ + HS$$

As_2S_3 粒子容易吸附 HS^- 而使胶粒周围带负电，形成负电溶胶，这种溶胶的粒子电泳时会向正极移动。

另一个原因是部分胶粒与分散介质接触时，固体表面分子会发生解离，使某种离子进入液体而本身带电。例如，硅胶粒子带电就是因为 $HSiO_3^-$ 或 SiO_3^{2-}，并附着在表面而带负电。其反应式为：

$$H_2SiO_3 \Longrightarrow HSiO_3^- + H^+$$

$$HSiO_3^- \rightleftharpoons SiO_3^{2-} + H^+$$

$HSiO_3^-$ 或 SiO_3^{2-} 离子留在晶格上不能离开胶粒表面，而 H^+ 离子可以离开胶体粒子自由地进入分散介质中，结果就使胶粒带负电荷，生成负电溶胶。再如肥皂本身可以解离出 Na^+ 离子和脂肪酸根离子，Na^+ 离子离开分散质表面进入溶液中，而硬质酸根留在胶体粒子上，因此肥皂溶胶也是负电溶胶。

应该指出，溶胶粒子带电的原因十分复杂，以上两种情况只能说明溶胶粒子带电的某些规律。至于溶胶粒子究竟怎样带电，或者带什么电荷都还需要通过实验来证实。

四、稳定性和聚沉

（一）溶胶的稳定性

胶体溶液具有一定的稳定性，主要原因有三点：

1. 胶粒的布朗运动　由它产生的扩散作用，能克服重力场的影响而不下沉，溶胶的这种性质称为动力稳定性。一般来说，分散相与分散介质的密度差愈小，分散介质的黏度愈大及分散相颗粒愈小，布朗运动愈强烈，溶胶的动力稳定性就愈大。

2. 胶粒带电　胶体分散系比较稳定，主要原因是胶粒带电。同一体系的胶粒带同种电荷，同种电荷的相互排斥作用，从而阻止了胶粒的互相靠近，使之不易聚集成较大的颗粒而沉淀。

3. 胶粒的溶剂化作用　由于吸附在胶粒表面的离子，对溶剂分子有吸引力，将溶剂分子吸附到胶粒表面，形成一层溶剂化膜，溶剂化膜犹如一层弹性隔膜（溶剂为水时称水化膜），起到阻止胶粒聚集的作用，从而增强了溶胶的稳定性。

（二）溶胶的聚沉

溶胶的稳定性是相对的、暂时的、有条件的，一旦减弱或消除溶胶的稳定因素，溶胶中分散相粒子就会相互聚集变大而发生沉淀，这种现象称为溶胶的聚沉。在生产和科学实验中，有时需要制备稳定的溶胶，有时却需要破坏胶体的稳定性，使胶体物质聚沉下来，以达到分离提纯的目的。例如，药物被制成溶液后，应尽可能使体系保持稳定；再例如，净化水时就需要破坏泥沙溶胶的稳定性，以便除去杂质。使溶胶聚沉的方法很多，常用的有如下几种：

1. 加入强电解质　在溶胶中加入少量的强电解质时，就会使溶胶发生明显的聚沉现象。其主要原因是电解质的加入会使胶粒吸引了带异种电荷的离子，导致胶粒所带电荷减少甚至被完全中和，胶粒之间的相互排斥作用减弱甚至丧失，同时溶剂化膜随之变薄或消失，从而使溶胶发生聚沉。常用的电解质一般是硫酸盐。

需要指出的是，只有当加入电解质的浓度达到一定的程度，才能使溶胶明显聚沉。不同电解质对溶胶的聚沉能力是不一样的，为了比较各种电解质的聚沉能力，提出了聚沉值的概念。所谓聚沉值是指一定量的溶胶在一定的实验条件下和一定的时间内明显聚沉所需要电解质的最低浓度，单位常用 mmol/L 表示。聚沉值是衡量电解质聚沉能力大小的尺度，聚沉值越大，聚沉能力越弱，聚沉值越小，聚沉能力越强。表 5-2 列出了不同电解质对一些正负溶胶的聚沉值。

表 5-2　不同电解质对溶胶的聚沉值（mmol/L）

电解质	负离子	$Fe(OH)_3$ 正电溶胶	电解质	正离子	As_2S_3 负电溶胶
NaCl	Cl^-	9.25	LiCl	Li^+	58
KCl	Cl^-	9.0	NaCl	Na^+	51
$Ba(NO_3)_2$	NO_3^-	14	KCl	K^+	50
KNO_3	NO_3^-	12	$CaCl_2$	Ca^{2+}	0.65
K_2SO_4	SO_4^{2-}	0.205	$BaCl_2$	Ba^{2+}	0.69
$MgSO_4$	SO_4^{2-}	0.22	$AlCl_3$	Al^{3+}	0.093

从表 5-2 可以看出，与胶粒所带电荷相反的离子电荷越高，对溶胶的聚沉作用越大；离子的半径越大，对溶胶的聚沉能力越大。

利用加入电解质使溶胶发生聚沉的例子很多。例如，豆浆是蛋白质的负电胶体，在豆浆中加卤水，豆浆就变成豆腐，这是由于卤水中的 Na^+、Ca^{2+}、Mg^{2+} 等离子加入后，破坏了蛋白质负电胶体的稳定性，而使其聚沉的结果。

2. 加入带相反电荷的溶胶　把两种电性相反的溶胶以适当的比例混合，也会发生聚沉。由于带相反电荷的胶粒相互结合而引起溶胶的聚沉称为相互聚沉。这种聚沉作用与加入电解质的聚沉作用不相同的地方在于它要求的浓度条件比较严格，只用其中一种溶胶的总电荷恰能中和另一种溶胶的总电荷量时才能发生完全聚沉，否则只能部分聚沉，甚至不聚沉。

明矾净水的原理就体现了溶胶的相互聚沉。明矾在水中水解产生带正电的 $Al(OH)_3$ 胶体和 $Al(OH)_3$ 沉淀，而水中的污物主要是带负电的黏土及 SiO_2 等胶体，二者发生相互聚沉，使胶体污物下沉；另外由于 $Al(OH)_3$ 絮状沉淀的吸附，两种作用结合就能清除污物，达到净化水的目的。

由于溶胶具有某些溶液所没有的特殊性质，因此在许多情况下需要对溶胶进行保护。保护溶胶的方法有很多，可以通过对溶胶进行渗析，以减少溶胶中所含电解质的浓度；另外也可以通过加入适量的保护剂，如蛋白质、动物胶等大分子化合物，以增加胶粒的溶剂化保护膜，从而防止胶粒的碰撞聚沉。

但是，有时候溶胶的生成也会带来很多麻烦。例如，分离沉淀时，如果该溶胶是一胶状的沉淀，它不但能够透过滤纸，而且还会使过滤时间大为增加。因此，有时我们要设法破坏已形成的胶体。例如，一些工厂烟囱排放的气体中的碳粒和尘粒呈胶粒状态，这些粒子都带有电荷。为了消除这些粒子对大气的污染，可让气体在排放前经过一个带电的平板，中和烟尘的电荷，使其聚沉。

3. 加热　加热能使溶胶发生聚沉。因为加热增加了胶粒运动速率及碰撞机会，降低了胶粒的吸附作用和溶剂化程度，使溶胶发生聚沉。

知识链接

高分子溶液的盐析

　　高分子分散质粒子表面带电和粒子周围有一层水化膜，因此，对于高分子溶液来说，加入少量强电解质时，它的稳定性并不会受到影响，需要加入大量电解质，才能使它发生聚沉。高分子溶液的这种聚沉现象称为盐析。

（三）高分子溶液对溶胶的保护作用

　　高分子是指分子量大于10000的化合物，如蛋白质、支链淀粉等。在溶胶中加入足量的高分子化合物溶液，就能降低溶胶对电解质的敏感性而提高溶胶的稳定性，高分子化合物的这种作用称为高分子化合物溶液对溶胶的保护作用。产生保护作用的原因是高分子物质附着在胶粒表面，把胶粒包住，形成一层保护膜，阻碍了胶粒间的相互接触，而使胶粒不易聚结，提高了溶胶的稳定性。

　　高分子化合物溶液对溶胶的保护作用具有重要的生理意义。例如，健康人血液中的$CaCO_3$、$MgCO_3$、$Ca_3(PO_4)_2$等难溶盐都是以溶胶的状态存在并被血清蛋白等高分子化合物保护着，所以这些无机盐才得以稳定存在而不易聚沉。当某些疾病引起血液中的蛋白质减少时，就会降低蛋白质对溶胶的保护作用，导致溶胶聚沉于身体的某些部位，造成某些器官的结石，如胆结石、肾结石等。

视域拓展

凝胶及其应用

　　高分子溶液在一定条件时（如黏度增大到一定程度），整个体系成为一种有弹性的、不能流动的半固体状态，即形成了凝胶。

　　药物溶解或均匀分散于凝胶中即为凝胶剂。由于凝胶能够较长时间与作用部位紧密黏附，而且凝胶吸水溶胀后所形成的水化凝胶层对药物有一定的控制释放的作用，所以已广泛用于缓释、控释系统。

　　在溶胶中加入少量的高分子物质，有时会出现相反的现象，不但不能对溶胶起保护作用，而且使溶胶更容易发生聚沉，这种现象称为敏化作用。产生敏化作用的原因主要是加入的高分子化合物所带的电荷少，附着在带电的胶粒表面上可以中和胶粒表面的部分电荷，胶粒间的斥力降低而更易发生聚沉。另外，具有长链形的高分子化合物可同时吸附在许多胶粒上，把许多个胶粒连在一起变成较大的聚集体而聚沉。高分子化合物的加入，还可脱去胶粒周围的溶剂化膜，使溶胶更易聚沉。

第三节　溶　液　浓　度

一、溶液浓度的表示方法

溶液的浓度是指一定量的溶液（或溶剂）中所含溶质的量，它是表达溶液中溶质与溶剂相对存在量的数量标记，通常人们根据不同的需要和使用方便，规定不同的标准，因而，可以用不同的方法来表示溶液浓度。所以，同一种溶液，用不同的表示方法，其数值也不同。医药上常用的表示方法主要有物质的量浓度、质量浓度、体积分数和质量分数等。

（一）物质的量浓度

溶质 B 的物质的量浓度是指 B 的物质的量与溶液的体积之比，用符号 c_B 或 ［B］ 表示，单位符号为 mol/m^3，化学上和医药上常用 mol/L 和 $mmol/L$。例如，生理盐水的物质的量浓度为 $c_{NaCl} = 0.154mol/L$。

世界卫生组织建议，在医学上表示液体的组成时，凡是已知相对分子质量（或相对原子质量）的物质，均应采用物质的量浓度。例如，人体血液中葡萄糖含量正常值 $c_{C_6H_{12}O_6} = 3.9 \sim 6.1mmol/L$。

物质的量浓度表示式为：

$$c_B = \frac{n_B}{V} \tag{5-1}$$

1. 已知溶质的质量和溶液的体积，求物质的量浓度

例 5-1　将 4g NaOH 溶于水中制成 250mL 溶液，求该溶液的物质的量浓度。

解：已知 $m_{NaOH} = 4g$，$M_{NaOH} = 40g/mol$，$V = 0.25L$。

求 $c_{NaOH} = ?$

$$因为 \quad n_B = \frac{m_B}{M_B}, \quad 所以 \quad c_B = \frac{m_B}{M_B V}$$

$$所以 \quad c_{NaOH} = \frac{m_{NaOH}}{M_{NaOH}V} = \frac{4g}{40g/mol \times 0.25L} = 0.4mol/L$$

答：该溶液的物质的量浓度是 0.4mol/L。

例 5-2　将 5.3g 无水 Na_2CO_3 溶于水中制成 500mL 溶液，问该溶液的物质的量浓度是多少？

解：已知 $m_{Na_2CO_3} = 5.3g$，$M_{Na_2CO_3} = 106g/mol$，$V = 0.5L$。

求 $c_{Na_2CO_3} = ?$

$$因为 \quad n_B = \frac{m_B}{M_B}, \quad 所以 \quad c_B = \frac{m_B}{M_B V}$$

$$故 \quad c_{Na_2CO_3} = \frac{m_{Na_2CO_3}}{M_{Na_2CO_3}V} = \frac{5.3g}{106g/mol \times 0.5L} = 0.1mol/L$$

答：溶液的物质的量浓度是 0.1mol/L。

课堂互动

从 200mL 1.5mol/L 氢氧化钠溶液中取出 50mL，取出氢氧化钠溶液的物质的量浓度是多少？

2. 已知物质的量浓度和溶液的体积，求物质的质量

例 5-3　临床上使用 0.154mol/L 生理盐水 2L，需要 NaCl 多少克？

解： 已知 $c_{NaCl}=0.154mol/L$，$V=2L$，$M_{NaCl}=58.5g/mol$。

求 $m_{NaCl}=?$

因为
$$c_B=\frac{m_B}{M_B V}$$

所以　　$m_{NaCl}=c_{NaCl}\times M_{NaCl}\times V=0.154mol/L\times58.5g/mol\times2L\approx18.0g$

答：配制 2L 0.154mol/L 生理盐水，需要 NaCl 18.0g。

例 5-4　配制 0.1mol/L 碳酸钠溶液 500mL，需要 $Na_2CO_3\cdot10H_2O$ 多少克？

解： 已知 $c_{Na_2CO_3}=0.1mol/L$，$V=0.5L$，$M_{Na_2CO_3\cdot10H_2O}=286g/mol$。

求 $m_{Na_2CO_3\cdot10H_2O}=?$

因为
$$c_B=\frac{m_B}{M_B V}$$

$Na_2CO_3\cdot10H_2O$ 溶于水后，生成 Na_2CO_3 的物质的量相同。

所以 $m_{Na_2CO_3\cdot10H_2O}=c_{Na_2CO_3}\times M_{Na_2CO_3\cdot10H_2O}\times V=0.1mol/L\times286g/mol\times0.5L=14.3g$

答：配制 0.1mol/L 碳酸钠溶液 500mL，需要 $Na_2CO_3\cdot10H_2O$ 14.3g。

3. 已知溶质的质量和物质的量浓度，求溶液的体积

例 5-5　用 180g 葡萄糖（$C_6H_{12}O_6$），能配成 0.28mol/L 的静脉注射液多少毫升？

解： 已知 $m_{C_6H_{12}O_6}=180g$，$M_{C_6H_{12}O_6}=180g/mol$，$c_{C_6H_{12}O_6}=0.28mol/L$。

求 $V=?$

因为
$$c_B=\frac{m_B}{M_B V}$$

所以　$V=\dfrac{m_{C_6H_{12}O_6}}{M_{C_6H_{12}O_6}c_{C_6H_{12}O_6}}=\dfrac{180g}{180g/mol\times0.28mol/L}\approx3.6L=3600mL$

答：用 180g 葡萄糖（$C_6H_{12}O_6$），能配成 0.28mol/L 的静脉注射液 3600mL。

例 5-6　今有 $NaHCO_3$ 8.4g，能配制 0.2mol/L $NaHCO_3$ 多少升？

解： 已知 $m_{NaHCO_3}=8.4g$，$c_{NaHCO_3}=0.2mol/L$，$M_{NaHCO_3}=84g/mol$。

求 $V=?$

因为
$$c_B=\frac{m_B}{M_B V}$$

所以　　$V=\dfrac{m_{NaHCO_3}}{c_{NaHCO_3}\times M_{NaHCO_3}}=\dfrac{8.4g}{0.2mol/L\times84g/mol}=0.5L$

答：用 8.4g $NaHCO_3$ 能配制 0.2mol/L $NaHCO_3$0.5L。

（二）质量浓度

溶质 B 的质量浓度是指 B 的质量与溶液的体积之比，用符号 ρ_B 表示，单位符号为 kg/m^3，化学上和医药上常用 g/L 和 mg/L。如生理盐水的质量浓度为 $\rho_{NaCl} = 9g/L$。

对于相对分子质量未知的组分，用质量浓度表示其相对含量较为方便。

质量浓度的表示式为：

$$\rho_B = \frac{m_B}{V} \tag{5 - 2}$$

知识链接

质量浓度 ρ_B 与密度 ρ 的区别

质量浓度 ρ_B 与密度 ρ 的符号相似，但二者的含义却不一样。质量浓度中的 m 是溶质的质量，而密度中的 m 是溶液的质量。使用时应注意区分、避免混淆。

例 5 - 7 用 200g 葡萄糖（$C_6H_{12}O_6$）能配制成浓度为 50g/L 的葡萄糖溶液多少毫升？

解： 已知 $m_{C_6H_{12}O_6} = 200g$，$\rho_{C_6H_{12}O_6} = 50g/L$。

求 $V = ?$

根据式 5 - 2 得：

$$V = \frac{m_{C_6H_{12}O_6}}{\rho_{C_6H_{12}O_6}} = \frac{200g}{50g/L} = 4L = 4000mL$$

答：200g 葡萄糖能配制成浓度为 50g/L 的葡萄糖溶液 4000mL。

例 5 - 8 正常人血浆中血浆蛋白的质量浓度为 70g/L，问 100mL 血浆中含血浆蛋白多少克？

解： 已知 $\rho_{血蛋白} = 70g/L$，$V = 100mL = 0.1L$。

求 $m_{血蛋白} = ?$

根据式 5 - 2 得： $m_{血蛋白} = \rho_{血蛋白}$ $V = 70g/L \times 0.1L = 7g$

答：100mL 血浆中含血浆蛋白 7g。

（三）质量分数

溶质 B 的质量分数是指 B 的质量（m_B）与溶液质量（m）之比，用符号 ω_B 表示，其量纲为 1，例如浓硫酸的质量分数为 $\omega_{H_2SO_4} = 0.98$。

质量分数的表示式为：

$$\omega_B = \frac{m_B}{m} \tag{5 - 3}$$

式 5 - 3 中，溶质和溶液的质量单位必须相同。

例 5 - 9 100g 质量分数为 0.98 的浓硫酸含有纯硫酸多少克？

解： 已知 $m = 100g$，$\omega_{H_2SO_4} = 0.98$。

求 $m_{H_2SO_4} = ?$

根据式 5 - 3 得： $m_{H_2SO_4} = \omega_{H_2SO_4} \times m = 0.98 \times 100g = 98g$

答： 100g 质量分数为 0.98 的浓硫酸含有纯硫酸 98g。

例 5 - 10 0.5L 浓 HCl（$\rho = 1.18kg/L$）中含 HCl 的质量是 212.4g，求该浓 HCl 溶液的质量分数是多少？

解： 已知 $V = 0.5L$，$m_{HCl} = 212.4g$。

求 $\omega_{HCl} = ?$

根据密度 ρ 的定义可知，$m = \rho V = 1.18kg/L \times 0.5L = 0.59kg = 590g$。

所以 $$\omega_{HCl} = \frac{m_{HCl}}{m} = \frac{212.4g}{590g} = 0.36$$

答： 该浓 HCl 溶液的质量分数是 0.36。

（四）体积分数

溶质 B 的体积分数是指 B 的体积 V_B 与溶液的体积 V 之比，用符号 φ_B 表示，其量纲为 1。例如消毒酒精的体积分数为 $\varphi_B = 0.75$ 或 75%。

体积分数的表示式为：

$$\varphi_B = \frac{V_B}{V} \qquad (5 - 4)$$

式 5 - 4 中，溶质应为液态，溶质和溶液的体积单位必须相同。

例 5 - 11 现有纯甘油 300mL，配制成体积为 600mL 的甘油溶液（假定溶液体积等于溶质和溶剂的体积之和），该溶液的体积分数是多少？

解： 已知 $V_B = 300mL$，$V = 600mL$。

求 $\varphi_B = ?$

根据式 5 - 4 得： $$\varphi_B = \frac{V_B}{V} = \frac{3000}{6000} = 0.50$$

答： 该溶液的体积分数是 0.50。

例 5 - 12 欲配制体积分数为 0.95 的酒精溶液 1000mL，试计算需要无水酒精多少毫升。

解： 已知 $\varphi_B = 0.95$，$V = 1000mL$。

求 $V_B = ?$

根据式 5 - 4 得：

$$V_B = \varphi_B \times V = 0.95 \times 1000mL = 950mL$$

答： 需要无水酒精 950mL。

二、溶液浓度的换算

在实际工作中，经常需要将溶液浓度由一种表示法，变换成另一种表示法，而溶质的量和溶液的量都没有改变。常见的有两种类型。

（一）物质的量浓度与质量浓度之间的换算

物质的量浓度和质量浓度是常用的两种浓度表示法。设溶质 B 的物质的量浓度为 c_B，质量浓度为 ρ_B，溶液中溶质 B 的摩尔质量为 M_B。则溶质 B 的物质的量浓度与质量浓度的换算关系是：

$$c_B = \frac{\rho_B}{M_B}$$

例 5 – 13　计算 0.154mol/L 的生理盐水的质量浓度是多少？

解：已知 $c_{NaCl} = 0.154mol/L$，$M_{NaCl} = 58.5g/mol$。

因为　　　　　　　　　　　$c_B = \frac{\rho_B}{M_B}$

所以　　　　$\rho_{NaCl} = c_{NaCl} \times M_{NaCl} = 0.154mol/L \times 58.5g/mol = 9g/L$

答：生理盐水的质量浓度为 9g/L。

例 5 – 14　临床上治疗酸中毒经常用乳酸钠（$NaC_3H_5O_3$）注射液，其质量浓度为 112g/L，求其物质的量浓度是多少？

解：已知 $\rho_{NaC_3H_5O_3} = 112g/L$，$M_{NaC_3H_5O_3} = 112g/mol$。

求 $c_{NaC_3H_5O_3} = ?$

根据 $c_B = \frac{\rho_B}{M_B}$ 得：

$$c_{NaC_3H_5O_3} = \frac{\rho_{NaC_3H_5O_3}}{M_{NaC_3H_5O_3}} = \frac{112g/L}{112g/mol} = 1mol/L$$

答：此乳酸钠注射液的物质的量浓度是 1mol/L。

（二）物质的量浓度与质量分数之间的换算

设溶质 B 的物质的量为 c_B，质量分数为 ω_B，溶液的密度为 ρ（其单位符号为 g/L），溶液中溶质 B 的摩尔质量为 M_B。则溶质 B 的物质的量浓度与质量分数的换算关系为：

$$c_B = \frac{\omega_B \rho}{M_B}$$

或　　　　　　　　　　　　$\omega_B = \frac{c_B M_B}{\rho}$

例 5 – 15　市售 HCl 含量是 $\omega_{HCl} = 0.365$，密度 $\rho = 1.19kg/L$，它的物质的量浓度是多少？

解：已知 $M_{HCl} = 36.5g/mol$，$\omega_{HCl} = 0.365$，$\rho = 1.19kg/L = 1190g/L$。

求 $c_{HCl} = ?$

根据 $c_B = \dfrac{\omega_B \rho}{M_B}$ 得：

$$c_{HCl} = \frac{\omega_{HCl}\rho}{M_{HCl}} = \frac{0.365 \times 1190 g/L}{36.5 g/mol} = 11.9 mol/L$$

答：这种浓 HCl 的物质的量浓度是 11.9mol/L。

例 5 - 16 已知密度为 1.08kg/L 的 2mol/L NaOH 溶液，求该溶液的质量分数。

解： 已知 $c_{NaOH} = 2mol/L$，$M_{NaOH} = 40g/mol$，$\rho = 1.08kg/L = 1080g/L$。

求 $\omega_{NaOH} = ?$

根据 $\omega_B = \dfrac{c_B M_B}{\rho}$ 得：

$$\omega_{NaOH} = \frac{c_{NaOH} M_{NaOH}}{\rho} = \frac{2mol/L \times 40g/mol}{1080g/L} \approx 0.074$$

答：这种 NaOH 溶液的质量分数是 0.074。

三、溶液的配制

（一）溶液的稀释

在实际工作中，常需要将浓溶液配制成稀溶液。在溶液中加入溶剂使溶液的体积增大而浓度变小的过程，称为溶液的稀释。由于稀释时只加入溶剂而未加入溶质，稀释前后溶液的量虽然改变了，但溶液中所含溶质的量保持不变。即：

$$稀释前溶质的量 = 稀释后溶质的量$$

设稀释前后溶液的浓度分别为 c_1、c_2，稀释前后溶液的体积分数分别为 V_1，V_2，则溶液的稀释公式为：

$$c_1 V_1 = c_2 V_2 \tag{5-5}$$

无论溶液的浓度用哪种方法表示，都可以应用式 5 - 5，注意等式两边对应物理量的单位要保持一致，即有：

$$c_1 V_1 = c_2 V_2 (稀释前后溶质的物质的量不变)$$
$$\rho_1 V_1 = \rho_2 V_2 (稀释前后溶质的质量不变)$$
$$\omega_1 m_1 = \omega_2 m_2 (稀释前后溶质的质量不变)$$
$$\varphi_1 V_1 = \varphi_2 V_2 (稀释前后溶质的体积不变)$$

例 5 - 17 临床上配制体积分数为 0.75 的医用消毒酒精溶液 800mL，需要体积分数为 0.95 的酒精溶液多少毫升？

解： 已知 $\varphi_1 = 0.75$，$\varphi_2 = 0.95$，$V_1 = 800mL$。

求 $V_2 = ?$

因为

$$\varphi_1 V_1 = \varphi_2 V_2$$

所以

$$V_2 = \frac{\varphi_1 V_1}{\varphi_2} = \frac{0.75 \times 800}{0.95} \approx 632 (mL)$$

答：需要体积分数是 0.95 的酒精溶液 632mL。

例 5 - 18 用 12mol/L 的浓 HCl 配制浓度为 0.2mol/L 的 HCl 溶液 500mL，问需要浓 HCl 多少毫升？

解： 已知 $c_1 = 12$mol/L，$c_2 = 0.2$mol/L，$V_2 = 500$mL。

求 $V_1 = ?$

因为
$$c_1 V_1 = c_2 V_2$$

所以
$$V_1 = \frac{c_1 V_1}{c_2} = \frac{0.2\text{mol/L} \times 500\text{mL}}{12\text{mol/L}} \approx 8.3\text{mL}$$

答：需要浓 HCl 8.3mL。

课堂互动

对浓溶液进行稀释时，稀释前后，溶液中溶质的物质的量不变，为什么？

（二）配制溶液的仪器

配制溶液时，要根据不同的要求选择不同的仪器及操作方法。对溶液浓度精确度要求不高时，一般用托盘天平称量物质的质量，用量筒或量杯量取液体的体积，然后将固体溶质溶解于溶剂中混合均匀，或将液体溶质或溶液与纯溶剂混合均匀。

如果要求配制的溶液浓度十分精确，如分析化学中配制的滴定液，必须用分析天平称量物质的质量，用移液管量取液态溶质，用容量瓶进行定容。

同 步 训 练

一、单选题

1. 泥浆水属于（　　）
   A. 真溶液　　　　　　B. 悬浊液　　　　　　C 溶胶　　　　　　D. 乳浊液

2. 胶体分散系的分散质颗粒的直径为（　　）
   A. 小于 1nm　　　　　B. 1～100nm　　　　　C. 大于 100nm　　　　D. 大于 1nm

3. 下列对溶液的有关叙述正确的是（　　）
   A. 能透过半透膜　　　B. 透明　　　　　　　C. 有丁铎尔现象　　　D. 不稳定

4. 胶体溶液区别于其他溶液的实验事实是（　　）
   A. 丁铎尔效应　　　　　　　　　　　　　　B. 电泳现象
   C. 胶粒能透过滤纸　　　　　　　　　　　　D. 上述方法都不行

5. 下列物质中，不属于悬浊液的是（　　）
   A. 松节油搽剂　　　　B. 氧化锌涂剂　　　　C. 氢氧化铝凝胶　　　D. 外用硫黄合剂

6. 生理盐水的浓度是（　　）

　　A. 1.54mol/L　　　B. 0.154mmol/L　　　C. 9g/L　　　　　D. 0.9g/L

7. 多少体积的 1mol/L 硫酸溶液中含有 4.9g 硫酸（　　　）

　　A. 10mL　　　　　B. 20mL　　　　　　C. 30mL　　　　　D. 50mL

8. 从 200mL 1.5mol/L NaOH 溶液中取出 50mL，则剩余的溶液的物质的量浓度为（　　　）

　　A. 6mol/L　　　　　B. 3mol/L　　　　　C. 2mol/L　　　　　D. 1.5mol/L

二、填空题

1. 根据分散相粒子的大小，分散系可分为_____分散系、_____分散系 _____和_____分散系三类。

2. 胶体溶液是比较稳定的，促使它稳定的原因很多，但主要原因是_____、 _____。

3. 大分子化合物溶液区别于胶体溶液的主要实验事实是_____。

4. 在溶胶中加入一定量的_____溶液，能显著提高溶胶对电解质的稳定性，这种现象叫做_____。

5. 促使胶粒聚沉的主要方法有_____、_____。

6. 粗分散系根据其分散质的状态不同，分为_____和_____。

7. 溶液的浓度是指_____ 中所含_____的量。

8. 1mol/L NaOH 溶液的质量浓度是_____。50mL 该溶液含有 NaOH _____g。

9. 若 500mL 溶液中含有硫酸 24.5g，则该溶液的物质的量浓度是_____，质量浓度是_____。

10. 用 0.5L 酒精配制消毒酒精，能得到_____ mL 消毒酒精。

三、简答题

1. 试述溶胶的特殊性质。

2. 为什么加入少量电解质就可以使溶胶聚沉？而要使大分子化合物从溶液中析出，必须加入大量的电解质？

3. 实验室需配制 500mL 2mol/L 的硫酸溶液，问需要质量分数为 0.98、密度为 1.84 kg/L 的市售浓硫酸多少毫升？并写出配制过程？

4. 配制 9g/L 生理盐水 500mL，需要 NaCl 的质量是多少？配制步骤如何？

第六章 化学反应速度与化学平衡

学习要点

1. **基本概念**：化学反应速度；可逆反应；化学平衡；化学平衡常数；化学平衡移动；吕·查德里原理。

2. **基本理论**：化学反应速度；化学平衡。

3. **基本知识**：化学反应速度的表示方法；影响化学反应速度的因素；影响化学平衡移动的因素。

4. **基本技能**：学会应用化学反应速度与化学平衡的基本原理解决实际问题。

研究任何一个化学反应都应涉及两个方面问题：一是反应进行的快慢情况，即化学反应速度问题；另一个是化学反应能否发生，进行的程度如何，即化学平衡问题。两者既有联系又有区别，这两个问题不仅是学习化学所必需的基本理论知识，也是今后学习医药学的基础理论，还是认识体内的生理变化，生化反应及药物在体内代谢等等所必需的化学知识。

第一节　化学反应速度

在生产实际和日常生活中，人们希望加快有益反应的速度，如化工生产、塑料降解、蒸煮食物、洗涤衣物上的污垢、药物解除患者的病痛等，从而提高效益；同时还希望降低某些有害反应的速度，如金属的腐蚀、橡胶制品的老化，食物的腐败等，从而节约资源，降低成本。因此，研究化学反应速度及其影响因素具有非常重要的意义。

化学上衡量化学反应快慢的量称为化学反应速度。

一、化学反应速度的表示方法

表示化学反应速度的方法，通常用单位时间内反应物浓度的减少或生成物浓度的增加来表示。物质浓度的单位以 mol/L 表示，时间单位根据具体反应进行的快慢用秒（s），分（min）或小时（h）表示，所以化学反应速度的单位用 mol/（L·s），mol/（L·min）或 mol/（L·h）表示。如某一反应其他条件不变时，假设开始时反应物 B 的

浓度为 c_1，反应一段时间以后浓度为 c_2，反应经过的时间由 t_1 到 t_2（$t_2 > t_1$），化学反应速度的数学表达式为：

$$\bar{V} = \frac{c_2 - c_1}{t_2 - t_1} \tag{6-1}$$

在应用式 6-1 时应注意以下几点：

1. 化学反应速度通常是指某反应在一定时间内的平均速度。

2. 在反应过程中，若用反应物浓度的减少（$c_2 < c_1$）来表示化学反应速度，为了使反应速度为正值，公式前应加"-"号；若用生成物的浓度增加（$c_2 > c_1$）来表示反应速度则不加"-"号。

3. 在表示化学反应速度时，一定要指明是用什么物质的浓度变化表示的。因为对于同一个化学反应，用不同的反应物或生成物在单位时间内的浓度变化来表示化学反应速度时，其数值可能不同，但各物质之间的计量关系是确定的，因此，化学反应速度是相同的。

例 6-1　合成氨的反应在某一条件下进行，在时间 $t_1 = 0$ 时测得 N_2 的浓度为 5mol/L，H_2 的浓度为 10mol/L，NH_3 的浓度为 3mol/L，2 分钟后，测得 N_2 的浓度为 4mol/L，H_2 的浓度为 7mol/L，NH_3 的浓度为 5mol/L，求该反应在此条件下的化学反应速度是多少？

解： 　　　　　　　　　$N_2 + 3H_2 \rightleftharpoons 2NH_3$

t_1 时 c_1（mol/L）　　　　　5　　10　　　3

t_2 时 c_2（mol/L）　　　　　4　　 7　　　5

根据式 6-1 可知，此反应在该条件下的反应速度可用不同物质的浓度变化表示如下：

以 N_2 的浓度变化计算：$\bar{V}_{N_2} = \dfrac{c_2 - c_1}{t_2 - t_1} = -\dfrac{4-5}{2} = 0.5\ [\text{mol}/(\text{L}\cdot\text{min})]$

以 H_2 的浓度变化计算：$\bar{V}_{H_2} = \dfrac{c_2 - c_1}{t_2 - t_1} = -\dfrac{7-10}{2} = 1.5\ [\text{mol}/(\text{L}\cdot\text{min})]$

以 NH_3 的浓度变化计算：$\bar{V}_{NH_3} = \dfrac{c_2 - c_1}{t_2 - t_1} = \dfrac{5-3}{2} = 1\ [\text{mol}/(\text{L}\cdot\text{min})]$

可以看出反应速度可用反应体系中任一物质在单位时间内的浓度改变来表示，虽然其数值不同，但其数值一定与反应式中各组分前的系数成正比，都能表明该反应的速度。

那么，对于任一反应 $aA + bB \rightleftharpoons dD + eE$ 来说，各物质的反应速度之间存在下列关系：

$$\bar{V}_A : \bar{V}_B : \bar{V}_D : \bar{V}_E = a : b : d : e$$

可以用任何一种反应物或生成物在单位时间内的浓度变化来表示化学反应速度。

二、影响化学反应速度的因素

不同的化学反应具有不同的化学反应速度，同一化学反应在不同的条件下也可能会有不同的反应速度，我们可以根据生产和生活的不同需要，采取适当的措施，加速对生产、生活有利的反应，减慢一些不利的反应。影响化学反应速度的条件主要有浓度、压强（主要是对有气体参加的反应）、温度、催化剂等。

（一）浓度对化学反应速度的影响

我们知道，木炭在纯氧中燃烧要比在空气中燃烧快得多，是因为纯氧的氧气浓度为100%，而空气中氧气的浓度只有21%，这说明浓度对化学反应速度有很大的影响。取两支试管，分别编上 1 号、2 号，在 1 号试管中加入 0.1mol/L 硫代硫酸钠（$Na_2S_2O_3$）溶液 4mL，在 2 号试管中加入 0.1mol/L $Na_2S_2O_3$ 溶液和蒸馏水各 2mL。再另取两支试管，各加入 0.1mol/L H_2SO_4 溶液 4mL，然后同时将 H_2SO_4 溶液分别倒入前两支盛有 $Na_2S_2O_3$ 溶液的试管里，观察两支试管里出现浑浊现象的先后。

实验结果是：1 号试管中先出现浑浊现象，2 号试管中后出现浑浊现象。

在 $Na_2S_2O_3$ 溶液中加入稀 H_2SO_4，发生如下反应：

$$Na_2S_2O_3 + H_2SO_4 =\!=\!= Na_2SO_4 + SO_2 + S\downarrow + H_2O$$

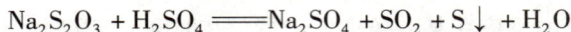

由于生成了不溶于水的硫使溶液变浑浊。这说明 $Na_2S_2O_3$ 浓度越大，反应速度越快，所以硫析出得越快。

大量实验证明：当其他条件不变时，增大反应物的浓度或降低生成物浓度，可以增大化学反应速度；减小反应物的浓度或增大生成物浓度，可以减小化学反应速度。

（二）压强对化学反应速度的影响

压强只对有气体参加的化学反应的反应速度有影响。当温度一定时，一定量气体的体积与其所受的压强成反比，如果气体所受的压强增大一定的倍数，则气体的体积就缩小相应的倍数，单位体积内的气体分子数（即气体物质的浓度）就会增加相应的倍数。因此，对于有气体物质参加的反应，增大压强，气体反应物的体积减小，也就是增大气体反应物的浓度，因此可以增大化学反应速度；减小压强，气体的体积扩大，气体反应物的浓度减小，因此可以减小化学反应速度。可见压强对化学反应速度的影响与浓度对化学反应速度的影响相同。

如果参加反应的物质是固体、液体或者是在溶液中进行的反应，由于改变压强对它们的体积影响很小，浓度几乎不发生变化，所以可以认为压强与固体或液体物质间的反应速度无关。

课堂互动

$2NO + O_2 =\!=\!= 2NO_2$ 反应在密闭容器中进行，若温度不变，一定量的反应物气体压强增加一倍时，反应速度如何改变？

（三）温度对化学反应速度的影响

将氢气和氧气混合，在常温下几乎不发生反应，如果加热到 1000℃ 左右，则瞬间就能发生剧烈的爆炸反应；夏天的食物放在冰箱里保存不易腐败变质。可见温度也是影响化学反应速度的因素。取两支试管，各加入 0.1mol/L Na$_2$S$_2$O$_3$ 溶液 2mL，分别插入盛有冷水和热水的两个烧杯中。另取两支试管，各加入 0.1mol/LH$_2$SO$_4$ 溶液 2mL。稍等片刻，然后同时将两支试管里的 H$_2$SO$_4$ 溶液分别倒入上述两支盛有 Na$_2$S$_2$O$_3$ 溶液的试管里，仔细观察两支试管里出现浑浊现象的先后。

实验结果是：插在热水中的试管里先出现浑浊现象，插在冷水中的试管里后出现浑浊现象。

大量实验证明：升高温度，可以增大化学反应速度；降低温度，可以减小化学反应速度。经过化学家多次实验测得，当其他条件不变时，温度每升高 10℃，化学反应速度增大到原来的 2～4 倍。因此在实践中，人们经常通过改变温度来有效控制反应速度。如实验室和化工生产中常用加热的方法加快化学反应速度；再如，为防止某些化学试剂、药物、特别是生物制剂受热变质，通常把它们存放在冰箱或阴凉、低温处。

（四）催化剂对化学反应速度的影响

室温下将氢气和氧气混合，长年累月也没有任何反应，但加入一片金属铂，氢和氧则马上化合生成水，铂片则完整无损。在化学反应中，能显著改变化学反应速度而本身在反应前后其组成、数量和化学性质保持不变的物质称为催化剂。铂就是一种催化剂。能加快化学反应速度的催化剂称为正催化剂，例如实验室制取氧气时，加入二氧化锰加快氯酸钾的分解速度；凡能减慢化学反应速度的催化剂称为负催化剂，例如医学上为保存双氧水，在其中加入少量乙酰苯胺来减慢过氧化氢的分解速度。通常所说的催化剂一般是指正催化剂，常常把负催化剂称为抑制剂。催化剂改变化学反应速度的作用称为催化作用。

催化剂具有以下特点：

1. 催化剂能改变反应速度，但不能使不发生反应的物质起反应。因为催化剂是外因，而物质的本性是内因，内因决定了它们能不能起反应。

2. 在化学反应中，催化剂在反应前后质量和化学组成不变，化学性质没有改变。

3. 对可逆反应，催化剂可以同等程度地改变正、逆反应的速度。

4. 催化剂具有选择性，对于不同的化学反应往往采用不同的催化剂。

催化剂在现代化学和化工生产中占有极为重要的地位。初步统计约有 85% 的化学反应需要使用催化剂。人体内进行的种种生化反应也都与催化剂和催化作用有着很密切的关系。生物体内的各种酶具有催化活性，称为生物催化剂。它对于生物体内的消化、吸收等过程起着非常重要的催化作用。

第二节　化 学 平 衡

化学反应速度讨论的是化学反应快慢的问题，但是在化学研究和化工生产中，仅考虑化学反应进行的快慢是不够的，因为一定条件下不同的化学反应进行的程度是不同的，有些反应能进行到底，而大多数反应只能进行到一定程度，而且同一个化学反应在不同的条件下进行的程度也会有很大的差别,我们既希望反应物尽可能快地转化为生成物,又希望反应物尽可能多地转化为生成物,后者所说的就是化学反应进行的程度问题,即化学平衡。

一、可逆反应与化学平衡

(一)不可逆反应与可逆反应

有些化学反应在一定条件下一旦发生,就能朝着一个方向不断进行,直到反应物几乎完全变成生成物。这种只能向一个方向进行,并且进行得很彻底的反应称为不可逆反应(完全反应),在化学反应方程式中用"═══"或"──→"来表示。例如强酸强碱的中和反应:

$$NaOH + HCl ═══ NaCl + H_2O$$

但大多数化学反应进行的不彻底,在同一条件下,反应物能反应变成生成物,同时生成物也可以反应重新生成反应物,即两个相反方向的反应同时进行。例如工业上合成氨的反应,氢气和氮气在高温高压下化合生成氨,但在同一条件下化合生成的氨又有一部分重新分解生成氢气和氮气,此时在反应体系中存在三种物质 H_2、N_2 和 NH_3 的混合物。这种在同一反应条件下,能同时向两个相反方向进行的双向反应,称为可逆反应(不完全反应)。可逆反应常用双箭号"⇌"代替等号。例如,合成氨的反应属于可逆反应,可表示为:

$$N_2 + 3H_2 ⇌ 2NH_3$$

在可逆反应中,通常把从左向右进行的反应称为正反应,从右向左进行的反应称为逆反应。

(二)化学平衡与化学平衡常数

可逆反应不能进行到底,反应物不能全部转化为生成物,反应体系中总是有反应物和生成物。反应刚开始时,反应物浓度最大,正反应的速度大于逆反应的速度。随着反应的进行,反应物浓度不断减少,正反应速度逐渐减慢,同时随着生成物浓度的不断增大,逆反应速度不断加快,当反应进行到一定程度时,正反应的速度等于逆反应的速度,此时反应物的浓度和生成物的浓度不再发生改变,如图 6-1 所示。

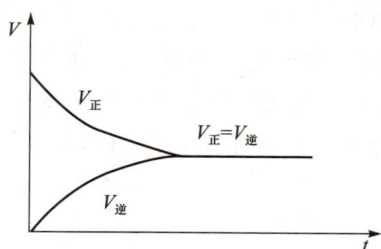

图 6-1　化学平衡示意图

在一定条件下的可逆反应,正反应和逆反应的速度相等,体系中所有参加反应的物质浓度(或质量)保持不变的状态,称为化学平衡。在平衡状态下,反应物和生成物的浓度称为平衡浓度。只要条件不变,体系中反应物和生成物的浓度保持不变。从宏观上看,反应处于相对静止状态,且达到了最大限度;在微观上,反应仍在继续进行,只不过是正逆反应速度相等,正反应产生的生成物刚好被逆反应作为反应物完全消耗掉，而正反应消耗掉的反应物又刚好由逆反应加以补充，使各物质浓度保持不变，因此化学平衡是一种动态平衡。化学平衡是有条件的、相对的、暂时的平衡，如果条件改变，正逆反应速度也会随之改变，化学平衡会被破坏，直到建立新的平衡。

当可逆反应 $a\mathrm{A} + b\mathrm{B} \rightleftharpoons g\mathrm{G} + h\mathrm{H}$ 在一定温度下达到化学平衡时，各物质的平衡浓度 $[\mathrm{A}]$、$[\mathrm{B}]$、$[\mathrm{G}]$、$[\mathrm{H}]$ 之间存在如下关系：

$$K_c = \frac{[\mathrm{G}]^g [\mathrm{H}]^h}{[\mathrm{A}]^a [\mathrm{B}]^B} \qquad (6-2)$$

在一定条件下，可逆反应达到平衡时，生成物浓度的幂次方乘积与反应物浓度的幂次方乘积之比值是一个常数，即 K_c 称为化学平衡常数。

在化学反应式中，若有纯固态、纯液态，它们的浓度在平衡常数表达式中不必列出。

化学平衡常数的大小是可逆反应进行的完全程度的标志。K_c 值越大，表示平衡时生成物的浓度越大，反应物剩余的浓度越小，也就是正向反应的趋势越强，反之越弱。同一个可逆反应中，平衡常数 K_c 随温度的变化而变化，与浓度的变化无关。反应方程式书写不同，平衡常数的表达式也不同。

例 6-2　试列出下列反应的化学平衡常数。

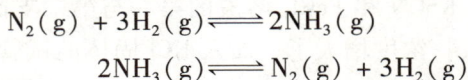

$$\mathrm{N_2(g)} + 3\mathrm{H_2(g)} \rightleftharpoons 2\mathrm{NH_3(g)}$$

$$2\mathrm{NH_3(g)} \rightleftharpoons \mathrm{N_2(g)} + 3\mathrm{H_2(g)}$$

解：$\mathrm{N_2(g)} + 3\mathrm{H_2(g)} \rightleftharpoons 2\mathrm{NH_3(g)}$ 的化学平衡常数为：$K_c = \dfrac{[\mathrm{NH_3}]^2}{[\mathrm{N_2}][\mathrm{H_2}]^3}$。

$2\mathrm{NH_3(g)} \rightleftharpoons \mathrm{N_2(g)} + 3\mathrm{H_2(g)}$ 的化学平衡常数为：$K_c' = \dfrac{[\mathrm{N_2}][\mathrm{H_2}]^3}{[\mathrm{NH_3}]^2}$。

可见，上述两个反应的化学平衡常数互为倒数，即 $K_c \times K_c' = 1$。

例 6-3　在某温度下，反应 $\mathrm{H_2} + \mathrm{Br_2} \rightleftharpoons 2\mathrm{HBr}$ 达到化学平衡状态时，$[\mathrm{H_2}] = 0.5\mathrm{mol/L}$，$[\mathrm{Br_2}] = 0.1\mathrm{mol/L}$，$[\mathrm{HBr}] = 1.6\mathrm{mol/L}$，求平衡常数 K_c。

解：$\mathrm{H_2} + \mathrm{Br_2} \rightleftharpoons 2\mathrm{HBr}$ 达到化学平衡状态时，由平衡常数的表达式得：

$$K_c = \frac{[\mathrm{HBr}]^2}{[\mathrm{H_2}][\mathrm{Br_2}]} = \frac{(1.6)^2}{0.5 \times 0.1} = 51.2$$

二、影响化学平衡的因素

根据前面所述，我们知道，化学平衡状态并不意味着反应停止进行，而只是可逆反应的正反应和逆反应速度相等时，反应物浓度和生成物浓度不再改变。然而，这种平衡只是在一定条件下的相对的、暂时的平衡状态，当外界条件（如浓度、压强、温度）改变时，平衡状态遭到破坏，可逆反应从暂时的平衡变为不平衡，经过一段时间，在新的条件下又达到新的平衡。在新建立的平衡状态下，反应体系中各物质的浓度与原平衡状态下各物质的浓度不相等。这种当外界条件改变，可逆反应从一种平衡状态转变到另一种平衡状态的过程叫做化学平衡的移动。

当新的平衡到达时，如果生成物的浓度比原平衡状态时有所增加，或反应物的浓度比原平衡状态时有所减少，则平衡向正方向移动了。反之，如果反应物的浓度比原平衡状态时有所增加，或生成物的浓度比原平衡状态时有所减少，则平衡向逆方向移动了。

（一）浓度对化学平衡的影响

当可逆反应达到平衡后，在其他条件不变的情况下，改变任何一种反应物或生成物的浓度，都会改变正向反应和逆向反应的速度，使化学平衡发生移动。移动的结果使反应物和生成物的浓度都发生改变，并在新的条件下建立新的平衡。

在一个小烧杯中，混合 10mL 0.1mol/L 三氯化铁溶液（FeCl₃）和 10mL 0.1mol/L 硫氰化钾溶液（KSCN），溶液立即变成红色，搅匀。把上述溶液平均分到四支试管里，在第一支试管里加入少量 1mol/L 硫氰化钾溶液，在第二支试管里加入少量 1mol/L 三氯化铁溶液，在第三支试管里加入少量固体氯化钾。观察这三支试管里溶液颜色的变化，并与第四支试管相比较。

氯化铁和硫氰酸钾反应，生成红色的硫氰酸铁钾 $K_3[Fe(SCN)_6]$，使溶液呈血红色。

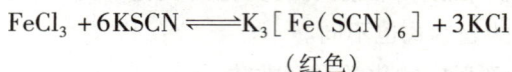

$$FeCl_3 + 6KSCN \rightleftharpoons K_3[Fe(SCN)_6] + 3KCl$$
（红色）

实验结果是：在加入 KSCN 和 FeCl₃ 溶液的第一与第二支试管里，溶液红色加深，说明生成的 $K_3[Fe(SCN)_6]$ 浓度增大了；加入 KCl 固体的试管溶液的红色变浅，说明生成的 $K_3[Fe(SCN)_6]$ 浓度降低了。

这是由于增大反应物浓度，会加快正反应速度，使得正、逆反应速度不再相等，平衡状态被破坏，使化学平衡向正反应方向移动，生成更多的 $K_3[Fe(SCN)_6]$。直至正、逆反应速度重新相等，反应又达到新的平衡。新的平衡建立后，各物质的浓度均发生了变化，$K_3[Fe(SCN)_6]$ 的浓度比原来平衡时的增大了，所以溶液颜色加深了；增大生成物的浓度，使逆反应的速度增大，此时逆反应的速度大于正反应的速度，平衡状态被破坏，平衡向逆反应方向移动。重新建立平衡时，$K_3[Fe(SCN)_6]$ 的浓度减小了，所以溶液颜色变浅了。

根据大量的实验事实可知，浓度对化学平衡的影响可概括为：当其他条件不变时，增加反应物浓度（或降低生成物浓度），化学平衡向正反应方向移动（向右移动）；增加生成物浓度（或降低反应物浓度），化学平衡向逆反应方向移动（向左移动）。因此，几种物质参加反应时，常常加大价格低廉物质的投料比，使价格昂贵的物质得到充分利用，从而降低成本，提高经济效益。

课堂互动

当人体吸入较多量的 CO 时，就会引起 CO 中毒，这是由于 CO 与血液里的血红蛋白（Hb）结合，使血红蛋白不能很好地与氧气结合，人因缺少氧气而窒息，甚至死亡。这个过程存在如下平衡：

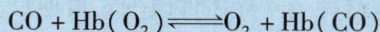

$$CO + Hb(O_2) \rightleftharpoons O_2 + Hb(CO)$$

简述抢救一氧化碳中毒患者时应采取哪些措施？

（二）压强对化学平衡的影响

对于有气体参加的可逆反应来说，当反应达到平衡时，如果反应前后气体分子数（或气体体积）不相等，则在恒温下增大或减小平衡体系的压强都会使平衡发生移动。在温度不变的条件下，改变反应体系的总压强，能够引起气体物质浓度成正比例的变化。增大压强使容器内气体体积缩小，单位体积内气体分子数增多，即气体的浓度增大，使得正逆反应的反应速度不再相等，导致化学平衡发生移动，实质上对于有气态物质参加的反应，压强对平衡的影响与浓度对平衡的影响是相同的。平衡移动的方向取决于反应前后气体物质分子总数（或气体体积）的变化情况。

例如，二氧化氮（红棕色气体）和四氧化二氮（无色气体）在一定条件下达到平衡：

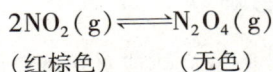

$$2NO_2(g) \rightleftharpoons N_2O_4(g)$$
（红棕色）　　　（无色）

由化学方程式可知，消耗 2mol NO$_2$ 就增加 1mol N$_2$O$_4$，反应前后气体分子数（或气体体积）不相等，正反应方向是气体分子数减少或体积缩小的反应，逆反应方向是气体分子数增加或体积增大的反应。

用注射器吸入少量的 NO$_2$ 和 N$_2$O$_4$ 的混合气体，然后用橡皮塞将注射器针头封闭，如图 6-2 所示。

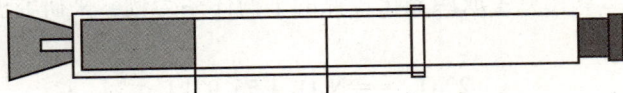

图 6-2　压强对化学平衡的影响

将注射器往里推和往外拉，我们可以看到，当活塞往外拉时，体积变大，压强变小，混合气体的颜色先变浅又逐渐变深。颜色先变浅是由于针筒内体积增大，气体的压强减小，NO$_2$ 浓度减小的缘故。而后颜色又逐渐变深是由于压强减小，生成更多的 NO$_2$ 的结果。表明减小压强，化学平衡向着气体分子数增多或气体体积增大的方向即向左移动。当活塞往里推时，体积变小，压强变大，混合气体的颜色先变深又逐渐变浅。颜色先变深是由于针筒内体积缩小，气体的压强增大，NO$_2$ 浓度增大的缘故。而后颜色又逐渐变深是由于压强增大，生成更多的 N$_2$O$_4$ 的结果。表明增大压强，化学平衡向着气体分子数减少或气体体积缩小的方向即向右移动。

通过大量实验事实可得出结论：对气体反应物和气体生成物分子数不等的可逆反应来说，在其他条件不变的情况下，增加压强，化学平衡向着气体分子数减少（气体体积缩小）的方向移动；减小压强，化学平衡向着气体分子数增加（气体体积增大）的方向移动。

对于有些可逆反应，虽有气态物质参加，但反应前后气态物质的总分子数相等，如下面的平衡体系：

$$CO + H_2O(g) \rightleftharpoons CO_2(g) + H_2$$

压强的改变对其正、逆反应速度的增减是相同的，也就是说，压强的改变是不会引起平衡移动的。

固态物质或液态物质的体积，受压强的影响很小，可忽略不计。平衡混合物如果全是固态或液态时，改变压强不会使化学平衡发生移动。平衡混合物中如果既有气态物质又有固态或液态物质，压强变化时，只需根据反应体系中气态物质分子数变化情况来判断平衡移动的方向。例如，用炽热的碳将二氧化碳还原成一氧化碳：

$$C(s) + CO_2 \rightleftharpoons 2CO$$

由于正向反应是气体分子数增加的反应，在一定温度下增大压强，平衡向气体分子数减少的方向即向左移动；减小压强，平衡向气体分子数增加的方向即向右移动。

（三）温度对化学平衡的影响

物质发生化学反应时，往往伴随着放热或吸热现象的发生。放出热量的反应称放热反应，放出的热量常用"＋"号表示在化学方程式右边；吸收热量的反应称吸热反应，吸收的热量常用"－"号表示在化学方程式右边。对于一个可逆反应来说，如果正反应是放热反应，则逆反应一定是吸热反应，而且放出的热量和吸收的热量相等。热量常用 Q 来表示，单位 kJ/mol。

在伴随着热效应的可逆反应中，当反应达到平衡时，改变温度也会使化学平衡发生移动。我们仍然以二氧化氮生成四氧化二氮的平衡体系为例，来研究温度对化学平衡移动方向的影响。

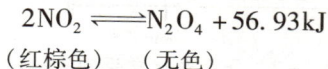

$$2NO_2 \rightleftharpoons N_2O_4 + 56.93kJ$$
（红棕色）　　（无色）

在上述的可逆反应中，正反应是放热反应，逆反应是吸热反应。

当可逆反应达到平衡后，温度对平衡的影响，是以温度对吸热反应和放热反应速度的影响程度不同为基础的。升高温度，正向反应速度和逆向反应速度都要加快，但加快的程度不一样，对吸热反应加快的倍数要比对放热反应加快的倍数多，正、逆反应速度不再相等，化学平衡被破坏并向吸热方向移动。反之，降低温度，化学反应速度都减慢，但减慢的倍数不一样，对吸热反应减慢的倍数要比对放热反应减慢的倍数大，正、逆反应速度不再相等，结果平衡向放热反应方向移动。

由此可得出：在其他条件不变时，升高反应温度，有利于吸热反应，化学平衡向吸热反应方向移动；降低反应温度，有利于放热反应，化学平衡向放热反应方向移动。

课堂互动

合成氨的反应为：$N_2 + 3H_2 \rightleftharpoons 2NH_3 + 热$，升高温度或降低温度分别可使平衡向哪个方向移动？

综上所述，如果在平衡体系中增大反应物浓度，平衡就会向由反应物转化为生成物的反应方向移动，也就是向减少反应物浓度的方向移动；在有气体参加的平衡体系中，增加压强，平衡就向气体分子数减少的方向移动，即减小压强的反应方向移动；升高温度，化学平衡就向吸热反应方向移动，即向降低温度的反应方向移动。这些结论由法国科学家吕·查德里于 1884 年归纳为普遍规律：任何已达到平衡的体系，如果所处的条件（浓度、压强、温度）发生改变，平衡就向着削弱或解除这些改变的方向移动。这个规律叫做吕·查德里原理，又称平衡移动原理。这个原理适用于所有动态平衡系统。但必须指出，吕·查德里原理只适用于已达到平衡的系统，对未达到平衡的系统不适用。

　　催化剂能够改变化学反应速度，但不影响化学平衡。因为对于可逆反应来说，催化剂能同等程度地改变正、逆反应的反应速度，所以它对化学平衡的移动没有影响，但能缩短反应达到平衡所需要的时间。应用到生产实际中可以缩短生产周期，降低生产成本，提高生产效率。

同 步 训 练

一、单选题

1. 用铁片与稀硫酸反应制取氢气时，下列措施能使氢气生成速度加大的是（　　）
   A. 加少量 CH_3COONa 固体　　　　　B. 加水
   C. 不用稀硫酸，改用 98% 浓硫酸　　D. 不用铁片，改用铁粉

2. 对液体间的反应速度影响最小的是（　　）
   A. 压强　　　　B. 浓度　　　　C. 温度　　　　D. 催化剂

3. 对已达到化学平衡的反应：$2X(g) + Y(g) \rightleftharpoons 2Z(g)$，减小压强时，对反应产生的影响是（　　）
   A. 逆反应速度增大，正反应速度减小，平衡向逆反应方向移动
   B. 逆反应速度减小，正反应速度增大，平衡向正反应方向移动
   C. 正、逆反应速度都减小，平衡向逆反应方向移动
   D. 正、逆反应速度都增大，平衡向正反应方向移动

4. 可逆反应 $3A(g) \rightleftharpoons 3B + C$ 在一定温度下达到平衡后，如果增大压强平衡向正反应方向移动，则下列判断正确的是（　　）
   A. B 和 C 一定都是固体　　　　　B. 若 C 为固体，则 B 一定是气体
   C. B 和 C 可能都是气体　　　　　D. B 一定不是气体

5. 对于反应：$2H_2(g) + O_2(g) \rightleftharpoons 2H_2O + Q$，理论上最有利于 H_2O 生成的条件是（　　）
   A. 高温高压　　B. 低温低压　　C. 低温高压　　D. 高温低压

6. 可逆反应 $N_2 + 3H_2 \rightleftharpoons 2NH_3$ 达到平衡时，下列说法正确的是（　　）
   A. N_2 和 H_2 不再化合　　　　　B. N_2、H_2、NH_3 浓度相等

C. N_2、H_2、NH_3 各自浓度保持恒定   D. 正逆反应速度等于零

7. 反应达到平衡时加入催化剂，生成物的浓度会（   ）

    A. 增大   B. 不变   C. 减少   D. 无法判断

二、填空题

1. 影响化学反应速度的外界条件有_____、_____、_____和_____。

2. 其他条件不变时，增加生成物的浓度，化学平衡向_____方向移动。

3. 影响化学平衡的因素主要有_____、_____、_____。

4. 压强只能使_____且_____的化学反应的平衡发生移动。

5. 在同一反应条件下，能同时_____进行的化学反应称为可逆反应。

6. 化学平衡的特点是_____、_____、_____、_____。

7. 化学平衡常数（K）值越大，表示平衡时生成物的浓度越_____。（填大或小）

8. 已知可逆反应 $N_2 + 2O_2 \rightleftharpoons 2NO_2 - Q$ 处于平衡状态，升高温度时氧气的浓度会_____。（填增大、减小、不变）

三、简答题

1. 影响化学反应速度的因素有哪些？

2. 化学平衡常数（K）的物理意义是什么？

3. 影响化学平衡的因素有哪些？

4. 什么是化学平衡的移动？平衡移动的原理是什么？

第七章 电解质溶液

学习要点

1. 基本概念：电解质；解离平衡；解离常数；解离度；同离子效应；离子反应；离子方程式；盐的水解；缓冲溶液。
2. 基本理论：稀释定律；酸碱质子理论；缓冲作用原理。
3. 基本知识：弱电解质的电离与平衡；溶液的酸碱性及 pH；盐溶液的 pH。
4. 基本技能：溶液 pH 的计算。

电解质是在水溶液中或在熔融状态下能够导电的化合物。电解质的水溶液称为电解质溶液。人体约含 65% 的体液中有多种电解质离子，如 Na^+、K^+、Cl^-、Ca^{2+}、HCO_3^-、CO_3^{2-}、$H_2PO_4^-$ 等。离子在体液中所处的状态及其含量，直接关系到体液的渗透平衡和酸碱平衡，并对神经、肌肉等组织的生物活动产生影响。另一方面，溶液中发生的许多化学反应，特别是生物体内的化学反应往往需要在一定的 pH 溶液中才能正常进行。因此，很有必要学习有关电解质的知识。

第一节 电 解 质

一、电解质的分类

电解质都是以离子键或极性共价键结合的化合物，在水溶液中或在熔融状态下能够解离出自由移动的带电离子，这些离子在电场作用下发生定向移动而导电。根据电解质导电能力的大小，将其分为强电解质和弱电解质两大类。常见的酸、碱、盐等无机化合物都是电解质，其中强酸、强碱和典型的盐是强电解质，弱酸、弱碱和某些盐（如氯化汞）是弱电解质，有机化合物中的羧酸、酚和胺等是弱电解质。

有很多化合物在水溶液中或在熔融状态下均不能导电，称为非电解质，如某些非金属氢化物（NH_3、CH_4 等）和所有非金属氧化物，以及蔗糖、甘油、乙醇、汽油等绝大多数有机化合物都是非电解质。

知识链接

化学物质的分类

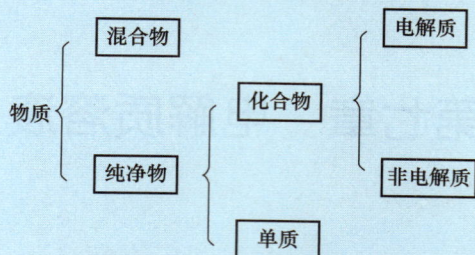

```
                    混合物              电解质
          物质       化合物
                    纯净物              非电解质
                    单质
```

混合物和单质既不是电解质，也不是非电解质。电解质的强弱由其自身结构决定，而与溶解度无关。

课堂互动

铜、铝、铁等导电能力很强，它们都是电解质。这句话是否正确？为什么？

二、弱电解质在水中的解离

电解质在水溶液中解离成自由移动的阴、阳离子的过程称为电解质在水溶液中解离，也称为电离或离子化。

弱电解质是在水溶液中仅有一部分解离成阴、阳离子，同时，离子又互相结合成弱电解质分子，未解离的分子与离子之间存在着动态平衡。也就是说，弱电解质是在水溶液中的解离是可逆的，通常用可逆解离方程式表示，例如：

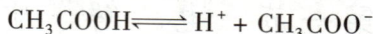

$$CH_3COOH \rightleftharpoons H^+ + CH_3COO^-$$

$$NH_3 \cdot H_2O \rightleftharpoons NH_4^+ + OH^-$$

如果弱电解质是多元弱酸或多元碱，则它们的解离是分步进行的，且解离程度依次递减，第一步的解离程度远大于第二步的解离程度，远远大于第三步的解离程度，如碳酸的解离，例如：

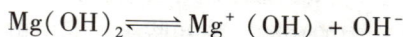

$$H_2CO_3 \rightleftharpoons H^+ + HCO_3^-$$

$$HCO_3^- \rightleftharpoons H^+ + CO_3^{2-}$$

$$Mg(OH)_2 \rightleftharpoons Mg^+(OH) + OH^-$$

$$Mg^+(OH) \rightleftharpoons Mg^{2+} + OH^-$$

（一）弱电解质在水中的解离平衡

从本质上讲，弱电解质在水中的解离是一种化学反应，弱电解质溶于水后，在水分子的作用下，弱电解质分子解离成离子；同时，一部分离子又结合成弱电解质分子。因此，弱电解质在水溶液的解离过程是可逆的。在一定条件下，当弱电解质的分子解离成离子的速率与离子重新结合成弱电解质分子的速率相等时的状态，称为弱电解质的解离平衡。常用 K_a、K_b 分别表示弱酸、弱碱的解离平衡常数（简称解离常数）。

例如，醋酸在水中溶液中发生解离：

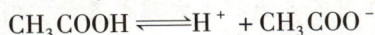

$$CH_3COOH \rightleftharpoons H^+ + CH_3COO^-$$

根据化学平衡原理可知，醋酸的解离平衡常数为：

$$K_a = \frac{[H^+][CH_3COO^-]}{[CH_3COOH]} \tag{7-1}$$

同理，氨水的解离及其解离平衡常数为：

$$NH_3 \cdot H_2O \rightleftharpoons NH_4^+ + OH^-$$

$$K_b = \frac{[NH_4^+][OH^-]}{[NH_3 \cdot H_2O]}$$

解离常数与弱电解质的本性及温度有关，而与浓度无关。在一定温度下，电解质越弱，解离平衡常数越小。常见弱酸、弱碱的解离平衡常数见附录七。

（二）解离度

解离度也称电离度，是指在一定条件（温度、浓度）下，溶液中电解质发生解离的分子数占电解质分子总数（包括已解离和未解离的）的百分比。解离度常用 α 表示：

$$\alpha = \frac{已电离的电解质分子数}{电解质分子总数} \times 100\% \tag{7-2}$$

例如，25℃时，0.1mol/L 的醋酸溶液的解离度是 1.34%，表示每 10000 个醋酸分子里有 134 个分子解离成离子。

弱电解质解离度的大小，主要取决于电解质的本性，同时也与弱电解质的浓度和温度有关。弱电解质的解离度随溶液浓度的减小而增大，即浓度越稀，弱电解质的解离度越大。因为溶液的浓度越小，单位体积内离子浓度越少，则离子重新结合成分子的机会就越少，所以解离度越大。弱电解质的解离度随溶液温度的升高而增大。因为解离过程（正过程）要吸热，升高温度平衡向吸热反应的方向移动，有利于电解质的解离。总的来说在表示弱电解质的解离度时，必须指出溶液的浓度和温度。

一般规定，在 25℃条件下，溶液浓度为 0.1mol/L 时，解离度大于 30% 的电解质称为强电解质，解离度小于 5% 的电解质称为弱电解质，解离度介于 5% 和 30% 之间称为中强电解质。一些常见弱电解质的解离度见表 7-1。

表 7-1　一些常见弱电解质的解离度（0.1mol/L，25℃）

电解质	化学式	解离度（%）	电解质	化学式	解离度（%）
醋酸	CH_3COOH	1.32	硼酸	H_3BO_3	0.01
碳酸	H_2CO_3	0.17	氨水	$NH_3 \cdot H_2O$	1.3

注：表中多元弱酸的解离度是指一级解离。

强电解质在水中的解离

　　为了方便学习，我们可以认为强电解质的解离度为 100%，即强电解质在水溶液中几乎完全解离，全部以离子的形式存在，不存在解离平衡。强电解质的解离是不可逆的，可用不可逆解离方程式表示。例如：

$$HCl \!=\!\!=\!\! H^+ + Cl^-$$

$$NaOH \!=\!\!=\!\! Na^+ + OH^-$$

$$NaCl \!=\!\!=\!\! Na^+ + Cl^-$$

（三）稀释定律

　　解离度和解离常数都可以比较弱电解质的相对强弱，它们既有区别又有联系。解离常数是化学平衡常数的一种形式，而解离度则是转化率的一种形式。解离常数不受浓度的影响，解离度则随浓度的变化而改变。解离常数比解离度能更好地表示出弱电解质的特征，它们之间可以通过以下关系联系起来。以一元弱酸 HAc 为例说明之，设 HAc 的起始浓度为 c_a，解离度为 α，可有下列关系：

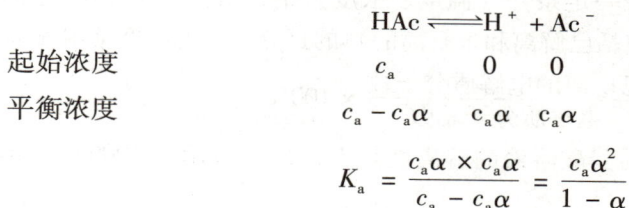

$$HAc \rightleftharpoons H^+ + Ac^-$$

起始浓度 　　　　　　　c_a　　　0　　0

平衡浓度 　　　　$c_a - c_a\alpha$　　$c_a\alpha$　$c_a\alpha$

$$K_a = \frac{c_a\alpha \times c_a\alpha}{c_a - c_a\alpha} = \frac{c_a\alpha^2}{1-\alpha}$$

因为 α（$\alpha < 5\%$）很小，所以 $1 - \alpha \approx 1$。

则：

$$K_a = c_a\alpha^2 \quad 或 \quad \alpha = \sqrt{K_a/c_a} \tag{7-3}$$

对于一元弱碱，同理可得：

$$\alpha = \sqrt{K_b/c_b} \tag{7-4}$$

　　式 7-3 和式 7-4 称为稀释定律，表明了解离常数、解离度及其与溶液浓度之间的关系，用于单纯弱电解质溶液的近似计算。稀释定律的意义：同一弱电解质的解离度与其浓度的平方根成反比，即溶液越稀，解离度越大；相同浓度的不同弱电解质的解离度与其解离常数的平方根成正比，即解离常数越大，解离度也越大。

　　例 7-1　25℃时，已知 0.2mol/L 氨水的解离度是 0.934%，求其解离常数。

　　解：已知 $c_b = 0.2$mol/L，$\alpha = 0.934\%$，

　　因为 α 很小，所以，根据式 7-4 得：

$$K_b = c_b \cdot \alpha^2 = 0.2 \times (0.00934)^2 = 1.76 \times 10^{-5}$$

　　答：氨水的解离常数是 1.76×10^{-5}。

三、同离子效应

弱电解质在水中的解离平衡是动态平衡，达到平衡时，由于正过程和逆过程速度相等，溶液里弱电解质分子和阴、阳离子的浓度保持不变。根据化学平衡移动原理可知，当外界条件改变时，解离平衡会发生移动并符合吕·查德里原理。

在氨水中存在一水合氨的解离平衡：

$$NH_3 \cdot H_2O \rightleftharpoons NH_4^+ + OH^-$$

如果向氨水中加入强电解质氯化铵（NH_4Cl）或氢氧化钠（$NaOH$），NH_4Cl 电离出来的 NH_4^+ 或 $NaOH$ 电离出来的 OH^-，都能够使一水合氨的解离平衡向左移动，从而使一水合氨的解离度减小。向在弱电解质溶液里加入与弱电解质具有相同离子的强电解质，使弱电解质解离度减小的效应称为同离子效应。

> **课堂互动**
>
> 　　向氨水中加入稀盐酸，能不能使一水合氨的解离平衡发生移动，如果能使一水合氨的解离平衡发生移动，这种效应是不是同离子效应？

第二节　离子反应

一、离子反应和离子方程式

电解质在溶液中能够解离成离子，所以电解质在溶液中的反应实质上是离子间的反应。在溶液中，由离子参加或生成的化学反应称为离子反应。用实际参加化学反应的离子来表示的反应方程式称为离子反应方程式，简称离子方程式。

例如，盐酸和氢氧化钠的反应，因为盐酸、氢氧化钠和氯化钠都是易溶于水的强电解质，在水溶液中都以离子的形式存在；水是难电离的物质，不能写成离子形式，所以，化学方程式写为：

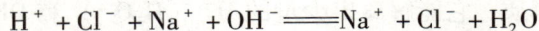

$$H^+ + Cl^- + Na^+ + OH^- \xrightarrow{\quad\quad} Na^+ + Cl^- + H_2O$$

Cl^- 和 Na^+ 在反应前后没有变化，可以省略，实际参加化学反应的离子是 H^+ 和 OH^-，所以，盐酸和氢氧化钠反应的离子方程式为：

$$H^+ + OH^- \xrightarrow{\quad\quad} H_2O$$

可以看出，上述离子方程式代表的是所有可溶性酸碱中和反应。

再如，氯化钠溶液与硝酸银溶液的反应，因为氯化钠、硝酸银和硝酸钠都是易溶于水的强电解质，在水溶液中都以离子的形式存在；氯化银是难溶性物质，不能写成离子形式，所以，化学方程式写为：

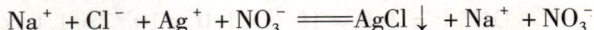

$$Na^+ + Cl^- + Ag^+ + NO_3^- \xrightarrow{\quad\quad} AgCl\downarrow + Na^+ + NO_3^-$$

Na^+ 和 NO_3^- 在反应前后没有变化，可以省略，实际参加化学反应的离子是 Ag^+ 和

Cl^-，所以，氯化钠溶液与硝酸银溶液反应的离子方程式为：

$$Ag^+ + Cl^- \xrightarrow{\hspace{1cm}} AgCl\downarrow$$

同样可以看出，上述离子方程式代表的是硝酸银和所有可溶性氯化物发生的沉淀反应。

离子方程式既可以表示一个具体化学反应的实质，也可以表示同一类型反应的规律。

二、离子反应发生的条件

在化学反应中，如果反应物和生成物都是离子形式存在，则没有发生实际意义的化学反应，如氯化钠溶液和硝酸钾溶液混合，就不会发生实际意义的化学反应。离子反应发生的条件是生成难电离的物质，或生成难溶性物质，或生成气体。例如，酸碱中和反应生成了水，硝酸银和可溶性氯化物反应生成了氯化银沉淀，活泼金属与酸反应置换出氢气，碳酸盐与酸反应生成了二氧化碳和水等。

视域拓展

氢氧化铝、碳酸氢钠（胃舒平的有效成分）能中和过多的胃酸，舒缓胃痛，其离子方程式分别为：

$$Al(OH)_3 + 3H^+ \xrightarrow{\hspace{1cm}} Al^{3+} + 3H_2O$$

$$HCO_3^- + H^+ \xrightarrow{\hspace{1cm}} CO_2\uparrow + H_2O$$

第三节　水的解离及溶液的 pH

一、水的解离

人们通常认为纯水不导电，但通过精密仪器测定，发现水有微弱的导电能力。这说明水是一种极弱的电解质，它能解离出少量的 H^+（H_3O^+）和 OH^-，其解离反应方程式为：

$$H_2O \xrightleftharpoons{\hspace{1cm}} H^+ + OH^-$$

在 25℃时，从纯水的导电实验测得 1L 纯水（55.55mol）中仅有 10^{-7}mol 水分子发生解离，此时水中的 $[H^+] = [OH^-] = 1.0 \times 10^{-7}$mol/L，水的解离平衡常数 K_W 为：

$$K_W = \frac{[H^+][OH^-]}{[H_2O]}$$

因为 $[H_2O] \approx 1$，所以，水的解离平衡常数 K_W 表达式可简化为：

$$K_W = [H^+][OH^-] = 1.0 \times 10^{-7} \times 1.0 \times 10^{-7} = 1.0 \times 10^{-14} \qquad (7-5)$$

K_W 常称为水的离子积常数，简称为水的离子积。

二、溶液的 pH

纯水呈中性。常温时，纯水中的［H^+］和［OH^-］相等，都等于 1.0×10^{-7} mol/L。

酸性溶液呈酸性。在酸性溶液中，酸的解离常数远大于 K_W，解离出来的氢离子对水的解离具有同离子效应，此时［H^+］>［OH^-］，即：

$$［H^+］> 1.0 \times 10^{-7} \text{mol/L} >［OH^-］$$

碱性溶液呈碱性。在碱性溶液中，碱的解离常数远大于 K_W，解离出来的氢氧根离子对水的解离具有同离子效应，此时［OH^-］>［H^+］，即：

$$［H^+］< 1.0 \times 10^{-7} \text{mol/L} <［OH^-］$$

由此可见，由于存在水的解离平衡，无论是中性、酸性还是碱性溶液中，都同时含有 H^+ 和 OH^-，只不过两种离子浓度的相对大小不同，H^+ 浓度越大，溶液的酸性越强；OH^- 浓度越大，溶液的碱性越强。

通常用［H^+］表示溶液的酸碱性，但当溶液中的［H^+］的浓度很小时，用［H^+］来表示溶液的酸碱性就很不方便，因此，化学上采用 pH 来表示溶液的酸碱性。溶液的 pH 就是氢离子浓度的负对数。

$$pH = -\lg[H^+] \tag{7-6}$$

中性溶液，［H^+］=［OH^-］= 1.0×10^{-14} mol/L，$pH = -\lg(1 \times 10^{-7}) = 7$；

酸性溶液，［H^+］> 1.0×10^{-7} mol/L，$pH < 7$；

碱性溶液，［H^+］< 1.0×10^{-7} mol/L，$pH > 7$。

如果给出氢氧根离子的浓度，则可以根据水的离子积求得氢离子的浓度，再计算溶液的 pH。

例 7-2　试计算浓度为 1×10^{-4} mol/L 的 NaOH 溶液的 pH。

解：已知 $c_{NaOH} = 1 \times 10^{-4}$ mol/L，NaOH 是强电解质，在水中全部解离，所以，氢氧根离子的浓度等于氢氧化钠的浓度。

$$［OH^-］=［NaOH］= 1 \times 10^{-4} \text{mol/L}$$

因为

$$K_W = ［H^+］［OH^-］= 1.0 \times 10^{-14}$$

所以，［H^+］= 10^{-10} mol/L，$pH = 10$。

课堂互动

有两种稀盐酸，浓度分别为 0.001mol/L 和 1mol/L，试分别计算其 pH。

视域拓展

pH 在医药上的意义

正常人体的体液都有一定的 pH 范围，如血液为 7.35～7.45，唾液为 6.6～7.1，尿液为 4.7～8.4，乳汁为 6.0～6.9 等，如果患有某种疾病，人体体液的 pH 就会超出正常的 pH 范围；反过来，如果因某些因素导致体液超出了正常的 pH 范围，轻则感到不适，重则危及生命。

临床上使用的某些药物，只有在一定 pH 条件下才能保持稳定，如盐酸普鲁卡因注射液在 pH3.5~5.0 时稳定，吗啡在 pH<4 时稳定，三磷腺苷注射液在 pH=9 最稳定等，如果超出了最佳的 pH 条件，药品可能会失效，甚至产生不应有的毒副作用。

第四节　盐类的水解

一、盐的类型

盐是一类金属离子或铵根离子（NH_4^+）与酸根离子或非金属离子结合的化合物，如硝酸钾、硫酸钙、硫酸铵、氯化钠、碘化钾、乙酸铵等等。盐类由两部分组成，一部分是金属阳离子或铵根离子，它们是碱的组成部分（$NH_3 \cdot H_2O$ 可理解为氢氧化铵），碱可分为强碱、弱碱两大类；另一部分是酸根离子或非金属离子，它们是酸的组成部分（有些非金属的氢化物常被称为"氢某酸"，如氢溴酸 HBr、氢硫酸 H_2S 等），酸也可分为强酸、弱酸两大类。因此，可以把盐类简单理解为酸碱反应的产物之一，按照酸和碱的类型不同，盐大致可分为强酸强碱盐、强酸弱碱盐、弱酸强碱盐和弱酸弱碱盐四种类型。

二、各类盐的水解

在水溶液里，盐解离出的弱酸根离子或组成弱碱的阳离子与水解离出的 H^+ 或 OH^- 相结合，生成弱电解质（弱酸或弱碱）的反应叫做盐类的水解。

1. 强酸强碱盐　强酸强碱盐解离后产生的阴、阳离子，均不能与水解离出的 H^+ 或 OH^- 相结合而生成弱电解质，不发生水解，溶液呈中性，pH=7，如 $NaCl$、KNO_3 等。

2. 强酸弱碱盐　强酸弱碱盐解离后产生的阳离子能与水解离出的 OH^- 相结合而生成弱电解质，发生水解，溶液呈酸性，pH<7，如 NH_4Cl、$Al_2(SO_4)_3$ 等，水解反应式如下：

$$NH_4Cl + H_2O \Longrightarrow NH_3 \cdot H_2O + H^+ + Cl^-$$

$$Al_2(SO_4)_3 + 6H_2O \Longrightarrow Al(OH)_3 + 6H^+ + 3SO_4^{2-}$$

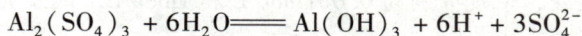

3. 弱酸强碱盐　弱酸强碱盐解离后产生的阴离子（弱酸根离子）能与水解离出的 H^+ 相结合而生成弱电解质，发生水解，溶液呈碱性，pH>7，如 CH_3COONa、Na_2CO_3 等，水解反应式如下：

$$CH_3COONa + H_2O \Longrightarrow CH_3COOH + OH^- + Na^+$$

$$Na_2CO_3 + H_2O \Longrightarrow HCO_3^- + OH^- + Na^+$$

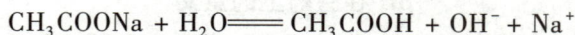

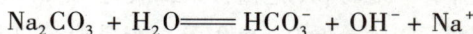

多元弱酸与强碱形成的盐，解离后产生酸式根离子能与水解离出的 H^+ 相结合而生

成弱电解质，且是分步水解的，第一步水解程度远远大于第二步水解程度，溶液的酸碱性主要取决于第一步的水解程度。

4. 弱酸弱碱盐 弱酸弱碱盐解离出的弱酸阴离子（弱酸根离子）和弱碱阳离子分别与水解离出的 H^+ 和 OH^- 相结合，均生成弱电解质，强烈发生水解，但溶液呈酸性或是呈碱性，则由水解生成的弱酸、弱碱的相对强弱来决定。例如，醋酸铵 CH_3COONH_4 水解反应如下：

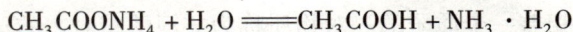

$$CH_3COONH_4 + H_2O \Longrightarrow CH_3COOH + NH_3 \cdot H_2O$$

总而言之，盐类水解的一般规律是：对于组成盐的阳离子（碱）和阴离子（酸）来说，两强不水解，谁弱谁水解，两弱更水解，越弱越水解，谁强显谁性。

三、影响盐类水解的因素

1. 盐类本身的性质 这是影响盐类水解的内在因素。组成盐的酸或碱越弱，盐的水解程度越大，其盐溶液的碱性或酸性就越强。

2. 温度 由于盐的水解作用是中和反应的逆反应，所以盐的水解是吸热反应，温度升高，水解程度增大。

3. 浓度 盐的浓度越小，则水解程度越大。

4. 溶液的酸碱性 盐类水解后，溶液会呈现不同的酸碱性。因此，控制溶液的酸碱性可以促进或抑制盐的水解。如在配制 $FeCl_3$ 溶液时常加入少量盐酸来抑制 $FeCl_3$ 水解。

视域拓展

盐类水解的利弊

临床上常用碳酸氢钠和乳酸钠治疗酸中毒，是利用其水解后呈碱性的性质；常用氯化铵治疗碱中毒，是利用其水解后呈酸性的性质。

某些盐类药物往往因水解而变质，如青霉素钠盐和钾盐、巴比妥类等，必须将这些药物密闭保存于干燥处，以防止水解。

第五节 酸碱质子理论

在化学发展史上，人们提出了各种不同的酸碱理论，例如，初中阶段已经学习过的酸碱解离理论：在水溶液中解离出的阳离子全部是 H^+ 的物质是酸，解离出的阴离子全部是 OH^- 的物质是碱，酸碱反应的实质是 H^+ 和 OH^- 结合生成 H_2O。下面介绍酸碱质子理论，其要点如下。

一、酸碱的定义

凡能给出质子（H^+）的物质都是酸，如 HAc、NH_4^+、$H_2PO_4^-$、HCl 等都是酸，因

为它们有给出质子的能力；凡能接受质子的物质都是碱，如 NH_3、PO_4^{3-}、$H_2PO_4^-$、Ac^-、Cl^- 等都是碱，因为它们有接收质子的能力。

根据酸碱的定义，酸和碱不是孤立的，而是相互关联的。酸（HA）失去一个质子变成相应的碱（A^-），碱（A^-）得到一个质子变成相应的酸（HA），对应关系称为酸碱的共轭关系，可表示为：

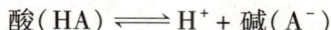

$$酸(HA) \rightleftharpoons H^+ + 碱(A^-)$$

这种分子组成上相差一个质子的一对物质称为共轭酸碱对。右边的碱是左边酸的共轭碱，左边的酸是右边碱的共轭酸，共轭酸比共轭碱只多一个质子，两者组成一个共轭酸碱对，例如：

$$HCl \rightleftharpoons H^+ + Cl^-$$
$$H_2CO_3 \rightleftharpoons H^+ + HCO_3^-$$
$$HCO_3^- \rightleftharpoons H^+ + CO_3^{2-}$$
$$H_2O \rightleftharpoons H^+ + OH^-$$
$$H_3O^+ \rightleftharpoons H^+ + H_2O$$
$$NH_4^+ \rightleftharpoons H^+ + NH_3$$

可见，酸和碱可以是中性分子，也可以是阳离子或阴离子。同一个物质在一个共轭酸碱对中是酸，但在另一个共轭酸碱对中可能是碱，如 H_2O、HCO_3^- 和 HPO_4^{2-}，像这些既能给出质子又能接受质子的物质称为两性物质。两性物质作为酸或作为碱，要看与它发生反应的物质的酸碱性的相对强弱，例如 H_2O，当 HCl 气体溶于水时，H_2O 作为碱接受质子；当 NH_3 溶于水时，H_2O 作为酸给出质子。

二、酸碱反应的实质

酸碱反应的实质是共轭酸碱对之间的质子传递反应，例如：

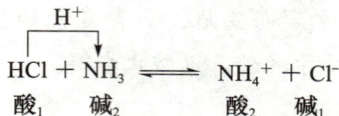

$$\overset{\displaystyle H^+}{\overbrace{HCl + NH_3}} \rightleftharpoons NH_4^+ + Cl^-$$

酸₁ 碱₂ 酸₂ 碱₁

HCl 是酸，将质子传递给 NH_3 后，生成它的共轭碱 Cl^-；NH_3 是碱，接受 HCl 给出的质子后，生成它的共轭酸 NH_4^+。酸碱反应总是由较强的酸与较强的碱作用，向着生成较弱的碱和较弱的酸的方向进行。上述反应，无论在水溶液、非水溶液还是在气相时进行，其实质都一样。所以，酸碱质子理论不仅适用于水溶液，也适用于非水溶液和无溶剂体系。酸碱质子理论扩大了酸碱反应的范围，认为酸碱中和反应、解离作用和水解反应等，都是酸碱反应。

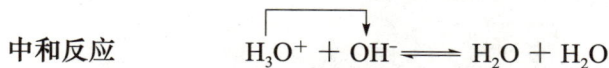

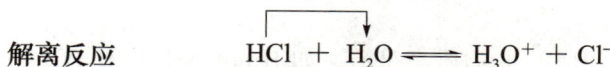

中和反应　　$$H_3O^+ + OH^- \rightleftharpoons H_2O + H_2O$$

解离反应　　$$HCl + H_2O \rightleftharpoons H_3O^+ + Cl^-$$

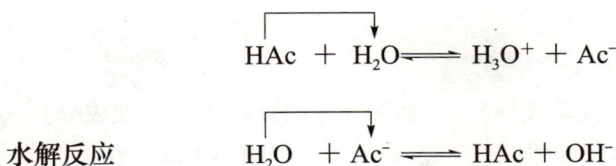

$$HAc + H_2O \rightleftharpoons H_3O^+ + Ac^-$$

水解反应　　　　$$H_2O + Ac^- \rightleftharpoons HAc + OH^-$$

在上述反应式中，醋酸的分子式为 CH_3COOOH，也可用 HAc 表示。

酸碱质子理论认为，酸碱的强弱除了取决于它们的本性外，还与溶剂的性质有关。例如，HAc 在水中是弱酸，但在液态氨中是强酸，原因是氨接受质子的能力比水强。所以，要比较酸碱的强弱，必须指明溶剂。在不指明溶剂的情况下，都是指水溶液。

第六节　缓冲溶液

人的各种体液都有一定的 pH 范围，例如血液的 pH 为 7.35 ~ 7.45，如果超出了这个范围，就会出现不同程度的酸中毒或碱中毒，甚至危及生命。但是，人们在生活中总是要摄入一些酸性或碱性物质，如食醋、苏打等；人体正常代谢也会产生酸性物质（如碳酸、磷酸、乳酸等）以及钾盐、钠盐等。但是，这些物质不会对人体体液的 pH 产生很大的影响，这说明正常人体体液具有维持其 pH 基本恒定的作用。

一、缓冲作用和缓冲溶液

取 3 支洁净试管依次编号。1 号试管加入 5mL 蒸馏水，2 号试管加入 5mL 0.1mol/L 的 NaCl 溶液，3 号试管加入 2.5mL 0.2mol/L 醋酸和 2.5mL 0.2mol/L 醋酸钠溶液。将 3 支试管的溶液一分为二，分别加入 1 滴 1mol/L 盐酸和 1 滴 1mol/L 氢氧化钠溶液。三种溶液的 pH 变化见表 7 - 2。

表 7 - 2　加酸或加碱后溶液 pH 的变化

溶液	不加酸碱	加盐酸后	加氢氧化钠后
蒸馏水	7.00	3.00	11.00
氯化钠溶液	7.00	3.00	11.00
醋酸、醋酸钠混合液	4.75	4.74	4.76

表 7 - 2 的数据表明，加入等量的盐酸和氢氧化钠，三种溶液的 pH 变化是不同的。蒸馏水和氯化钠溶液加入少量盐酸，pH 明显降低，加入少量氢氧化钠，pH 明显升高。醋酸 - 醋酸钠混合液加入少量盐酸或少量氢氧化钠，pH 几乎不变。如果对醋酸 - 醋酸钠混合液进行适当稀释，pH 仍然几乎不变。这种能够抵抗少量外来酸、碱或适当稀释，而保持溶液 pH 几乎不变的作用称为缓冲作用，具有缓冲作用的溶液称为缓冲溶液。

二、缓冲溶液的组成

缓冲溶液之所以具有缓冲作用，是因为溶液中含有抗酸成分和抗碱成分，且这两种成分之间存在一种动态平衡。抗酸成分和抗碱成分合称为缓冲对或缓冲系。常用的缓冲对主要有以下三种类型：

1. 弱酸及其对应的强碱盐

弱酸（抗碱成分）	弱酸对应的强碱盐（抗酸成分）
例如：　CH_3COOOH	CH_3COONa
H_2CO_3	$NaHCO_3$
H_3PO_4	NaH_2PO_4

2. 弱碱及其对应的强酸盐

弱碱（抗酸成分）	弱碱对应的强酸盐（抗碱成分）
例如：　$NH_3 \cdot H_2O$	NH_4Cl

3. 多元酸的酸式盐及其对应的次级盐

多元酸的酸式盐（抗碱成分）	对应的次级盐（抗酸成分）
例如：　$NaHCO_3$	Na_2CO_3
NaH_2PO_4	Na_2HPO_4
K_2HPO_4	K_3PO_4

三、缓冲作用原理

缓冲溶液为什么能够对抗外来的少量酸或少量碱，而保持溶液的 pH 几乎不变呢？现以醋酸和醋酸钠组成的缓冲对为例说明缓冲作用原理。

在醋酸和醋酸钠缓冲溶液中，醋酸是弱电解质，只解离出少量 H^+ 和 CH_3COO^-，绝大部分仍以醋酸分子存在；醋酸钠是强电解质，在溶液中全部解离成 Na^+ 和 CH_3COO^-。解离方程式如下：

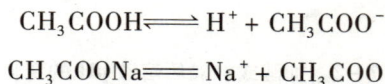

$$CH_3COOH \Longleftrightarrow H^+ + CH_3COO^-$$

$$CH_3COONa \Longrightarrow Na^+ + CH_3COO^-$$

从解离方程式可以看出，溶液中存在着大量的 CH_3COOH 和 CH_3COO^-。

当向溶液中加入少量酸时，CH_3COO^- 和外来的 H^+ 结合生成 CH_3COOH，使醋酸的解离平衡向左移动，建立新的平衡时，$[H^+]$ 几乎没有增大，故溶液的 pH 几乎不变。所以，醋酸根离子是抗酸成分。

当向溶液中加入少量碱时，溶液中 CH_3COOH 解离出的 H^+ 和外来的 OH^- 结合成水，使醋酸的解离平衡向右移动，促使醋酸解离，建立新的平衡时，$[H^+]$ 几乎没有减小，故溶液的 pH 几乎不变。所以，醋酸分子是抗碱成分。

当对溶液进行适当稀释时，$[CH_3COOH]$、$[H^+]$、$[CH_3COO^-]$ 均有所减小，但 CH_3COOH 的电离度会有所增大，从而补充了 $[H^+]$，所以，$[H^+]$ 并没有明显减小，溶液的 pH 几乎不变。

总之，由于缓冲溶液中同时存在有抗酸成分和抗碱成分，且这两种成分之间存在一种动态平衡，能够抵抗少量外来酸、碱或适当稀释，而保持溶液 pH 几乎不变。

必须指出的是，缓冲溶液的缓冲作用是有限度的。当外来酸或碱的量过多时，缓冲溶液的抗碱成分或抗酸成分将被耗尽，就会失去缓冲作用，溶液的 pH 将会变化很大。

课堂互动

试述 $NH_3 \cdot H_2O - NH_4Cl$ 缓冲对的缓冲作用原理。

四、缓冲溶液 pH 的计算

每一种缓冲溶液都有一定的 pH 值。以 $CH_3COOH - CH_3COONa$ 缓冲系为例，根据 CH_3COOH 的解离平衡，可以推导出缓冲溶液 pH 的计算公式。

$$CH_3COOH \Longrightarrow H^+ + CH_3COO^-$$

$$K_a = \frac{[H^+] \times [CH_3COO^-]}{[CH_3COOH]}$$

$$[H^+] = K_a \times \frac{[CH_3COOH]}{[CH_3COO^-]}$$

两边取负对数得：

$$pH = pK_a + lg\frac{[CH_3COO^-]}{[CH_3COOH]} \qquad (7-7)$$

由于 CH_3COOH 的解离度 α 很小，再加上 CH_3COO^- 的同离子效应，使得 CH_3COOH 的 α 更小。$[CH_3COO^-]$ 和 $[CH_3COOH]$ 近似等于所配缓冲溶液中盐和弱酸的起始浓度。

由式 7-7 可知，由弱酸及其强碱盐组成的缓冲溶液，计算其 pH 的通用公式可以表示为：

$$pH = pK_a + lg\frac{[弱酸强碱盐]}{[弱酸]} \qquad (7-8)$$

同理，由弱碱及其强酸盐组成的缓冲溶液，计算其 pOH（氢氧根离子浓度的负对数）的通用公式可以表示为：

$$pOH = pK_b + lg\frac{[弱碱强酸盐]}{[弱碱]} \qquad (7-9)$$

根据水的离子积，弱碱及其强酸盐组成的缓冲溶液的 pH 为：

$$pH = 14 - pOH \qquad (7-10)$$

由式 7-8 和式 7-9 可知：

1. pK_a、pK_b 是决定缓冲溶液 pH 的主要因素。

2. $\dfrac{[弱酸强碱盐]}{[弱酸]}$、$\dfrac{[弱碱强酸盐]}{[弱碱]}$ 称为缓冲比，是决定缓冲溶液 pH 的次要因素。

当缓冲对确定时（即 pK_a、pK_b 一定时），缓冲溶液的 pH 随缓冲比的改变而改变。对于缓冲对总浓度一定的缓冲溶液，当缓冲比等于 1 时，缓冲溶液的缓冲能力最大。

例 7-3　某缓冲溶液中，1L 溶液含有 0.10mol 的 HAc 和 0.20mol 的 NaAc，醋酸的

pK_a 为 4.75，试计算该缓冲溶液的 pH。

解：题设缓冲溶液的缓冲对为 HAc – NaAc。

$$[HAc] = 0.10mol/L, \quad [NaAc] = 0.20mol/L$$

所以

$$pH = 4.75 + \lg\frac{0.20}{0.10} = 5.06$$

答：该缓冲溶液的 pH 为 5.06。

视域拓展

人体血液中的缓冲对

在血浆中主要有：$H_2CO_3/NaHCO_3$；H – 蛋白质/Na – 蛋白质；$NaH_2PO_4/NaHPO_4$。

在红细胞中主要有：$H_2CO_3/KHCO_3$；H – 血红蛋白（HHb）/K – 血红蛋白（KHb）；KH_2PO_4/K_2HPO_4；H – 氧合血红蛋白（$HHbO_2$）/K – 氧合血红蛋白（$KHbO_2$）。

在这些缓冲对中，碳酸和碳酸氢盐缓冲对在血液中浓度最高，缓冲能力最大，对维持血液的正常 pH 起着决定性作用。

同 步 训 练

一、单选题

1. 下列各组物质中，全部属于弱电解质的是（   ）
   A. 醋酸、氨水、硫酸钙   B. 氢氧化钠、氨水、碳酸
   C. 氢硫酸、碳酸、氨水   D. 氢硫酸、硫酸、硝酸银
2. 下列各组物质中，全部属于强电解质的是（   ）
   A. 硫酸、氨水、盐酸   B. 硝酸、氯化钠、硫酸
   C. 氢硫酸、硝酸、氨水   D. 醋酸、硫酸、硝酸银
3. 在 $H_2CO_3 \rightleftharpoons H^+ + HCO_3^-$ 平衡体系中，如下哪个操作能使解离平衡向右边移动（   ）
   A. 加氢氧化钠   B. 加入碳酸氢钠溶液
   C. 加盐酸   D. 降低温度
4. 下列物质属于强酸强碱盐的是（   ）
   A. 硫酸   B. 碳酸钠   C. 硫酸铵   D. 氯化钾
5. 下列物质属于强碱弱酸盐的是（   ）
   A. 氯化钾   B. 碳酸钠   C. 氯化铵   D. 硫酸钠
6. 盐酸与铁反应的离子方程式（   ）

A. $2HCl + Fe = FeCl_2 + H_2 \uparrow$ B. $2H^+ + Fe = FeCl_2 + H_2 \uparrow$

C. $2H^+ + Fe = Fe^{2+} + H_2 \uparrow$ D. $2H^+ + Fe^{2+} = Fe + H_2 \uparrow$

7. 硝酸和氢氧化钠反应的离子方程式为（   ）

A. $HNO_3 + NaOH = NaNO_3 + H_2O$ B. $HNO_3 + OH^- = NO_3^- + H_2O$

C. $H^+ + OH^- = H_2O$ D. $HNO_3 + OH^- = NO_3^- + H_2O$

8. $[H^+] = 10^{-8} mol/L$ 的溶液，pH 为（   ）

A. 10   B. 8   C. 6   D. 5

9. $[OH^-] = 10^{-8} mol/L$ 的溶液，pH 为（   ）

A. 14   B. 8   C. 7   D. 6

10. 下列溶液中，酸性最强的是（   ）

A. pH = 1   B. pH = 12

C. $[OH^-] = 10^{-12} mol/L$ D. $[OH^-] = 10^{-2} mol/L$

11. 下列叙述正确的是（   ）

A. 酸性溶液中只存在 H^+，不存在 $[OH^-]$

B. 酸性溶液中 $[OH^-] < [H^+]$，pH > 7

C. 碱性溶液中 $[OH^-] > 10^{-7} mol/L$，pH = 7

D. 在纯水中加入少量酸后，水的离子积增大

12. 在醋酸溶液中，加入如下哪种物质不能发生同离子效应（   ）

A. 硝酸   B. 水   C. 醋酸钠   D. 盐酸

13. 下列叙述错误的是（   ）

A. $[H^+]$ 越大，酸性越强，溶液的 pH 越小

B. 若 $[H^+] = [OH^-]$，则溶液为中性

C. 若 pH = 0，则表示溶液中的 $[H^+] = 0 mol/L$

D. 若 $[OH^-] < 10^{-7} mol/L$，则溶液显酸性

14. 已知成人胃液的 pH = 1，婴儿胃液的 pH = 5，则成人的胃液中 $[H^+]$ 是婴儿胃液中 $[H^+]$ 的（   ）

A. 5 倍   B. 10^{-4} 倍   C. 10^4 倍   D. 0.2 倍

15. 下列各组物质，可以作为缓冲对的是（   ）

A. $HCl - NaOH$ B. $CH_3COOH - CH_3COONa$

C. $NH_3 \cdot H_2O - NaCl$ D. $CH_3COOH - H_2CO_3$

16. 根据酸碱质子理论，下列说法正确的是（   ）

A. 凡能给出质子的物质是碱   B. 凡能接受质子的物质是酸

C. $NaHCO_3$ 是酸式盐   D. $NaHCO_3$ 是两性物质

二、填空题

1. 将电解质分为强电解质和弱电解质，是根据它们_____的不同来划分的。强电解质是在水溶液里能_____的电解质；弱电解质是在水溶液里只能_____的电解

质。大多数盐都是_____电解质。

2. 对于同一弱电解质来说，溶液浓度越小，其解离度越_____；溶液温度越高，其解离度越_____。对于不同的弱电解质来说，电解质越强，其解离常数_____。

3. 根据酸碱质子理论，SO_3^{2-} 对应的共轭酸是_____；HCO_3^- 对应的共轭碱是_____；NH_4^+ 对应的共轭碱是_____。

4. 指出下列物质水溶液的酸碱性：硫酸钠_____；氯化钾_____；碳酸钠_____；硝酸铵_____；硫化钠_____。

5. CH_3COOH 与 $NaOH$ 反应的离子方程式_____。

6. pH 是指_____。正常人血液的 pH 为_____。临床上所说的酸中毒是指血液的 pH _____。

7. 在中性溶液中，$[H^+]$ _____ $[OH^-]$；在酸性溶液中，$[H^+]$ _____ $[OH^-]$；在碱性溶液中，$[H^+]$ _____ $[OH^-]$。

8. 某溶液的 pH = 6，则 $[H^+]$ = _____ mol/L，$[OH^-]$ = _____ mol/L。

9. 在 $CH_3COOH - CH_3COONa$ 缓冲溶液中，抗酸成分是_____，抗碱成分_____；在 $NH_3 \cdot H_2O - NH_4Cl$ 缓冲溶液中，抗酸成分是_____，抗碱成分是_____。

10. 人体血浆中存在的主要缓冲对是_____、_____和_____。

三、问答题

1. 向醋酸中分别加入少量盐酸和醋酸钠，则醋酸的解离反应分别向什么方向移动？醋酸的解离度将如何改变？

2. 写出下列电解质的解离方程式：
（1）碳酸钠　　（2）硫酸　　　（3）醋酸　　（4）氨水

3. 写出下列反应的离子方程式：
（1）铁和稀硫酸反应
（2）硝酸银溶液和溴化钠溶液混合
（3）氨水和盐酸的反应

4. 将 0.1 mol/L HCl 溶液和 0.12 mol/L NaOH 溶液等体积混合，试计算混合溶液的 pH。

第八章 定量分析的误差和有效数字

📘 **学习要点**

1. 基本概念：系统误差；偶然误差；准确度；精密度；有效数字。
2. 基本理论：有效数字的修约规则和运算规则。
3. 基本方法：误差的表示方法；提高分析结果准确度的方法。
4. 基本技术：准确度和精密度的计算。
5. 技能应用：减小误差的方法在定量分析中的应用。

定量分析的任务是准确测定试样中组分的相对含量。但由于受分析方法、测量仪器、试剂和分析人员主客观因素等方面的限制，使得测量值不可能与真实值完全一致；同时，定量分析往往要经过一系列步骤，每步测量的误差都会影响分析结果的准确性。因此，即使是技术娴熟的分析人员，用各项技术指标均符合要求的测量仪器，用同一种可靠方法对同一试样进行多次测量，也不能得到完全一致的结果。这说明客观上存在难以避免的误差，为了提高分析结果的准确性，有必要探讨产生误差的原因和减小误差的方法。

第一节 定量分析的误差

一、准确度与误差

准确度是表示测量值与真实值的符合程度。测量值与真实值越接近，准确度越高，反之准确度越低。衡量准确度的高低可用误差表示。误差可有绝对误差和相对误差来表示。

1. 绝对误差 绝对误差（E）是表示测量值（x）与真实值（μ）的符合程度的物理量，其数学表达式如下：

$$E = x_i - \mu \tag{8-1}$$

当测量值大于真实值时，误差为正值，反之为负值。

2. 相对误差 相对误差（RE）是指绝对误差在真实值中所占的百分率，其数学表达式如下：

$$RE = \frac{E}{\mu} \times 100\% \tag{8-2}$$

实际工作中，常用绝对误差表示分析仪器的精度，而用相对误差表示分析结果的准确度。

例 8 – 1 用分析天平称两份试样，其质量分别为 0.1074g 和 1.0653g，两份试样的真实质量分别是 0.1075g 和 1.0654g，求两份试样的绝对误差和相对误差各为多少？

解 试样的绝对误差分别为：

$$E_1 = x_i - \mu = 0.1074 - 0.1075 = -0.0001$$
$$E_1 = x_i - \mu = 1.0653 - 1.0654 = -0.0001$$

试样的相对误差分别为：

$$RE_1 = \frac{E_1}{\mu} \times 100\% = \frac{-0.0001}{0.1075} \times 100\% \approx -0.1\%$$

$$RE_2 = \frac{E_2}{\mu} \times 100\% = \frac{-0.0001}{1.0654} \times 100\% \approx -0.01\%$$

从上所知，两份试样称量的绝对误差相等，但由于两份试样的质量相差 10 倍，所以相对误差相差 10 倍。由此可见，用相对误差表示测定结果的准确度比用绝对误差更合理。

课堂互动

标定氢氧化钠滴定液的基准试剂有邻苯二甲酸氢钾（分子量为 204.44）和 $H_2C_2O_4 \cdot 2H_2O$（分子量为 126.07），请问选哪一个好，为什么？

在实际工作中，由于任何测量都存在误差，所以不可能得到真实值。因此，在分析化学中，通常将约定真值或相对真值作为真实值。

用测量值与公认的真实值之差作为分析误差。用它可衡量分析结果的准确度，判断所选用的分析方法是否合适，检验分析工作者的操作优劣。

知识链接

1. 理论真值：是由理论推导得出的，不是实际测定的数值。例如：三角形内角和为 180°。

2. 约定真值：是由国际计量大会定义的单位（国际单位）及我国的法定计量单位。例如：物质的量的单位，各元素的原子量等。

3. 相对真值：在分析工作中绝对纯的化学试剂是没有的，因而常用标准参考物质的证书上所给的含量作为相对真值。

4. 标准参考物质：必须是有公认的权威机构鉴定，并给予证书；具有良好的均匀性和稳定性；其含量测定的准确度至少高于实际测量的 3 倍。具备以上条件的物质方可作为分析工作中的标准参考物质，也可称作标准试样或标样。

如果上述几种真值都不知道，也可把最有经验的人用最可靠的方法，对标准试样进行多次测定所得结果的平均值作为真值的替代者。

二、精密度与偏差

精密度指在相同条件下，多次测量结果之间互相接近的程度。各测量值之间越接近，测量的精密度越高。精密度的高低用偏差来衡量。偏差表示数据的离散程度，偏差越大，数据越分散，精密度越低。反之，偏差越小，数据越集中，精密度就高。偏差有以下几种表示方法。

1. 绝对偏差（d）　是指测量值（x_i）与平均值（$\bar{x}$）之差。

$$d = x_i - \bar{x} \tag{8-3}$$

2. 平均偏差（$\bar{d}$）　指单个绝对偏差绝对值的平均值。

$$\bar{d} = \frac{\sum_{i=1}^{n} |x_i - \bar{x}|}{n} \tag{8-4}$$

> **课堂互动**
>
> 平均偏差为什么是绝对偏差的绝对值的平均值？如果不加绝对值符号，会出现什么情况？为什么？

3. 相对平均偏差（$R\bar{d}$）　是指平均偏差在平均值中所占的百分率。

$$R\bar{d} = \frac{\bar{d}}{\bar{x}} \times 100\% = \frac{\sum_{i=1}^{n} |x_i - \bar{x}| / n}{\bar{x}} \times 100\% \tag{8-5}$$

4. 标准偏差　多次测量值（n 趋向无限大）的总体标准偏差。对有限次测量值的样本标准偏差用 S 表示。

$$S = \sqrt{\frac{\sum_{i=1}^{n} (x_i - \bar{x})^2}{n-1}} \tag{8-6}$$

5. 相对标准偏差（RSD）　是指标准偏差在平均值中所占的百分率。

$$RSD = \frac{S}{\bar{x}} \times 100\% \tag{8-7}$$

例 8-2　两人测定同一标准试样，各得一组数据的偏差如下：

（1）0.3　-0.2　-0.4　0.2　0.1　0.4　0.0　0.3　0.2　-0.3

（2）0.1　0.1　-0.6　0.2　-0.1　-0.2　0.5　-0.2　0.3　0.1

求两组数据的平均偏差和标准偏差；为什么两组数据计算出来的平均偏差相等，而标准偏差不等；哪组数据的精密度高？

解：

$$\bar{d}_1 = \frac{|0.3| + |-0.2| + |-0.4| + |0.2| + |0.1| + |0.4| + |0.0| + |0.3| + |0.2| + |-0.3|}{10} = 0.24$$

$$S_1=\sqrt{\frac{(0.3)^2+(-0.2)^2+(-0.4)^2+(0.2)^2+(0.1)^2+(0.4)^2+(0.0)^2+(0.3)^2+(0.2)^2+(-0.3)^2}{9}}=0.28$$

$$\bar{d}_2=\frac{|0.1|+|0.1|+|-0.6|+|0.2|+|-0.1|+|-0.2|+|0.5|+|-0.2|+|0.3|+|0.1|}{10}=0.24$$

$$S_2=\sqrt{\frac{(0.1)^2+(0.1)^2+(-0.6)^2+(0.2)^2+(-0.1)^2+(-0.2)^2+(0.5)^2+(-0.2)^2+(0.3)^2+(0.1)^2}{9}}$$
$$=0.31$$

因为第二组数据中有两个数据有较大的误差，分散度高，所以平均偏差相等，但标准偏差不一样。

第一组数据的精密度高。

三、准确度与精密度的关系

测定结果的好坏应从精密度和准确度两个方面衡量。例如 A、B、C、D 四人分析同一试样，每人测定 4 次，所得结果如图 8-1 所示。A 所得结果准确度和精密度都好，结果可靠；B 的精密度虽很高，但准确度太低，可能测量中存在系统误差；C 的准确度与精密度都很差；D 的平均值虽接近真值，但几个数值彼此相差甚远，仅是由于正负误差相互抵消才使结果接近真值，纯属巧合。

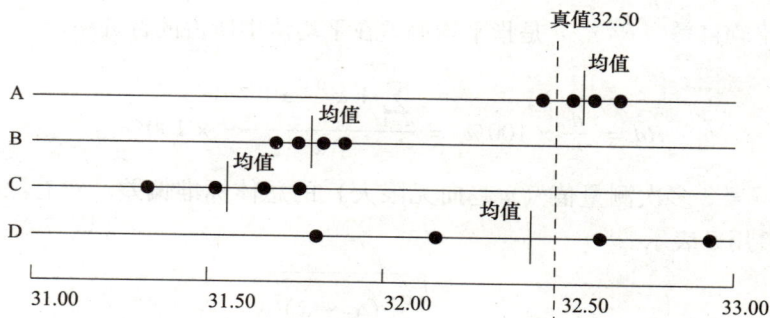

图 8-1　定量分析中准确度和精密度的关系

综上所述，可得出下列结论：

（1）精密度高是准确度高的前提，但精密度高不一定准确度高；

（2）在消除了系统误差的前提下，精密度高，准确度才会高。

四、误差的来源

分析工作中产生误差的原因很多，定量分析中的误差就其来源和性质的不同，可分为系统误差、偶然误差两大类。

1. 系统误差　系统误差又称可定误差，是由测定过程中某些确定的因素造成的，其特点为在同一条件下重复测定重复出现，且大小、方向（正或负）一定。根据系统误差的来源，可把系统误差分为方法误差、仪器误差、试剂误差、操作误差四类。

（1）**方法误差** 由于分析方法本身不完善所致的误差。例如：在酸碱滴定中，指示剂变色的滴定终点与化学计量点不一致；重量分析法中溶解度的大小会影响沉淀生成的完全程度，沉淀过程当中的共沉淀现象等都会给分析结果带来系统误差。

（2）**仪器误差** 由于使用的仪器不精准所引起的误差。例如：分光光度计的单色光不纯，量器刻度不准确，容量瓶与移液管不配套等所引起的误差都属于仪器误差。

（3）**试剂误差** 由于所用试剂纯度不够所引起的误差。例如：所用试剂和蒸馏水中含有微量杂质等会带来这种误差。

（4）**操作误差** 由于操作人员的主观原因或习惯在实验中所引起的误差。其前提是操作过程是规范的。例如：操作人员对滴定终点颜色的辨别能力不同，有的人偏深，有的人偏浅；滴定管读数时习惯性的偏高或偏低均可导致操作误差。

2. 偶然误差 偶然误差又称不可定误差，有时也称为随机误差，是指由于某些难以控制的偶然因素引起的误差。例如：测量条件（温度、湿度、气压等）的微小变化、分析仪器的微小震动、操作人员操作时的微小波动性差异都会引起偶然误差。

偶然误差具有原因、大小、方向不定等特点，因此在操作过程中不可避免。但它服从正态分布这一统计规律（如图8-2所示）。也就是对试样进行多次平行测定时，绝对值相同的正负误差出现的概率相等；小误差出现的概率大，大误差出现的概率小。所以可以通过"多次测定，取其平均值"的方法来减少偶然误差。

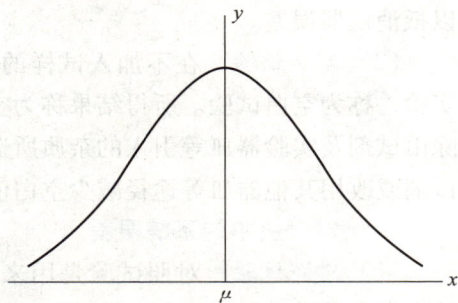

图8-2 偶然误差的正态分布曲线

需要说明的是，系统误差与偶然误差的划分并无严格的界限。有时很难区别某种误差是系统误差还是偶然误差。例如，观察滴定终点颜色的改变，有人总是偏深，产生属于操作误差的系统误差，但在多次测定观察滴定终点的深浅程度时，又不能完全一致，因而产生偶然误差。

五、减小误差的几种主要方法

1. 选择恰当的分析方法 不同分析方法的灵敏度和准确度不同。化学分析方法的灵敏度虽然不高，但对常量组分的测定能获得比较准确的分析结果（相对误差≤0.2%），而对微量或痕量组分的测定灵敏度难以达到。仪器分析法灵敏度高、绝对误差小，但相对误差较大，不适合常量组分的测定，但能满足微量或痕量组分测定准确度的要求。同时，选择分析方法还应考虑共存物质的干扰。总之，应根据分析对象，样品情况及对分析结果的要求，选择恰当的分析方法。

2. 减小测量误差 为了保证分析结果的准确度，必须尽量减小各步的测量误差。

例8-3 使用万分之一的分析天平称量时，为了使称量相对误差小于±0.1%，样品称量应为多少克才能达到要求？

解：因为万分之一的分析天平的称量的绝对误差为 ± 0.0001，一般称量需读数两次，可能引起的最大误差是 ± 0.0002。

$$RE = \frac{E}{\mu} \times 100\%$$

$$\mu = \frac{\pm 0.0002}{\pm 0.1\%} \times 100\% = 0.2(g)$$

一般滴定管有 ± 0.01mL 的绝对误差，一次滴定也需两次读数，可能产生最大的误差是 ± 0.02mL，为了使相对误差 ≤ ± 0.1%，消耗滴定液的体积就应该 ≥20mL。所以在常量滴定分析中，如果用 25mL 滴定管滴定，一般要求消耗液的体积为 20 ~ 25mL。

3. 消除测量中的系统误差

（1）**校准仪器** 对天平、移液管、滴定管等计量、容量器皿及测量仪器进行校准，可以减小仪器误差。由于计量及测量仪器的状态会随时间、环境条件等发生变化，因此需要定期进行校准。一般情况下，在同一分析实验中多次平行测量时使用同一套仪器，以抵消仪器误差。

（2）**空白试验** 在不加入试样的情况下，按与测定试样相同的条件和步骤的分析实验，称为空白试验。所得结果称为空白值。从试样的分析结果中扣除空白值，即可消除由试剂及实验器皿等引入的杂质所造成得误差。空白值不宜很大，否则，应通过提纯试剂或改用其他器皿等途径减少空白值。

4. 检验测量中的系统误差

（1）**对照试验** 对照试验是用来检验分析过程中有无系统误差的有效方法。常用的有标准试样对照和标准方法对照。

标准试样对照：用已知准确含量的标准试样代替待测试样，以相同的实验条件进行测量，根据标准试样的测量结果，求得测定方法的校正值，用以检查有无系统误差的存在。

$$\text{试样中某组分含量} = \text{试样中某组分测得含量} \times \frac{\text{标准试样中某组分已知含量}}{\text{标准试样中某组分测得含量}}$$

标准方法对照：用公认的经典分析方法或国家颁布的标准分析方法与被检验的方法，对同一试样进行分析，根据结果判断被检验的分析方法有无系统误差。

（2）**回收试验** 当采用被检验方法测出试样中某组分含量后，可在几份相同试样（$n \geq 5$）中加入适量被测组分的纯品，以相同条件进行测量，按下式计算回收率：

$$\text{回收率（\%）} = \frac{\text{加入纯品后的测得量} - \text{加入前的测得量}}{\text{纯品加入量}} \times 100\%$$

回收率允许范围一般为 95% ~ 105%，回收率越接近 100%，系统误差越小，方法准确度越高。

5. 减少测量中的偶然误差 根据偶然误差的分布规律，在消除系统误差的前提下，平行测定次数越多，其平均值越接近于真值。因此增加平行测定次数，可以减少偶然误差对分析结果的影响。在实际工作中，一般对同一试样平行测定 3 ~ 4 次，其精密度符合要求即可。

第二节　有效数字

分析化学中的数字分为两类。一类数字为非测量所得的自然数，如测量次数、样品份数、计算中的倍数、反应中的化学计量关系以及各类常数等，这类数字无准确度问题。另一类数字是测量所得，即测量值或数据计算的结果，其数字位数多少应与分析方法的准确度及仪器测量的精密度相适应。

一、有效数字的基本概念

有效数字是指在分析工作中实际测量到的数字。其包括所有的准确数字和最后一位可疑数字，即只有数据的末位数欠准，其误差是末位数的 ±1 个单位。有效数字不仅能表示数值的大小，还可以反映测量的精确程度。

例如，对常量滴定管可准确读取到 0.1mL，估计读到 0.01mL。在测量时，滴定管的读数为 22.45mL，此数值为四位有效数字，其中 22.4 是准确数字，最后一位 5 是可疑数字，存在 ±1 单位的误差，其实际应为 22.45mL ± 0.01mL；用万分之一的分析天平称量某试样时，试样的质量为 1.3760g，即五位有效数字，其中 1.376 为准确数字，最后一位 0 是可疑数字，其实际质量应该为 1.3760g ± 0.0001g。由此可见，在记录数据时，由于仪器的精度不同，所得到的有效数字的位数也不同。因此不能随意增加或减少有效数字的位数。

在确定有效数字的位数时，数据中的 1~9 均为有效数字，数字 0 则可能不是有效数字。当 0 位于第一个非零数字之前不是有效数字，当 0 位于非零数字之间或位于非零数字之后为有效数字。如数据 0.05030，为四位有效数字，5 之前的两个 0 不算有效数字，5 和 3 之间的 0 以及 3 之后的 0 算有效数字，它除表示数量值外，还表示该数量的准确程度。在整数中则不能确定 0 是否为有效数字，如 2400 L，因此，常用指数形式明确该整数的有效数字位数，写成 2.40×10^3L，表示三位有效数字。对于很小的数字，也可用指数形式表示。例如，离解常数 $K_a = 0.000028$，可写成 $K_a = 2.8 \times 10^{-5}$。值得注意的是，有效数字位数在指数表示形式中没有改变。

变换单位时，有效数字的位数也须保持不变。例如，0.0045g 应写成 4.5mg。另外，从相对误差考虑，如果首位数字 ≥8，其有效数字可多计一位。例如 9.32，其相对误差为 $\frac{E}{T}$，与四位有效数字的相对误差相当，故可认为是四位有效数字。

pH 及 pK_a 等对数值，其有效数字仅取决于小数部分的数字位数，而其整数部分的数字只代表原值的幂次。例如 pH = 8.43，是两位有效数字。

综上所述，下列数字的有效数字位数分别为：

0.0004g, 0.3×10^{-2}, 0.4%	一位有效数字
0.0070, 0.30%, pH = 2.00	两位有效数字
0.601, 2.53×10^{-5}	三位有效数字
31.80, 0.07675	四位有效数字

二、有效数字的修约规则

由于测定过程中各环节所用的仪器精度不完全一致，使测得的数据有效位数可能不同，因此，在处理分析数据时，对有效数字位数较多（即误差较小）的测量值，应将多余的数字舍弃，该过程称为数字修约，其基本原则如下：

1. 采用"四舍六入五留双"的规则进行修约　该规则规定，当多余尾数的首位≤4时，舍去；多余尾数的首位≥6时，进位；等于5时，若5后数字有不为0的数字，则进位；若5后数字皆为0或没有数字，则视5前数字是奇数还是偶数，采用"奇进偶舍"的方式进行修约。

例如，将下列数据修约为四位有效数字。

22.3541→22.35　　13.3362→13.34　　35.1450→35.14　　35.2350→35.24

35.04501→35.05　　28.0351→28.04　　19.165→19.16　　65.455→65.46

2. 不能分次修约　只允许对原测量值一次修约至所需位数，不能分次修约。例如：将数据5.3457修约为2位，应5.3457→5.3，若分次修约5.3457→5.346→5.35→5.4，就不对了。

3. 可多保留一位有效数字进行运算　在大量运算中，为了不使修约误差迅速累积，可采用"安全数字"。即将参与运算各数的有效数字修约到比绝对误差最大的数据多保留一位，运算后，再将结果修约到应有的位数。

例如，计算6.3527、1.3、0.054、2.35的和。

按加减法运算法则应该将所有数据修约到小数点后1位，但在计算时可先多保留一位，于是上述数据计算，可写成6.35＋1.3＋0.05＋2.35＝10.05，计算结果再修约成10.0。

4. 修约标准偏差　对标准偏差的修约，其结果应使准确度降低。例如，某计算结果的标准偏差为0.611，取两位有效数字，应修约为0.62。表示标准偏差和 RSD 时，一般取一位有效数字，最多取两位有效数字。

5. 与标准限度值比较时不应修约　在分析测定中常需将测定值（或计算值）与标准限度值进行比较，以确定样品是否合格。若标准中无特别注明，一般不应对测量值进行修约，而应采用全数值进行比较。如某标准试样中镍含量≤0.03%为合格，此0.03%即为标准限度值，若获得的测定值为0.033%，按修约值0.03%比较即为合格，而按全数值0.033%比较，则应判为不合格。

三、有效数字的运算规则

1. 加减法　当几个数据相加或相减时，以小数点后位数最少的数据（绝对误差最大的数据）为依据进行修约，求出其和或差。

例8－4　求0.0213、52.47、1.2753的和。

解：　计算时，以52.47为标准，其他的数据都修约到小数点后二位，再计算，其结果为：

$$0.02 + 52.47 + 1.28 = 53.77$$

2. 乘除法　当几个数据相乘或相除时，以有效数字最少的数据（相对误差最大的数据）为依据进行修约，求出其积或商。

例 8-5　求 0.0213、32.47、1.3753 的积。

解：计算时，以 0.0213 为标准，其他的数据修约到三位有效数字后，再计算，其结果为：

$$0.0213 \times 32.5 \times 1.38 = 0.955$$

四、有效数字在定量分析中的应用

1. 正确选择测量仪器　不同的分析任务有不同的准确度要求。为了达到一定的要求，必须选择适当的测量仪器。如在常量分析中，用减重法称取 0.2g 试样，一般要求称量的相对误差为 ±0.1%，其绝对误差为 ±0.1% ×0.2g = ±0.0002g，则需要选择万分之一的分析天平才能达到分析要求。若要求称取的样品为 2g，则只需要选择千分之一的分析天平。

2. 正确记录测量数据　在测量中，正确记录数据是获得准确可靠的分析结果的保证。因此，在记录数据时应根据测定的方法和所用仪器的精度，正确地记录测量到的所有准确数字和最后一位可疑值。如记录滴定管的数据时，必须记录到小数点后两位，如 23.00mL；用万分之一的天平进行称量时，必须记录到小数点后四位，如 1.0450g。这些"0"都不能省略。

3. 正确表示分析结果　在分析结果的报告中，要注意最后结果中有效数字位数保留问题。不能随意的增加或减少。

例 8-6　在某化工厂分析室中，小张和小王两人同时分析某试样中硫的含量。用万分之一的分析天平称取试样 0.3500g，小张、小王报告的分析结果分别为 42.00%、41.999%，请问小张和小王哪一份报告是合理的？为什么？

解：

$$实际的相对误差\% = \frac{\pm 0.0002}{0.3500} \times 100\% = \pm 0.057\%$$

$$小张的相对误差\% = \frac{\pm 0.01}{42.00} \times 100\% = \pm 0.023\%$$

$$小王的相对误差\% = \frac{\pm 0.001}{41.999} \times 100\% = \pm 0.0024\%$$

由此可见，小张的报告是符合事实的，是正确的。

通常情况下，对于含量在 ≥10% 的组分测定，分析结果一般要求用四位有效数字表示；对于含量在 1%~10% 的组分测定，分析结果一般要求用三位有效数字表示；对于含量在 ≤1% 的组分测定，分析结果一般要求用两位有效数字表示。

在表示滴定液的准确浓度时，一般保留四位有效数字。

在表示标准偏差和 RSD 时，一般取一位有效数字，最多取两位有效数字。如 $\bar{R}d = 0.02\%$。

同 步 训 练

一、单选题

1. 下列哪种情况可引起系统误差（   ）
   A. 滴定终点和计量点不吻合   B. 加错试剂
   C. 看错砝码读数   D. 滴定时溅失少许滴定液

2. 下列是四位有效数字的是（   ）
   A. 3.113   B. 5.4300   C. 6.00   D. 1.6040

3. 滴定管的读数误差为 ±0.02mL，若滴定时用去滴定液 20.00mL，则相对误差是（   ）
   A. ±1.0%   B. ±0.1%   C. ±0.01%   D. ±0.001%

4. 空白试验能减少（   ）
   A. 偶然误差   B. 方法误差   C. 仪器误差   D. 操作误差

5. 减少偶然误差的方法是（   ）
   A. 对照试验   B. 空白试验
   C. 校准仪器   D. 多次测定取平均值

6. 在用 HCl 滴定液滴定 NaOH 溶液时，记录消耗 HCl 溶液的正确体积是（   ）
   A. 24.1000mL   B. 24.100mL   C. 24.10mL   D. 24.1mL

7. 分析测定中的偶然误差，就统计规律来讲，以下不符合的是（   ）
   A. 数值固定不变
   B. 多次测定取平均值可以减少偶然误差
   C. 大误差出现的概率小，小误差出现的概率大
   D. 数值相等的正负误差出现的概率相等

8. 精密度表示方法不包括（   ）
   A. 绝对偏差   B. 相对误差   C. 相对平均偏差   D. 标准偏差

二、填空题

1. 准确度表示_____与_____的符合程度。

2. 精密度是指在相同条件下_____互相接近的程度。

3. 偏差有五种表示方法 _____、_____、_____、_____、_____。

4. 准确度与精密度的关系：_____高是_____高的前提。在消除了系统误差的前提下，_____高，_____才会高。

5. 根据系统误差的来源，可把系统误差分为 _____、_____、_____、_____四类。

6. 偶然误差在操作过程中不可避免，但它服从_____规律，所以可以

通过＿＿＿＿＿＿＿＿的方法来减少偶然误差。在实际工作中，一般对同一试样平行测
定＿＿＿＿次，其精密度符合要求即可。

7. 有效数字是指＿＿＿＿＿＿＿＿。其包括所有的准确数字和＿＿＿＿可疑数字。

8. 有效数字采用＿＿＿＿的规则进行修约。

9. 标准偏差和 RSD 时，一般取＿＿＿＿位有效数字，最多取＿＿＿＿位有效数字。

10. 在记录滴定管的数据时，必须记录到小数点后＿＿＿＿位；用万分之一的天平
进行称量时，必须记录到（g 为单位）小数点后＿＿＿＿位。

三、简答题

1. 将下列数据修约成四位有效数字？

（1）28.745　　　　　（2）23.635　　　　　（3）10.0654　　　　　（4）0.386550

（5）2.73451×10^{-3}　　（6）108.445　　　（7）328.45　　　（8）9.9864

2. 判断下列数据分别是几位有效数字？

（1）2.0843　　　　　（2）0.0356　　　　　（3）0.006720　　　　　（4）20.076%

（5）6.7×10^{-3}　　（6）1.03×10^{-6}　　（7）$pK_a = 4.25$　　（8）pH = 8.2

3. 根据有效数字运算规则，计算下列结果：

（1）$14.64998 + 175.36 - 17.025$

（2）$0.00625 \times 5.106 \div 0.10512$

4. 某分析天平的称量误差为 $\pm 0.1mg$，如果称取试样中 0.05g，相对误差是多少？
如果称量 1g，相对误差又是多少？说明了什么问题？

5. 标定盐酸溶液的浓度，5 次平行测定的结果分别为 0.3745、0.3725、0.3750、
0.3730、0.3720。计算平均浓度、平均偏差、相对平均偏差、标准偏差和相对标准偏
差。根据计算结果分析标定结果的精密度是否符合滴定分析的要求。

第九章 称量工具

学习要点

1. 基本概念：台秤；电子天平；电子天平的称量规则。
2. 基本方法：减量称量法；固定质量称量法；累计称量法。
3. 基本技术：直接称量；去皮称量；电子天平常见故障及其排除。
4. 技能应用：电子天平在定量分析实验中的应用。

第一节　台　　秤

一、台秤的结构

台秤也称为托盘天平，是常用的称量器具，用于精确度不高的称量，一般能称准到 0.1g，可记录至 0.01g。台秤的结构见图 9 – 1。

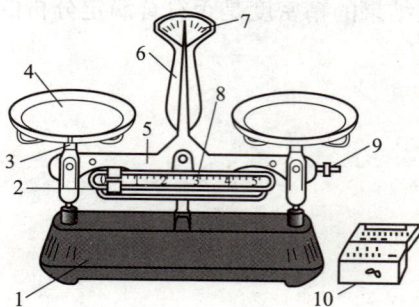

图 9 – 1　台秤结构

1. 底座　2. 游码　3. 托盘架　4. 托盘　5. 横梁　6. 指针　7. 分度盘　8. 标尺　9. 平衡螺母　10. 砝码

二、台秤的使用规则

1. 台秤要放置在水平的地方，游码要归零。
2. 调节平衡螺母，调节零点直至指针对准中央刻度线。
3. 左托盘放称量物，右托盘放砝码。根据称量物的性状，将其放在玻璃器皿或洁净的称量纸上，事先应在同一天平上称得玻璃器皿或纸片的质量，然后称量待称物质。

4. 添加砝码从估计称量物的最大值加起，逐步减小。托盘天平只能称准到 0.1g。加减砝码并移动标尺上的游码，直至指针再次对准中央刻度线，取用砝码必须用镊子，取下的砝码应放在砝码盒中。在使用台秤时不能直接用手移动游码。称量完毕，应把游码移回零点。

5. 过冷、过热的称量物不可放在台秤上称量，应先在干燥器内放置至室温后再称。

6. 物体的质量 = 砝码质量 + 游码示数。

7. 称量干燥的固体药品时，应在两个托盘上各放一张相同质量的纸，然后把药品放在纸上称量。

8. 易潮解的药品，必须放在玻璃器皿上（如：小烧杯、表面皿）里称量。

9. 砝码若生锈，测量结果偏小；砝码若磨损，测量结果偏大。

第二节 电子天平

滴定分析中常需要精确称量到 0.0001g，这种天平通常称之为万分之一天平。

万分之一天平通常被称为分析天平，常用的分析天平有机械加码电光天平、电子天平等，由于电子天平具有较高的计量性能，完备的功能，友好的界面，使用和维护都很方便，因此，目前应用比较广泛。

一、电子天平的结构和特点

（一）电子天平的结构

电子天平的种类较多，现主要介绍一般分析测试中所用万分之一电子天平，最大载荷为 100g 或 200g，可精确到 0.1mg。

常见电子天平的结构见图 9−2 所示。不同型号的电子天平有不同的操作界面，有的电子天平操作键更加简洁。

用于分析测试的电子天平通常在其外围有玻璃风罩，目的是避免气流干扰，保证稳定性和精确度。电子天平设有显示屏、触摸键，拥有自动校准、自动调零、扣除皮重、累计称量、挂钩下称、输出打印等功能。

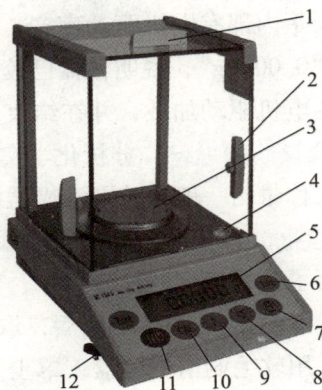

图 9−2 电子天平结构

1. 顶门 2. 边门 3. 称盘 4. 水平仪 5. 显示屏 6. 清零键（Tare） 7. 打印键 8. 清除功能键 9. 功能键 10. 校准键（CAL） 11. 开关键（ON：开显示屏；OFF：关显示屏） 12. 水平调节螺丝

（二）电子天平的特点

1. 使用寿命长，性能稳定，灵敏度高。

2. 称量时不用砝码。放上被称物后，在几秒内即达到平衡，显示读数，操作简便，称量速度快，准确度高。

3. 具有自动校准、超载指示、故障报警、自动去皮等功能。

4. 电子天平具有质量电信号输出，可以与打印机、计算机连用，扩展其功能，这是电光天平无可比拟的优点。

二、电子天平的称量规则

1. 称量前的检查　取下天平罩，叠好，放于天平后。检查天平盘内是否干净，必要时予以清扫。检查天平是否水平，若不水平，调节水平调节螺丝（两只底脚螺丝），使水泡在水平仪中心。检查硅胶是否变色失效，若是，应及时更换。

2. 开机　关好天平门，轻按开关键，LTD 指示灯全亮，松开手，天平先显示型号，稍后显示为 "0.0000g"，即可开始使用。如不是 "0.0000g"，则按清零键（Tare）。（或按电子天平说明书要求操作）。

3. 初始校验　电子天平的初始校验，也称为天平的校准。电子天平只有在电子天平首次使用前、环境变化、搬动或移位后，才进行校准。对电子天平进行校准，分为内校天平和外校天平两种，其操作如下：

（1）**外校天平**　空盘且显示 "0.0000g" 时，按校准键（CAL）至显示 "CAL - 100"，此时在天平盘上用镊子放上 100g 标准砝码（天平的随机附件中配备的外部校准砝码），经数秒钟后，显示 "100.0000g"，移去标准砝码，放回砝码盒中，关闭天平门，显示 "0.0000g"，表示天平校准成功，则可进行称量。若显示不为零，则再清零，重复以上校准操作，至显示为 "0.0000g"。有的仪器是 200g 校准砝码，显示的是 "CAL - 200"，操作方法相同。

（2）**内校天平**　也称为自校天平，空盘且显示 "0.0000g" 时，按校准键（CAL），可听到天平内部有电机驱动声音，显示屏上出现 "CAL"，待数秒后，驱动声停止，屏上显示 "0.0000g"，说明仪器已校准完毕。该系列的天平都配有一个内置的校准砝码，由内部的电机驱动加载，并在结束调校后被重新卸载。

4. 称量物的准备　分析化学实验中称取基准物质常借助于洁净干燥的长型称量瓶，称量瓶及称量物一般存放在干燥器内。

5. 称量　电子天平有称重模式、计件称量、百分比称量等方式，默认设置是称重模式。为了获得稳定的称量结果，建议在进行称量操作前将天平预热半小时以上。

6. 称量结束　称量结束后，取下称量物，按清零键清零，按开关键，天平处于待机状态，用软毛刷清扫称盘，罩上天平罩，凳子放回原处，并在登记本上记录使用情况。平时电子天平应保持通电，将开关键置于待机状态。如一个月以上不用，应拔掉电源。

三、使用电子天平的注意事项

1. 电源的电压要与电子天平相一致，且有良好的接地线。

2. 称量物的重量切勿超过天平的最大负荷量，切勿用手压称盘。

3. 天平应置于无震动、无气流、无阳光直射、无腐蚀性气体的环境中。

4. 天平应保持干燥，必要时天平箱内可放干燥剂。

5. 试样不得直接放在天平盘上，腐蚀性或吸湿性的物品应置于称量瓶或其他密闭容器中称量。天平内外须随时保持干净，若不慎掉落试样于天平中，应立即用毛刷刷净。

6. 在开关门，放取称量物时，动作必须轻缓，切不可用力过猛或过快，严禁嬉戏喧哗。

7. 称量物的温度要与天平的温度一致，不得把热的或冷的物体放入天平内称量。

四、电子天平的称量方法

电子天平的称量方法有直接称量法、减量称量法、固定质量称量法、累计称量法等多种。电子天平有去皮功能，巧妙地应用该功能可以起到事半功倍的效果。

（一）直接称量法

直接称量法就是用电子天平直接称出被称物品的质量。

1. 直接称量　按清零键（Tare）清零后，置称量物于天平盘上，关闭天平门，显示器上的数字稳定并出现单位"g"后，即可读数，此数值即为被称量物的质量。

2. 去皮称量　将容器置于秤盘上，关闭天平门，待天平稳定后按清零键（Tare）清零。打开天平门，小心地向容器内添加被称物，关闭天平门，天平的示数即为添加的被称量物的质量。

（二）减量称量法

减量称量法又称递减称量法，称取的质量是由两次称量之差求得的。称出样品的质量不要求固定的数值，只需在要求的范围内即可，一般要求在 ±10% 以内，常用此法连续称取多份样品。减量称量法一般要用称量瓶作为容器，用手套或纸条从干燥器中取出称量瓶，用手套或纸片夹住瓶盖柄打开瓶盖，用牛角匙加入适量试样（多于所需总量，但不超过称量瓶容积的三分之二），盖上瓶盖，置入天平中，显示稳定后，按清零键（Tare）清零。用手套或纸条取出称量瓶，在接收器的上方倾斜瓶身，用瓶盖轻敲称量瓶上口，使试样缓缓落入接收器中，如图9-3所示。当估计试样接近所需量时，继续用瓶盖轻击瓶口，同时将瓶身缓缓竖直，用瓶盖敲击瓶口上部，使粘于瓶口的试样落入瓶中，盖好瓶盖。将称量瓶放入天平，显示的质量减少量即为试样质量。若敲出质量多于所需质量时，则需重称，已取出试样不能收回，须弃去。继续按上述方法可称取第二份和第

图 9－3　倾出样品操作

三份试样，进行平行试验。在空气中不稳定（易挥发、易吸水、易氧化和易与二氧化碳反应的物质）的固体试样和试剂，宜采用称量瓶以减量称量法称量。

（三）固定质量称量法

在实验过程中，有时需要称出某一固定质量值的试剂或试样，此时就要用固定质量称量法。现以称量 0.5000g 固体试样为例说明之。

先将盛放试样的容器放入天平盘中，去皮称量。打开天平门，小心地向容器内添加试样，当所加试样与固定质量相差很小时，需极其小心地将盛有试样的牛角匙伸向天平盘的容器上方 2~3cm 处，牛角匙的另一端顶在掌心上，用拇指、中指及掌心拿稳牛角匙，并用食指轻弹匙柄，将试样慢慢抖入容器中，直至恰好达到指定的质量（如 0.5000g）。此操作应十分细心，如不慎加多了试样，只能用牛角匙取出多余的试样，再重复上述操作，直到恰好达到固定质量。

（四）累计称量法

将被称物逐个置秤盘上，利用去皮功能，逐一去皮清零，最后移去所有被称物，则电子天平显示数的绝对值为被称物的总质量值。

视域拓展

下 称 法

电子天平还有一种下称法的称量方法，操作如下：拧松底部下盖板的螺丝，露出挂钩，将天平置于开孔的工作台上，调准水平，并对天平进行校准，就可用挂钩称量挂物了。

五、电子天平常见故障及其排除

分析工作者对自己使用的电子天平应掌握简单的检查方法，具备排除一般故障的技能，以保证工作顺利进行。在未掌握一定的技术之前不应乱动，电子天平的大修，一般由专门人员进行。电子天平常见故障及其排除方法参见表 9-1。

表 9-1　电子天平常见故障及排除

天平故障	产生原因	排除方法
显示屏上无显示	无工作电压	检查供电线路及仪器
显示不稳定	1. 振动和风的影响 2. 防风罩未完全关闭 3. 秤盘与天平外壳之间有杂物 4. 防风屏蔽环被打开 5. 被称物吸湿或有挥发性，使质量不稳定	1. 改变放置场所；采取相应措施 2. 关闭防风罩 3. 清除杂物 4. 放好防风环 5. 给被称物加盖子
测定值漂移	被称物带静电荷	装入金属容器中称量

续表

天平故障	产生原因	排除方法
频繁自动量程校正	室温及天平温度变化太大	移至温度变化小的地方
称量结果明显错误	天平未经校准	对天平进行校准

课堂互动

　　为什么减量称量法中所用的称量瓶必须干燥，而承接样品的锥形瓶不需要干燥？

同 步 训 练

一、单选题

1. 台秤的使用方法中下列哪一项是错误的（　　　）
   A. 台秤要放置在水平的地方　　　B. 砝码放在左托盘中
   C. 砝码不能用手拿，要用镊子夹取　　　D. 砝码若磨损，测量结果偏大

2. 当电子天平显示什么时，可进行称量（　　）
   A. 0.0000　　　B. 100.0000　　　C. CAL　　　D. CAL – 100

3. 电子天平的显示器上无任何显示，可能的原因是（　　）
   A. 无工作电压　　　B. 被承载物带静电　　C. 天平未校准　　　D. 天平未水平

4. 将称量瓶置于烘箱中干燥时，应将瓶盖（　　）
   A. 横放在瓶口上　　　　　　　　　B. 盖紧
   C. 放在干燥器中　　　　　　　　　D. 放在实验桌的滤纸上

5. 使用电子天平的注意事项中，不正确的是（　　）
   A. 天平应置于无震动、无气流、无阳光直射、无腐蚀性气体的环境中
   B. 电源的电压要与电子天平相一致，且有良好的接地线
   C. 称量物的重量切勿超过天平的最大负荷量，切勿用手压称盘
   D. 电子天平有玻璃罩，可以把热的或冷的物体放入天平内称量

6. 减量称量法称取试样时，适合于称取（　　　）
   A. 剧毒的物质　　　B. 易吸湿、易氧化、易与空气中 CO_2 反应的物质
   C. 液体物质　　　D. 易挥发的物质

7. 下列哪个称量值是从电子天平上称得的（　　　）
   A. 0.24g　　　B. 0.240g　　　C. 0.2400g　　　D. 0.24000g

二、填空题

1. 台秤在称量时，一般是＿＿＿＿托盘放称量物，＿＿＿＿托盘放砝码。

2. 台秤一般能称准到_____ g，万分之一电子天平一般能称准到_____ g。

3. 台秤要放置在_____地方，调节平衡螺母，直至指针_____。

4. 取用砝码必须用_____，取下的砝码应放在_____中，称量完毕，应把游码_____。

5. 砝码若生锈，测量结果_____；砝码若磨损，测量结果_____。

6. 电子天平其外围有玻璃风罩，目的是_____，保证_____和_____。

7. 称量结束后应将开关键置于_____，平时电子天平应保持_____，如_____月以上不用电子天平，应拔掉电源。

8. 称量物的重量切勿超过天平的_____，切勿用手压_____。

9. 试样不得_____放在天平盘上，腐蚀性或吸湿性的物品应置于_____中称量。

10. 样品的称量方法有_____法。电子天平有去皮功能，巧妙地应用该功能能起到事半功倍的效果。

三、简答题

1. 电子天平有哪些特点？

2. 减量称量法若敲出质量多于所需质量时，该如何处理？已取出的试样能不能收回？

3. 如何称取在空气中不稳定（易挥发、易吸水、易氧化和易与二氧化碳反应的物质）的固体试样和试剂？

第十章　滴定分析法概论

学习要点

1. 基本概念：滴定分析法；标准溶液；化学计量点；指示剂；滴定终点；终点误差；滴定度；基准物质；
2. 基本理论：滴定分析的计算依据。
3. 基本知识：滴定反应的条件；基准物质的条件；直接滴定法；间接滴定法。
4. 基本方法：酸碱滴定法；沉淀滴定法；配位滴定法；氧化还原滴定法。
5. 基本技能：滴定液的配制；滴定分析仪器的洗涤及使用。

分析化学有很多分析方法，根据分析所依据的基本原理不同，可以分为化学分析法和仪器分析法两大类，前者是以待测物质的化学性质为基础，利用试样与试剂定量化学发生而建立起来的分析方法，如滴定分析法等，其优点是准确度高，一般情况下相对误差在 0.2% 以下，仪器简单、操作方便、测定快速、成本低廉、应用广泛等，其缺点是：当试样量少（0.1mg 以下）或待测组分含量低（1% 以下）时无法测定；后者是以待测物质的物理性质或物理化学性质为基础，利用特殊的仪器设备来检测其待测组分性质变化而建立起来的分析方法，如电化学分析法、光学分析法和色谱分析法等，这些方法均可以进行细分，诸如直接电位法、紫外 - 可见分光光度法、柱色谱法、纸色谱法、薄层色谱法等。仪器分析法的优点是灵敏度高、选择性好、操作简便、分析速度快、容易实现自动化、适用于微量试样或微量组分的分析等，其缺点是仪器昂贵、设备复杂。可见，化学分析法和仪器分析法是相辅相成的两类方法，所以，在实际工作中，应针对不同的试样和要求选择适当的方法来进行分析。

第一节　概　　述

一、滴定分析法的基本术语

滴定分析法又称容量分析法，是一类最基本、最常用的化学定量分析方法。它是将一种已知准确浓度的试剂溶液滴加到试样溶液中，当所加的试剂溶液与待测组分按化学计量关系定量反应完全时，根据滴加试剂溶液的浓度和消耗的体积，计算出待测组分浓度或待测组分含量的方法。

在滴定分析中，已知准确浓度的试剂溶液称为滴定液，又称标准溶液。将滴定液滴加到试样溶液中的操作过程称为滴定。当加入的滴定液与待测组分按化学计量关系定量反应完全的点，称为化学计量点，简称计量点。

大多数滴定反应在到达化学计量点时，外观上没有明显的改变，为了能够准确确定化学计量点，在实际滴定时，常在试样溶液中加入一种辅助试剂，借助其颜色变化来指示化学计量点的到达而停止滴定。这种借助其颜色变化来指示化学计量点到达的辅助试剂称为指示剂。当加入滴定液时，指示剂的颜色恰好发生变化的点，停止滴定，称为滴定终点。化学计量点是根据化学反应的计量关系求得的理论值，滴定终点是滴定时的实际测量值，二者之间通常不能完全一致，原因是指示剂并非恰好在计量点变色，滴定终点和计量点之间存在一定的差别称为滴定误差或终点误差。滴定误差是滴定分析法的系统误差之一。

二、滴定反应的基本条件

在滴定过程中，滴定液与待测组分发生的化学反应称为滴定反应，它必须符合下列几个条件。

1. 反应必须定量完全　滴定反应要严格按一定的化学反应方程式定量进行，反应转化率应达到 99.9% 以上。

2. 反应速率要快　滴定反应要求在瞬间完成，对于速率较慢的反应，要有适当的方法提高反应速度，如加热、加催化剂等。

3. 无副反应发生　试样中的杂质不得干扰滴定反应，滴定液只能与待测组分发生反应，否则应预先除去杂质。

4. 有合适的指示剂　能够借助指示剂的颜色变化来确定滴定终点。

三、滴定分析法的分类

根据滴定反应类型的不同，以水作溶剂的滴定分析法可分为四类。

1. 酸碱滴定法　以酸碱中和反应为基础的滴定分析方法称为酸碱滴定法。滴定反应为：

$$H^+ + OH^- \text{===} H_2O$$

常用强碱（如 NaOH）作滴定液测定酸或者酸性物质。常用强酸（如 HCl）作滴定液测定碱或碱性物质。

2. 沉淀滴定法　以沉淀反应为基础的滴定分析方法称为沉淀滴定法。最常用的是银量法，即以 $AgNO_3$ 为滴定液测定可溶性卤化物、硫氰酸盐等，滴定反应为：

$$Ag^+ + X^- \text{===} AgX \downarrow$$

式中 X^- 为 Cl^-、Br^-、I^- 及 SCN^- 等离子。

3. 配位滴定法　以配位反应为基础的滴定分析方法称为配位滴定法。最常用的是 EDTA 滴定法，即以 EDTA（一种氨羧配位剂）为滴定液测定金属离子，滴定反应为：

$$M + Y \Longrightarrow MY$$

式中 M 代表金属离子，Y 代表配位剂。

4. 氧化还原滴定法　以氧化还原反应为基础的滴定分析方法称为氧化还原滴定法。氧化还原滴定法可用氧化剂为滴定液测定还原性物质，也可用还原剂为滴定液测定氧化性物质。常用的方法有高锰酸钾法、碘量法、亚硝酸钠法等。例如，用高锰酸钾滴定液测定过氧化氢的反应式为：

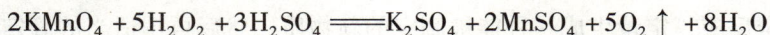

$$2KMnO_4 + 5H_2O_2 + 3H_2SO_4 \Longrightarrow K_2SO_4 + 2MnSO_4 + 5O_2\uparrow + 8H_2O$$

视域拓展

非水滴定法

　　非水滴定法是在非水溶剂（有机溶剂或不含水的无机溶剂）中进行的滴定分析方法，它也可以分为酸碱滴定法、沉淀滴定法、配位滴定法和氧化还原反应滴定法等四类。在药物分析中，常用的是非水酸碱滴定法，主要用于测定有机碱及其氢卤酸盐、硫酸盐、有机酸盐，以及有机酸碱金属盐类的含量，也用于测定某些有机弱酸的含量。

　　根据质子理论可知，以非水溶剂作为滴定介质，不仅能增大有机化合物的溶解度，而且能改变物质的酸碱强度，使在水中不能被准确滴定的弱酸、弱碱能够在非水中被准确滴定，从而扩大了滴定分析的应用范围。

四、滴定分析法的滴定方式

滴定方式即测定方式，常见的有如下几种。

1. 直接滴定法　将滴定液直接滴加到被测物质溶液中进行测定的滴定方式。直接滴定法是滴定分析法中最常用、最基本的滴定方式。只要化学反应符合滴定反应的基本条件，都可以用直接滴定法进行滴定。例如，用 NaOH 滴定液滴定 HCl，用 $AgNO_3$ 滴定液滴定 Cl^-，用 EDTA 滴定液测定 Ca^{2+}，用 $KMnO_4$ 滴定液滴定 H_2O_2 等等，都是直接滴定法。

直接滴定法操作简便、快速，引入误差的机会少，是最常用的滴定方式。

2. 间接滴定法　当滴定液与待测组分的反应不符合滴定反应的基本条件时，必须采用间接的滴定方式进行测定，也就是说，滴定液不与待测组分直接发生反应，而与另一物质发生反应，从而间接求算待测组分含量的滴定方式。

(1) 剩余滴定法　先向被测物质溶液中准确加入过量的滴定液，使其与待测组分充分反应，再用另一种滴定液滴定剩余的滴定液。这种方法称为剩余滴定法，也称返滴定法或回滴法。

例如，用酸碱滴定法测定固体碳酸钙的含量，可先准确加入过量的盐酸滴定液，使试样完全溶解，冷却后，再用氢氧化钠滴定液回滴剩余的盐酸。反应如下：

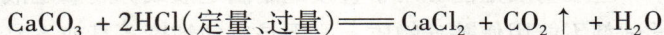

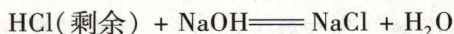

$$CaCO_3 + 2HCl(定量、过量) \Longrightarrow CaCl_2 + CO_2\uparrow + H_2O$$

$$HCl(剩余) + NaOH \Longrightarrow NaCl + H_2O$$

第一种滴定液先与待测组分反应，后与第二种滴定液反应，换句话说，上述反应的计量关系是待测组分消耗的滴定液等于第一种滴定液与第二种滴定液之差。

剩余滴定法主要用于反应速度慢或被测物质难溶于水，以及没有合适的指示剂确定终点的滴定反应。

（2）**置换滴定法**　当滴定液不能与待测组分直接反应或不按确定的化学反应方程式定量进行反应（如伴有副反应）时，可在待测组分溶液中加入适当的试剂，使之与待测组分完全反应，定量生成一种能被滴定的新物质，然后再用适当的滴定液滴定该新物质，这种滴定方式称为置换滴定法。

例如，用氧化还原滴定法测定钙盐的含量，滴定液 $KMnO_4$ 不能直接与钙盐发生化学反应，不能直接滴定。但 Ca^{2+} 可与 $(NH_4)_2C_2O_4$ 反应完全，定量转化为 CaC_2O_4 沉淀，将沉淀过滤洗涤后，用 H_2SO_4 溶解，再用 $KMnO_4$ 滴定液滴定 $H_2C_2O_4$，从而间接求算出钙盐的含量，其反应如下：

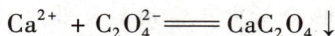
$$Ca^{2+} + C_2O_4^{2-} =\!=\!= CaC_2O_4 \downarrow$$

$$CaC_2O_4 + H_2SO_4 =\!=\!= CaSO_4 \downarrow + H_2C_2O_4$$

$$2MnO_4^- + 5H_2C_2O_4 + 6H^+ =\!=\!= 2Mn^{2+} + 10CO_2 \uparrow + 8H_2O$$

$KMnO_4$ 与 Ca^{2+} 之间的计量关系为：

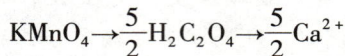
$$KMnO_4 \rightarrow \frac{5}{2}H_2C_2O_4 \rightarrow \frac{5}{2}Ca^{2+}$$

再如，用氧化还原滴定法测定重铬酸钾的含量，如果用 $Na_2S_2O_3$ 滴定液直接滴定试样溶液，$K_2Cr_2O_7$ 可以将一部分 $Na_2S_2O_3$ 氧化成 SO_4^{2-}，将另一部分 $Na_2S_2O_3$ 氧化生成 $S_4O_6^{2-}$，$K_2Cr_2O_7$ 与 $Na_2S_2O_3$ 之间不能按照确定的计量关系进行反应。根据有关的化学知识可知，在酸性条件下，$K_2Cr_2O_7$ 可以氧化 KI 定量生成 I_2，再用 $Na_2S_2O_3$ 滴定液滴定生成的 I_2，从而间接求算出 $K_2Cr_2O_7$ 的含量，其反应如下：

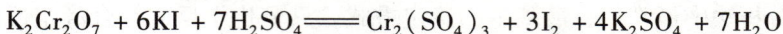
$$K_2Cr_2O_7 + 6KI + 7H_2SO_4 =\!=\!= Cr_2(SO_4)_3 + 3I_2 + 4K_2SO_4 + 7H_2O$$

$$2Na_2S_2O_3 + I_2 =\!=\!= Na_2S_4O_6 + 2NaI$$

$K_2Cr_2O_7$ 与 $Na_2S_2O_3$ 之间的计量关系为：

$$K_2Cr_2O_7 \rightarrow 6Na_2S_2O_3$$

第二节　滴　定　液

一、基准物质

（一）基准物质的概念

在分析化学中，基准物质是能够用于直接配制滴定液或标定滴定液的化学试剂。事实上，大多数化学试剂不能用作基准物质，原因是有的纯度不高或不易提取，有的在空气中不稳定（如易吸水，易分解，易与氧气反应），有的不能与有关物质定量反应或容易发生副反应等。

（二）基准物质的条件

1. 纯度高　一般要求纯度在 99.9% 以上，纯度相当于一级品或纯度高于一级品的化学试剂。

2. 化学组成与化学式完全相符　如含有结晶水的 $Na_2C_2O_4 \cdot 2H_2O$，其结晶水的含量也应与化学式相符合。

3. 性质稳定　在空气中一般要求不易失水、吸水或变质，不易与氧气及二氧化碳发生反应。

4. 化学反应简单　与有关物质反应时，应按化学反应式定量反应完全，且不发生副反应。

5. 摩尔质量足够大　在物质的量相同的情况下，摩尔质量越大，称取的量越多，称量时引起的相对误差就越小。

知识链接

纯度和浓度的意义

　　纯度和浓度都表示某一组分在物质中所占的比例或含量。纯度偏重表示组分自身的含量，浓度偏重表示组分在溶液中的含量。纯度的高低与浓度的大小没有直接关系，例如，市售分析纯盐酸，HCl 的纯度为 99.9%，表示此盐酸中，除水（蒸馏水）之外杂质很少，HCl 自身的含量为 99.9%；HCl 的浓度为 36% ~37%，表示此盐酸溶液中，HCl 的含量为 36% ~37%，一般不表明其他成分的含量。

二、滴定液的浓度

滴定液的浓度常用物质的量浓度和滴定度来表示。

（一）物质的量浓度

本书第五章第三节已介绍，溶质 B 的物质的量浓度 c_B（mol/L）、质量 m_B（g）、摩尔质量 M_B（g/mol）、溶液体积 V（L）之间的关系为：

$$c_B = \frac{m_B}{M_B V}$$

在分析化学中，溶液的体积常用毫升（mL）作单位，故溶质 B 的物质的量浓度的表达式应为：

$$c_B = \frac{m_B}{M_B V} \times 1000 \qquad (10-1)$$

在使用物质的量浓度时，必须指明物质的基本单元，它可以是原子、分子、离子、电子或其他粒子，或者是这些粒子的特定组合。另外还要注意换算溶液体积的单位。

例 10 – 1　准确称取基准锌 0.6500g，用稀盐酸溶解后，定量转移至 100mL 容量瓶定容，试求锌溶液的物质的量浓度。

解：已知 $m_{Zn} = 0.6500g$，$M_{Zn} = 65.00g/mol$，$V_{Zn} = 0.1000L$。

根据式 10 – 1 得：

$$c_{Zn} = \frac{m_{Zn}}{M_{Zn}V_{Zn}} = \frac{0.6500}{65.00 \times 0.1000} = 0.1000 \ (mol/L)$$

答：锌溶液的物质的量浓度为 0.1000mol/L。

（二）滴定度

滴定度通常有两种表示方法。

1. 滴定度以每毫升滴定液中所含的溶质的质量来表示，符号为 T_B，其单位为 g/mL。例如，某氢氧化钾的滴定度 $T_{KOH} = 0.005600g/mL$ 时，表示 1mL 氢氧化钾溶液中含有 0.005600g 氢氧化钾。

2. 滴定度以每毫升滴定液相当于待测组分的质量来表示，符号为 $T_{B/A}$，其单位为 g/mL。在 $T_{B/A}$ 中，B 表示滴定液溶质的化学式，A 表示待测组分的化学式。例如，每毫升 HCl 滴定液恰好可与 0.004000g NaOH 完全反应，则 HCl 滴定液对 NaOH 的滴定度可表示为 $T_{HCL/NaOH} = 0.004000g/mL$。

用这种方法表示滴定度时，只要测定滴定中消耗滴定液的体积，则可非常方便地算出待测组分的质量，即：

$$m_A = T_{B/A}V_B \tag{10 – 2}$$

例 10 – 2　已知盐酸滴定液的浓度为 $T_{HCL/NaOH} = 0.004000g/mL$，滴定某氢氧化钠溶液过程中，消耗盐酸滴定液 21.00mL，试计算该氢氧化钠溶液中所含氢氧化钠的质量。

解：已知 $T_{HCL/NaOH} = 0.004000g/mL$，$V_{HCl} = 21.00mL$。

根据式 10 – 2 得：

$$m_{NaOH} = T_{HCL/NaOH} \cdot V_{HCl} = 0.004000g/mL \times 21.00mL = 0.08400g$$

答：该溶液中含氢氧化钠 0.08400g。

三、滴定液的配制

在滴定分析中，不论采用任何滴定分析法或滴定方式，都需要借助滴定液的浓度和体积来计算待测组分的含量，因此，制备已知准确浓度的试剂溶液（滴定液）非常重要。配制滴定液的方法有直接法和间接法两种。

（一）直接法

所谓直接法配制滴定液，就是精密称取一定质量的基准物质，直接配制滴定液的方法。如果溶质符合基准物质的条件，可以用直接法配制滴定液，操作步骤如下：

1. 精密称量　用电子天平精密称量一定质量的基准物质。

2. 定容　将称量好的基准物质置于小烧杯中，加入适量的蒸馏水使之完全溶解。然后，定量转移至容量瓶，即沿玻璃棒将溶液倾入容量瓶，用少量蒸馏水洗涤烧杯和玻璃棒，并将洗涤液倾入容量瓶，如此重复 3 次。再向容量瓶中加蒸馏水至溶液的凹月面最低处与容量瓶刻线相切，盖好容量瓶塞子，上下颠倒 20 次混合均匀。

3. 计算浓度　根据称取基准物质的质量 m（g）、溶质的摩尔质量（g/mol）、容量瓶的容积 V（mL），根据式 10 - 1 计算滴定液的浓度 c（mol/L）。

$$c = \frac{m}{M \times V} \times 1000 \qquad (10-3)$$

（二）间接法

如果溶质不符合基准物质的条件，就必须用间接法配制滴定液。所谓间接法配制滴定液，就是先用适当的溶质配制成近似浓度的溶液，再用基准物质或另一种滴定液来标定这种溶液的准确浓度的方法，操作步骤如下：

1. 制备近似浓度的溶液　用台秤称取适量的溶质，加入适量的蒸馏水使之完全溶解，再稀释至一定体积，混匀备用。这种溶液的准确浓度是未知的或不准确的，即为近似浓度溶液或待标定的滴定液。

2. 标定　用基准物质或另一滴定液来确定近似浓度溶液的准确浓度的操作过程称为滴定液的标定。常用的标定方法有下列三种。

（1）**多次称量法**　是用基准物质进行标定的方法之一，通常需要三个步骤：

① 用电子天平准确称量一定质量 m（g）的基准物质置于锥形瓶中，加入 20 ~ 25mL 蒸馏水使之完全溶解，加入适当的指示剂。

② 用待标定的滴定液滴定至滴定终点，记录消耗滴定液的体积 V（mL）。

③ 根据滴定反应方程式的计量关系（下一节详细介绍），计算待标定滴定液的准确浓度 c（mol/L）。如果选择合适的基本单元，基准物质与滴定液反应的计量关系为 1∶1，则待标定的滴定液浓度的计算公式为：

$$c = \frac{m}{M \times V} \times 1000 \qquad (10-4)$$

这种标定方法，一般需要平行操作 3 次，取平均值作为滴定液的浓度。

> **课堂互动**
>
> 试对比式 10 - 3 和式 10 - 4 中对应符号的含义有何异同。

（2）**移液管法**　也是用基准物质进行标定的方法之一，通常需要三个步骤：

① 用电子天平准确称量一定质量 m（g）的基准物质置于小烧杯中，加入适量蒸馏水使之完全溶解，定量转移至容积为 $V_容$（mL）的容量瓶，定容备用。

② 用 25mL 移液管精密量取上述基准物质溶液 3 份，分别置于 3 个洁净锥形瓶中，分别加入适当的指示剂，用待标定的滴定液滴定至终点，记录消耗滴定液的体积 V（mL）。

③ 根据滴定反应方程式的计量关系，计算待标定滴定液的准确浓度 c（mol/L）。如

果选择合适的基本单元，基准物质与滴定液反应的计量关系为 1∶1，则待标定的滴定液浓度的计算公式为：

$$c = \frac{m}{M \times V \times V_{容}} \times 25.00 \times 1000$$

取上述 3 次滴定所得结果的平均值作为滴定液的浓度。

课堂互动

如果基准物质用 500mL 容量瓶定容，取 20.00mL 进行滴定，滴定反应的计量关系为 1∶1，试推导出滴定液浓度的计算公式。

（3）**对比法** 是用一种滴定液来标定待标定溶液准确浓度的方法，即根据滴定过程中两种溶液的体积和滴定反应的计量关系，计算出待标定溶液的准确浓度。这种标定方法通常需要两个步骤：

① 用移液管准确移取一定体积的滴定液（A）或待标定的滴定液（B）置于洁净锥形瓶中，加入适当的指示剂，用待标定的滴定液（B）或滴定液（A）滴定至终点，记录消耗溶液的体积 V_B 或 V_A。

② 根据滴定时所用两种滴定液的浓度和体积，计算待标定溶液的准确浓度。如果选择合适的基本单元，两种滴定液反应的计量关系为 1∶1，则计算公式为：

$$c_B \cdot V_B = c_A \cdot V_A \qquad (10-5)$$

式 10-5 中，c_B、V_B 为待标定的滴定液的浓度和体积，c_A、V_A 为另一种滴定液的浓度和体积。

一般平行操作 3 次，取平均值作为待标定溶液的浓度。

课堂互动

1. 试对比式 5-5 和式 10-5 中对应符号的含义有何异同？
2. 直接法和间接法配制滴定液时，称取溶质的称量工具是否相同？

第三节　滴定分析的计算

一、滴定分析的计算依据

在滴定分析中，用滴定液 B 滴定待测组分 A 溶液时，其滴定反应可用下式表示：

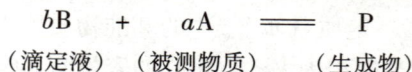

$$bB \quad + \quad aA \quad ==\!\!= \quad P$$
（滴定液）　（被测物质）　　（生成物）

当滴定达到化学计量点时，则有 b mol 的 B 恰好与 a mol 的 A 完全作用（或相当），二者反应的计量关系为：

$$n_B : n_A ==\!\!= b : a$$

即：

$$n_A = \frac{a}{b}n_B \quad 或 \quad n_B = \frac{b}{a}n_A \qquad (10-6)$$

如果选择合适的基本单元，B 与 A 反应的计量关系为 1∶1，则滴定达到化学计量点时，B 与 A 的物质的量相等，即 $n_A = n_B$，计算更加简单。

式 10-6 是滴定分析的计算依据，也是最基本的计量关系。根据物质的量和溶液浓度的有关知识可知，物质的量、溶液浓度、体积、溶质质量、摩尔质量之间存在一定的关系，因此，式 10-6 可以有很多种表现形式，尽管如此，我们依然可以归纳出下列几个基本类型，必须根据具体问题灵活运用。

二、滴定分析的基本计算公式

1. 试样是液体的计算 设滴定液 B 的浓度为 c_B，待测组分的浓度为 c_A，待测溶液的体积为 V_A，滴定试样的体积为 V_A，在化学计量点时，消耗滴定液的体积为 V_B，则：

$$c_A V_A = \frac{a}{b} c_B V_B \qquad (10-7)$$

如果选择合适的基本单元，两种滴定液反应的计量关系为 1∶1，或对浓溶液进行稀释，则式 10-7 可以简化为：

$$c_A V_A = c_B V_B$$

此式与式 10-5 相同，与式 5-5 相似，可用于对浓溶液进行稀释的有关计算。

2. 被滴定的组分是固体纯净物的计算 滴定液 B 滴定质量为 m 的固体纯净物 A，即用基准物质标定滴定液的浓度，反应达到化学计量点时，消耗滴定液的体积为 V_B（mL），B 与 A 的计量关系为：

$$c_B V_B = \frac{b}{a} \times \frac{m_A}{M_A} \times 1000 \qquad (10-8)$$

如果选择合适的基本单元，B 与 A 反应的计量关系为 1∶1，则滴定达到化学计量点时，B 与 A 的物质的量相等（$b/a = 1$），则式 10-8 可以简化为：

$$c_B V_B = \frac{m_A}{M_A} \times 1000$$

此式与式 10-4 相同，与式 10-1 相似，二者的差别是：此式反映了两种物质发生反应达到完全时的化学计量关系，式 10-1 表达了溶液的物质的量浓度、溶质质量、摩尔质量、溶液体积之间的相互关系。

3. 试样中待测组分含量的计算 对于固体试样，待测组分的含量通常以百分含量（或质量分数）表示，设试样质量为 m_S，试样中待测组分的质量 m_A，滴定时消耗滴定液 B 的体积为 V（mL），则 $m_A = \frac{a}{b} \times c_B \times V_B \times M_A \times 10^{-3}$，所以，试样中待测组分的含量为：

$$A\% = \frac{m_A}{m_S} \times 100\% = \frac{a}{b} \times \frac{c_B \times V_B \times M_A \times 10^{-3}}{m_S} \times 100\% \qquad (10-9)$$

如果选择合适的基本单元，B 与 A 反应的计量关系为 1∶1，滴定达到化学计量点时，B 与 A 的物质的量相等（$a/b=1$），则式 10-9 可以简化为：

$$A\% = \frac{c_B \times V_B \times M_A \times 10^{-3}}{m_S} \times 100\%$$

当滴定液的浓度用滴定度 $T_{B/A}$ 表示时，试样中待测组分含量的计算则更加简单，由式 10-2 和式 10-9 可得：

$$A\% = \frac{m_A}{m_S} \times 100\% = \frac{T_{B/A} \times V_B}{m_S} \times 100\% \qquad (10-10)$$

知识链接

质量分数与百分含量的关系

某物质的质量除以其所在混合物的总质量称为质量分数；质量分数乘以 100% 称为质量百分比或百分含量。一般情况下，可以用质量分数或质量百分比来表示某组分在混合物中所占的比例。

4. 物质的量浓度 c_B 与滴定度 $T_{B/A}$ 间的关系 根据滴定度 $T_{B/A}$ 和物质的量浓度的定义，物质的量浓度 c_B 与滴定度 $T_{B/A}$ 间的换算关系为：

$$c_B = \frac{b}{a} \times \frac{T_{B/A}}{M_A} \times 1000 \qquad (10-11)$$

综上所述，式 10-6 可以衍生出许多计算公式，其中式 10-7、式 10-8、式 10-9 是滴定分析中最基本和最常用的计算公式，务必做到举一反三、熟练掌握。

三、滴定分析的计算实例

（一）公式 $c_A V_A = \frac{a}{b} c_B V_B$ 的应用

例 10-3 现有 0.1000mol/L NaOH 溶液 100.0mL，应加多少体积的水能将其稀释成浓度为 0.08000mol/L 的 NaOH 溶液？

解： 稀释前 $c_1=0.1000$mol/L，$V_1=100.0$mL，稀释后 $c_2=0.08000$mol/L。

设加水的体积为 VmL，则：

$$c_1 V_1 = c_2 \times (100.0 + V)$$

代入数据： $0.1000 \times 100.0 = 0.08000 \times (100.0 + V)$

解得： $V = 25.00$mL

答：应向溶液中加 25.00mL 水即可。

例 10-4 在酸性溶液中，用 0.2014mol/L 的 $KMnO_4$ 滴定液滴定某未知浓度的 H_2O_2 试样溶液，消耗的 $KMnO_4$ 滴定液体积与试样溶液体积相等，计算 H_2O_2 溶液的物质的量浓度。

解： 已知 $c_{KMnO_4} = 0.2014mol/L$，$V_{H_2O_2} = V_{KMnO_4}$。

滴定时，$KMnO_4$ 与 H_2O_2 的反应式为：

$$2KMnO_4 + 5H_2O_2 + 3H_2SO_4 = K_2SO_4 + 2MnSO_4 + 5O_2\uparrow + 8H_2O$$

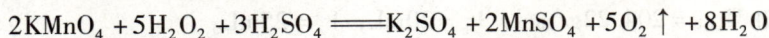

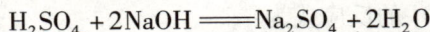

滴定反应的计量关系符合式 10 - 7，即：

$$c_{H_2O_2}V_{H_2O_2} = \frac{5}{2} \times c_{KMnO_4}V_{KMnO_4}$$

因为 $V_{H_2O_2} = V_{KMnO_4}$，所以 $c_{H_2O_2} = \frac{5}{2} \times c_{KMnO_4}$。

代入数据得：

$$c_{H_2O_2} = \frac{5}{2} \times 0.2014mol/L = 0.5035mol/L$$

答： H_2O_2 溶液的物质的量浓度为 $0.5035mol/L$。

例 10 - 5 精密量取 $0.1020mol/L$ 的 NaOH 滴定液 20.00ml 置于洁净的锥形瓶，加 2 滴甲基橙指示剂，用 H_2SO_4 溶液滴定至化学计量点时消耗 19.15ml，计算 H_2SO_4 溶液的物质的量浓度。

解： 已知 $c_{NaOH} = 0.1020mol/L$，$V_{NaOH} = 20.00mL$，$V_{H_2SO_4} = 19.15mL$。

求 $c_{H_2SO_4} = ?$

滴定时，H_2SO_4 与 NaOH 的反应式为：

$$H_2SO_4 + 2NaOH = Na_2SO_4 + 2H_2O$$

滴定反应的计量关系符合式 10 - 7，即：

$$c_{NaOH} \times V_{NaOH} = 2 \times c_{H_2SO_4} \times V_{H_2SO_4}$$

代入数据得：
$$c_{H_2SO_4} = \frac{1}{2} \times \frac{c_{NaOH} \times V_{NaOH}}{V_{H_2SO_4}}$$

$$= \frac{1}{2} \times \frac{0.1020mol/L \times 20.00mL}{19.15mL}$$

$$= 0.05326mol/L$$

答： H_2SO_4 溶液的物质的量浓度为 $0.05326mol/L$。

（二）公式 $c_BV_B = \frac{b}{a} \times \frac{m_A}{M_A} \times 1000$ 的应用

例 10 - 6 欲配制 100.0mL 的 $0.1000mol/L$ 的 $K_2Cr_2O_7$ 滴定液，则应称取基准物质 $K_2Cr_2O_7$ 质量为多少？

解： 已知 $M_{K_2Cr_2O_7} = 294.2g/mol$，$V = 100.0mL$。

求 $m_{K_2Cr_2O_7} = ?$

由式 10 - 1 得：

$$m_{K_2Cr_2O_7} = c_{K_2Cr_2O_7}V_{K_2Cr_2O_7}M_{K_2Cr_2O_7} \times 10^{-3}$$

$$= 0.1000mol/L \times 100.0 \times 10^{-3}L \times 294.2g/mol$$

$$= 2.9420g$$

答： 应称取基准物质 $K_2Cr_2O_7$ 质量为 2.9420g。

例 10 - 7 以邻苯二甲酸氢钾（KHP）为基准物质，标定浓度为 $0.1mol/L$ 的 NaOH

滴定液的准确浓度时，欲使消耗该 NaOH 溶液为 20～25mL，试计算应称取基准物质 KHP 的质量范围。

解：已知 $M_{KHP}=204.22g/mol$，$V_1=20mL$，$V_2=25mL$。

求 $m_1=?$　$m_2=?$

以邻苯二甲酸氢钾 KHP 为基准物质标定 NaOH 溶液，其滴定反应为：

$$NaOH + KHP \longrightarrow KNaP + H_2O$$

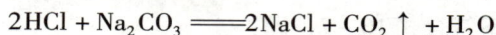

滴定反应的计量关系符合式 10-8，即：

$$m_{KHP} = c_{NaOH} \times V_{NaOH} \times M_{KHP} \times 10^{-3}$$

当 $V_1=20mL$ 时，$m_1=0.1000mol/L \times 20 \times 10^{-3}L \times 204.22g/mol = 0.40g$

当 $V_2=25mL$ 时，$m_2=0.1000mol/L \times 25 \times 10^{-3}L \times 204.22g/mol = 0.51g$

答：欲消耗 0.1000mol/L NaOH 溶液 20～25mL，应称取基准物质 KHP 的质量范围为 0.4～0.51g。

例 10-8　精密称取 0.1265g 基准物质无水 Na_2CO_3，标定盐酸滴定液时消耗滴定液 24.15mL，试计算盐酸滴定液的浓度。

解：已知 $m_{Na_2CO_3}=0.1265g$，$V_{HCl}=24.15mL$，$M_{Na_2CO_3}=106.0g/mol$。

计算 $c_{HCl}=?$

HCl 滴定液滴定 Na_2CO_3 的反应式为：

$$2HCl + Na_2CO_3 \Longrightarrow 2NaCl + CO_2 \uparrow + H_2O$$

滴定反应的计量关系符合式 10-8，即：

$$c_{HCl} = 2 \times \frac{m_{Na_2CO_3}}{V_{HCl}M_{Na_2CO_3}} \times 1000$$

代入数据计算得：$c_{HCl}=0.09883mol/L$。

答：盐酸滴定液的浓度为 0.09883mol/L。

在例 10-8 中，如果选择 HCl 和 $\frac{1}{2}Na_2CO_3$ 为滴定反应的基本单元，

则 $M_{\frac{1}{2}Na_2CO_3}=53.00g/mol$，滴定反应的计量关系为 1:1，根据式 10-8 进行计算，可以得到相同的结果。

（三）公式 $A\% = \frac{a}{b} \times \frac{c_B \times V_B \times M_A \times 10^{-3}}{m_S} \times 100\%$ 的应用

例 10-9　精密称取氯化钾试样 0.2014g 置于洁净锥形瓶中，加适量水溶解后，加入铬酸钾指示剂，用 0.1012mol/L 的 $AgNO_3$ 滴定液进行滴定，滴定终点时消耗 $AgNO_3$ 溶液 19.80mL，求试样中纯 KCl 质量与 KCl 的含量。

解：已知 $m_S=0.2014g$，$c_{AgNO_3}=0.1012mol/L$，$V_{AgNO_3}=19.80mL$，$M_{KCl}=74.55$ g/mol。

求 $m_{KCl}=?$　KCl%=?

根据题意，滴定反应式为：

$$AgNO_3 + KCl \Longrightarrow AgCl \downarrow + KNO_3$$

滴定反应的计量关系为 $1:1$，且化学计量关系符合式 $10-8$。

故 $m_{KCl} = c_{AgNO_3} V_{AgNO_3} M_{KCl} \times 10^{-3}$，代入数据计算得：

$$m_{KCl} = 0.1012 mol/L \times 19.80 mL \times 74.55 g/mol \times 10^{-3} = 0.1494 g$$

$$KCl\% = \frac{m_{KCl}}{m_S} \times 100\% = \frac{0.1494 g}{0.2014 g} \times 100\% = 74.18\%$$

在计算试样中 KCl 的含量 KCl% 时，也可以直接将有关数据代入式 $10-9$ 计算，得到相同结果。

答：氯化钾试样中纯 KCl 的质量为 $0.1494 g$；KCl 的含量为 74.18%。

（四）公式 $c_B = \dfrac{b}{a} \times \dfrac{T_{B/A}}{M_A} \times 1000$ 的应用

例 10 - 10 某 HCl 滴定液对 CaO 的滴定度为 $T_{HCl/CaO} = 0.01080 g/mL$，试问该滴定液中 HCl 的物质的量浓度为多少？

解： 已知 $M_{CaO} = 56.08 g/mol$，$T_{HCl/CaO} = 0.01080 g/mL$。

求 $c_{HCl} = ?$

根据题意，滴定反应式为：

$$2HCl + CaO =\!=\!=\!= CaCl_2 + H_2O$$

滴定反应的计量关系为 $\dfrac{b}{a} = 2$，根据式 $10-11$ 得：

$$c_{HCl} = 2 \times \frac{T_{HCl/CaO}}{M_{CaO}} \times 1000 = 2 \times \frac{0.01080 g/mL}{56.08 g/mol} \times 1000 = 0.3852 mol/L$$

答：HCl 滴定液的物质的量浓度为 $0.3852 mol/L$。

第四节 滴定分析仪器

滴定分析法常用的主要仪器有滴定管、移液管、容量瓶等，精度为 $0.01 mL$，能够准确度量溶液的体积，常称为容量仪器。滴定分析时，还要用到其他仪器，如锥形瓶、量筒、烧杯等，尽管它们也有刻度，但精度比较差，其度量溶液体积的误差约为 5%，因此只能称为辅助仪器。

滴定分析所用的各种仪器，在使用前都必须洗涤干净，洗净的标准是内壁不挂水珠。容量仪器通常用铬酸洗液洗涤，辅助仪器通常用去污粉或肥皂水洗涤，然后用适量蒸馏水洗涤仪器内壁三次，确保仪器内除水以外没有任何杂质。对于滴定管和移液管来说，还要晾干水分或用适量待盛放的溶液将内壁润洗三次，确保仪器内壁附着的液体与待盛放溶液的浓度完全相同。

一、滴定管

（一）滴定管的种类

滴定管是用来准确测量滴定中所用滴定液体积的仪器。它是管身细长、内径均匀、

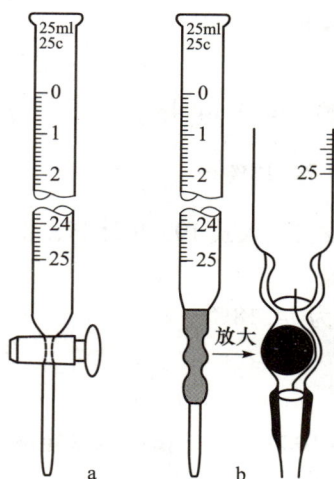

图 10-1　滴定管示意图
a. 酸式滴定管　b. 碱式滴定管

具有精密刻度的玻璃管，最小刻度为 0.1mL，读数可估计到 0.01mL，它的"0"刻线在上端，最大容积刻线在下端。滴定管的种类很多，根据用途不同，可分为酸式滴定管和碱式滴定管，酸式滴定管下端带有玻璃旋塞开关，以此控制滴定速度，可用来测量酸性或氧化性滴定液的体积；碱式滴定管的下端连接乳胶玻璃珠开关，以此控制滴定速度，可用来测量碱性滴定液的体积，如图 10-1 所示。

课堂互动

酸式滴定管不能盛放碱性滴定液，碱式滴定管不能盛放酸性或氧化性滴定液，为什么？

最常用是无色滴定管，如果滴定液见光易分解，如硝酸银滴定液，应用棕色滴定管；如果需要读数更加准确，需要用带有背蓝线的滴定管（刻度对面有一个白色瓷条，瓷条上有一条笔直的蓝线）。

常量滴定分析中，一般用 50mL 或 25mL 的滴定管；微量滴定分析中，一般用 10mL、5mL、2mL、1mL 的滴定管。

（二）滴定管的使用

1. 用前检查　使用滴定管之前应检查其管尖是否堵塞或破损，以及开关是否漏水。检查酸式滴定管是否漏水的方法是：先将旋塞关闭，装入适量水，擦干滴定管外部，夹在滴定管架上，放置 2~3 分钟，观察管尖和旋塞缝隙是否有水珠滴出。再将旋塞旋转180°观察一次。若滴定管漏水或活塞旋转不灵活，应将酸式滴定管平放在实验台上，解开橡皮筋，去除旋塞，用滤纸吸干旋塞及旋塞套内壁的水分，用手指在旋塞两头均匀涂抹薄薄一层凡士林，如图 10-2 所示。涂凡士林后，将活塞插入旋塞套沿同一方向旋转数周至旋塞透明，套上橡皮筋即可。

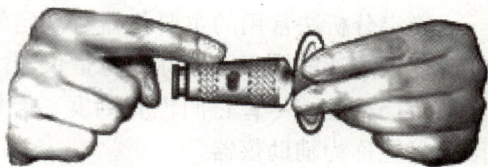

图 10-2　旋塞涂凡士林示意图

检查碱式滴定管是否漏水的方法是：装入适量水，擦干滴定管外部，夹在滴定管架上，放置 2~3 分钟，观察管尖是否有水珠滴出。若漏水则须更换玻璃珠或乳胶管。

2. 装入溶液　装溶液时，先用少量待装入的滴定液润洗滴定管内壁 2~3 次，确保管内壁附着的溶液与滴定液的浓度完全一致，再将滴定液直接倒入管内，不能经过其他容器中转，以免溶液的浓度改变或造成污染。滴定管装满溶液后，检查管下端是否有气泡，如有气泡，酸式滴定管可打开旋塞，使溶液急速下流，除去气泡。碱式滴定管可将乳胶管向上弯曲，捏挤稍高于玻璃珠所在处的橡皮管，使溶液从尖嘴处流出，除去气泡，如图 10-3 所示。然后，加滴定液至"0"刻线以上少许。

3. 调节零点　用右手拇指、食指、中指轻轻捏住滴定管上端，保持其垂直于地面，左手操作滴定管开关使液面慢慢下降至液面的凹月面最低处与"0"刻线相切，记下初读数为 0.00mL。

4. 读数　对滴定管进行读数时，眼睛、刻线、液面的凹月面最低处应在同一水平面上，否则引入读数误差，如图 10-4 所示。对于深色溶液，如 $KMnO_4$ 溶液，由于弯月面较难看清，可读取液面最上缘对应的刻度。

图 10-3　碱式滴定管排气泡示意图

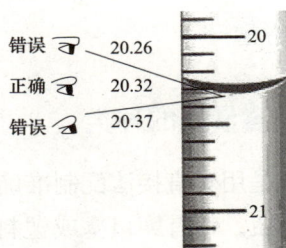

图 10-4　滴定管读数示意图

5. 滴定　滴定时，将滴定管垂直夹在滴定夹上，左手操作滴定管开关，右手握住锥形瓶上部，边滴定边振摇锥形瓶，使锥形瓶内的溶液作旋转运动，以便加入的滴定液与被滴定的溶液快速混合并发生化学反应，如图 10-5 所示。

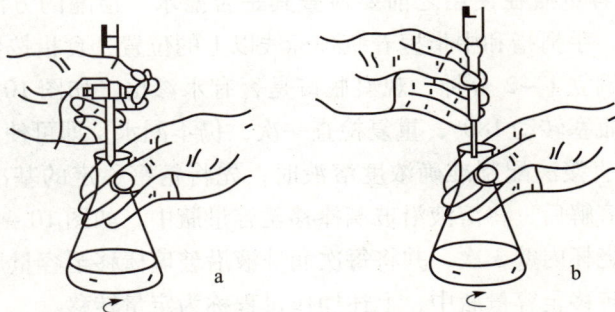

图 10-5　滴定操作示意图
a. 酸式滴定管的操作　b. 碱式滴定管的操作

　　使用酸式滴定管时，左手拇指放在活塞前面，食指和中指在后，其余手指微微弯曲抵住旋塞下端的管尖，慢慢旋转旋塞，如图 10-5a 所示。操作要领是拇指、食指和中指轻轻向里扣住旋塞，手心要空，以免顶出旋塞，使溶液漏出。使用碱式滴定管时，左手拇指在前，食指在后，挤捏玻璃珠外乳胶管，使之形成一条狭缝，溶液即可流出，如图 10-5b 所示。

　　开始滴定时，滴定速度可以稍快些，以每秒 3~4 滴为宜。接近终点时，应放慢滴定速度，及时用少量蒸馏水绕圈冲洗锥形瓶内壁，将残留在瓶壁的溶液冲下，甚至每次滴加 1 滴或半滴，滴一滴，摇几下，以防滴定过量，直至终点，及时读取终点读数并记录数据。

滴定所消耗滴定液的体积为终点读数与初读数之差。

在平行实验的每次滴定中，为了避免因滴定管上下端的刻度不完全一致而引起误差，每次滴定应控制使用同一部位的滴定管，例如，使用 50mL 的滴定管，第一次滴定是在 0~30mL 的部位，第二次滴定液也应控制在这个部位。

测定完毕，倾出剩余的滴定液，分别用自来水及蒸馏水将滴定管洗涤干净，将洗净的滴定管倒放在滴定管台架上，以备下次再用。

二、容量瓶

（一）容量瓶的种类

容量瓶是用于直接法配制准确浓度溶液或定量稀释溶液的容器。它是一种细颈梨形的平底玻璃瓶，带有磨口塞或塑料塞，瓶颈上刻有一个环形刻线，表示在所示温度下，当溶液凹月面最低处与环形刻线相切时，溶液的体积恰好与瓶身标示的容积相等。容量瓶有无色和棕色两种，常用的有 5mL、10mL、25mL、50mL、100mL、250mL、500mL、1000mL 等规格，前四种规格用于微量分析，后四种规格用于常量分析。

（二）容量瓶的使用

1. 用前检查　容量瓶在使用之前要检查其是否漏水。检漏的方法是：将容量瓶装满水，盖紧瓶塞，一手拇指和中指捏着瓶颈标线以上的位置，食指按住瓶塞，另一手手指握住瓶底，将瓶倒立 1~2 分钟，观察瓶口是否有水渗出，如图 10-6 所示。如不漏水，直立瓶身，将瓶塞转动 180°，重复检查一次，仍不漏水，即可使用。

2. 使用方法　直接法配制准确浓度溶液时，先将精密称定的基准物质置于小烧杯中，加少量蒸馏水溶解后，将溶液沿玻璃棒移至容量瓶中，如图 10-7 所示。然后，用少量蒸馏水润洗小烧杯内壁 3 次，并将每次润洗液沿玻璃棒移至容量瓶中，确保精密称定的基准物质全部转移至容量瓶中，上述操作过程称为定量转移。

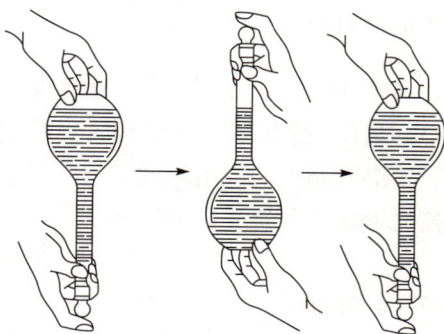

图 10-6　容量瓶的用前检查示意图　　图 10-7　将溶液转移至容量瓶示意图

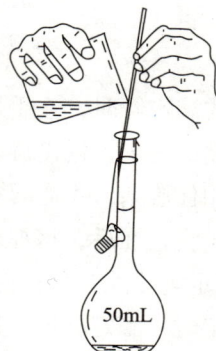

定量转移后，旋摇容量瓶，使溶液初步混匀，继续加入蒸馏水至接近标线时，用胶

头滴管逐滴加蒸馏水，直至溶液凹月面最低处与环形刻线相切，盖紧瓶塞，用检查是否漏水的方法握住容量瓶，上下颠倒约 20 次，使溶液充分混匀。上述将一定质量的溶质制成一定体积的溶液的操作过程称为定容。

配制好的溶液应倒入洁净的试剂瓶中，贴好标签，妥善储存。容量瓶不能长期存放溶液，也不能用于配制与瓶身标示温度差别较大的冷、热溶液。

三、移液管

（一）移液管的种类

移液管是用于准确移取一定体积溶液的量出式量器。常用的移液管有两类，一类是中部膨大，两端细长的玻璃管，其中一端具有尖嘴，另一端有一个环形刻线，有时称为腹式吸管，如图 10-8a 所示，常见的规格有 5mL、10mL、20mL、25mL、50mL 等，这类移液管用于准确移取固定体积的溶液。另一类是管身有许多刻度的直形玻璃管，有时称为刻度吸管或吸量管，如图 10-8b 所示，其规格有 0.5mL、1mL、2mL、5mL、10mL 等。这类移液管用于准确移取所需体积的溶液。

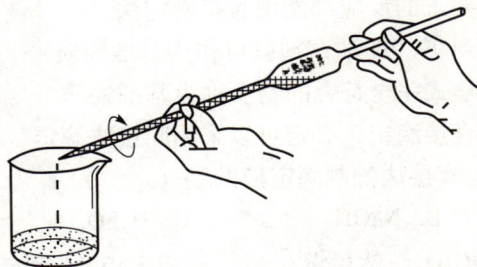

图 10-8　移液管
a. 腹式吸管　b. 吸量管

（二）移液管的使用

1. 用待吸的溶液润洗　使用移液管时，先吸取少量待吸溶液，倾斜并旋转管身，使溶液润洗移液管内壁，然后直立管身，将溶液放入废液杯，如图 10-9 所示，重复操作 3 次。

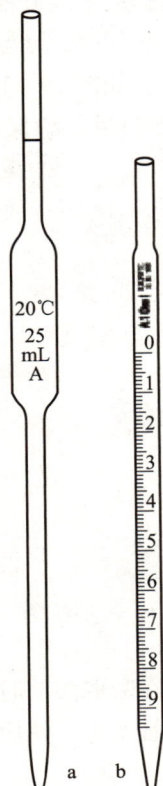

图 10-9　移液管的润洗示意图

2. 移取溶液　用一只手的拇指和中指捏住管口，食指用于堵管口，其余手指自然轻扶移液管的上部，移液管插入待吸溶液液面下 1cm 处；另一只手挤压洗耳球，让洗耳球的尖嘴抵住移液管的管口，缓慢松开洗耳球，溶液被吸入移液管，如图 10-10a 所示。当管内液面高于移液管最上面的刻线时，移走洗耳球，迅速用食指堵住管口，将移液管提起来离开液面，稍稍松开食指，使溶液凹月面最低处缓缓下降至与移液管最上端刻线相切时，堵紧管口，管尖轻抵试剂瓶内壁，插入盛放溶液的容器，松开食指使溶液流出，如图 10-10b、10-10c 所示。如果放出全部溶液，应使管尖与容器内壁接触超过 15 秒钟，确保溶液全部放出。

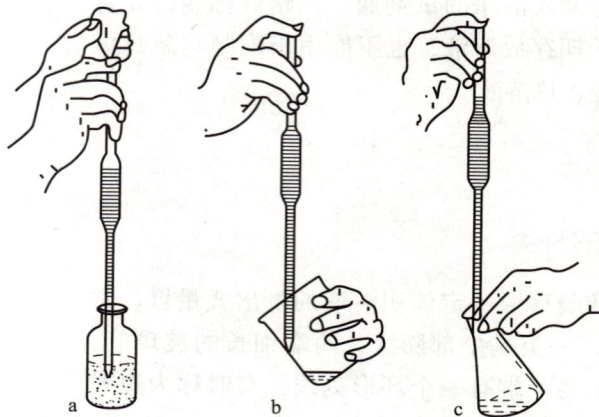

图 10-10　移液管转移溶液示意图

在吸取溶液时，移液管应随容器内液面的下降而下降。移液完毕，应将移液管放在移液管架上。使用完毕，应将移液管洗净并妥善保存。

同 步 训 练

一、单选题

1. 下列说法正确的是 （　　）
   A. 凡能满足一定要求的反应都能用直接滴定法
   B. 纯度高于或达到 99.9% 的试剂就可作为基准物质
   C. 分子组成与化学式完全符合的物质称为基准物质
   D. 一些物质不能直接滴定，必定可以采用间接法滴定

2. 下列试剂中，可用直接法配制滴定液的是 （　　）
   A. $K_2Cr_2O_7$　　　　B. NaOH　　　　　C. H_2SO_4　　　　D. $KMnO_4$

3. 将 Ca^{2+} 沉淀为 CaC_2O_4，然后溶于酸，再用 $KMnO_4$ 滴定液滴定生成的 $H_2C_2O_4$，从而测定 Ca 的含量。这种滴定方式属于 （　　）
   A. 直接滴定法　　　B. 间接滴定法　　　C. 沉淀滴定法　　　D. 置换滴定法

4. 滴定液是指 （　　）
   A. 由纯物质配制的溶液　　　　　　　　B. 由基准物质配制的溶液
   C. 能与被测物完全反应的溶液　　　　　D. 已知其准确浓度的试剂溶液

5. 欲配制 1L 0.1mol/L HCl 溶液，应取浓盐酸（12mol/L）的体积为 （　　）

A. 0.84mL　　　　B. 8.4mL　　　　C. 1.2mL　　　　D. 2mL

6. 下列说法正确的是（　　）

　　A. 滴定管的初读数必须是"0.00"mL

　　B. 直接滴定分析中，反应物之间的计量关系是质量比为1∶1

　　C. 滴定分析的优点之一是准确度高

　　D. 滴定分析法是常用的仪器分析法

7. 滴定分析法的相对误差一般情况下在（　　）

　　A. 0.01%以下　　B. 0.1%以下　　C. 0.02%以下　　D. 0.2%以下

8. 化学计量点是指（　　）

　　A. 指示剂颜色发生变化的转变点

　　B. 滴定液与被测物质按化学计量关系定量反应完全的点

　　C. 滴定液与被测物质反应达到质量相等的点

　　D. 滴定管中滴定液用完的点

9. 盐酸滴定液测定 Na_2CO_3 试样的含量时，HCl 与 Na_2CO_3 反应的计量关系为（　　）

　　A. 1/1　　　　　B. 1/2　　　　　C. 2/1　　　　　D. 1/3

10. "精密取某滴定液 50.00mL 置于锥形瓶中"，应使用的仪器是（　　）

　　A. 50mL 量筒　　B. 50mL 移液管　　C. 50mL 烧杯　　D. 50mL 量杯

11. 用间接法配制滴定液时，不必使用的仪器是（　　）

　　A. 烧杯　　　　　B. 量筒　　　　　C. 容量瓶　　　　D. 试剂瓶

12. 下列说法错误的是（　　）

　　A. 滴定液的浓度可用物质的量浓度表示

　　B. 滴定液的浓度可用滴定度表示

　　C. 用移液管法可以直接配制一定浓度的滴定液

　　D. 可以用基准物质直接配制一定浓度的滴定液

13. 常用的 25mL、50mL 滴定管，其最小刻度为（　　）

　　A. 0.01mL　　　B. 0.1mL　　　　C. 0.02mL　　　　D. 0.2mL

14. 浓度为 0.1000mol/L 的 HCl（式量为 36.5）滴定液对 $CaCO_3$（式量为 100.0）的滴定度是 g/mL（　　）

　　A. 0.01g/mL

　　B. 0.01000g/mL

　　C. 3.65×10^{-3} g/mL

　　D. 5.000×10^{-3} g/mL

15. T_B 表示的意义是（　　）

　　A. 1mL 滴定液中所含溶质的质量

　　B. 100mL 滴定液中所含溶质的质量

　　C. 1mL 滴定液相当于被测物质的质量

　　D. 1L 滴定液相当于被测物质的质量

二、填空题

1. 滴定管按其构造和用途分为_____滴定管和_____滴定管两种。带有玻璃旋塞的称为酸式滴定管。

2. 滴定分析法包括_____、_____、_____和_____四大类。

3. 配制滴定液的方法有_____和_____。

4. 标定滴定液的方法有_____、_____和_____。

5. 某 HCl 滴定液对被测物质 CaO 的滴定度可用 $T_{HCl/CaO}$ 表示，则该滴定液的溶质是_____，被测物质是_____。

6. 化学分析是以_____为基础的分析方法，主要用于常量分析，取样量在_____g 以上，或待测组分含量在_____以上；仪器分析分析是以_____为基础的分析方法，通常适于_____的测定。

7. 预配制 $K_2Cr_2O_7$、$Na_2S_2O_3$、$KMnO_4$ 等标准溶液，必须用间接法配制的是_____、_____。

8. 滴定分析中使用的滴定管、移液管、容量瓶、锥形瓶，在滴定前，须用待盛放溶液润洗是_____，不能用待盛放溶液润洗的是_____。

三、简答题

1. 滴定反应的基本条件是什么？

2. 基准物质应具备哪些条件？

3. 滴定液的浓度有哪些表示方法？

四、计算题

1. 用 0.1021mol/L 的盐酸溶液滴定 25.00mL 的氢氧化钠溶液，终点时消耗 19.89mL，计算氢氧化钠溶液的浓度。

2. 有一瓶 NaOH 溶液，浓度为 0.5854mol/L，量取该溶液 100.0mL，需加多少体积水能稀释成 0.4900mol/L 的溶液？

3. 称取碳酸钠试样 0.1403g，加蒸馏水溶解后，用 0.1089mol/L 的 HCl 滴定液进行滴定，终点时消耗 HCl 滴定液 22.52mL，求试样中 Na_2CO_3 的含量。

第十一章　酸碱滴定法

学习要点

1. 基本概念：酸碱滴定法。
2. 基本知识：酸碱指示剂的变色原理；指示剂选择原则。
3. 基本理论：弱酸弱碱能够被准确滴定的判定条件，多元酸能够分步滴定的判定条件。
4. 基本技能：计算酸碱滴定过程中 [H^+] 的变化；根据需要选择合适的酸碱指示剂。
5. 基本应用：酸碱滴定法在中药质量控制中的应用。

酸碱滴定法是以酸碱中和反应为基础的滴定分析方法。该方法广泛用于测定酸、碱以及能直接和间接与酸、碱进行中和反应的物质，在药物分析中应用很普遍。

第一节　酸碱指示剂

一、酸碱指示剂的变色原理和变色范围

（一）酸碱指示剂的变色原理

酸碱滴定中，一般利用酸碱指示剂颜色的变化来指示滴定终点。酸碱指示剂一般是有机弱酸、有机弱碱或酸碱两性物质。由于指示剂的酸式和碱式的结构不同，所以呈现不同的颜色。例如，酚酞指示剂是无色的二元有机弱酸，它在水中发生如下离解和颜色变化：

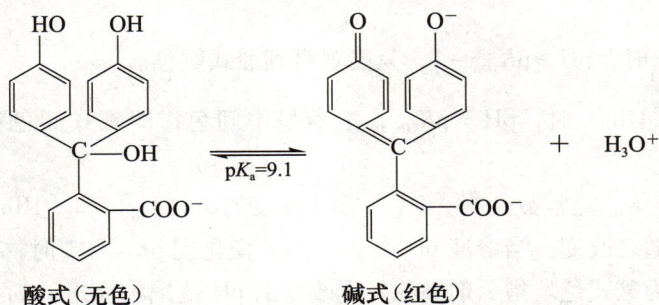

酸式（无色）　　　　　　　　碱式（红色）

由平衡式可以看出，在酸性溶液中，酚酞以酸式结构存在呈无色，在碱性溶液中，酚酞转移质子转化为共轭碱式结构（醌式）后呈红色；反之，由红色变为无色。当溶液 pH 发生变化时，指示剂由于结构上的变化而发生颜色的变化，从而指示酸碱滴定终点。

又如，甲基橙是一种有机弱碱，在碱性溶液中以碱式结构存在呈黄色，加入酸时转变为共轭酸式结构呈红色。

若以 HIn 表示弱酸指示剂，InOH 表示弱碱指示剂，它们的解离平衡可分别表示为：

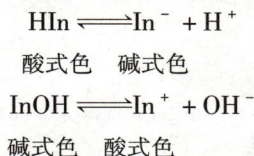

$$HIn \rightleftharpoons In^- + H^+$$

酸式色　碱式色

$$InOH \rightleftharpoons In^+ + OH^-$$

碱式色　酸式色

由上述平衡式可见，酸碱指示剂的变色与溶液的 pH 有关。

（二）酸碱指示剂的变色范围

对于酸碱滴定，重要的是要了解指示剂在什么 pH 条件下颜色发生突变，以指示滴定终点。溶液 pH 的变化使指示剂共轭酸碱的离解平衡发生移动，致使颜色变化。现以弱酸型指示剂（HIn）为例来说明。指示剂的酸式 HIn 和碱式 In^- 在溶液中有如下离解平衡：

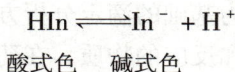

$$HIn \rightleftharpoons In^- + H^+$$

酸式色　碱式色

当达到平衡时：$K_{HIn} = \dfrac{[H^+][In^-]}{[HIn]}$

K_{HIn} 在一定温度下为常数，称为指示剂的离解平衡常数，也称指示剂常数。上式可改写为：

$$[H^+] = K_{HIn} \times \frac{[HIn]}{[In^-]} \tag{11-1}$$

两边取负对数得：

$$pH = pK_{HIn} + \lg \frac{[In^-]}{[HIn]} \tag{11-2}$$

当 $\dfrac{[In^-]}{HIn} \geqslant 10$ 时，$pH \geqslant pK_{HIn} + 1$，只能观察到碱式颜色。

当 $\dfrac{[In^-]}{HIn} \leqslant \dfrac{1}{10}$ 时，$pH \geqslant pK_{HIn} - 1$，只能观察到酸式颜色。

当 $[In^-] = [HIn]$ 时，$pH = pK_{HIn}$，溶液呈中间色，即碱式颜色和酸式颜色的混合色。

式 11-2 中，K_{HIn} 是常数，当 $[H^+]$ 发生改变时，$[In^-]$ 和 $[HIn]$ 的比也随之改变，溶液颜色也随之改变。当溶液 pH 由 $pK_{HIn} - 1$ 变化到 $pK_{HIn} + 1$ 时，就可明显看到指示剂由酸式色变为碱式色。指示剂颜色发生改变的 pH 范围称为指示剂变色范围。pH =

$pK_{HIn} \pm 1$ 称为指示剂的理论变色范围，pK_{HIn} 称为指示剂的理论变色点。

由于人眼对各种颜色的敏感程度不同，加上两种颜色互相掩盖影响观察，因此，观察到的范围与上述理论变色范围并不完全一致。人眼实际观察到的指示剂变色范围称为指示剂的实际变色范围。例如，甲基橙的 $pK_{HIn} = 3.4$，理论变色范围应是 $pK_{HIn} \pm 1 =$ 2.4～4.4，而实际测得变色范围是 3.1～4.4，产生这种差别的原因是由于人眼对甲基橙的酸式色（红色）较之对碱式色（黄色）更为敏感，所以甲基橙的实际变色范围比理论变色范围稍窄一些。

可见，酸碱指示剂的变色范围并不是恰好在 pH = 7 左右，而是随着指示剂 pK_{HIn} 不同而异。不同酸碱指示剂变色范围的幅度各不相同，通常不大于两个 pH 单位，也不小于一个 pH 单位。指示剂变色范围越窄越好，因为 pH 稍有改变就可观察到溶液颜色的改变，有利于提高测定结果的准确度。常用酸碱指示剂的变色范围列于表 11 – 1。

表 11 –1　几种常用酸碱指示剂的变色范围

指示剂	变色范围 pH	颜色变化	配制方法
百里酚蓝（麝香草酚蓝）（第一变色范围）	1.2～2.8	红～黄	0.1g 指示剂溶于 100mL 20% 乙醇中
对 – 二甲氨基偶氮苯（二甲基黄）	2.9～4.0	红～黄	0.10g 指示剂溶于 200mL 乙醇中
甲基橙	3.1～4.4	红～黄	0.10g 指示剂溶于 100mL 水中
溴酚蓝	3.0～4.6	黄～蓝	0.1g 指示剂溶于 100mL 20% 乙醇中或其钠盐水溶液
溴甲酚绿	3.8～5.4	黄～蓝	0.1g 指示剂溶于 100mL 20% 乙醇中或其钠盐水溶液
甲基红	4.4～6.2	红～黄	0.1g 或 0.2g 指示剂溶于 100mL 60% 乙醇中或其钠盐水溶液
溴百里酚蓝	6.0～7.6	黄～蓝	0.05g 指示剂溶于 100mL 20% 乙醇中或其钠盐水溶液
中性红	6.8～8.0	红～亮黄	0.1g 指示剂溶于 100mL 60% 乙醇中
苯酚红	6.8～8.2	黄～红	0.1g 指示剂溶于 100mL 60% 乙醇中或其钠盐水溶液
酚酞	8.0～10.0	无～红	0.5g 指示剂溶于 100mL 90% 乙醇中
百里酚蓝（麝香草酚蓝）（第二变色范围）	8.0～9.0	黄～蓝	参看第一变色范围
百里酚酞	9.4～10.6	无色～蓝	0.1g 指示剂溶于 100mL 90% 乙醇中

二、影响指示剂变色范围的因素

影响指示剂变色范围的因素主要有下列几个方面。

1. 温度　酸碱指示剂的变色范围的决定因素是指示剂的 K_{HIn}，而 K_{HIn} 是随温度变化而变化的。例如甲基橙的变色范围，18℃ 时是 pH = 3.1～4.4；100℃ 时则 pH = 2.5～3.7。

2. 溶剂　指示剂在不同溶剂中其 K_{HIn} 不同，因此，指示剂在不同溶剂中具有不同变色范围。例如，甲基橙在水溶液中 $pK_{HIn} = 3.4$，在甲醇溶液中 $pK_{HIn} = 3.8$。

3. 指示剂的用量　若指示剂用量过多（或浓度过高），指示剂就会多消耗一些滴定剂从而带来误差。指示剂的用量对单色指示剂的变色范围影响也较大。如在 50mL 溶液中加入 2~3 滴 0.1% 酚酞，在 pH = 9.0 时出现微红色；若加入 10~15 滴酚酞，则在 pH = 8.0 时就会出现微红色。因此，在滴定中应避免加入过多的指示剂。

4. 滴定程序 滴定程序宜于由浅色到深色，利于观察颜色的变化。例如酚酞由无色（酸式色）变为红色（碱式色）颜色变化敏锐；甲基橙由黄色变为红色比由红色变为黄色易于辨别。因此，用强酸滴定强碱时应选用甲基橙（或甲基红）作指示剂，而强碱滴定强酸时则常选用酚酞作指示剂。

5. 混合指示剂 单一指示剂的变色范围一般都较宽。然而在酸碱滴定中有时需要将滴定终点限制在很窄的 pH 范围，这时，可采用混合指示剂。混合指示剂具有变色范围窄，变色明显等优点。

第二节　酸碱滴定的类型与指示剂的选择

在酸碱滴定中，滴定剂通常是强酸、强碱（如 HCl、H_2SO_4、NaOH 等）溶液，被滴定的物质一般是碱、酸或能间接与酸碱发生反应的物质。由于不同类型的酸、碱在滴定过程中 pH 变化规律不相同，因此，本节将分别对它们进行讨论。

一、一元强酸（强碱）的滴定

这种类型是滴定强酸，或滴定强碱。现以 0.1000mol/L 的 NaOH 溶液滴定 20.00mL 0.1000mol/L HCl 溶液为例说明之。为了便于研究滴定过程中 H^+ 浓度的变化规律，将整个滴定过程分为滴定前、化学计量点前、化学计量点、化学计量点后 4 个阶段。

（一）滴定前

溶液中仅有 HCl 存在，溶液的 pH 取决于 HCl 的初始浓度：
$$[H^+] = 0.1000mol/L, \quad pH = 1.00$$

（二）滴定开始后至化学计量点前

随着 NaOH 不断滴入，部分 HCl 被中和，可根据剩余的 HCl 量计算 pH。

例如，当加入 18.00mL NaOH 溶液时，剩余的 HCl 为 2.00mL，溶液的 pH 为：
$$[H^+] = 5.26 \times 10^{-3} mol/L, \quad pH = 2.28$$

当加入 19.98mL NaOH 溶液时，剩余的 HCl 为 0.02mL，溶液 pH 为：
$$[H^+] = 5.0 \times 10^{-5} mol/L, \quad pH = 4.30$$

（三）化学计量点时

滴入 NaOH 溶液 20.00mL 时，NaOH 与 HCl 的物质的量相等，二者反应完全，溶液呈中性，pH = 7.00。

（四）化学计量点后

化学计量点后，再继续加入 NaOH 溶液，溶液中 NaOH 过量，此时溶液的 pH 取决于过量的 NaOH 浓度。

例如，加入 20.02mL NaOH 溶液时，NaOH 溶液过量 0.02mL，过量 NaOH 浓度为：

$$[OH^-] = 5.0 \times 10^{-5} \, mol/L$$

$$pH = 14 - pOH = 14.00 - 4.30 = 9.70$$

用类似方法可以计算出滴定过程中各点的 pH，数据列在表 11-2 中，以加入的 NaOH 滴定液的体积为横坐标，以相应溶液的 pH 为纵坐标绘制的曲线称为强碱滴定强酸的滴定曲线，见图 11-1。

表 11-2　用 0.1000mol/L 的 NaOH 滴定 20.00mL 的 0.1000mol/L 的 HCl

加入 NaOH 体积（mL）	剩余 HCl 体积（mL）	过量 NaOH 体积（mL）	pH
0.00	20.00		1.00
18.00	2.00		2.28
19.80	0.20		3.30
19.98	0.02		4.30
20.00	0.00		7.00
20.02		0.02	9.70
20.04		0.04	10.00
20.20		0.20	10.70
22.00		2.00	11.70
40.00		20.00	12.50

从表 11-2 和图 11-1 可以看出，整个滴定过程 pH 变化是不均匀的。从滴定开始到加入 19.98mL NaOH 溶液，溶液 pH 变化缓慢，只改变了 3.3 个 pH 单位；在化学计量点附近，从 19.98mL 到 20.02mL，只加 1 滴 NaOH，pH 由 4.30 变化到 9.70，近 5.40 个 pH 单位。像这种 pH 的剧烈变化称为滴定突跃，滴定突跃所在的 pH 范围称为滴定突跃范围。此后，过量 NaOH 溶液所引起的 pH 的变化又越来越小，滴定曲线又趋平坦。

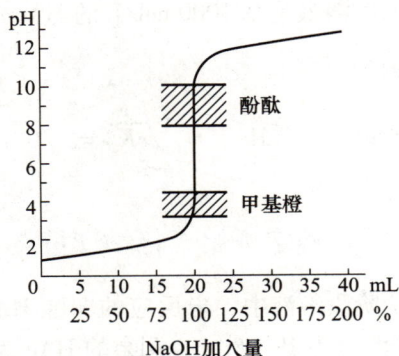

图 11-1　0.1000mol/L 的 NaOH 滴定 20.00mL 0.1000mol/L 的 HCl 的滴定曲线

根据滴定突跃范围，可选择适当的指示剂。最理想的指示剂应恰好在滴定反应的化学计量点变色，但实际上，凡是在突跃范围（pH = 4.3～9.7）内变色的指示剂都可以选用，如甲基橙、甲基红、酚酞都可以认为是合适的指示剂。

选择指示剂的基本原则：指示剂的变色范围应全部处于或部分处于滴定突跃范围之内。

以上讨论的是用 0.1000mol/L 的 NaOH 滴定 0.1000mol/L 的 HCl 溶液的情况。如果

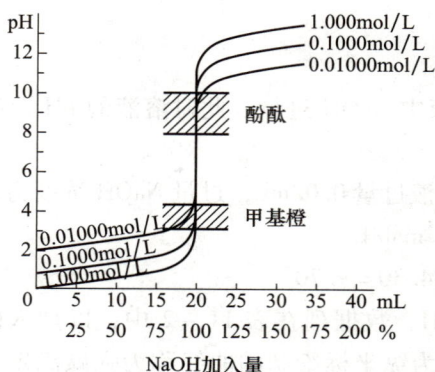

**图 11 - 2　不同浓度的 NaOH 滴定 20.00mL
的不同浓度的 HCl 溶液的滴定曲线**

改变溶液浓度，化学计量点时溶液的 pH 仍为 7，但化学计量点附近的滴定突跃大小却不相同，如图 11 - 2 所示。

从图 11 - 2 可以看出，酸碱溶液越浓，滴定曲线上化学计量点附近的滴定突跃越大，可供选择的指示剂就越多。酸碱溶液越稀，滴定曲线上化学计量点附近的滴定突跃越小，指示剂的选择越受限制。当用 0.0100mol/L 的 NaOH 滴定 0.0100mol/L 的 HCl 溶液时，用甲基橙指示剂就不合适了。

如果用强酸滴定强碱，情况与强碱滴定强酸类似，但滴定曲线恰与图 11 - 1 相对称，pH 变化方向相反。

二、一元弱酸（弱碱）的滴定

这种类型是用强碱滴定弱酸，或用强酸滴定弱碱。现用 0.1000mol/L 的 NaOH 溶液滴定 20.00mL 0.1000mol/L 的 HAc 溶液为例说明之。与强碱滴定强酸相类似，整个滴定过程也可分为滴定前、化学计量点前、化学计量点、化学计量点后 4 个阶段。已知 HAc 的 $pK_a = 4.74$，计算滴定过程的 pH。

（一）滴定开始前

这时溶液是 0.1000mol/L 的 HAc 溶液：

因为 $$cK_a > 25K_w, \quad \frac{c}{K_a} > 500$$

所以 $$[H^+] = \sqrt{cK_a} = \sqrt{0.1000 \times 1.8 \times 10^{-5}} = 10^{-2.87}(mol/L)$$

$$pH = 2.87$$

（二）滴定开始至化学计量点前

这阶段溶液中，未反应的弱酸 HAc 及反应产物 NaAc 组成缓冲体系。如果滴入的 NaOH 溶液为 19.98mL，剩余的 HAc 为 0.02mL，则溶液中剩余的 HAc 浓度为：

$$pH = pK_a + \lg \frac{[Ac^-]}{[HAc]}$$

$$pH = 4.74 + \lg \frac{19.98}{20.00 + 19.98} = 7.74$$

$$pH = 7.74$$

（三）化学计量点时

此时 HAc 全部被中和生成一元弱碱 Ac^-，是浓度为 0.05000mol/L 的 NaAc 溶液，

Ac$^-$的电离平衡常数 $K_b = 5.6 \times 10^{-10}$。

因为 $$cK_b > 25K_w, \quad \frac{c}{K_b} > 500$$

所以 $$[OH^-] = \sqrt{cK_b} = 5.3 \times 10^{-6} \text{ (mol/L)}$$
$$pH = 14.00 - pOH = 14.00 - 5.28 = 8.72$$

（四）化学计量点之后

此阶段与强碱滴定强酸的情况完全相同，根据 NaOH 过量的程度计算溶液的 pH。例如，当加入 20.02mL NaOH 时，NaOH 过量 0.02mL，溶液的酸度决定于 NaOH，其计算公式与强碱滴强酸相同：

$$[OH^-] = \frac{20.02 - 20.00}{40.02} = 5.00 \times 10^{-5} \text{ (mol/L)}$$

故 $$pH = 14.00 - 4.30 = 9.70$$

用类似方法可以计算出滴定过程中各点的 pH，结果见表 11-3，作滴定曲线如图 11-3。

表 11-3　用 0.1000mol/L 的 NaOH 滴定 20.00mL 的 0.1000mol/L 的 HAc

加入 NaOH 体积（mL）	剩余 HAc 体积（mL）	过量 NaOH 体积（mL）	pH
0.00	20.00		2.87
18.00	2.00		5.70
19.80	0.20		6.73
19.98	0.02		7.74
20.00	0.00		8.72
20.02		0.02	9.70
20.20		0.20	10.70
22.00		2.00	11.70
40.00		20.00	12.50

滴定前溶液的 pH = 2.87，比滴定同浓度 HCL 溶液的约高 2 个 pH 单位。滴定开始后 pH 升高较快，这是由于中和生成的 Ac$^-$ 产生同离子效应，使 HAc 更难离解，[H$^+$] 较快降低所致。继续滴入 NaOH，溶液中形成 HAc-NaAc 缓冲体系，pH 增加缓慢，这段曲线较为平坦。当滴定接近化学计量点时，剩余的 HAc 已很少，溶液缓冲能力逐渐减弱，于是随着 NaOH 滴入，溶液的 pH 又迅速升高，到达化学计量点时，在其附近出现了一个较为短小的滴定突跃，这个突跃的为 7.74 ~ 9.70，比同浓度强碱滴定强酸时小得多。化学计量点后溶液 pH 变

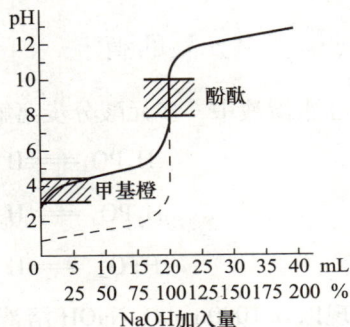

图 11-3　0.1000mol/L 的 NaOH 滴定 20.00mL 0.1000mol/L 的 HAc 溶液的滴定曲线

化规律与强碱滴定强酸相同。

这类型滴定的突跃范围是在碱性范围内，因此，在酸性范围变色的指示剂，如甲基橙、甲基红等都不能作为强碱滴定弱酸的指示剂。可选用酚酞、百里酚蓝等变色范围处于突跃范围内的指示剂作为这一滴定类型的指示剂。

这一滴定类型的突跃范围与弱酸的强度和浓度有关。图 11 – 4 中标出了浓度为 0.1000mol/L 的 NaOH 溶液滴定 0.1000mol/L 不同强度弱酸的滴定曲线，从图 11 – 4 中可见，当酸的浓度一定时，K_a 越小，滴定突跃范围也越小，当 $K_a = 10^{-9}$（例如 H_3BO_3）时，已无明显突跃，这种情况下已无法选用一般的酸碱指示剂来确定滴定终点。

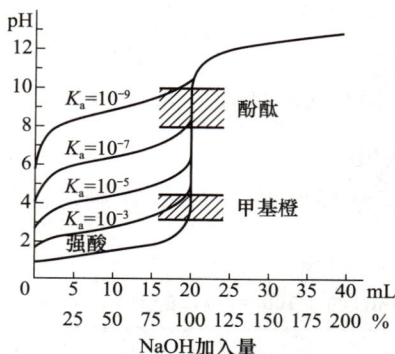

图 11 – 4 0.1000mol/L 的 NaOH 溶液滴定 0.1000mol/L 不同强度弱酸的滴定曲线

滴定弱碱的情况与滴定弱酸非常相似，不同的是溶液的 pH 由大到小，所以，滴定曲线的形状刚好与强碱滴定弱酸相反，而且化学计量点时溶液显酸性。例如，以 HCl 溶液滴定 NH_3 溶液，由于生成了大量的 NH_4^+ 在水溶液中按酸式离解，产生一定的 H^+，使溶液显酸性。故滴定时应选用在微酸性范围内变色的指示剂。

根据上述讨论，不同类型的酸碱滴定及指示剂选择小结如下：

1. 酸碱滴定中，滴定到达化学计量点时溶液的 pH 由所生成产物的酸碱性所决定。

2. 在化学计量点附近 pH 突跃，突跃范围的大小与滴定的酸（碱）强度及溶液的浓度有关。酸（碱）越强，突跃范围越大；酸（碱）溶液浓度越大，突跃范围越大；只有当酸（碱）的 $K \cdot c \geq 10^{-8}$ 时，才能直接进行滴定。

3. 选择指示剂的原则是：指示剂的变色范围应全部或部分处于滴定突跃范围内。

三、多元酸（碱）的滴定

（一）多元酸的滴定

在水溶液中，多元酸分步离解。例如，H_3PO_4 为三元酸，分三步电离如下：

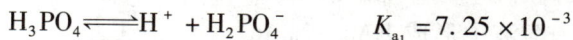

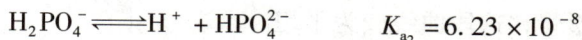

$$H_3PO_4 \rightleftharpoons H^+ + H_2PO_4^- \qquad K_{a_1} = 7.25 \times 10^{-3}$$
$$H_2PO_4^- \rightleftharpoons H^+ + HPO_4^{2-} \qquad K_{a_2} = 6.23 \times 10^{-8}$$
$$HPO_4^{2-} \rightleftharpoons H^+ + PO_4^{3-} \qquad K_{a_3} = 4.40 \times 10^{-13}$$

现以 0.1000mol/L NaOH 溶液滴定 0.1000mol/L H_3PO_4 为例来讨论多元酸的滴定。

$$H_3PO_4 + NaOH \rightleftharpoons NaH_2PO_4 + H_2O$$
$$NaH_2PO_4 + NaOH \rightleftharpoons Na_2HPO_4 + H_2O$$
$$Na_2HPO_4 + NaOH \rightleftharpoons Na_3PO_4 + H_2O$$

在滴定过程中，理论上存在三个计量点，但实际情况并非如此。用强碱滴定多元酸时，各计量点附近有无明显突跃和相邻的 pH 突跃能否分开的条件是：

1. 当 $K_a \cdot c \geq 10^{-8}$ 时，这一计量点附近有滴定突跃。

2. 当 $\dfrac{K_{a_1}}{K_{a_2}} \geq 10^4$ 时，相邻两个计量点附近的滴定突跃能彼此分开。

例如，草酸的 $K_{a_1} = 6.50 \times 10^{-2}$，$K_{a_2} = 6.7 \times 10^{-5}$，根据 $K_a \cdot c > 10^{-8}$ 可知，两个计量点附近都有明显的 pH 突跃。但 $\dfrac{K_{a_1}}{K_{a_2}} < 10^4$，当用 NaOH 滴定时，两个 pH 突跃分不开，不能分别滴定两步离解出的 H^+，草酸只能作为二元酸被滴定。

在滴定 H_3PO_4 时，因为 H_3PO_4 的 $K_{a_1} \cdot c > 10^{-8}$，$K_{a_2} \cdot c \approx 10^{-8}$，说明在第一、二计量点附近的 pH 突跃较明显。第三计量点附近的 pH 突跃不明显，不能直接滴定。又因为 $\dfrac{K_{a_2}}{K_{a_3}} > 10^4$，说明第一、二计量点附近的两个 pH 突跃能彼此分开，第三步离解的 H^+ 也不影响第二步解离的 H^+ 的滴定。因此，能用 NaOH 溶液分步滴定 H_3PO_4 第一、二步离解的 H^+。

由于多元酸碱滴定曲线的计算比较复杂，因此，通常只计算出各计量点的 pH，然后据此来选择适宜的指示剂指示终点。

在用 0.1000mol/L NaOH 标准溶液滴定 0.1000mol/L H_3PO_4 溶液中，滴定至第一、二计量点的产物是两性物质，可以采用最简式计算 $[H^+]$。

第一计量点，滴定产物为 NaH_2PO_4，溶液的 pH 应有两性物质 $H_2PO_4^-$ 决定。

$$[H^+] = \sqrt{K_{a_1} \cdot K_{a_2}}$$

$$pH = \frac{1}{2}(pK_{a_1} + pK_{a_2}) = 4.66$$

可选用甲基橙、甲基红等作指示剂。

第二计量点，滴定产物为 Na_2HPO_4，溶液的 pH 应由两性物质 HPO_4^{2-} 决定。

$$[H^+] = \sqrt{K_{a_2} \cdot K_{a_3}}$$

$$pH = \frac{1}{2}(pK_{a_1} + pK_{a_2}) = 9.78$$

可选用酚酞、百里酚酞等作指示剂。由于计量点附近 pH 突跃较小，终点指示剂变色不明显，滴定误差较大，如果选用相应的混合指示剂，则终点变色较单一指示剂敏锐。

（二）多元碱的滴定

与多元酸一样，多元碱在水溶液中也分步离解。例如 Na_2CO_3，分两步离解：

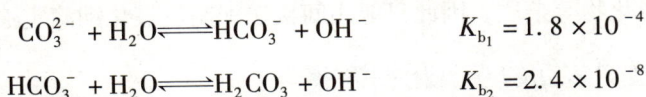

$$CO_3^{2-} + H_2O \Longrightarrow HCO_3^- + OH^- \qquad K_{b_1} = 1.8 \times 10^{-4}$$

$$HCO_3^- + H_2O \Longrightarrow H_2CO_3 + OH^- \qquad K_{b_2} = 2.4 \times 10^{-8}$$

当用 HCl 溶液滴定 Na_2CO_3 溶液时，滴定反应也分两步进行：

$$CO_3^{2-} + H^+ \rightleftharpoons HCO_3^-$$

$$HCO_3^- + H^+ \rightleftharpoons H_2CO_3$$

理论上存在两个计量点。判断多元酸在化学计量点附近有无明显 pH 突跃和两个 pH 突跃彼此能否分开的条件，对多元碱同样适用。对 Na_2CO_3 的滴定，Na_2CO_3 的 $K_{b_1} \cdot c > 10^{-8}$，$K_{b_2} \cdot c \approx 10^{-8}$，说明在第一、二计量点附近的 pH 突跃较明显。又 $\dfrac{K_{b_1}}{K_{b_2}} \approx 10^4$，说明第一、二计量点附近的两个 pH 突跃能彼此分开，可以分别滴定 CO_3^{2-} 和 HCO_3^-。

第一计量点时，溶液的 pH 由生成的两性物质 HCO_3^- 决定：

$$[H^+] = \sqrt{K_{a_1} \cdot K_{a_2}}$$

$$pH = \frac{1}{2}(pK_{a_1} + pK_{a_2}) = 8.31$$

故可选用酚酞作指示剂。但由于 $\dfrac{K_{b_1}}{K_{b_2}} \approx 10^4$，这个化学计量点附近的滴定突跃较为短小，为了准确判断第一个终点，通常采用 $NaHCO_3$ 溶液作参比溶液或使用混合指示剂，这样可以得到较为准确的滴定结果。

第二化学计量点时，溶液的 pH 由生成的 H_2CO_3 的解离程度来决定。由于溶液中存在大量的 CO_2，使指示剂变色不够敏锐。滴定产物 H_2CO_3，其饱和溶液的浓度为 0.04mol/L，故溶液的 pH 为：

$$[H^+] = 1.3 \times 10^{-4}mol/L$$

$$pH = 3.89$$

此时可选用甲基橙做指示剂，但由于这时容易形成 CO_2 的过饱和溶液，滴定过程中生成的 H_2CO_3 只能缓慢地转变成 CO_2，使溶液酸度稍稍增大，终点较早出现，因此在滴定终点附近时，应剧烈摇动溶液或加热煮沸，以促进 H_2CO_3 分解成 CO_2 逸出，冷却后再滴定。

第三节　酸碱滴定液的配制

在酸碱滴定法中，常用的滴定液是强酸和强碱，其中使用最多的是氢氧化钠和盐酸，其浓度通常在 1mol/L 到 0.01mol/L 之间，最常用的浓度为 0.1mol/L，下面就分别介绍氢氧化钠和盐酸滴定液的配制方法。

一、氢氧化钠滴定液的配制

由于 NaOH 易吸潮，且易吸收空气中的 CO_2 形成 Na_2CO_3，另外，NaOH 中还含有硫酸盐、硅酸盐、氯化物等杂质，因此只能用间接法配制氢氧化钠滴定液。

（一）配制近似浓度的氢氧化钠溶液

取氢氧化钠适量，加水振摇使溶解成饱和溶液，冷却后，置聚乙烯塑料瓶中，静置数日，澄清后备用。若要配制 0.1mol/L 氢氧化钠滴定液，取澄清的氢氧化钠饱和溶液 5.6mL，加新沸过的冷蒸馏水使之成为 1000mL，混合均匀，待标定。

（二）标定氢氧化钠溶液的准确浓度

标定氢氧化钠滴定液的基准物质有邻苯二甲酸氢钾、草酸等。最常使用的是邻苯二甲酸氢钾。它可用重结晶的方法制得纯品，具有不含结晶水、不易吸潮、容易保存、化学式量大等优点，使用前应在 105℃~110℃ 下干燥（约 1 小时）至恒重，稍冷后置于干燥器冷却备用。

取在 105℃ 干燥至恒重的基准邻苯二甲酸氢钾约 0.6g，精密称定，加新沸过的冷蒸馏水 50mL，振摇，使其尽量溶解；加酚酞指示剂 2 滴，用待标定的氢氧化钠溶液滴定；在接近终点时，应使邻苯二甲酸氢钾完全溶解，小心滴定至溶液显粉红色即为滴定终点。根据氢氧化钠溶液的消耗量与邻苯二甲酸氢钾的取用量，计算氢氧化钠溶液的准确浓度。

滴定反应为：

$$NaOH + KHP =\!\!=\!\!= KNaP + H_2O$$

氢氧化钠溶液浓度的计算公式为：

$$c_{NaOH} = \frac{m_{KHP}}{V_{NaOH}M_{KHP}} \times 1000$$

邻苯二甲酸氢钾的摩尔质量 $M_{KHP} = 204.22g/mol$。

二、盐酸滴定液的配制

由于浓 HCl 易挥发，因此只能用间接法配制 HCl 滴定液。先用浓 HCl 配制成近似所需浓度的溶液，然后用基准物或其他碱滴定液标定其准确浓度。

（一）配制近似浓度的盐酸溶液

市售浓盐酸的溶质质量分数为 36.5%，密度为 1.18g/mL。若要配制 0.1mol/L 的 HCl 滴定液，取盐酸 9.0mL，加水适量使成 1000mL，混合摇匀，待标定。

（二）标定盐酸溶液的准确浓度

标定盐酸滴定液的基准物质有无水碳酸钠（Na_2CO_3）、硼砂（$Na_2B_4O_7 \cdot 10H_2O$）等。无水碳酸钠价格低廉，最为常用，但容易吸收空气中水分，因此，使用前应将其在 270℃~300℃ 加热（约 1 小时）至恒重，稍冷后置于干燥器冷却备用。

如前面多元碱的滴定所述，无水碳酸钠与盐酸反应达到第二计量点时，可采用甲基橙或甲基红作指示剂。具体操作如下：

取在 270℃~300℃ 干燥至恒重的基准无水碳酸钠 0.15g，精密称定，加 50mL 使溶解，加甲基红指示液 2 滴，用待标定的盐酸溶液滴定至溶液由红色变为橙色时，煮沸 2 分钟，冷却至室温，继续滴定至溶液由橙色变红色即为滴定终点。根据盐酸溶液的消耗量与无水碳酸钠的取用量，计算盐酸溶液的准确浓度。

滴定反应为：

$$2HCl + Na_2CO_3 = NaOH + H_2O + CO_2$$

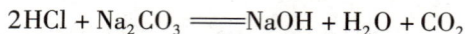

盐酸溶液浓度的计算公式为：

$$c_{HCl} = \frac{2 \times m_{Na_2CO_3}}{V_{HCl}M_{Na_2CO_3}} \times 1000$$

无水碳酸钠的摩尔质量 $M_{Na_2CO_3} = 105.99g/mol$。

第四节 酸碱滴定法的应用

酸碱滴定法是最基本的滴定分析方法之一，其应用范围非常广泛，常用于测定酸、碱以及可以直接或间接与酸碱反应的物质，例如，许多药物的原料、中间产品及成品的测定，都采用了酸碱滴定法。

一、直接滴定法

（一）山楂中枸橼酸的含量测定

山楂是蔷薇科植物山里红或山楂的干燥成熟果实，具有很高的营养价值和药疗价值，其主要成分为黄酮类及有机酸类化合物，通常以其中的枸橼酸（也称柠檬酸）含量作为山楂的质量指标之一。枸橼酸是三元有机酸（见附录七），各级电离常数 K_a 相差不大，均大于 10^{-7}，可以用氢氧化钠滴定液直接测定之。

操作步骤：取山楂细粉约1g，精密称定，精密加入蒸馏水100mL，室温下浸泡4小时，时时振摇，滤过。精密量取续滤液25mL，加蒸馏水50mL，加酚酞指示剂2滴，用氢氧化钠滴定液滴定至溶液呈浅红色为终点。用下列公式计算山楂细粉中枸橼酸的含量：

$$枸橼酸\% = \frac{T_{T/A}V}{m_S \times \frac{25.00}{100.0}} \times 100\%$$

式中，$T_{T/A}$——氢氧化钠滴定液对枸橼酸的滴定度；

V——氢氧化钠滴定液消耗的体积；

m_S——山楂试样的取样量。

（二）药用氢氧化钠的含量测定

如前面所述，NaOH易吸收空气中的 CO_2 形成 Na_2CO_3，导致药用氢氧化钠的纯度降低。用盐酸滴定液可以同时测定 NaOH 和 Na_2CO_3 的含量，由于滴定 Na_2CO_3 时有两个计量点，可采用双指示剂滴定法分别测定 NaOH 和 Na_2CO_3 的含量。

在滴定过程中，滴定至酚酞指示剂的红色退去为第一计量点，设消耗盐酸滴定液为

$V_1 mL$。此时，Na_2CO_3 全部转变成为 $NaHCO_3$，$NaOH$ 全部被滴定完全，滴定反应：

$$Na_2CO_3 + HCl \Longrightarrow NaHCO_3 + H_2O$$

$$NaOH + HCl \Longrightarrow NaCl + H_2O$$

用盐酸滴定液继续滴定至甲基橙指示剂由黄色转变为橙红色时为第二计量点，设消耗盐酸滴定液为 $V_2 mL$。此时，$NaHCO_3$ 全部转变成为 H_2CO_3，滴定反应为：

$$NaHCO_3 + HCl \Longrightarrow NaCl + CO_3 + H_2O$$

不难看出，在整个滴定过程中，Na_2CO_3 被充分滴定，消耗的盐酸滴定液的体积为 $2V_2$，$NaOH$ 被充分滴定，消耗的盐酸滴定液的体积为 $V_1 - V_2$。根据盐酸滴定液的浓度和消耗的体积，计算 $NaOH$ 和 Na_2CO_3 的含量，公式如下：

$$NaOH\% = \frac{c_{HCl} \times (V_1 - V_2) \times M_{NaOH} \times 10^{-3}}{m_S} \times 100\%$$

$$Na_2CO_3\% = \frac{\frac{1}{2} \times c_{HCl} \times (2V_2) \times M_{Na_2CO_3} \times 10^{-3}}{m_S} \times 100\%$$

二、间接滴定法

有些物质具有酸性或碱性，但难溶于水，这时可加入准确且过量的酸（或碱）滴定液，待其作用完全后，再用另外一种滴定液回滴，如附子中乌头碱的测定等。另外一些物质的酸、碱性比较弱，不能用酸或碱滴定液直接滴定，但它们可以与酸或碱作用或通过一些反应产生一定量的酸或碱，或增强其酸性或碱性后即可测定其含量，例如硼酸的含量测定等。

（一）附子中总生物碱的含量测定

附子是毛茛科植物乌头的子根的加工品。附子中含有苯甲酰新乌头原碱、苯甲酰乌头原碱、苯甲酰次乌头原碱等生物碱，其总生物碱的含量可以用回滴法进行测定。

操作步骤：取药材附子的中粉约 10g，精密称定，置于具塞锥形瓶中，加乙醚：三氯甲烷（3∶1）混合溶液 50mL，加氨试液 4mL，密塞，摇匀，放置过夜，滤过，药渣加乙醚：三氯甲烷（3∶1）混合溶液 50mL，振摇 1 小时，滤过，药渣再用乙醚：三氯甲烷（3∶1）混合溶液洗涤 3~4 次，每次 15mL，滤过，洗液与滤液合并，低温蒸干。残渣加乙醇 5mL 使溶解，精密加入硫酸滴定液 15.00mL，加蒸馏水 15mL，振摇使之充分反应，再加甲基红指示剂 3 滴，用氢氧化钠滴定液滴定至溶液显黄色为终点。

可以看出，附子试样中的总生物碱（计算时常以乌头碱 $C_{34}H_{47}NO_{11}$ 计），经过混合有机溶剂提取出来之后，与硫酸滴定液发生了酸碱中和反应；氢氧化钠滴定液与剩余的硫酸滴定液发生了酸碱中和反应，可以根据附子试样的取用量、硫酸和氢氧化钠的浓度及计量关系，计算出附子中总生物碱的含量。

（二）硼酸的含量测定

硼酸是一种很弱的酸（$pK_a = 9.24$），不能用碱滴定液直接滴定。但是，硼酸可以与多元醇（如甘露醇、丙三醇）作用生成一种酸性较强的配合酸（$pK_a = 5.15$），从而可以用氢氧化钠滴定液滴定。

操作步骤：取硼酸试样适量，精密称定，加甘露醇与新沸过的冷蒸馏水，微温使之溶解，迅即放冷至室温，加酚酞指示剂 2 滴，用氢氧化钠滴定液滴定至溶液显粉红色。根据氢氧化钠滴定液的浓度和消耗的体积，计算硼砂试样中硼砂的含量。

同 步 训 练

一、单选题

1. 酸碱完全中和时（   ）

 A. 酸与碱的物质的量一定相等

 B. 酸所能提供的 H^+ 和碱所能提供的 OH^- 的物质的量相等

 C. 酸与碱的质量相等

 D. 溶液呈中性

2. 水溶液呈中性是指（   ）

 A. $pH = 7$ 　　　　　　　　　　　　B. $[H^+] > [OH^-]$

 C. $pH + pOH = 14$ 　　　　　　　　D. $pOH = 7$

3. 酸碱滴定突跃范围为 $7.0 \sim 9.0$，最适宜的指示剂为（   ）

 A. 甲基红（$4.4 \sim 6.4$） 　　　　　　B. 酚酞（$8.0 \sim 10.0$）

 C. 中性红（$6.8 \sim 8.0$） 　　　　　　D. 甲酚红（$7.2 \sim 8.8$）

4. 用盐酸滴定 NaOH 溶液时，甲基橙为指示剂，滴定到终点时，颜色的变化是（   ）

 A. 由黄色变为红色 　　　　　　　　B. 由黄色变为橙色

 C. 由橙色变为红色 　　　　　　　　D. 由红色变为橙色

5. 下列弱酸或弱碱能用酸碱滴定法直接准确滴定的是（   ）

 A. $0.1 mol/L$ 苯酚 　$K_a = 1.1 \times 10^{-10}$ 　　B. $0.1 mol/L$ H_3BO_3 　$K_a = 7.3 \times 10^{-10}$

 C. $0.1 mol/L$ 羟胺 　$K_b = 1.07 \times 10^{-8}$ 　　D. $0.1 mol/L$ HF 　$K_a = 3.5 \times 10^{-4}$

6. 滴定分析中，一般利用指示剂颜色的突变来判断化学计量点的到达。在指示剂变色时停止滴定的这一点称为（   ）

 A. 等电点 　　　　B. 滴定误差 　　　　C. 滴定 　　　　　　D. 滴定终点

7. 配制好的氢氧化钠应贮存于哪种材质的容器中（   ）

 A. 棕色橡皮塞玻璃瓶 　　　　　　　B. 棕色磨口塞玻璃瓶

 C. 白色橡皮塞玻璃瓶 　　　　　　　D. 白色磨口塞玻璃瓶

8. NaOH 标准溶液滴定 HCl 溶液时，可选用的指示剂是（   ）

 A. 甲基橙 　　　　B. 甲基红 　　　　C. 酚酞 　　　　　D. 以上三种均可

9. 标定 NaOH 标准溶液时，常用的基准物质是（   ）

A. 无水 Na_2CO_3　　B. 邻苯二甲酸氢钾　C. 硼砂　　　　　D. 草酸钠

10. 用 HCl 标准溶液滴定 $0.1mol/L NH_3 \cdot H_2O$ 时，突跃范围处于（　　）

A. 强碱区　　　　　B. 弱碱区　　　　　C. 弱酸区　　　　　D. 强酸区

二、填空题

1. 酸碱的强弱取决于＿＿＿＿＿＿＿＿。

2. 酸碱指示剂一般是＿＿＿＿、＿＿＿＿或酸碱两性物质。

3. 酸碱指示剂选择原则是＿＿＿＿＿＿＿＿。

4. 在 pH < 3.1 时甲基橙为＿＿＿色，在 pH > 10.0 时酚酞为＿＿＿色。

5. 最理想的指示剂应是恰好在＿＿＿时变色的指示剂。

6. 用强碱滴定一元弱酸时，使弱酸能被准确滴定的条件是＿＿＿。

7. 硼酸是＿＿＿元弱酸；因其酸性太弱，在定量分析中将其与＿＿＿反应，生成配合酸的酸性较强，可用氢氧化钠滴定液进行测定。

8. 对于 HCl 滴定液，通常采用＿＿＿配制，原因是＿＿＿，标定 HCl 标准溶液常用的基准物质是＿＿＿或＿＿＿。

9. 对于 NaOH 滴定液，通常采用＿＿＿配制，原因是＿＿＿。

10. 用 HCl 滴定液滴定 Na_2CO_3，近终点时，需要煮沸溶液，目的是＿＿＿。

三、简答题

1. 试述酸碱指示剂的变色原理、变色范围及选择指示剂的原则。

2. 影响指示剂的变色范围有哪些?

3. 影响滴定突跃范围的因素有哪些?

四、计算题

1. 精密称取基准物质邻苯二甲酸氢钾（$KHC_8H_4O_4$ 化学式量 204.2）0.5225g，标定 NaOH 溶液，终点时用 NaOH 22.50mL，求 NaOH 溶液的浓度。

2. 有一含 Na_2CO_3 的 NaOH 药品 1.179g，用 0.3000mol/L 的 HCl 滴定至酚酞终点，耗去 48.16mL，继续滴定至甲基橙终点，又耗去酸 24.08mL，试计算 Na_2CO_3 及 NaOH 的百分含量。

3. 已知 $T_{HCl} = 0.003650g/mL$，试计算 HCl 滴定液的物质的量浓度。

第十二章　沉淀滴定法

学习要点

1. 基本概念：沉淀滴定法；银量法；莫尔法；佛尔哈德法；法扬司法。
2. 基本知识：沉淀滴定反应的条件。
3. 基本理论：沉淀滴定法测定溶液中卤离子或银离子的基本原理。
4. 基本方法：沉淀滴定法。
5. 基本技能：沉淀滴定的操作及终点的正确判定。

沉淀滴定法是以沉淀反应为基础的滴定分析方法。能形成沉淀的反应很多，但能够用于滴定分析的沉淀反应并不多。用于滴定分析的沉淀反应必须具备下列条件。

1. 沉淀反应要按照一定的化学反应式定量反应完全；
2. 沉淀反应要迅速，且沉淀的溶解度要小；
3. 要有合适的指示剂确定滴定终点；
4. 沉淀的吸附作用不能影响滴定结果和终点的确定。

由于上述条件的限制，目前比较常用的是利用生成难溶性银盐的反应进行滴定分析。

$$Ag^+ + Cl^- \longrightarrow AgCl \downarrow$$

$$Ag^+ + SCN^- \longrightarrow AgSCN \downarrow$$

以这类生成难溶性银盐的反应为基础的沉淀滴定法称为银量法。该法可用于测定溶液中 Cl^-、Br^-、I^-、SCN^- 及 Ag^+ 等离子的含量，也可以测定经有机物无机化后能产生这些离子的有机化合物。

沉淀滴定法的生成物为固体，到终点时体系为非均相，由于沉淀的吸附和生成混晶等影响，常会引起终点较大误差。因此，为使实际滴定结果更加理想，需要选择最佳指示终点的方法。

根据滴定终点所用指示剂的不同，银量法可分为莫尔法、佛尔哈德法及法扬司法。

第一节　莫　尔　法

一、莫尔法的概念

莫尔法也称铬酸钾指示剂法，该法是在中性或弱碱性条件下，以硝酸银为滴定液，以铬酸钾为指示剂，直接滴定氯离子或溴离子的滴定分析方法。

二、莫尔法的基本原理

以测定溶液中 Cl^- 含量为例，滴定时溶液中的 Cl^-、CrO_4^{2-} 均会与 Ag^+ 生成沉淀，但由于 AgCl 的溶解度小于 Ag_2CrO_4 的溶解度，所以根据分步沉淀的原理，溶液中先析出 AgCl 白色沉淀；当溶液中的 Cl^- 被定量沉淀完全后，继续滴加的稍过量的 Ag^+ 即与 CrO_4^{2-} 反应，生成 Ag_2CrO_4 砖红色沉淀而指示终点。

反应方程式式为：

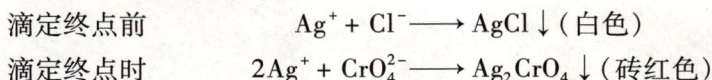

滴定终点前 $Ag^+ + Cl^- \longrightarrow AgCl\downarrow$（白色）

滴定终点时 $2Ag^+ + CrO_4^{2-} \longrightarrow Ag_2CrO_4\downarrow$（砖红色）

三、莫尔法的滴定条件

（一）指示剂的用量

指示剂 K_2CrO_4 的用量要合适，指示剂的用量若过多，AgCl 还未沉淀完全时，Ag^+ 即与 CrO_4^{2-} 达到溶度积，生成砖红色的 Ag_2CrO_4 沉淀，终点提前。反之，若用量太少，则终点延迟，都会影响滴定准确度。

仍以 Cl^- 含量的测定为例，为使终点尽可能接近化学计量点，指示剂 K_2CrO_4 的浓度计算如下：

根据溶度积原理，在化学计量点时：

$$[Ag^+][Cl^-] = K_{sp} = 1.56 \times 10^{-10}$$

$$[Ag^+] = \sqrt{K_{sp}} = \sqrt{1.56 \times 10^{-10}} = 1.25 \times 10^{-5}(mol/L)$$

如果此时恰好生成砖红色的 Ag_2CrO_4 沉淀，则必须满足：

$$[Ag^+]^2[CrO_4^{2-}] = K_{sp,Ag_2CrO_4} = 1.1 \times 10^{-12}$$

$$[CrO_4^{2-}] = \frac{K_{sp,Ag_2CrO_4}}{[Ag^+]^2} = 7.05 \times 10^{-3}(mol/L)$$

实际滴定中，由于 K_2CrO_4 溶液本身呈黄色，会妨碍对砖红色 Ag_2CrO_4 沉淀的观察，因此 K_2CrO_4 的浓度要低一些，一般以 $5 \times 10^{-3}mol/L$ 为宜。通常在反应液总体积为 50～100mL 的溶液中加入 5% 的 K_2CrO_4 指示剂 1～2mL。

（二）溶液的 pH

用 K_2CrO_4 指示剂指示终点，要求滴定反应在中性和弱碱性溶液中，即 pH 范围在 6.5～10.5 之间进行。

如果溶液酸性太强，则溶液中 CrO_4^{2-} 与 H^+ 反应，生成 $Cr_2O_7^{2-}$，使 CrO_4^{2-} 的浓度降低，在化学计量点时不能形成 Ag_2CrO_4 沉淀，终点延迟。可考虑先用 $NaHCO_3$、$CaCO_3$ 或硼砂中和后再滴定。

如果溶液碱性太强，则 Ag^+ 与 OH^- 形成 AgOH，继而产生 Ag_2O 沉淀，该沉淀为黑色，影响终点观察。溶液碱性太强时，可用稀 HNO_3 中和，再进行滴定。

如果溶液中有铵盐存在，则溶液 pH 需控制在 6.5 ~ 7.2 为宜，因为在碱性溶液中，AgCl 和 Ag_2CrO_4 可与氨形成 $[Ag(NH_3)_2]^+$ 而溶解度增大，滴定的准确度降低。

（三）滴定时应剧烈振摇

由于沉淀的吸附性较强，所以滴定过程中要剧烈振摇锥形瓶，使被 AgCl 或 AgBr 沉淀吸附的 Cl^- 或 Br^- 及时释放出来，防止终点提前。

（四）干扰离子

溶液中混有某些离子时，①能与 Ag^+ 生成沉淀的阴离子，如 PO_4^{3-}、CO_3^{2-} 和 S^{2-} 等；②能与 CrO_4^{2-} 生成沉淀的阳离子，如 Ba^{2+}、Pb^{2+} 等；③影响溶液颜色的金属离子，如 Cu^{2+}、Co^{2+}、Ni^{2+} 等；④在中性或弱碱性溶液中易发生水解的离子，如 Al^{3+}、Fe^{3+} 等，均干扰测定，应预先分离。

四、硝酸银滴定液的配制

银量法中常用的滴定液为 $AgNO_3$ 溶液，可以采用直接法和间接法两种方法配制。

（一）直接法

直接法即可以直接用干燥的基准硝酸银配成滴定液。首先准确称取适量的基准硝酸银 m_{AgNO_3} （g），再用少量蒸馏水溶解，用容量瓶定容 V_{AgNO_3} （mL），计算其准确浓度，计算公式如下：

$$c_{AgNO_3} = \frac{m_{AgNO_3}}{V_{AgNO_3} M_{AgNO_3}} \times 1000$$

（二）间接法

如果没有基准硝酸银，或储存时间过久，就应该采用间接法配制硝酸银滴定液。首先用分析纯硝酸银先配成近似浓度的溶液，再用基准 NaCl 进行标定。例如，配制 0.1mol/L $AgNO_3$ 滴定液，先称取硝酸银 18g，加蒸馏水溶解，稀释至 1000mL，再用基准 NaCl 进行标定。

精密称取 110℃ 干燥至恒重的基准氯化钠约 0.12g，置于 250mL 锥形瓶中，加蒸馏水约 25mL 溶解，再加 5% 的铬酸钾指示剂 1mL，在不断振摇下用待标定的 $AgNO_3$ 溶液滴定至出现砖红色为终点。做空白试验，按下式计算 $AgNO_3$ 溶液的准确浓度：

$$c_{AgNO_3} = \frac{m_{NaCl}}{(V - V_{空})_{AgNO_3} M_{NaCl}} \times 1000$$

硝酸银滴定液见光易分解，故应在棕色试剂瓶中避光保存，并且存放一段时间后，应重新标定。

第二节　佛尔哈德法

一、佛尔哈德法的概念

佛尔哈德法也称铁铵矾指示剂法，该法是以铁铵矾为指示剂，以硫氰酸铵或硝酸银为滴定液，测定银离子或卤离子的银量法。按照滴定方式的不同，可分为直接滴定法和返滴定法。

二、佛尔哈德法的基本原理

（一）直接滴定法

在酸性条件下，以铁铵矾（$[NH_4Fe(SO_4)_2 \cdot 12H_2O]$）做指示剂，用 NH_4SCN 或 $KSCN$ 滴定液直接滴定溶液中的 Ag^+。滴定过程中首先生成白色 $AgSCN$ 沉淀，当滴定到达化学计量点附近时，Ag^+ 浓度很低，滴入少量的 SCN^- 即与铁铵矾中的 Fe^{3+} 反应生成红色 $[FeSCN]^{2+}$ 络合物，指示终点到达。

反应式如下：

滴定终点前　　　　　　$Ag^+ + SCN^- \longrightarrow AgSCN \downarrow （白）$

滴定终点时　　　　　　$Fe^{3+} + SCN^- \longrightarrow [Fe(SCN)]^{2+}（红色）$

（二）返滴定法

在酸性条件下，先向卤化物中加入定量并过量的 $AgNO_3$ 滴定液，使其全部沉淀后，以铁铵矾做指示剂，用 NH_4SCN 滴定液滴定前一步反应中剩余的 $AgNO_3$。用 $AgNO_3$ 的总量减去与 NH_4SCN 反应消耗的 $AgNO_3$ 的量，即为与卤化物反应 $AgNO_3$ 的量，该法可用于测定卤素离子。以测定 Br^- 含量为例，其反应式如下：

滴定前　　　　　　　　$Ag^+ + Br^- \longrightarrow AgBr \downarrow （白色）$

滴定终点前　　　　　　$Ag^+ + SCN^- \longrightarrow AgSCN \downarrow （白色）$

滴定终点时　　　　　　$Fe^{3+} + SCN^- \longrightarrow [Fe(SCN)]^{2+}（红色）$

三、佛尔哈德法的滴定条件

（一）溶液的酸度

反应在 HNO_3（$0.1 \sim 1mol/L$）酸性溶液中进行滴定，可以防止指示剂 Fe^{3+} 的水解，同时，许多弱酸根离子如 PO_4^{3-}、CO_3^{2-} 及 S^{2-} 等在此酸性条件下也不干扰测定，因此本法选择性高。

（二）待测离子的差别

1. 在测定 I^- 时，应先加入过量的硝酸银滴定液，等 AgI 沉淀完全后再加入指示剂，如果先加入指示剂，则 I^- 将与 Fe^{3+} 发生氧化还原副反应，即：

$$2Fe^{3+} + 2I^- \longrightarrow 2Fe^{2+} + I_2$$

2. 在测定 Cl^- 时，化学计量点附近应避免用力振摇。因为 AgSCN 的溶解度小于 AgCl 的溶解度，若用力振摇，生成物中的 AgCl 沉淀会与 NH_4SCN 滴定液发生反应，生成 AgSCN 沉淀，即沉淀的转化，消耗过量的滴定液，使本应产生的 $[Fe(SCN)]^{2+}$ 的红色不能及时出现，导致终点延迟。

$$AgCl\downarrow + SCN^- \longrightarrow AgSCN\downarrow + Cl^-$$

为避免上述沉淀转化反应的发生，可采取下列措施：

（1）将已经生成的 AgCl 过滤除去，过滤后，用 NH_4SCN 滴定液滴定剩余的 $AgNO_3$。但该方法需要过滤、洗涤等，操作繁琐，误差较大。

（2）加入硝基苯等有机溶剂，剧烈振摇，使 AgCl 沉淀表面覆盖一层有机溶剂，与溶液隔开，阻止 NH_4SCN 与 AgCl 发生反应。该方法简单，但硝基苯有毒，操作时应加以注意。

3. 在测定 Br^- 或 I^- 时，由于 AgBr 和 AgI 的溶解度都小于 AgSCN，故不会发生沉淀转化反应。

四、硫氰酸铵滴定液的配制

硫氰酸铵（NH_4SCN）的纯度一般不易达到基准物质的要求，所以，其滴定液的配制常用间接法。

取硫氰酸铵 8.0g，加蒸馏水使溶解成 1000mL，摇匀备用。精密量取硝酸银滴定液（0.1mol/L）25mL，加蒸馏水 50mL、稀硝酸 2mL 与硫酸铁铵指示液 2mL，用待标定的硫氰酸铵溶液滴定至溶液显淡棕红色；经剧烈振摇后仍不退色，即为终点。计算待标定的硫氰酸铵溶液浓度的公式如下：

$$c_{NH_4SCN} = \frac{c_{AgNO_3} \times V_{AgNO_3}}{V}$$

硫氰酸钠滴定液（0.1mol/L）或硫氰酸钾滴定液（0.1mol/L）均可作为待标定硫氰酸铵溶液的代用品。

第三节　法扬司法

一、法扬司法的概念

法扬司法也称吸附指示剂法，该法是以硝酸银为滴定液，以吸附指示剂指示滴定终点的银量法。

二、法扬司法的基本原理

吸附指示剂是一类有色的有机染料，当被沉淀表面吸附后，其分子结构发生变化从而引起颜色变化，可以指示滴定终点。常见的吸附指示剂有酸性染料和碱性染料两类，酸性染料如荧光黄及其衍生物，它们是有机弱酸，能解离出指示剂阴离子；碱性染料如甲基紫等，它们是有机弱碱，能解离出指示剂阳离子。

例如，测定溶液中 Cl^- 时，用 $AgNO_3$ 做滴定液，用荧光黄（HFIn）做指示剂，荧光黄在溶液中存在下列解离平衡：

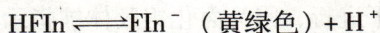

$$HFIn \rightleftharpoons FIn^- （黄绿色）+ H^+$$

在化学计量点前，AgCl 吸附溶液中过量 Cl^- 带负电荷，与其带相同电荷的指示剂 FIn^- 不被吸附，溶液呈现游离状态 FIn^- 的黄绿色。在化学计量点后，AgCl 吸附溶液中过量的 Ag^+ 带正电荷，带正电荷的胶团又吸附 FIn^-，溶液呈现 FIn^- 被吸附后结构发生变化的粉红色，指示滴定终点到达。

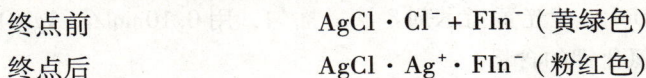

终点前 $\qquad\qquad\qquad AgCl \cdot Cl^- + FIn^-$（黄绿色）

终点后 $\qquad\qquad\qquad AgCl \cdot Ag^+ \cdot FIn^-$（粉红色）

三、法扬司法的滴定条件

（一）沉淀的比表面积

沉淀的比表面积尽可能大，因为颜色变化是由于吸附作用发生在沉淀的表面，因此沉淀的比表面积越大，终点颜色变化越明显。通常采用加入糊精、淀粉等试剂，阻止卤化银聚集，保持其胶体状态，均匀分散在整个体系中，增大比表面积。

（二）指示剂的选择

指示剂的选择主要应考虑胶体对其的吸附能力，一般来说，胶体对指示剂离子的吸附能力应略小于对被测离子的吸附能力。如果胶体对指示剂离子的吸附能力太强，则指示剂将在化学计量点前变色，终点提前；如果胶体对指示剂离子的吸附能力太弱，则指示剂到化学计量点时不能立即变色，终点延迟。

卤化银胶体对几种常见指示剂和卤离子的吸附能力次序为：$I^- >$ 二甲基二碘荧光黄 $> Br^- >$ 曙红 $> Cl^- >$ 荧光黄。因此测定 Cl^- 时，应选荧光黄；测定 Br^- 时，应选曙红；测定 I^- 时，应选二甲基二碘荧光黄。

（三）溶液的 pH 值

溶液的 pH 应适当，一般必须有利于指示剂显色离子的存在。常用的吸附指示剂的适用 pH 范围见表 12 − 1。

表 12 – 1　常用的吸附指示剂

指示剂名称	待测离子	滴定液	适用的 pH 范围	过程颜色	终点颜色
二甲基二碘荧光黄	I^-	Ag^+	中性	橙红色	蓝红色
曙红	Br^-、I^-、SCN^-	Ag^+	pH2 ~ 10	橙色	深红色
荧光黄	Cl^-	Ag^+	pH7 ~ 10	黄绿色	微红色
二氯荧光黄	Cl^-	Ag^+	pH4 ~ 10	黄绿色	红色

（四）避光操作

滴定应避免在强光照射下进行，因为卤化银胶体被指示剂吸附后见光易分解为黑色金属银，溶液很快变成黑色或灰色，影响终点的观察。

四、法扬司法的应用实例

例如，氯化钾的含量测定，精密称取氯化钾试样约 0.12g，置于锥形瓶中，加蒸馏水 50mL 溶解后，加糊精溶液 5mL，荧光黄指示剂 8 滴，摇匀，用 0.10mol/L $AgNO_3$ 滴定液滴定至终点，计算试样中氯化钾的含量。

$$KCl\% = \frac{(cV)_{AgNO_3} M_{KCl} \times 10^{-3}}{m_s} \times 100\%$$

同 步 训 练

一、单选题

1. 用铁铵矾指示剂法测定溶液中氯离子时，若不加硝基苯试剂，会发生 （　　）
   A. 无影响　　　　　B. 沉淀转移　　　　　C. 沉淀溶解　　　　　D. 终点提前

2. 莫尔法测定 Cl^- 时，要求介质 pH 为 6.5 ~ 10，若酸度过高，则 （　　）
   A. AgCl 沉淀不完全　　　　　　　　B. AgCl 吸附 Cl^- 的作用增强
   C. Ag_2CrO_4 的沉淀不易形成　　　　D. AgCl 沉淀易溶解

3. 沉淀滴定法中莫尔法的指示剂是 （　　）
   A. 硫酸铁铵　　　　B. 重铬酸钾　　　　C. 铬酸钾　　　　D. 过硫酸铵

4. 荧光黄是下列哪种沉淀滴定法中的指示剂 （　　）
   A. 莫尔法　　　　B. 佛尔哈德法　　　　C. 法扬司法　　　　D. 上述三种均可

5. 佛尔哈德法测定 I^- 时，指示剂应该 （　　）
   A. 滴定开始前加入　　　　　　　　B. 滴定过程中加入
   C. 沉淀 I^- 完全后　　　　　　　　D. 随时都可以

6. 佛尔哈德法返滴定测定氯离子时，为避免沉淀转化反应的发生，可采取 （　　）
   A. 加入硝基苯　　　　　　　　　　B. 加入硝酸钠
   C. 加入亚硝酸钠　　　　　　　　　D. 加入硫酸钠

7. 法扬司法选择指示剂时，胶体对指示剂离子的吸附能力与其对被测离子的吸附能力相比应（　　）

    A. 略小　　　　　　B. 远远小　　　　　　C. 略大　　　　　　D. 远远大

8. 间接法配制 $AgNO_3$ 滴定液时，标定其准确浓度的基准物质是（　　）

    A. 硫酸铁铵　　　　B. 溴化钾　　　　　　C. 铬酸钾　　　　　　D. 氯化钠

二、填空题

1. 铁铵钒指示剂法既可直接用于测定_____离子，又可间接用于测定各种_____离子。

2. 莫尔法测定 Cl^- 时，若溶液碱性太强，则 Ag^+ 与 OH^- 形成 AgOH，继而产生_____影响终点观察。

3. 法扬司法测定 Cl^- 时，通常在溶液中加入糊精、淀粉等试剂，其目的是保护_____，减少凝聚，增加_____。

4. 沉淀滴定法中佛尔哈德法的滴定液是_____和_____。

5. 佛尔哈德法测定的酸性条件是_____。

6. 莫尔法中指示剂的用量要合适，用量若过多，终点_____，反之，若用量太少，则终点_____。

三、简答题

1. 什么叫沉淀滴定法？沉淀滴定法所用的沉淀反应必须具备哪些条件？

2. 试述莫尔法、佛尔哈德法和法扬司法测定时选用的指示剂和酸度条件。

第十三章　配位滴定法

■ 学习要点

1. 基本概念：配位滴定法；EDTA；配合物的稳定常数与条件稳定常数；酸效应与酸效应系数；金属离子的配位效应和配位效应系数。

2. 基本理论：配位平衡；金属指示剂的作用原理。

3. 基本知识：EDTA 的结构和性质；EDTA 配位反应的特点；金属指示剂的变色原理、应具备的条件和常用金属指示剂；EDTA 滴定液、锌滴定液的配制与标定方法。

4. 基本技能：掌握 EDTA 滴定液的配制、标定和直接测定金属离子含量的操作技能和计算；学会锌滴定液的配制、标定和返滴定法测定铝盐的操作技能和计算。

配位滴定法是以配位反应为基础的滴定分析方法，也称络合滴定法。配位滴定法主要用于测定各种金属离子的含量以及含有金属离子的盐类的含量。

配位反应非常多，但能用于配位滴定的配位反应必须具备以下条件：

1. 配位反应必须完全，即生成的配合物具有足够的稳定性；

2. 反应必须按一定的化学反应式定量地进行；

3. 反应必须迅速，并有适当指示剂指示终点；

4. 反应生成的配合物要溶于水。

用于配位反应的配位剂有无机配位剂和有机配位剂两类。许多无机配位剂与金属离子形成的配合物不稳定，并且配位反应是逐级进行的，难以确定反应的计量关系，因此大多数无机配位剂不能用于滴定分析。

大多数有机配位剂与金属离子发生配位反应时能满足滴定分析的条件。因为有机配位剂常含有两个以上的配位原子，与金属离子配位时形成具有环状结构且稳定性高的螯合物，其稳定常数大，且大多数溶于水，配位比固定，反应完成度高，因此在配位滴定中得到广泛应用。目前应用最多的有机配位剂是氨羧配位剂，其中又以乙二胺四乙酸（简称 EDTA）应用最为广泛。以 EDTA 滴定液进行配位滴定的方法，称为 EDTA 滴定法。

第一节　EDTA 及其配合物

一、EDTA 的结构和性质

乙二胺四乙酸常缩写为 EDTA，其结构式如下：

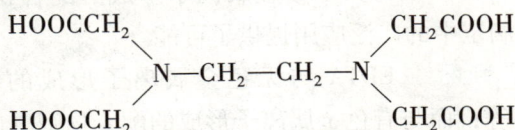

$$\begin{array}{ccc}
\text{HOOCCH}_2 & & \text{CH}_2\text{COOH} \\
& \text{N—CH}_2\text{—CH}_2\text{—N} & \\
\text{HOOCCH}_2 & & \text{CH}_2\text{COOH}
\end{array}$$

从结构式可知，EDTA 为四元有机弱酸。为书写方便，常用 H_4Y 表示其化学式。EDTA 为白色粉末状晶体，无臭、无毒，微溶于水，22℃时溶解度为 0.02g/100mL，水溶液呈酸性，pH 约为 2.3，难溶于酸和有机溶剂，易溶于碱。由于 EDTA 难溶于水，不适于用作配制滴定液，通常用其二钠盐配制。

EDTA 二钠盐（$Na_2H_2Y \cdot 2H_2O$）也简称为 EDTA，为白色粉末状晶体，无臭、无毒，较易溶于水，22℃时溶解度为 11.1g/100mL，饱和溶液的浓度约为 0.3mol/L，pH 约为 4.4。

二、EDTA 在水中的解离

乙二胺四乙酸在水溶液中，具有双偶极离子结构：

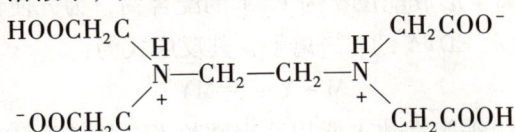

$$\begin{array}{ccc}
\text{HOOCH}_2\text{C} & \overset{H}{\underset{+}{N}}\text{—CH}_2\text{—CH}_2\overset{H}{\underset{+}{N}} & \text{CH}_2\text{COO}^- \\
{}^-\text{OOCH}_2\text{C} & & \text{CH}_2\text{COOH}
\end{array}$$

因此，在酸度较高的溶液中时，EDTA 的两个羧酸根可再接受两个 H 形成 H_6Y^{2+}，这样，它就相当于一个六元酸，有六级离解关系，可用下列简式表示：

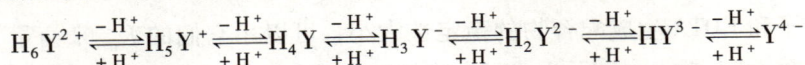

$$H_6Y^{2+} \underset{+H^+}{\overset{-H^+}{\rightleftharpoons}} H_5Y^+ \underset{+H^+}{\overset{-H^+}{\rightleftharpoons}} H_4Y \underset{+H^+}{\overset{-H^+}{\rightleftharpoons}} H_3Y^- \underset{+H^+}{\overset{-H^+}{\rightleftharpoons}} H_2Y^{2-} \underset{+H^+}{\overset{-H^+}{\rightleftharpoons}} HY^{3-} \underset{+H^+}{\overset{-H^+}{\rightleftharpoons}} Y^{4-}$$

在水溶液中，EDTA 同时以 H_6Y^{2+}、H_5Y^+、H_4Y、H_3Y^-、H_2Y^{2-}、HY^{3-}、Y^{4-} 七种形式存在。但 EDTA 的主要存在形式随着溶液 pH 的不同而不同，见表 13-1：

表 13-1　不同 pH 范围下 EDTA 的主要存在形式

pH 范围	<1	1~1.6	1.6~2.0	2.0~2.67	2.67~6.16	6.16~10.26	>10.26
主要存在形式	H_6Y^{2+}	H_5Y^+	H_4Y	H_3Y^-	H_2Y^{2-}	HY^{3-}	Y^{4-}

在 EDTA 的七种形式中，只有 Y^{4-} 才能与金属离子直接生成稳定的配合物，即称为 EDTA 的有效离子。从上表中可知，当溶液 pH > 10.26 时，EDTA 主要是以有效离子 Y^{4-} 存在，因此 EDTA 在碱性溶液中与金属离子的配位能力较强。

三、EDTA 与金属离子配位反应的特点

1. 配合物稳定　在 EDTA 的结构中，有 6 个可与金属离子形成配位的原子，因此，

EDTA 能与许多金属离子形成环状结构的螯合物，且这种螯合物的稳定性很高。

2. 计量关系简单 一般情况下，EDTA 与大多数金属离子反应的配位比都为 1:1，而与金属离子的价态无关。

3. 配位反应速度快 除了少数金属离子外，EDTA 与大多数金属离子的反应都能迅速完成。

4. 配合物多溶于水 EDTA 与大多数金属离子形成的配合物都带有电荷，水溶性好，这为 EDTA 在配位滴定中的广泛应用提供了可能。

5. 配合物的颜色易判断 EDTA 与无色金属离子形成的配合物仍为无色，如 ZnY^{2-}、CaY^{2-}、MgY^{2-} 等；而与有色金属离子形成的配合物则颜色加深，例如：

CuY^{2-}	NiY^{2-}	CoY^{2-}	MnY^{2-}	CrY^-	FeY^-
深蓝	蓝色	紫红	紫红	深紫	黄

第二节　配位滴定法的基本原理

一、配位平衡

（一）EDTA 配合物的稳定常数

EDTA 与多数金属离子形成配位比为 1:1 的配合物，为方便讨论，略去电荷，以 M 表示金属离子，以 Y 表示 EDTA 的 Y^{4-} 离子，其反应式为：

$$M + Y \Longrightarrow MY$$

当反应达到平衡后，平衡常数 K 常以稳定常数 $K_稳$ 来表示：

$$K_稳 = \frac{[MY]}{[M][Y]} \tag{13-1}$$

金属离子和 EDTA 生成配合物的稳定性大小，可以用它们的 $K_稳$ 来衡量，$K_稳$ 又称绝对稳定常数，$K_稳$ 越大，表示生成配合物的倾向越大，解离倾向越小，配合物就越稳定。EDTA 与部分金属离子的配合物的稳定性见表 13-2。

表 13-2　**EDTA 与部分金属离子配合物的 lg$K$（20℃）**

金属离子	lg$K_稳$	金属离子	lg$K_稳$	金属离子	lg$K_稳$
Na^+	1.66	Fe^{2+}	14.33	Ni^{2+}	18.56
Li^+	2.79	Ce^{3+}	15.98	Cu^{2+}	18.70
Ag^+	7.32	Al^{3+}	16.11	Hg^{2+}	21.80
Ba^{2+}	7.86	Co^{2+}	16.31	Sn^{2+}	22.11
Mg^{2+}	8.69	Pt^{3+}	16.40	Cr^{3+}	23.40
Be^{2+}	9.20	Cd^{2+}	16.49	Fe^{3+}	25.10
Ca^{2+}	10.69	Zn^{2+}	16.50	Bi^{3+}	27.94
Mn^{2+}	13.87	Pb^{2+}	18.30	Co^{3+}	36.00

由表 13 - 2 可见，大多数金属离子与 EDTA 形成稳定的配合物。在无外界因素影响时，可用 $K_稳$ 大小来判断配位反应完成的程度。但是在配位滴定中 M 和 Y 的反应常受到其他因素的影响。

（二）EDTA 配位反应的副反应和副反应系数

配位滴定中，被测金属离子 M 与滴定液 Y 生成 MY 的配位反应是主反应，但是，溶液中调节酸度加入的缓冲溶液，消除干扰离子加入的掩蔽剂及溶液中的 H^+、OH^- 和其他金属离子等，常会和 M、Y 及 MY 发生反应，称为副反应，从而影响主反应进行的程度。

副反应能够影响主反应进行的程度和配合物 MY 的稳定性。为了定量表示副反应对主反应的影响程度，引入副反应系数 α 的概念，下面着重讨论两种副反应。

1. 酸效应与酸效应系数　M 与 Y 进行配位反应时，溶液中的 H^+ 也会与 Y 结合，形成 Y 的各级型体。由于这一副反应的发生，使溶液中 Y 的平衡浓度下降，与 M 配位的程度减小。这种因 H^+ 引起的副反应称为酸效应。酸效应影响程度的大小用酸效应系数 $\alpha_{Y(H)}$ 衡量。

$$\alpha_{Y(H)} = \frac{[Y']}{[Y]} \qquad (13 - 2)$$

式中：$[Y]$——溶液中 EDTA 的有效离子 Y^{4-} 的平衡浓度；

　　　$[Y']$——未与 M 配位的 EDTA 各种型体的总浓度。

$$[Y'] = [Y] + [HY] + [H_2Y] + [H_3Y] + [H_4Y] + [H_5Y] + [H_6Y]$$

若 $\alpha_{Y(H)} > 1$，即 $[Y'] > [Y]$，说明有酸效应。$\alpha_{Y(H)}$ 越大，酸效应对主反应进行的影响程度也越大。若 $\alpha_{Y(H)} = 1$，即 $[Y'] = [Y]$，说明 EDTA 只以 Y 型体存在，没有酸效应。通常酸效应系数 $\alpha_{Y(H)}$ 随着溶液 pH 减小而增大。

2. 金属离子的配位效应和配位效应系数　如果溶液中有能与 M 配位的另一种配位剂 L 存在，M 与 Y 配位的同时也能与 L 配位，使溶液中 M 离子的平衡浓度下降，与 Y 配位的程度减弱。这种由于其他配位剂 L 引起的副反应称为金属离子的配位效应。配位效应影响程度的大小用配位效应系数 $\alpha_{M(L)}$ 衡量。

$$\alpha_{M(L)} = \frac{[M']}{[M]} \qquad (13 - 3)$$

式中：$[M]$——金属离子的平衡浓度；

　　　$[M']$——没有与 Y 配位的金属离子总浓度。

$\alpha_{M(L)}$ 越大，表明其他配位剂 L 对主反应的影响越大。当 $\alpha_{M(L)} = 1$ 时，$[M] = [M']$，即表示该金属离子不存在配位效应。

（三）配合物的条件稳定常数

金属离子与 EDTA 的反应，在没有副反应发生时，可以用稳定常数 $K_稳$ 来判断配位反应完成的程度。但在实际滴定条件下，考虑到副反应的影响，引入条件稳定常数 $K'_稳$ 来表示配位反应实际进行的程度。其表示为：

$$K'_稳 = \frac{[MY']}{[M'][Y']} \tag{13-4}$$

配合物 MY 的副反应将有利于主反应的进行，若只考虑 M 与 Y 的副反应，不考虑 MY 的副反应，将式 13-2、式 13-3 整理代入，则：

$$K'_稳 = \frac{[MY]}{[M'][Y']} = \frac{[MY]}{\alpha_{M(L)}[M]\alpha_{Y(H)}[Y]} = \frac{K_稳}{\alpha_{M(L)}\alpha_{Y(H)}} \tag{13-5}$$

在一定条件下，副反应系数 α 均为定值，$K'_稳$ 就为常数，故称条件稳定常数，其数值较稳定常数 $K_稳$ 小（因为 $\alpha \geq 1$）。$K'_稳$ 表示的是在一定条件下有副反应发生时主反应进行的程度，因而更具有实际意义。

二、金属指示剂

在配位滴定中，常用一种能与金属离子生成有色配合物的显色剂，以它的颜色变化来确定滴定过程中金属离子浓度的变化，这种显色剂称为金属离子指示剂，简称金属指示剂。

（一）金属指示剂的变色原理

金属指示剂是一种有机染料，也是一种配位剂，能与某些金属离子反应，生成与其本身颜色显著不同的配合物以指示滴定终点。

在滴定前加入金属指示剂（用 In 表示金属指示剂的配位基团），则 In 与待测金属离子 M 有如下反应（省略电荷）：

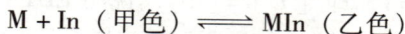
M + In（甲色）$\Longleftrightarrow$ MIn（乙色）

这时溶液呈 MIn（乙色）的颜色。当滴入 EDTA 溶液后，Y 先与游离的 M 结合。至化学计量点附近，Y 夺取 MIn 中的 M，使指示剂 In 游离出来，溶液由乙色变为甲色，指示滴定终点的到达。

滴定时   M + Y $\Longrightarrow$ MY

终点时   MIn（乙色）+ Y $\Longrightarrow$ MY + In（甲色）

例如，铬黑 T 指示剂在 pH = 10 的水溶液中呈蓝色，与 Mg^{2+} 的配合物（$MgIn^-$）的颜色为酒红色。若在 pH = 10 时用 EDTA 滴定 Mg^{2+}，滴定开始前加入指示剂铬黑 T，则铬黑 T 与溶液中部分 Mg^{2+} 反应，此时溶液呈配合物 $MgIn^-$ 的红色。随着 EDTA 的加入，EDTA 逐渐与 Mg^{2+} 反应。在化学计量点附近，Mg^{2+} 的浓度降至很低，加入的 EDTA 进而夺取了 $MgIn^-$ 中的 Mg^{2+}，使铬黑 T 游离出来，此时溶液呈现出蓝色，指示滴定终点的到达。

（二）金属指示剂应具备的条件

金属离子的显色剂很多，但只有一部分能用作金属离子指示剂。通常，作为金属指示剂必须具备以下条件：

1. 金属指示剂与金属离子形成的配合物的颜色应与金属指示剂本身的颜色有明显的不同，这样才能借助颜色的明显变化来判断终点的到达。

2. 金属指示剂与金属离子之间的反应要迅速，变色可逆，这样才可用于滴定。

3. 金属指示剂能与金属离子形成足够稳定的配合物，一般要求 $K_{MIn} \geqslant 10^4$。这样才能在接近化学计量点，溶液中金属离子的浓度很小时，配合物 MIn 仍能稳定存在，只有当 EDTA 夺取 M 离子后，释放出 In，溶液颜色才改变指示终点。如果 MIn 稳定性差，终点前解离，就会过早出现指示剂 In 的颜色，使测定结果偏低。

4. 指示剂金属配合物 MIn 的稳定性应小于 EDTA 金属配合物 MY 的稳定性，通常要求 $K_{MY}/K_{MIn} \geqslant 10^2$。这样才能保证 EDTA 有足够的能力在终点时将 M 顺利地从 MIn 中夺取出来，释放出 In，指示滴定终点到达。

5. 金属指示剂应易溶于水，不易变质，便于保存和使用。

（三）常用的金属指示剂

1. 铬黑 T 铬黑 T 是一种偶氮萘染料，简称 EBT，铬黑 T 的钠盐为黑褐色粉末，具有金属光泽，结构中有两个酚羟基，具有弱酸性，可以用 NaH_2In 表示。在水溶液中存在下列平衡：

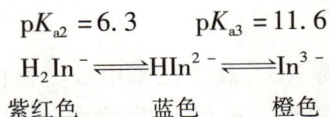

$$pK_{a2} = 6.3 \qquad pK_{a3} = 11.6$$
$$H_2In^- \rightleftharpoons HIn^{2-} \rightleftharpoons In^{3-}$$
$$\text{紫红色} \qquad \text{蓝色} \qquad \text{橙色}$$

因此，pH < 6.3 时，铬黑 T 在水溶液中呈紫红色；pH > 11.6 时铬黑 T 呈橙色，而铬黑 T 与金属离子形成的配合物颜色为酒红色，所以只有在 pH 为 8～11 范围内使用，指示剂才有明显的颜色变化，实验表明铬黑 T 最适宜的 pH 范围是 9～10.5。

铬黑 T 常用于 EDTA 直接滴定 Mg^{2+}、Zn^{2+}、Pb^{2+}、Hg^{2+} 等离子及水硬度测定的指示剂，终点时溶液由酒红色变为蓝色。而 Al^{3+}、Fe^{3+}、Cu^{2+}、Co^{2+}、Ni^{2+} 等离子与铬黑 T 反应有封闭作用，此时可用三乙醇胺来掩蔽 Al^{3+} 和 Fe^{3+}，用 KCN 来掩蔽 Cu^{2+}、Co^{2+}、Ni^{2+}，以消除对滴定的干扰。

铬黑 T 固体相当稳定，但其水溶液不稳定，仅能保存几天，这是由于在水溶液中铬黑 T 易发生聚合，聚合后的铬黑 T 不能再与金属离子显色。在 pH < 6.5 的溶液中聚合更为严重，加入三乙醇胺可以防止聚合。铬黑 T 指示剂常用的配制方法有两种：

（1）**固体合剂** 铬黑 T 与干燥的 NaCl 以 1：100 的比例混合磨细后，保存在干燥器中备用，用这种方法配制的指示剂保存时间相对较长，用时取火柴头大小即可。

（2）**液体合剂** 称取铬黑 T 0.1g 溶于 15mL 三乙醇胺中，再加入 5mL 无水乙醇混匀。此液体可保存数月不变质。

2. 钙指示剂 钙指示剂又名铬蓝黑 R、钙紫红素，简称 NN，也是一种偶氮萘染料，为深棕色或黑棕色粉末。钙指示剂与 Ca^{2+} 形成酒红色的配合物，常在 pH = 12～13 的条件下用作 EDTA 滴定 Ca^{2+} 的指示剂，当溶液由酒红色变为蓝色时即为终点。受封闭情况与铬黑 T 相似。

钙指示剂在水溶液和乙醇溶液中都不稳定,一般配成固体试剂使用。配制方法为:取钙紫红素0.1g,加无水硫酸钠10g,研磨均匀,即得。

视域拓展

金属指示剂的封闭和僵化现象

若指示剂与金属离子生成的配合物很稳定,在化学计量点时,即使过量的EDTA也不能把指示剂从金属配合物中置换出来,使指示剂在化学计量点附近不发生颜色变化,这种现象称为指示剂的封闭现象。消除封闭现象的方法:由被测离子引起的封闭现象,采用返滴定法给予消除;由干扰离子引起的封闭现象,采用加掩蔽剂,掩蔽具有封闭作用的干扰离子。

在用EDTA滴定到达计量点时,EDTA置换指示剂的作用缓慢,引起终点拖长,这就是指示剂的僵化现象。出现僵化现象的原因:金属指示剂与金属离子的配合物形成胶体、沉淀,或者两种金属配合物的稳定性相差不大。消除僵化现象的方法:通常加入某种有机溶剂增大溶解度,或将溶液适当加热以便加快EDTA置换指示剂的速度,并在滴定接近终点时放慢滴定速度,剧烈振摇。

3. 二甲酚橙 二甲酚橙简称XO,属于三苯甲烷类显色剂,为紫红色结晶,易溶于水,常配成0.3% ~0.5%的水溶液,可保存2~3周。它在pH<6.3时呈黄色,pH>6.3时呈红色,与金属离子的配合物呈红紫色。为了能明显观察终点,二甲酚橙只能在pH<6.3的酸性溶液中使用,可作为EDTA直接滴定Bi^{3+}、Pb^{2+}、Zn^{2+}、Cd^{2+}、Hg^{2+}等离子时的指示剂,终点时溶液由红紫色变为亮黄色。二甲酚橙是酸性溶液中许多金属离子配位滴定所使用的极好的指示剂。

第三节 配位滴定的滴定液

一、EDTA滴定液的配制

EDTA滴定液常用其二钠盐配制。纯的EDTA二钠盐可作基准物质,用直接法配制滴定液,但提纯方法较复杂,配制溶液时,纯化水的质量不高也会引入杂质,因此实验室中使用的EDTA滴定液一般采用间接法配制,即先配制成近似浓度的溶液后,再用基准物质标定。

例如,配制0.05mol/L EDTA滴定液,取乙二胺四乙酸二钠19g,加适量的蒸馏水使溶解成1000mL,摇匀即得,配好的溶液贮存于硬质玻璃瓶或聚乙烯瓶中以待标定。标定EDTA滴定液可用的基准物质有纯锌、铜或氧化锌、碳酸钙等。

用基准氧化锌标定EDTA滴定液的具体步骤为:

取于约800℃灼烧至恒重的基准氧化锌0.12g,精密称定,加稀盐酸3mL使溶解,加蒸馏水 25mL，加 0.025% 甲基红的乙醇溶液 1 滴，滴加氨试液至溶液显微黄色，加蒸馏水 25mL 与 $NH_3 \cdot H_2O - NH_4Cl$ 缓冲液（pH 10.0）10mL，再加铬黑 T 指示剂少量，用 EDTA 滴定液滴定至溶液由紫色变为纯蓝色为终点。根据 EDTA 滴定液的消耗量与氧化锌的取用量，即可算出 EDTA 滴定液的浓度。

$$c_{\text{EDTA}} = \frac{m_{\text{ZnO}}}{V_{\text{EDTA}} M_{\text{ZnO}}} \times 1000$$

二、锌滴定液的配制

在返滴定法中常用到锌滴定液。锌滴定液的配制有两种方法，一种是直接法，即用新制备的纯锌粒直接配制；另一种是间接法，即用 $ZnSO_4$ 配制成近似浓度溶液后再用 EDTA 滴定液进行标定。

1. 直接法配制 0.05mol/L 锌滴定液 精密称取新制备的纯锌粒约 3.3g，加纯化水 5mL 及盐酸 10mL，置水浴上温热使溶解，放冷后在容量瓶内稀释至 1000mL，摇匀，计算出滴定液的准确浓度即可。

2. 间接法配制 0.05mol/L 锌滴定液 取分析纯 $ZnSO_4$ 约 15g（相当于锌约 3.3g），加入稀盐酸 10mL 和适量纯化水使溶解，稀释至 1000mL，摇匀待标定。

具体标定步骤为：精密量取锌滴定液 25.00mL，加 0.025% 甲基红的乙醇溶液 1 滴，滴加氨试液至溶液显微黄色，加水 25mL、$NH_3 \cdot H_2O - NH_4Cl$ 缓冲液（pH10.0）10mL 与铬黑 T 指示剂少量，用 EDTA 滴定液（0.05mol/L）滴定至溶液由紫色变为纯蓝色即为终点。根据 EDTA 滴定液的消耗量，即可计算得到锌滴定液的浓度。

$$c_{\text{Zn}} = \frac{c_{\text{EDTA}} V_{\text{EDTA}}}{V_{\text{Zn}}}$$

第四节　EDTA 滴定法的应用

配位滴定法应用非常广泛，可在水质分析中测定水的硬度，在食品分析中测定钙的含量，在药物分析中测定含金属离子各类药物的含量。如含钙离子的药物，氯化钙、乳酸钙、葡萄糖酸钙等；含锌离子的药物，硫酸锌、枸橼酸锌、葡萄糖酸锌等；含镁离子的药物，硫酸镁；含铝离子的药物，明矾、硫酸铝、氢氧化铝等；含铋的药物，枸橼酸铋钾、铝酸铋等。

配位滴定方式有直接滴定法和返滴定法等类型。

一、直接滴定法

直接滴定法是配位滴定中的基本方式。在一定条件下，金属离子与 EDTA 的配位反应能够满足滴定分析的条件，就可直接用 EDTA 进行滴定。直接滴定法方便、简单、快速，引入误差机会少，测定结果的准确度较高，大多数金属离子都可以采用直接滴定法测定。

1. 水硬度的测定 在水中溶解了一定量的金属盐类，如钙盐和镁盐，通常把溶解于水的钙、镁离子的总量称为水的硬度。水的硬度是水质的重要指标之一。水硬度的表示方法通常是用每升水中钙、镁离子总量折算成 $CaCO_3$ 的毫克数表示。

测定时，可精密量取一定体积的水样，加 $NH_3 \cdot H_2O - NH_4Cl$ 缓冲溶液调节 pH ≈ 10，以铬黑 T 为指示剂，用 EDTA 滴定液滴定至溶液由酒红色变为纯蓝色即为终点，按下式计算水的硬度：

$$水的总硬度(CaCO_3 mg/L) = \frac{c_{EDTA} V_{EDTA} M_{CaCO_3}}{V_{水样}} \times 1000$$

2. 葡萄糖酸钙含量的测定 葡萄糖酸钙的分子式为 $C_{12}H_{22}O_{14}Ca \cdot H_2O$，其测定方法为：取本品约 0.5g，精密称定，加水 100mL，微温使溶解，加 NaOH 试液 15mL 与钙紫红素指示剂 0.1g，用 0.05mol/L EDTA 滴定液滴定至溶液由紫红色变为纯蓝色即为终点，记录消耗 EDTA 滴定液的体积，按下式计算葡萄糖酸钙的含量：

$$\omega_{C_{12}H_{22}O_{14}Ca \cdot H_2O} = \frac{c_{EDTA} V_{EDTA} M_{C_{12}H_{22}O_{14}Ca \cdot H_2O}}{m_s \times 1000}$$

二、返滴定法

当被测离子有下列情况时，不宜用直接滴定法测定，可采用返滴定法。如被测离子与 EDTA 配合反应速率慢；被测金属离子发生水解等副反应干扰滴定；或用直接滴定法无适当指示剂时可采用返滴定法。

铝盐因与 EDTA 的反应速率慢不能采用 EDTA 直接测定，只能采用返滴定法进行测定。测定时，通常在铝盐试液中先加入过量而又定量的 EDTA，加热煮沸几分钟，待配位反应完全后，再加入二甲酚橙指示剂，用锌滴定液回滴剩余的 EDTA。滴定过程中的反应为（省略电荷）：

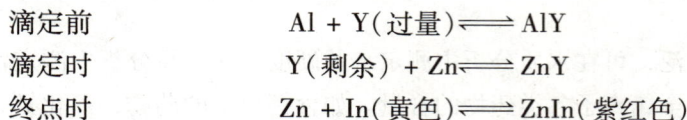

滴定前   Al + Y(过量) ⟹ AlY

滴定时   Y(剩余) + Zn ⟹ ZnY

终点时   Zn + In(黄色) ⟹ ZnIn(紫红色)

例如中药明矾含量的测定。明矾的分子式为 $KAl(SO_4)_2 \cdot 12H_2O$，测定明矾的含量一般都是测定其组成中铝的含量，然后再换算成明矾的含量。具体测定方法为：精密称取明矾 1.9g 置于烧杯中，加少量纯化水溶解，转移至 250mL 容量瓶中，加纯化水至标线，摇匀。用移液管移取 25.00mL 上述溶液置于锥形瓶中，加 0.05mol/L EDTA 滴定液 25.00mL，在沸水浴上加热 10 分钟，冷却至室温，加水 100mL，加 HAc – NaAc 缓冲液 6mL，二甲酚橙指示剂 1mL，用锌滴定液滴至溶液由黄色变紫红色为终点。记录消耗锌滴定液的体积，按下式计算明矾样品的含量：

$$\omega_{KAl(SO_4)_2 \cdot 12H_2O} = \frac{[(cV)_{EDTA} - (cV)_{Zn^{2+}}] M_{KAl(SO_4)_2 \cdot 12H_2O}}{m_s \times \frac{25.00}{250.0} \times 1000}$$

同 步 训 练

一、单选题

1. 直接与金属离子配位的 EDTA 存在形式为（　　）

A. H_6Y^{2+} 　　　B. H_4Y 　　　C. H_2Y^{2-} 　　　D. Y^{4-}

2. EDTA 在 pH > 10.3 的溶液中，主要以哪种形式存在（　　）

A. H_4Y 　　　B. H_2Y^{2-} 　　　C. Y^{4-} 　　　D. HY^{3-}

3. 一般情况下，EDTA 与金属离子形成的配合物的配合比是（　　）

A. 1∶1 　　　B. 2∶1 　　　C. 3∶1 　　　D. 1∶2

4. $\alpha_{M(L)} = 1$ 表示（　　）

A. M 与 L 没有副反应　　　　　　B. M 与 L 的副反应相当严重

C. M 的副反应较小　　　　　　　D. ［M］=［L］

5. EDTA 与金属离子作用时，酸效应系数 $\alpha_{Y(H)} = ［Y'］/［Y］$，式中 ［Y'］ 表示为
（　　）

A. EDTA 的总浓度

B. EDTA 的平衡浓度

C. 未与 M 离子配合的 EDTA 各种存在形式的总浓度

D. 与 M 离子配合的 EDTA 各种存在形式的总浓度

6. 金属指示剂必须具备的主要条件是 K'_{MY} 与 K'_{MIn} 之比大于（　　）

A. 2 　　　B. 100 　　　C. 5 　　　D. 6

7. 配位滴定直接滴定法终点所呈现的颜色是（　　）

A. 游离金属指示剂的颜色

B. EDTA 与待测金属离子形成配合物的颜色

C. 金属指示剂与待测金属离子形成配合物的颜色

D. 上述 A 与 C 项的混合色

8. 在 pH = 10 时，铬黑 T 与 Mg^{2+} 作用而形成的配合物的颜色为（　　）

A. 酒红色 　　　B. 蓝色 　　　C. 橙色 　　　D. 无色

9. EDTA 法滴定水中 Ca^{2+}、Mg^{2+} 时，需要往被测溶液中加入适量三乙醇胺，其目
的（　　）

A. 调节溶液酸度　　　　　　　　B. 掩蔽 Fe^{3+}

C. 加快反应速度　　　　　　　　D. 增加配合物的溶解度

10. 铝盐药物的测定常用配位滴定法，加入过量 EDTA，加热煮沸片刻后，再用标
准锌溶液滴定。该滴定方式是（　　）

A. 直接滴定法 　　B. 置换滴定法 　　C. 返滴定法 　　D. 间接滴定法

二、填空题

1. EDTA 是_____的英文缩写，配制 EDTA 标准溶液时，常用_____。

2. EDTA 在水溶液中有_____种存在形体，只有_____能与金属离子直接配位。

3. 溶液的酸度越大，Y^{4-} 的分布分数越_____，EDTA 的配位能力越_____。

4. EDTA 与金属离子之间发生的主反应为_____，配合物的稳定常数表达式为_____。

5. 指示剂与金属离子的反应：In（蓝）+ M ══MIn（红），滴定前，向含有金属离子的溶液中加入指示剂时，溶液呈_____色；随着 EDTA 的加入，当到达滴定终点时，溶液呈_____色。

6. 以 ZnO 基准试剂标定 EDTA 溶液时，一般是以_____缓冲溶液调节溶液 pH ≈ 10，并以_____为指示剂，滴定至溶液由_____色变成_____色为终点。

7. 指示剂配合物 MIn 的稳定性应_____EDTA 配合物 MY 的稳定性，二者之间应满足_____。

三、简答题

1. EDTA 与金属离子的配位反应有何特点？

2. EDTA 与金属离子配合物的稳定常数与条件稳定常数有什么不同？

3. 金属指示剂的作用原理是什么？

四、计算题

1. 取水样 100.00mL，用氨性缓冲溶液调节 pH ≈ 10，以铬黑 T 为指示剂，用浓度为 0.008826mol/L 的 EDTA 滴定液滴定至终点，消耗 22.58mL，计算水的总硬度（即含 $CaCO_3$ mg/L，已知 $M_{CaCO_3} = 100.1$ g/mol）。

2. 用配位滴定法测定氯化锌（$ZnCl_2$）的含量。称取 0.2500g 试样，溶于水后，稀释至 250mL，吸取 25.00mL，在 pH = 5 ~ 6 时，用二甲酚橙作指示剂，用 0.01024mol/L EDTA 滴定液滴定，用去 17.61mL。试计算试样中含 $ZnCl_2$ 的质量分数。（已知 $M_{ZnCl} = 136.3$ g/mol）。

第十四章　氧化还原滴定法

学习要点

1. 基本概念：氧化还原滴定法；自动催化现象；自身指示剂。
2. 基本理论：高锰酸钾法；碘量法；亚硝酸钠法；重铬酸钾法；铈量法。
3. 基本知识：高锰酸钾法、碘量法、亚硝酸钠法等的测定原理及应用；常用滴定液的配制及滴定终点的确定方法。
4. 基本技能：掌握高锰酸钾法、碘量法等常用氧化还原滴定法的基本操作，进行有关物质的含量测定。

氧化还原滴定法是以氧化还原反应为基础的滴定分析法，是滴定分析中广泛应用的方法之一。这种方法可以直接测定具有氧化性或还原性的物质，也可以间接测定一些本身无氧化性或还原性但能与氧化剂或还原剂发生定量反应的物质。

氧化还原反应的反应机理比较复杂，反应速度普遍较慢，且常伴有副反应。氧化还原滴定和其他滴定方法一样，其反应必须符合滴定分析所要求的基本条件，即：①按照化学反应方程式定量进行；②反应速度快；③无副反应发生；④要有简便的方法确定滴定终点。

因此，有一部分氧化还原反应不能直接用于滴定分析。要使氧化还原反应满足滴定分析的要求，必须创造适当的条件，加快反应速度。通常采用下列几种方法来加快反应速度：①增大反应物的浓度；②升高溶液的温度；③使用催化剂。

根据滴定液的不同，氧化还原滴定法可分为高锰酸钾法、碘量法、亚硝酸钠法、重铬酸钾法、溴量法及铈量法等。

第一节　高锰酸钾法

一、高锰酸钾法的基本原理

高锰酸钾法是以高锰酸钾为滴定液的氧化还原滴定方法。$KMnO_4$ 的氧化能力与溶液的酸度有关，在强酸性溶液中表现为强氧化剂，$KMnO_4$ 被还原为 Mn^{2+}；在弱酸性、中性及弱碱性溶液中则表现为弱氧化剂，$KMnO_4$ 被还原成棕色的 MnO_2 沉淀。为了充分发挥其氧化能力，通常高锰酸钾法在强酸性溶液中进行，一般用硫酸来调节酸度，而不能用盐酸和硝酸。

课堂互动

请分析高锰酸钾法中调节溶液酸度常选用硫酸而不选用盐酸或硝酸的原因。

有些物质在常温下和 $KMnO_4$ 反应较慢，为加快反应速度，可在滴定前加热或加入催化剂（如 Mn^{2+}），但在空气中易氧化分解或加热易分解的物质，如亚铁盐、过氧化物等则不能加热。

在实际滴定过程中，$KMnO_4$ 在强酸性溶液中被还原为 Mn^{2+}，Mn^{2+} 对滴定反应具有催化作用。这种催化作用是由反应过程中产生的物质而引起的，称为自动催化现象。

高锰酸钾滴定液本身为紫红色，还原产物为无色，用它滴定无色或浅色溶液时，一般不需另加指示剂，而是以自身的颜色变化来指示终点，称为自身指示剂。

高锰酸钾法的优点是 $KMnO_4$ 氧化能力强，可直接或间接地测定许多无机物和有机物，滴定剂自身可作指示剂。但也存在 $KMnO_4$ 滴定液不够稳定，滴定的选择性差等缺点。

二、高锰酸钾法滴定液的配制

市售高锰酸钾试剂常含有少量的 MnO_2 及其他杂质，使用的纯化水中也含有少量还原性物质（如尘埃、有机物等），这些物质都能使 $KMnO_4$ 还原，因此 $KMnO_4$ 滴定液不能直接配制，通常先配成近似浓度的溶液，然后再用基准物质标定。

配制时，先称取稍多于理论量的 $KMnO_4$，溶解于一定量的蒸馏水中，加热煮沸 15 分钟，然后贮存于棕色瓶中密闭放置 7~10 天，以保证还原性杂质与其完全反应。用微孔玻璃漏斗或用玻璃棉过滤除去 MnO_2 等沉淀，待浓度稳定后方可进行标定。

标定 $KMnO_4$ 溶液的基准物有草酸钠、草酸、硫酸亚铁铵、纯铁丝等，其中常用的是草酸钠，因其不含结晶水、易提纯且性质稳定，在 105℃~110℃ 下干燥 2 小时后即可使用。

MnO_4^- 与 $C_2O_4^{2-}$ 的标定反应在 H_2SO_4 介质中进行，其反应式如下：

$$2MnO_4^- + 5C_2O_4^{2-} + 16H^+ === 2Mn^{2+} + 10CO_2\uparrow + 8H_2O$$

可按下式计算 $KMnO_4$ 滴定液的浓度：

$$c_{KMnO_4} = \frac{m_{Na_2C_2O_4}}{\frac{5}{2}V_{KMnO_4}M_{Na_2C_2O_4}} \times 1000$$

标定时应注意控制下列条件：

1. 温度　标定反应开始时速度较慢，须先将溶液加热至 65℃~80℃ 再进行滴定，并保持滴定过程中溶液温度不低于 55℃。注意加热温度不能超过 90℃，否则 $H_2C_2O_4$ 分解，导致标定结果偏高。

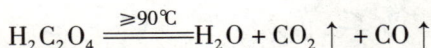

$$H_2C_2O_4 \xrightarrow{\geqslant 90℃} H_2O + CO_2 \uparrow + CO \uparrow$$

2. 酸度 溶液应保持适宜的酸度，如果酸度不足，易生成 MnO_2 沉淀，酸度过高则又会使 $H_2C_2O_4$ 分解。一般使用 H_2SO_4 控制酸度为 $0.5 \sim 1mol/L$。

3. 滴定速度 MnO_4^- 与 $C_2O_4^{2-}$ 的反应开始时速度很慢，当有 Mn^{2+} 离子生成之后，反应速度逐渐加快。因此，开始滴定时，应该等第一滴 $KMnO_4$ 溶液退色后，再加第二滴。此后，因反应生成的 Mn^{2+} 有自动催化作用而加快了反应速度，随之可加快滴定速度，但也不宜过快。

4. 滴定终点 $KMnO_4$ 自身作指示剂，滴定至溶液呈微红色且 30 秒不退色即为终点。若放置时间过长，空气中还原性物质能使 $KMnO_4$ 还原而退色。

标定好的 $KMnO_4$ 溶液放置一段时间后，若发现有沉淀析出，应重新过滤并标定。

三、高锰酸钾法的应用

高锰酸钾法应用范围较广，可采用不同方式测定还原性物质、氧化性物质或非氧化还原性物质。

1. 直接滴定法 许多还原性较强的物质，如亚铁盐、草酸盐、双氧水、亚硝酸盐、亚锡酸盐、亚砷酸盐等，均可用 $KMnO_4$ 滴定液直接滴定。

2. 剩余滴定法 某些氧化性物质，如不能用 $KMnO_4$ 滴定液直接滴定，可在硫酸溶液存在下，加入定量过量的草酸钠基准物质或滴定液，加热使其完全反应之后，再用 $KMnO_4$ 滴定液滴定剩余的草酸钠，从而求出被测物质的含量。

3. 间接滴定法 有些不具有氧化性或还原性的物质，不能用直接滴定法或剩余滴定法测定，可采用间接滴定法进行测定。如测定 Ca^{2+} 含量时，首先加入 $H_2C_2O_4$ 将 Ca^{2+} 沉淀为 CaC_2O_4，过滤后，再用稀硫酸将 CaC_2O_4 溶解，然后用 $KMnO_4$ 滴定液滴定溶液中的 $C_2O_4^{2-}$，从而间接求得 Ca^{2+} 的含量。

例如，用高锰酸钾法直接测定双氧水（学名为过氧化氢 H_2O_2）的含量。

在酸性溶液中 H_2O_2 和 MnO_4^- 发生的氧化还原反应为：

$$2MnO_4^- + 5H_2O_2 + 6H^+ == 2Mn^{2+} + 5O_2 \uparrow + 8H_2O$$

此反应在室温下即可顺利进行。滴定开始时反应较慢，随着 Mn^{2+} 生成而加速，也可先加入少量 Mn^{2+} 作为催化剂。

操作步骤：准确量取双氧水试样（3%）5.00mL，置于 100mL 容量瓶中并稀释至标线，混合均匀。精密吸取稀释试样液 25.00mL 于锥形瓶中，加 3mol/L H_2SO_4 溶液 10mL，用 0.02mol/L $KMnO_4$ 滴定液滴定至溶液显微红色且 30 秒不退色即为终点。则过氧化氢的含量为：

$$\rho_{H_2O_2}(g/mL) = \frac{\frac{5}{2}c_{KMnO_4}V_{KMnO_4}M_{H_2O_2}}{V_{试样} \times \frac{25.00}{100.0}} \times 10^{-3}$$

第二节 碘 量 法

一、碘量法的基本原理

利用 I_2 的氧化性和 I^- 的还原性来进行滴定的分析方法称为碘量法。碘量法通常分为直接碘量法和间接碘量法。

碘量法常用淀粉作指示剂。淀粉遇 I_2 能形成一种深蓝色的可溶性配合物，反应非常灵敏，当溶液中 I_2 的浓度为 10^{-5}mol/L 时，I_2 和淀粉即可显蓝色。直接碘量法所用滴定液中的碘可作自身指示剂，但灵敏性远不如淀粉，故不常用。

（一）直接碘量法

直接碘量法是利用 I_2 的氧化性直接测定还原性物质含量的方法，又称碘滴定法。

凡能被 I_2 直接快速氧化的强还原性物质，可以采用直接碘量法进行测定，如硫化物、亚硫酸盐、维生素 C 等。

直接碘量法只能在酸性、中性或弱碱性溶液中进行，如果溶液的 pH > 9，则会发生下面副反应：

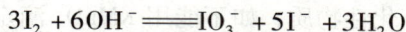

$$3I_2 + 6OH^- =\!=\!= IO_3^- + 5I^- + 3H_2O$$

使用淀粉指示剂时，直接碘量法应根据蓝色的出现确定滴定终点。

（二）间接碘量法

间接碘量法又称滴定碘法。可以分为置换滴定法和剩余滴定法。

某些氧化性物质，可在一定条件下与 I^- 定量反应析出 I_2，然后用 $Na_2S_2O_3$ 滴定液滴定析出的 I_2，这种滴定方式称为置换滴定法。例如，用碘量法测定 $KMnO_4$ 的反应如下：

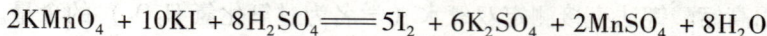

$$2KMnO_4 + 10KI + 8H_2SO_4 =\!=\!= 5I_2 + 6K_2SO_4 + 2MnSO_4 + 8H_2O$$
$$2Na_2S_2O_3 + I_2 =\!=\!= Na_2S_4O_6 + 2NaI$$

根据硫代硫酸钠滴定液的浓度和消耗的体积，可以计算出氧化性物质的含量。

某些还原性物质，本身与碘反应较慢，为了使其与 I_2 反应更完全，可使之先与过量的 I_2 反应，待反应完全后再用 $Na_2S_2O_3$ 滴定液滴定剩余的 I_2，这种滴定方式称为剩余滴定法或返滴定法，例如焦亚硫酸钠含量的测定等。

间接碘量法使用淀粉指示剂时，蓝色消失即为滴定终点。应注意，在临近滴定终点时加入淀粉指示剂，以防大量的 I_2 被淀粉表面吸附过于牢固，导致蓝色消失变得迟钝而产生误差。

间接碘量法应在中性或弱酸性溶液中进行，若在碱性溶液中，除发生上述反应外，还发生如下副反应：

$$S_2O_3^{2-} + 4I_2 + 10OH^- =\!=\!= 2SO_4^{2-} + 8I^- + 5H_2O$$

若在强酸性溶液中，$S_2O_3^{2-}$ 易分解，同时 I^- 在酸性溶液中也易被空气中的 O_2 缓慢氧化。

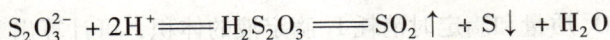

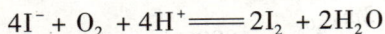

$$S_2O_3^{2-} + 2H^+ \Longrightarrow H_2S_2O_3 \Longrightarrow SO_2\uparrow + S\downarrow + H_2O$$

$$4I^- + O_2 + 4H^+ \Longrightarrow 2I_2 + 2H_2O$$

为了减小误差，应用间接碘量法时还必须掌握好如下条件：

1. 滴定时应防止 I_2 的挥发　　可加入比理论量多 $2 \sim 3$ 倍的 KI，使 I_2 生成 I_3^- 配离子，增大 I_2 的溶解度，减小 I_2 的挥发；并且反应需在室温条件下进行，对于析出碘的反应最好在碘量瓶中进行并且不要过分振摇。

2. 滴定时应防止 I^- 被空气中 O_2 氧化　　滴定时应控制溶液酸度不宜过高，酸度越高，O_2 氧化 I^- 的速率越大；间接碘量法 I_2 析出完成后应立即进行滴定，快滴慢摇；滴定时还应避免阳光直射，并且除去 Cu^{2+}、NO_2^- 等催化剂，避免 I^- 加速氧化。

知识链接

淀粉指示剂

淀粉分为直链淀粉和支链淀粉。直链淀粉遇碘显蓝色，可以用作碘量法的指示剂，使用时应注意以下几点：

1. 淀粉指示剂久置易腐败、失效，应临用新制，且加热时间不宜过长。

2. 淀粉指示剂应在室温下使用，温度升高会降低指示剂的灵敏度。

3. 淀粉指示剂在弱酸性条件下与碘的反应最灵敏。若 pH < 2，淀粉易水解成糊精，与 I_2 作用显红色；若 pH > 9，则 I_2 生成 IO_3^-，与淀粉不显色。

二、碘量法滴定液的配制

（一）碘滴定液的配制

用升华法可制得纯碘，但因碘具有挥发性和腐蚀性，不宜在电子天平上称量，通常采用间接法配制碘滴定液，即先配制成近似浓度的溶液后，再用基准物质或已知浓度的 $Na_2S_2O_3$ 滴定液进行标定。

配制 0.05mol/L 碘 I_2 滴定液。取碘 13.0g，加碘化钾 36g 与蒸馏水 50mL 溶解后，加盐酸 3 滴，稀释至 1000mL，摇匀，贮存于棕色瓶中凉暗处保存，待标定。为了防止少量未溶解的碘影响浓度，需用垂熔玻璃滤器将碘液滤过后再标定。

标定 I_2 滴定液的方法有两种：

1. 用基准物质标定　　标定 I_2 滴定液常用的基准物质是 As_2O_3（砒霜，剧毒）。As_2O_3 难溶于水，但可溶解于 NaOH 溶液中，生成 AsO_3^{3-}：

$$As_2O_3 + 6OH^- \Longrightarrow 2AsO_3^{3-} + 3H_2O$$

标定时，用盐酸中和过量的 NaOH，再加入 NaHCO$_3$ 调节溶液的 pH $\approx$ 8，用 I$_2$ 滴定液滴定 AsO$_3^{3-}$：

$$AsO_3^{3-} + I_2 + H_2O \longrightarrow AsO_4^{3-} + 2I^- + 2H^+$$

根据称取 As$_2$O$_3$ 质量和滴定时消耗 I$_2$ 滴定液的体积，可计算出 I$_2$ 滴定液的浓度：

$$c_{I_2} = \frac{2m_{As_2O_3}}{V_{I_2} M_{As_2O_3}} \times 1000$$

2. 比较法　所谓比较法，即用已知准确浓度的 Na$_2$S$_2$O$_3$ 滴定液滴定待标定的 I$_2$ 滴定液。反应式为：

$$I_2 + 2S_2O_3^{2-} \longrightarrow S_4O_6^{2-} + 2I^-$$

I$_2$ 滴定液浓度的计算公式为：$\quad c_{I_2} = \dfrac{c_{Na_2S_2O_3} V_{Na_2S_2O_3}}{2V_{I_2}}$

（二）硫代硫酸钠滴定液的配制

市售硫代硫酸钠（Na$_2$S$_2$O$_3$·5H$_2$O）为无色晶体，容易风化，大多含有杂质（如 S、Na$_2$SO$_3$、Na$_2$SO$_4$ 等），且由于日光和水中嗜硫菌、CO$_2$、空气中 O$_2$ 的分解作用，使 Na$_2$S$_2$O$_3$ 溶液很不稳定，因此 Na$_2$S$_2$O$_3$ 滴定液必须采用间接法配制。

配制时需用放冷的新煮沸过的蒸馏水，并加入少量 Na$_2$CO$_3$ 使溶液呈微碱性，以除去 O$_2$、CO$_2$ 并杀死水中的微生物。

配制 0.1mol/L Na$_2$S$_2$O$_3$ 滴定液。首先称取硫代硫酸钠晶体 26g 与无水碳酸钠 0.20g，加新沸过的冷蒸馏水适量使溶解并稀释至 1000mL，摇匀，放置 7～10 天后滤过，然后进行标定。

标定 Na$_2$S$_2$O$_3$ 滴定液的方法有两种：

1. 用基准物质标定　标定 Na$_2$S$_2$O$_3$ 溶液的基准物质有 K$_2$Cr$_2$O$_7$、KIO$_3$、KBrO$_3$ 等，以 K$_2$Cr$_2$O$_7$ 最为常用。方法是精密称取一定量的 K$_2$Cr$_2$O$_7$ 基准物质，在酸性溶液中与过量的 KI 作用，以淀粉作指示剂，用待标定的 Na$_2$S$_2$O$_3$ 溶液滴定析出的 I$_2$，根据消耗 Na$_2$S$_2$O$_3$ 滴定液的体积与 K$_2$Cr$_2$O$_7$ 的质量，即可计算出 Na$_2$S$_2$O$_3$ 滴定液的准确浓度。标定时发生的反应为：

$$Cr_2O_7^{2-} + 6I^- + 14H^+ \longrightarrow 2Cr^{3+} + 3I_2 + 7H_2O$$

$$I_2 + 2S_2O_3^{2-} \longrightarrow 2I^- + S_4O_6^{2-}$$

Na$_2$S$_2$O$_3$ 滴定液浓度的计算公式为：

$$c_{Na_2S_2O_3} = \frac{6m_{K_2Cr_2O_7}}{V_{Na_2S_2O_3} M_{K_2Cr_2O_7}} \times 1000$$

2. 比较法　Na$_2$S$_2$O$_3$ 滴定液除了用基准物质进行标定以外，还可以用碘滴定液用比较法来标定，以确定其准确浓度。

三、碘量法的应用

碘量法应用广泛，在氧化还原滴定分析中占有重要地位。可用直接碘量法测定还原性较强的物质，如硫化物、亚硫酸盐、亚砷酸盐、亚锡盐、硫代硫酸盐、维生素 C 等。此外，有些还原性物质，如焦亚硫酸钠、无水亚硫酸钠、亚硫酸氢钠、甲醛、葡萄糖等，为了使其与 I_2 反应更完全，可用剩余滴定法测定。用置换滴定法还可以测定许多氧化性物质，如高锰酸钾、重铬酸钾、过氧化氢、铜盐、漂白粉、葡萄糖酸锑钠等。以下为相关的应用示例。

1. 维生素 C 含量的测定（直接碘量法） 维生素 C（$C_6H_8O_6$）又称抗坏血酸。其分子中的烯二醇基具有较强的还原性，在醋酸溶液中，能被碘氧化成二酮基。其反应为：

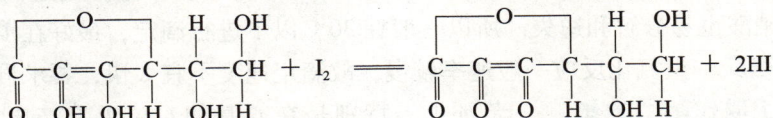

操作步骤：取维生素 C 试样约 0.2g，精密称定，加新沸过的冷蒸馏水 100mL 与稀醋酸 10mL 使溶解，加淀粉指示剂 1mL，立即用 0.05mol/L I_2 滴定液滴定，至溶液显蓝色并在 30 秒内不退色即为终点。记录消耗碘滴定液的体积，即可按下式计算维生素 C 的含量：

$$\omega_{VitC} = \frac{c_{I_2} V_{I_2} M_{C_6H_8O_6} \times 10^{-3}}{m_s} \times 100\%$$

2. 焦亚硫酸钠的含量测定（剩余碘量法） 焦亚硫酸钠（$Na_2S_2O_5$）具有较强的还原性，常用作药物制剂中的抗氧剂，可用剩余碘量法来测定其含量。先加入过量的碘液，然后用 $Na_2S_2O_3$ 滴定液回滴剩余的碘，最后进行空白校正实验。有关反应如下：

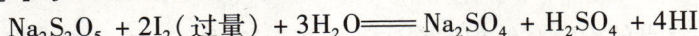

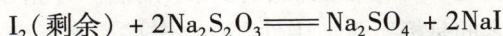

$$Na_2S_2O_5 + 2I_2(过量) + 3H_2O = Na_2SO_4 + H_2SO_4 + 4HI$$

$$I_2(剩余) + 2Na_2S_2O_3 = Na_2SO_4 + 2NaI$$

操作步骤：精密称定焦亚硫酸钠约 0.15g，置于碘瓶中，精密加入 0.1mol/L 碘滴定液 50mL，密塞，溶解后加盐酸 10mL，用 0.1mol/L $Na_2S_2O_3$ 滴定液滴定，至近终点时，加淀粉指示剂 2mL，继续滴定至蓝色消失，并将滴定的结果用空白试验校正。记录消耗 $Na_2S_2O_3$ 滴定液的体积，即可计算焦亚硫酸钠的质量分数：

$$\omega_{Na_2S_2O_5} = \frac{\frac{1}{4} c_{Na_2S_2O_3} \left[V_{Na_2S_2O_3(空白)} - V_{Na_2S_2O_3(回滴)} \right] M_{Na_2S_2O_5} \times 10^{-3}}{m_s} \times 100\%$$

第三节 其他氧化还原滴定法

一、亚硝酸钠法

亚硝酸钠法是以亚硝酸钠为滴定液的氧化还原滴定分析方法。亚硝酸钠法分为重氮化滴定法和亚硝基化滴定法。

（一）重氮化滴定法

重氮化滴定法是 $NaNO_2$ 滴定液在盐酸条件下，滴定芳香族伯胺类化合物的滴定分析法。反应如下：

$$Ar—NH_2 + NaNO_2 + 2HCl \longrightarrow [Ar—N^+\equiv N]Cl^- + NaCl + 2H_2O$$

该类反应称为重氮化反应，故此法称为重氮化滴定法，反应产物为芳伯胺的重氮盐。

进行重氮化滴定时，应注意以下几点：

1. 酸的种类及浓度　一般以 1～2mol/L HCl 介质为宜。

2. 滴定速度与温度　重氮化反应速度随温度升高而加快，但温度过高时重氮盐易分解，且亚硝酸也易分解和逸失。所以一般在 30℃ 以下进行滴定，最好在 15℃ 以下。

3. 滴定速度　重氮化反应一般速率较慢，故滴定速度不宜太快，要求慢滴快搅拌。

4. 苯环上取代基团的影响　苯环上，特别是在氨基的对位上有亲电子基团，如—NO_2、—SO_3H、—CO、—X 等，可使反应速度加快；若有斥电子基团，如—CH_3、—OH、—OR 等，则会减慢反应速度。

（二）亚硝基化滴定法

亚硝基化滴定法是用 NaNO_2 滴定液在盐酸条件下，滴定芳香族仲胺类化合物的滴定分析法。反应如下：

$$Ar—NHR + NaNO_2 + HCl \rightarrow Ar—N(R)—NO + NaCl + H_2O$$

此类反应称为亚硝基化反应，故称为亚硝基化滴定法，其应用不如重氮化滴定法广泛。

亚硝酸钠法终点的确定有外指示剂法和内指示剂法。外指示剂法即 KI - 淀粉试纸法；内指示剂法应用较多的是橙黄Ⅳ、中性红、二苯胺、亮甲酚蓝等。由于内、外指示剂均有许多缺点，《中国药典》从 2005 年版开始改用双铂电极法确定滴定终点，即永停滴定法，此法将在第十五章中简单介绍。

亚硝酸钠滴定液的配制常采用间接法，标定常用的基准物质是对氨基苯磺酸。

二、重铬酸钾法

重铬酸钾法是以重铬酸钾为滴定液的氧化还原滴定法。$K_2Cr_2O_7$ 是一种较强的氧化剂，在酸性溶液中可被还原剂还原为 Cr^{3+}。

重铬酸钾的氧化能力不如高锰酸钾强，因此应用范围较窄，但重铬酸钾法具有以下特点：

1. $K_2Cr_2O_7$ 易提纯，可以作为基准物质直接配制滴定液。

2. $K_2Cr_2O_7$ 滴定液非常稳定，保存在密闭容器中，浓度可长期保持不变。

3. $K_2Cr_2O_7$ 的氧化能力较 $KMnO_4$ 弱，室温下不与 Cl^- 反应，因此可在盐酸介质中用 $K_2Cr_2O_7$ 滴定 Fe^{2+}，选择性高。

虽然 $K_2Cr_2O_7$ 本身显橙色，但其还原产物 Cr^{3+} 显绿色，对橙色的观察有严重影响，故不能用自身指示终点，重铬酸钾法常用二苯胺磺酸钠作指示剂，

重铬酸钾法常用于测定 Fe^{2+} 及土壤中有机质和某些有机化合物的含量。

三、铈量法

铈量法也称硫酸铈法，是以 Ce^{4+} 为滴定液的氧化还原滴定法。Ce^{4+} 在酸性介质中与还原剂作用被还原为 Ce^{3+}。

一般能用 $KMnO_4$ 溶液滴定的物质，都可用 $Ce(SO_4)_2$ 溶液滴定，铈量法具有以下特点：

1. $Ce(SO_4)_2$ 易提纯，可以作为基准物质直接配制滴定液。

2. $Ce(SO_4)_2$ 滴定液很稳定，虽经长时间曝光、加热、放置，均不会导致浓度改变。

3. Ce^{4+} 还原为 Ce^{3+} 只有一个电子转移，无中间价态的产物，反应简单且无副反应。

4. Ce^{4+} 为黄色，Ce^{3+} 为无色，因此 Ce^{4+} 可做自身指示剂，但溶液浓度太稀时淡黄色不易判断，通常选用邻二氮菲亚铁做指示剂。

5. Ce^{4+} 易水解，不适于在中性或碱性介质中进行。

铈量法可直接测定一些金属的低价化合物、过氧化氢以及某些有机还原性物质，如甘油、酒石酸、硫酸亚铁片、硫酸亚铁糖浆等。

同 步 训 练

一、单选题

1. 下列哪些物质可以用直接法配制滴定液（　　　）
   A. 重铬酸钾　　　　B. 高锰酸钾　　　　C. 碘　　　　D. 硫代硫酸钠

2. 下列滴定法中，不用另外加指示剂的是（　　　）
   A. 重铬酸钾法　　B. 亚硝酸钠法　　C. 碘量法　　　D. 高锰酸钾法

3. 用草酸钠标定高锰酸钾溶液，可选用的指示剂是（　　　）
   A. 铬黑T　　　　B. 淀粉　　　　C. 自身指示剂　　D. 二苯胺

4. 在酸性介质中，用 $KMnO_4$ 溶液滴定草酸钠时，滴定速度（　　　）
   A. 像酸碱滴定那样快速　　　　　　B. 始终缓慢
   C. 开始快然后慢　　　　　　　　　D. 开始慢中间逐渐加快最后慢

5. 高锰酸钾法测定 H_2O_2 含量时，调节酸度时应选用（　　　）
   A. HAc　　　　　B. HCl　　　　　C. HNO_3　　　　D. H_2SO_4

6. 对于 $KMnO_4$ 溶液的标定，下列叙述不正确的是（　　　）
   A. 以 $Na_2C_2O_4$ 为基准物　　　　B. 一般控制 $[H^+] = 1mol/L$ 左右
   C. 不用另外加指示剂　　　　　　　D. 在常温下反应速度较快

7. 用 $KMnO_4$ 法滴定 $Na_2C_2O_4$ 时，被滴溶液要加热至 $65℃ \sim 80℃$，目的是（　　　）
   A. 赶去氧气，防止诱导反应的发生　　B. 防止指示剂的封闭
   C. 使指示剂变色敏锐　　　　　　　　D. 加快滴定反应的速度

8. 配制 $Na_2S_2O_3$ 滴定液时，应当用新煮沸并冷却的纯水，其原因是（　　）
  A. 使水中杂质都被破坏   B. 杀死细菌
  C. 除去 CO_2 和 O_2 D. BC

9. 标定 $Na_2S_2O_3$ 溶液中，可选用的基准物质是（　　）
  A. $KMnO_4$ B. 纯 Fe   C. $K_2Cr_2O_7$ D. Vc

10. 间接碘量法中加入淀粉指示剂的适宜时间是（　　）
  A. 滴定开始前加入   B. 滴定一半时加入
  C. 滴定近终点时加入   D. 滴定终点加入

二、填空题

1. 高锰酸钾法中使用的指示剂一般为_____，碘量法中使用的指示剂为_____。

2. 草酸钠标定高锰酸钾的实验条件是：用_____调节溶液的酸度，用_____作催化剂，溶液温度控制在_____，指示剂是_____，终点时溶液由_____色变为_____色。

3. 碘滴定法常用的滴定液是_____溶液。滴定碘法常用的滴定液是_____溶液。

4. 配制 I_2 滴定液时，必须加入 KI，其目的是_____和_____。

5. 碘量法分析中所用的滴定液为 I_2 和 $Na_2S_2O_3$。配制 I_2 液时，为了防止 I_2 的挥发，通常需加入_____使其生成_____。而配制 $Na_2S_2O_3$ 时需加入少量_____。

6. 用 $K_2Cr_2O_7$ 为基准物标定 $Na_2S_2O_3$ 时，标定反应式为_____和_____，这种滴定方法称为_____（直接或间接）滴定法，滴定中用_____做指示剂。

7. $K_2Cr_2O_7$ 滴定液宜用_____（直接或间接）法配制，而 I_2 滴定液则宜用_____（直接或间接）法配制。

三、简答题

1. 应用于氧化还原滴定法的反应需具备什么条件？
2. $KMnO_4$ 滴定液如何配制？用 $Na_2C_2O_4$ 标定 $KMnO_4$ 需控制哪些实验条件？
3. 比较直接碘量法和间接碘量法在使用淀粉指示剂时的区别？

四、计算题

1. 称取纯铁丝 0.1658g，加稀 H_2SO_4 溶解后并处理成 Fe^{2+}，用 $KMnO_4$ 滴定液滴定至终点，消耗 27.05mL 滴定液。计算 $KMnO_4$ 滴定液的浓度。（已知 $M_{Fe}=55.85$）。

2. 称取 0.2495g 含草酸试样，用 $KMnO_4$ 滴定液（0.02083mol/L）滴定至终点时消耗 24.35mL，计算 $H_2C_2O_4 \cdot 2H_2O$ 的质量分数。（已知 $M_{H_2C_2O_4 \cdot H_2O}=126.0$）。

第十五章　电化学分析法

📖 学习要点

　　1. 基本概念：电化学分析法；原电池；电池电动势；电极电位；标准氢电极；标准电极电位；参比电极；饱和甘汞电极；指示电极；玻璃电极。

　　2. 基本理论：能斯特方程。

　　3. 基本知识：直接电位法测定溶液 pH 的基本原理。

　　4. 基本方法：直接电位法。

　　5. 基本技能：酸度计的使用。

　　电化学分析法是根据溶液中待测组分的电化学性质及其变化规律而建立起来的一类仪器分析方法。这类方法都是将试样溶液以适当的形式作为化学电池的一部分，根据被测组分与某种电学量（电位、电导、电流或电量等）之间的计量关系来求得被测组分的浓度。本章重点介绍电化学基础知识和直接电位法的基本原理，为进一步学习其他电化学分析方法奠定基础。

视域拓展

电化学分析法的分类

　　根据测定的电学量不同，电化学分析法可分为四大类，一是电位法，包括直接电位法和电位滴定法；二是电导法，包括电导分析法和电导滴定法；三是伏安法，包括极谱法、溶出法和永停滴定法。四是电量法，包括电重量法、库仑法和库仑滴定法。

第一节　电化学基础知识

一、原电池

原电池是将化学能转变成电能的装置。

以 Cu – Zn 原电池为例，如图 15 – 1 所示，在两个烧杯中分别加入硫酸锌（$ZnSO_4$）

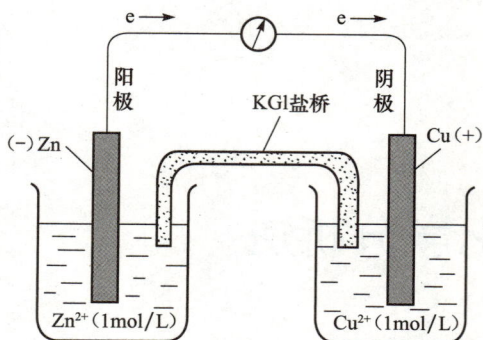

图 15 – 1　Cu – Zn 原电池

溶液和硫酸铜（$CuSO_4$）溶液，在盛有 $ZnSO_4$ 溶液的烧杯中插入锌（Zn）片，组成了锌电极，在盛有 $CuSO_4$ 溶液的烧杯中插入铜（Cu）片，组成了铜电极，在两个烧杯的溶液之间用一个盐桥（装满饱和氯化钾溶液和琼脂的玻璃管）连接，这样就构成了 Cu – Zn 原电池。若用一个检流计将这个原电池的 Zn 片和 Cu 片串联起来，则检流计的指针会发生偏转，说明电路中产生了电流。

电化学上规定：电子流出的电极称为负极，电子进入的电极称为正极。电子流动的方向与电流（正电荷）流动的方向相反。同时还规定：发生氧化反应的电极为阳极，发生还原反应的电极称为阴极。

Cu – Zn 原电池的 Zn 电极有电子流出，是负极；该电极发生了氧化反应，是阳极。电极反应如下：

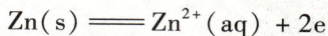

$$Zn(s) == Zn^{2+}(aq) + 2e$$

Cu – Zn 原电池的 Cu 电极有电子流入，是正极；该电极发生了还原反应，是阴极。电极反应如下：

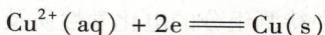

$$Cu^{2+}(aq) + 2e == Cu(s)$$

电流流动的方向与电子流动的方向恰恰相反。

电极由物质的两种（一对）型态组成，一种是氧化型，另一种是还原型。所以，电极也称为电对，或半电池。电极可用电极符号表示，如 Zn 电极可表示为 Zn^{2+}/Zn，Cu 电极可表示为 Cu^{2+}/Cu。

书写电极符号的规则是：物质的氧化型写在左边，还原型写在右边。氧化型和还原型之间用斜线隔开。

电极上发生的反应称为电极反应，或半电池反应。电池的两个电极反应相加，即是电池发生的总反应，称为电池反应。Cu – Zn 原电池的电池反应为：

$$Zn(s) + Cu^{2+}(aq) == Zn^{2+}(aq) + Cu(s)$$

原电池可用电池符号表示，如 Cu – Zn 原电池可表示为：

$$(-)Zn(s) \mid ZnSO_4(c_1) \parallel CuSO_4(c_2) \mid Cu(s)(+)$$

书写电池符号的规则是：从左到右依次写出负极、盐桥、正极。负极和正极分别用（ - ）和（ + ）标出；组成电极的两种物质型态之间通常有一个界面，如固 – 液界面、液 – 液界面、气 – 固界面或气 – 液界面等，这些界面用单竖线表示；两个电极之间的盐桥用双竖线表示。同时，还要标出参加电池反应的固体状态、溶液浓度和气体分压等。

用导线连接原电池的两个电极，就会产生电流，说明在两极之间存在着一定的电位（势）差，这个电位（势）差称为原电池的电动势。换句话说，原电池的电动势等于正、负电极的电位（势）之差，即：

$$E = \varphi_{(+)} - \varphi_{(-)} \tag{15 – 1}$$

二、电极电位

(一) 电极电位的产生

电极电位也称为电极电势，我们以 Cu – Zn 原电池为例说明之。对于 Zn 电极来说，金属 Zn 表面保留相应数量的自由电子，金属 Zn 表面附近的溶液中存在一定数量的 Zn^{2+}，使金属与溶液之间出现了电位差，也就是电极电位，用 $\varphi_{Zn^{2+}/Zn}$ 表示。同理，Cu 电极也能够产生相应的电极电位，用 $\varphi_{Cu^{2+}/Cu}$ 表示。

电极不同，其电极电位一般不同。电极电位有差别，表明不同电极得失电子的能力有差别。电极电位的高低（大小）取决于物质的本性，并受到电极反应条件（温度、浓度、压力等）影响。

(二) 标准氢电极

电极电位的绝对值无法准确测定，但可以选择某个电极作标准，以资比较，从而测定其相对值。标准氢电极是将镀有铂黑的铂片插入氢离子浓度（严格说是活度）为 1mol/L 的盐酸溶液中，在 298.15K（25℃）温度条件下，用压力为 101.33kPa 的高纯氢气不断冲击铂片，使铂黑电极吸附氢气达到饱和，这种状态下的氢电极称为标准氢电极（standard hydrogen electrode，缩写 SHE），如图 15 – 2 所示，其电极反应为：

$$H^+ + 2e \Longrightarrow H_2$$

国际上规定，标准氢电极的电极电位为零，用 $\varphi^{\ominus}_{H^+/H_2} = 0.000V$ 表示。

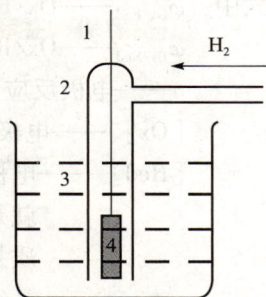

图 15－2　标准氢电极示意图
1. 导线　2. 玻璃管　3. ［H^+］= 1.00mol/L 的盐酸　4. 镀铂黑的铂片

知识链接

标 准 电 极

通常把气体压力为 101.33kPa（1 个大气压）、温度为 298.15K（25℃）、组成电极的离子浓度（严格说是活度）为 1mol/L 的状态称为标准状态。处于标准状态的电极称为标准电极。

(三) 标准电极电位

在标准状态下，电极的电极电位称为标准电极电位，常用符号 $\varphi^{\ominus}$ 表示。单个电极的标准电极电位无法确定，但可以比较两个电极的电极电位的相对高低。通常用标准氢电极与待测的标准电极组成原电池，测量该原电池的电动势，从而求得该电极的标准电极电位。

例如，将标准氢电极与标准锌电极组成原电池，测其电动势 $E = 0.760\text{V}$。根据金属活动顺序表可知，前者为正极，后者为负极，由式 15 – 1 可知，标准锌电极的电极电位为 $\varphi^{\ominus}_{\text{Zn}^{2+}/\text{Zn}} = 0.000\text{V} - 0.760\text{V} = -0.760\text{V}$。同理，可测得铜电极的标准电极电位为 $\varphi^{\ominus}_{\text{Cu}^{2+}/\text{Cu}} = 0.337\text{V}$。依此可以测得其他电极的标准电极电位。

三、能斯特方程

标准电极电位（$\varphi^{\ominus}$）是在标准状态下测定的，如果在非标准状态下，电极电位就会发生改变。德国化学家能斯特（Nernst）将影响电极电位的因素，如温度、压力和参加电极反应的物质浓度（严格讲应为活度）等，概括为定量公式，称为能斯特方程。

例如，Ox/Red 电极的电极反应为：

$$\text{Ox} + ne \Longrightarrow \text{Red}$$

在 298.15K（25℃）条件下，其能斯特方程式为：

$$\varphi_{\text{Ox}/\text{Red}} = \varphi^{\ominus}_{\text{Ox}/\text{Red}} + \frac{0.0592}{n}\lg\frac{[\text{Ox}]}{[\text{Red}]} \qquad (15-2)$$

式中：$\varphi_{\text{Ox}/\text{Red}}$——Ox/Red 电极的电极电位；

$\varphi^{\ominus}_{\text{Ox}/\text{Red}}$——Ox/Red 电极的标准电极电位，可以从文献中查到；

n——电极反应中转移的电子数；

$[\text{Ox}]$——电极反应中氧化型一边有关物质浓度的幂次方之积；

$[\text{Red}]$——电极反应中还原型一边有关物质浓度的幂次方之积，幂的指数就是电极反应中各有关物质的计量系数。若参加电极反应的物质是气体，则用气体的分压代替浓度；若参加电极反应的物质是纯固体、纯液体或溶剂时，则其浓度为 1。

在 298.15K 条件下，对于任何电极来说，都可以根据电极反应列出能斯特方程，并计算其电极电位。

知识链接

标准电极电位的查阅

一般情况下，从手册或专著中查到的标准电极电位都是 298.15K（25℃）条件下的数据，因此，标准状态的温度条件可以注明，也可以不注明。

例 15 – 1 在 298.15K（25℃）条件下，试列出电极 AgCl – Ag 的能斯特方程。

解：AgCl – Ag 的电极反应为：

$$\text{AgCl(s)} + e \Longrightarrow \text{Ag} + \text{Cl}^-$$

根据式 15 – 2 可知，AgCl – Ag 的能斯特方程为：

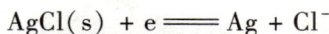

$$\varphi_{\text{AgCl}/\text{Ag}} = \varphi^{\ominus}_{\text{AgCl}/\text{Ag}} + 0.0592\lg\frac{1}{[\text{Cl}^-]}$$

例 15 – 2 298.15K（25℃）条件下，试列出电极 $\text{MnO}_4^-/\text{Mn}^{2+}$ 的能斯特方程。

解： MnO_4^-/Mn^{2+} 的电极反应为：

$$MnO_4^- + 8H^+ + 5e \Longrightarrow Mn^{2+} + 4H_2O$$

根据式 15 - 2 可知，MnO_4^-/Mn^{2+} 的能斯特方程为：

$$\varphi_{MnO_4^-/Mn^{2+}} = \varphi_{MnO_4^-/Mn^{2+}}^{\ominus} + \frac{0.0592}{5} lg \frac{[MnO_4^-][H^+]^8}{[Mn^{2+}]}$$

第二节　直接电位法

直接电位法是通过测量电池电动势来确定待测物质浓度的仪器分析方法，是电位分析方法之一。常用一个电极电位相对稳定的电极（参比电极）和一个电极电位随待测物质浓度变化而变化的电极（指示电极）组成原电池，测量其电动势，根据式 15 - 1 和式 15 - 2 即可求算出待测物质浓度。

一、参比电极和指示电极

（一）参比电极

在一定条件下，电极电位已知且基本恒定的电极称为参比电极。最常用的参比电极是饱和甘汞电极（SCE）。

饱和甘汞电极是由金属汞（Hg）、甘汞（Hg_2Cl_2）和饱和 KCl 溶液构成。如图 15 - 3 所示，电极有内、外两个玻璃管，内管上端封接一根铂丝，铂丝上部与电极导线相连，铂丝下部插入金属汞中，汞层下部是汞和甘汞的糊状物，内玻璃管下端用石棉或纸浆类多孔物堵塞。外玻璃管内充满饱和 KCl 溶液，最下端用素烧瓷芯封紧，素烧瓷芯起到盐桥作用。饱和甘汞电极的实质是 Hg_2Cl_2 – Hg 电极。

Hg_2Cl_2 – Hg 电极的电极反应及其能斯特方程如下：

$$Hg_2Cl_2(s) + 2e \Longrightarrow 2Hg(s) + 2Cl^-$$

$$\varphi_{Hg_2Cl_2/Hg} = \varphi_{Hg_2Cl_2/Hg}^{\ominus} + \frac{0.0592}{2} lg \frac{1}{[Cl^-]^2}$$

298.15K（25℃）条件下，饱和 KCl 溶液中 $[Cl^-]$ 为定值，饱和甘汞电极的电极电位也为定值，即 0.2412V。

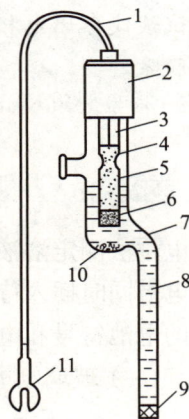

图 15 - 3　饱和甘汞电极示意图

1. 电极引线　2. 电极帽　3. 铂丝　4. 汞
5. 汞 – 甘汞糊　6. 石棉塞　7. 玻璃外管
8. 饱和 KCl 溶液　9. 素烧瓷
10. KCl 晶体　11. 接头

（二）指示电极

电极电位随待测离子浓度的变化而变化的电极称为指示电极。测定溶液的 pH 一般

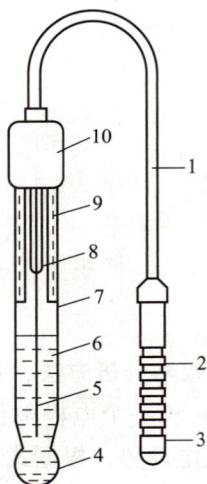

图 15-4 玻璃电极示意图

1. 电缆 2. 电极插头 3. 金属接头

4. 玻璃球膜 5. 内参比电极 6. 缓

冲溶液 7. 厚玻璃管 8. 支管圈

9. 屏蔽层 10. 塑料电极帽

用玻璃电极（GE）作为指示电极。

玻璃电极是在一支厚玻璃管下端接一个特殊玻璃球膜，膜的厚度约为 0.2mm，玻璃球中装有一定 pH 的缓冲溶液，再插入一根涂有氯化银（AgCl）的银丝（Ag）作为内参比电极，如图 15-4 所示。

在 298.15K（25℃）条件下，玻璃电极中的 Ag-AgCl 电极具有恒定的电极电位，玻璃球膜的电位仅决定于膜内、外的 [H$^+$]，可以推算出玻璃电极的电极电位为：

$$\varphi_{玻} = K_{玻} - 0.0592\text{pH} \qquad (15-3)$$

对于确定的玻璃电极来说，$K_{玻}$ 为常数。可见，玻璃电极的电极电位 $\varphi_{玻}$ 仅仅与玻璃膜外溶液的 [H$^+$] 有关，即与待测溶液的 pH 呈线性关系。

由于玻璃不易导电，电路中的电流极其微弱，所以，电极的导线必须采用绝缘屏蔽电缆，以防外界干扰。另外，玻璃电极在使用前必须在水或标准缓冲液中浸泡 24 小时以上。

课堂互动

试谈谈参比电极、饱和甘汞电极、指示电极、玻璃电极等概念之间的区别与联系。

二、直接电位法测定溶液 pH 的基本原理

直接电位法测定溶液 pH 时，以饱和甘汞电极为参比电极，玻璃电极为指示电极，将这两个电极同时插入待测溶液构成原电池，测定其电动势，从而求得待测溶液的 pH。该原电池的电池符号和电池电动势如下：

$$(-)玻璃电极(GE) \mid 待测溶液(X) \mid 饱和甘汞电极(SCE)(+)$$

$$E = \varphi_{(+)} - \varphi_{(-)} = 0.2412 - (K_{玻} - 0.0592\text{pH})$$

即：
$$E = K + 0.0592\text{pH}$$

K 为未知常数。

测定时，需要两次测定才能求算出待测溶液的 pH。

第一次测定已知 pH 的标准缓冲溶液的电池电动势 E_s，则有：

$$E_s = K + 0.0592\text{pH}_s \qquad (15-4)$$

第二次测定未知 pH$_x$ 的待测液的电池电动势 E_x，则有：

$$E_x = K + 0.0592\text{pH}_x \qquad (15-5)$$

联立式 15-4 和式 15-5，求算得：

$$pH_x = pH_s + \frac{E_x - E_s}{0.0592}$$

在实际工作中测定溶液 pH 的仪器自身具备上述运算功能，测定时，先用标准 pH 溶液对仪器校准，再用待测溶液替换标准 pH 溶液进行测定，仪器显示的读数即为待测溶液的 pH。目前常常将饱和甘汞电极和玻璃电极复合在一起，制成一支复合电极，同时具备参比电极和指示电极的功能，使用更加方便。

三、酸度计

酸度计也称 pH 计，是直接电位法测定溶液 pH 的专用仪器，测定时不受氧化剂、还原剂或其他活性物质的影响，也不受有色物质、胶体溶液或混浊溶液的影响。酸度计操作简便，测定快速准确，应用非常广泛。

（一）酸度计的使用

常用的酸度计分为笔式（迷你型）、便携式、台式和在线连续监控测量的在线式等多种类型，它们的使用方法大同小异。现以实验室常用的台式酸度计为例加以介绍。例如，pHS－3C 型酸度计如图 15－5 所示。

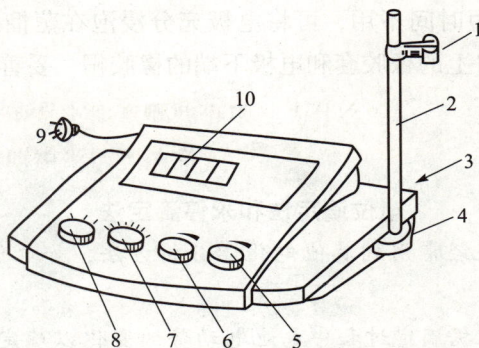

图 15－5　pHS－3C 型酸度计示意图

1. 电极夹　2. 电极杆　3. 电极插口　4. 电极杆插座　5. 定位调节钮　6. 斜率补偿钮
7. 温度补偿钮　8. 功能选择钮（pH/mV）　9. 电源插头　10. 显示屏

使用酸度计之前，先将复合电极浸入纯化水或缓冲溶液中浸泡 24 小时以上。用时与仪器连接，接通电源，将酸度计预热 30 分钟。

测定时，首先校准仪器，即第一次测定。用滤纸吸干复合电极上的水分，插入标准缓冲溶液（其 pH 尽量与待测溶液的 pH 接近。如果采用两次校准法，则第二次校准用的标准缓冲溶液，其 pH 应与第一次校准用的标准缓冲溶液 pH 相差 3 个 pH 单位，且待测液的 pH 处于两种标准缓冲溶液 pH 之间），调节仪器旋钮，使仪器显示的读数与标准缓冲溶液的 pH 相同。

然后测定待测溶液的 pH，即第二次测定。把复合电极洗净，用滤纸吸干电极上的水分，插入待测溶液，仪器显示的读数即为待测溶液的 pH。

（二）复合电极的养护

实验室使用的电极都是复合电极，其优点是使用方便，不受氧化性或还原性物质的影响，且平衡速度较快。为了正常发挥电极的优势，必须正确使用并注意养护电极，应注意以下几点。

1. 使用电极前，将电极加液口上所套的橡胶套和下端的橡皮帽取下，以保持电极内氯化钾溶液的液压差，将电极下端置于蒸馏水或缓冲溶液中浸泡 24 小时以上。

2. 测量过程中，如果更换待测溶液，应用蒸馏水将电极冲洗干净，并用滤纸吸干，或用待测溶液反复冲洗电极之后，再将电极插入待测溶液，以免交叉污染。

3. 用滤纸吸干水分时，严禁用滤纸擦拭玻璃球膜，以免损坏玻璃薄膜，影响测量精度。

4. 测量较高浓度的溶液时，尽量缩短测量时间，用后仔细清洗电极，防止被测液黏附在电极上而污染电极。

5. 电极不能用于强酸、强碱或其他腐蚀性溶液，严禁在脱水性介质如无水乙醇、重铬酸钾等溶液中使用。切忌用洗涤液或其他吸水性试剂浸洗。

6. 使用电极后，若短时间不用，可将电极充分浸泡在蒸馏水或缓冲溶液中，若长时间不用，应封住加液口上的橡胶套和电极下端的橡胶帽，妥善储藏。

视域拓展

电位滴定法和永停滴定法

医药卫生领域还经常用到其他电化学分析方法，如电位滴定法和永停滴定法等。

电位滴定法是根据滴定过程中电池电动势的变化以确定滴定终点的方法。测定时，将适当的参比电极和指示电极插入待滴定的溶液组成原电池，随着滴定剂的不断加入，待测组分浓度不断减小，指示电极的电位不断发生变化，在化学计量点附近，待测组分浓度发生突变，指示电极的电位和电池电动势也发生突变，以此来确定滴定终点。

永停滴定法是根据滴定过程中电池电流的变化以确定滴定终点的方法。测定时，将两个相同的铂电极插入待滴定的溶液组成电解池，在两电极间外加一小电压（10~200mV），在电路中串联一个电流计，随着滴定剂的不断加入，待测组分浓度不断减小，在化学计量点附近，待测组分浓度发生突变，电流计指针发生突变，以此来确定滴定终点。这种分析方法主要用于测定磺胺类药物。

同 步 训 练

一、单选题

1. Cu－Zn 原电池的 Cu 极（　　）
　　A. 是正极　　　　　B. 是负极　　　　　C. 流出电子　　　　D. 不发生反应
2. 能斯特方程反映了电极电位与下列哪种因素的关系（　　）
　　A. 标准电极电位　　B. 得失的电子数　　C. 物质浓度　　　　D. 以上都正确
3. 在实验条件下，电位值能维持固定不变的电极，称为（　　）
　　A. 玻璃电极　　　　B. 甘汞电极　　　　C. 指示电极　　　　D. 参比电极
4. 待测溶液的 pH 约为 6，用酸度计测定其精密 pH 时，应选择的两个标准缓冲液的 pH 是（　　）
　　A. 1.68，4.00　　B. 5.00，6.86　　C. 4.00，6.86　　D. 6.86，9.18
5. 使用玻璃电极前，需要（　　）
　　A. 在酸性溶液中浸泡 1 小时　　　　B. 在碱性溶液中浸泡 1 小时
　　C. 在纯化水中浸泡 24 小时　　　　D. 测量的 pH 不同，浸泡溶液不同
6. 玻璃电极电位在 298.15K（25℃）时与溶液的酸度的关系式为（　　）
　　A. $\varphi_{玻} = K_{玻} + 0.059\text{pH}$　　　　　B. $\varphi_{玻} = K_{玻} - 0.059\text{pH}$
　　C. $\varphi_{玻} = K_{玻} - 0.059[\text{H}^+]$　　　D. $\varphi_{玻} = K_{玻} + 0.059\lg[\text{H}^+]$
7. Cu－Zn 原电池在放电过程中，下列叙述正确的是（　　）
　　A. Zn 电极发生氧化反应　　　　B. Zn 电极发生氧化还原反应
　　C. Cu 电极发生氧化反应　　　　D. Cu 电极发生氧化还原反应

二、填空题

1. 电化学分析法是根据溶液中待测组分的_____及其_____而建立起来的一类仪器分析方法。
2. 电极电位随待测溶液中某种组分浓度变化而变化的电极，称为_____。
3. 测定溶液 pH 选用的指示电极是_____，参比电极是_____。
4. 玻璃电极的电极电位表达式为_____。
5. 原电池的电动势与两个电极的电极电位之间的关系是_____。
6. 在 298.15K（25℃）条件下，标准氢电极的电极电位为_____ V，饱和甘汞电极的电极电位为_____ V。
7. 玻璃电极在使用前应在_____中浸泡_____以上。

三、简答题

1. 原电池的正、负极是如何规定的？

2. 什么是参比电极和指示电极？直接电位法测定溶液 pH 时选用什么电极？

3. 测定溶液 pH 时，应用什么溶液浸泡和洗涤玻璃电极？

4. 在 298.15K 条件下，用玻璃电极、饱和甘汞电极、pH 为 4.00 的缓冲溶液组成原电池，用酸度计测得电动势为 0.209V。电池符号如下：

(−) 玻璃电极(GE) | 待测溶液(X) | 饱和甘汞电极(SCE)(+)

在相同条件下，用待测溶液替代缓冲溶液，测得电动势为 0.312V，试计算待测溶液的 pH。

第十六章　紫外－可见分光光度法

学习要点

1. 基本概念：单色光；互补色光；透光率；吸光度；吸光系数；吸收光谱；最大吸收波长。
2. 基本理论：朗伯－比尔定律。
3. 基本方法：比较吸收光谱的一致性；比较吸收光谱的特征数据；标准曲线法；标准品对照法；吸光系数法。
4. 基本技术：绘制标准曲线；计算试样溶液的浓度；分光光度计的使用。
5. 技能应用：分光光度法在定性和定量分析中的应用。

在仪器分析中，根据待测物质发射或吸收的电磁辐射以及待测物质与电磁辐射的相互作用而建立起来的定性、定量和结构分析方法，统称为光学分析法。紫外－可见分光光度法是最基本的光学分析方法之一，它是根据物质分子对波长为 $200 \sim 760nm$ 范围的电磁波的吸收特性所建立起来的一种定性、定量和结构分析方法。

知识链接

紫外－可见分光光度法的特点

1. 灵敏度高，被测物最低浓度一般为 $10^{-5} \sim 10^{-6}mol/L$，适用于微量或者痕量组分分析。
2. 准确度高，相对误差在 $1\% \sim 5\%$，能满足对微量组分的分析要求。
3. 仪器设备简单、操作简便、测定快速。
4. 应用范围广，广泛用于药学研究、药品分析、卫生检验、环境分析、科学研究和工农业生产等领域。

第一节　光的本质与溶液的颜色

如果把不同颜色的物质放在暗处，则看不出任何颜色。这说明物质呈现的颜色和光有着密切的关系。一种物质呈现何种颜色，与光的组成和物质本身的结构有关。

一、光的本质

从本质上讲，光是一种电磁波，它具有波动性（表现为光的反射、折射、衍射、干涉和偏振等）和粒子性（表现为光具有一定的能量，能够被物质吸收或发射，以及产生光电效应等），即光具有波粒二象性。通常用频率、波长、波数和光速来描述光的波动性，用光的能量来描述光的粒子性。

1. 频率（ν） 单位时间内通过传播方向某一点的波峰或波谷的数目，即单位时间内电磁辐射振动的次数，其单位为赫兹（Hz）。

2. 波长（λ） 相邻两个波峰或波谷之间的直线距离，其单位为米（m）、厘米（cm）、微米（μm）、纳米（nm）等。

3. 波数（σ） 每厘米长度内所含光波的数目，它是波长的倒数，其单位为 cm^{-1}。

4. 光速（c） 光在每秒内传播的距离，其单位为 m/s。实验证明，各种不同的光（不同波长的电磁波）在真空中的传播速度是相同的，都等于 2.99795×10^8 m/s。在其他透明介质中，不同的光的光速（均小于真空光速）随着波长、介质的不同而不同。

波数、波长、光速和频率之间的关系为：

$$\sigma = \frac{1}{\lambda} = \frac{\nu}{c} \qquad (16-1)$$

5. 光能（E） 是指光所具有的能量，其单位为焦耳（J）。光波是高速传播的粒子流，不同波长的光具有不同的能量，光能的大小与光的频率成正比，即：

$$E = hn = h\frac{c}{l} \qquad (16-2)$$

式 16-2 中，h 为普朗克常数，其值等于 6.6262×10^{-34} J·s。

当一定波长的光与物质发生相互作用时，物质就会表现为吸光或发光，其实质是光与物质发生了能量交换。

人的视觉所能感觉到的光称为可见光，波长范围为 400~760nm，人的眼睛感觉不到的还有红外光（波长大于 760nm）、紫外光（波长小于 400nm）等。图 16-1 为几种光的波长范围。

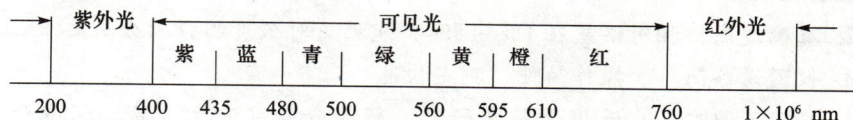

图 16-1 几种光的波长范围

在可见光区，不同波长的光呈不同的颜色，但各种有色光之间并没有严格的界线，而是由一种颜色逐渐过渡到另一种颜色。

二、单色光与复合光

具有单一波长的光称为单色光。由不同波长的光组成的光称为复合光。实验证明，白光（如日光、白炽电灯光、日光灯光等）属于复合光，它是由各种不同颜色的光按一定强度比例混合而成的。如果让一束白光通过棱镜，便可分解为红、橙、黄、绿、青、蓝、紫七种颜色的光，这种现象称为光的色散。

两种适当颜色的单色光按一定强度比例混合可成为白光，这两种单色光称为互补色光。如图 16－2 所示，同一直线上对应的两种色光为互补色光，如绿光和紫光是互补色光。

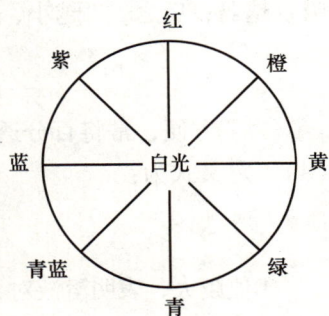

三、溶液的颜色

溶液所呈现颜色是因为溶液吸收了白光中的一种或数种色光，而呈现出其对应的互补色光。例如高锰酸钾溶液因吸收了白光中的绿色光而呈紫色。

图 16－2　光的互补色示意图

同理，当一束白光通过某溶液时，如果该溶液对可见光区各波长的光都不吸收，即入射光全部通过溶液，这时看到的溶液是无色透明的。当该溶液对各种波长的光完全吸收，则看到的溶液呈黑色。若该溶液对各种波长的光吸收程度相同，则溶液灰暗透明。

课堂互动

一束白光透过硫酸铜溶液后，何种颜色的光被吸收了？何种颜色的光几乎不被吸收？

第二节　光的吸收定律

一、透光率和吸光度

（一）透光率

当一束单色光照射到均匀而无散射的溶液时，一部分光被溶液吸收，另一部分光透过溶液。假设 I_0 为入射光的强度，I_a 为溶液吸收光的强度，I_t 为透过光的强度，如图 16－3 所示。

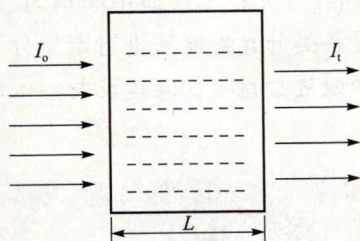

则：
$$I_0 = I_a + I_t \qquad (16-3)$$

当入射光的强度 I_0 一定时，溶液吸收光的强度 I_a 越大，溶液透过光的强度 I_t 越小，表明溶液对光的吸收程度越大。

图 16－3　光束照射溶液示意图

透射光强度（I_t）与入射光强度（I_0）的比值称为透光率或透光度，用 T 表示，即：

$$T = \frac{I_t}{I_0} \times 100\% \qquad (16-4)$$

透光率常以百分率表示，称为百分透光率；溶液的百分透光率越大，表明它对光的吸收越弱；反之，T 越小，表明它对光的吸收越强。

（二）吸光度

为了方便，常将百分透光率 T 的倒数取对数来表明溶液对光的吸收程度，称吸光度（A），定义式为：

$$A = \lg \frac{1}{T} = -\lg T = \lg \frac{I_o}{I_t} \qquad (16-5)$$

A 值越大，表明溶液对光吸收越强；反之，A 值越小，表明它对光的吸收越弱。T 及 A 都可以表示物质对光的吸收程度，吸光度 A 为一个无单位的量，两者可通过式 $16-5$ 互相换算。

> **课堂互动**
>
> 透光率 T 为 10%，其吸光度 A 为多少？吸光度 A 为 0.60，其透光率 T 为多少？

二、朗伯－比尔定律

朗伯（Lambert）和比尔（Beer）分别于 1760 年和 1852 年研究了有色溶液的吸光度与溶液液层厚度 L 和浓度 c 的定量关系，结合二者的研究成果得到朗伯－比尔定律，又称光的吸收定律，表述为：当一束平行的单色光通过均匀、无散射的含有吸光性物质的溶液时，在入射光的波长、强度及溶液的温度等条件不变的情况下，溶液的吸光度 A 与溶液的浓度 c 及液层厚度 L 的乘积成正比，即：

$$A = KcL \qquad (16-6)$$

式中：A——吸光度；

K——吸光系数，在一定条件下为常数；

c——溶液浓度，mol/L 或 g/100mL；

L——液层的厚度，cm。

朗伯－比尔定律不仅适用于可见光，也适用于紫外光和红外光；不仅适用于均匀、无散射的溶液，也适用于均匀、无散射的固体和气体，它是各类分光光度法进行定量分析的理论依据。但它只适用于稀溶液和单色光，若为浓溶液或复合光时，误差较大。

> **知识链接**
>
> **吸光度的加和性**
>
> 吸光度具有加和性，如果溶液中同时存在多种吸光物质，则测得的吸光度等于各吸光度物质吸光度的总和，即：
>
> $$A_{(a+b+c)} = A_a + A_b + A_c$$
>
> 根据吸光度的加和性，有时可以在同一试样中不经分离同时测定两个以上的组分。

三、吸光系数

朗伯－比尔定律数学表达式中的 K 称为吸光系数，是物质的特征常数之一。其物理意义是吸光物质在单位浓度、单位液层厚度时的吸光度。当溶液的浓度选用不同的表示方法时，吸光系数的表示方法也不同。常用的表示方法有两种：

（一）摩尔吸光系数

摩尔吸光系数是指在波长一定时，吸光物质的溶液浓度为 1mol/L，液层厚度为 1cm 时的吸光度，单位为 L/（mol·cm）。常用 ε 表示。

$$\varepsilon = \frac{A}{cL} \qquad (16-7)$$

式中：ε——摩尔吸光系数；

A——吸光度；

c——溶液的物质的量浓度；

L——液层的厚度。

（二）百分吸光系数或比吸光系数

百分吸光系数是指在波长一定时，吸光物质的溶液浓度为 1g/100mL，液层厚度为 1cm 时的吸光度，单位为 100mL/（g·cm）。常用 $E_{1cm}^{1\%}$ 表示。

在药物分析工作中，应用较多的是百分吸光系数。

$$E_{1cm}^{1\%} = \frac{A}{\rho_B L} \qquad (16-8)$$

式中：$E_{1cm}^{1\%}$——百分吸光系数；

A——吸光度；

ρ_B——溶液的质量浓度；

L——液层的厚度。

摩尔吸光系数（ε）和百分吸光系数（$E_{1cm}^{1\%}$）之间的换算关系是：

$$E_{1cm}^{1\%} = 10\,\frac{\varepsilon}{M} \quad 或 \quad \varepsilon = \frac{E_{1cm}^{1\%} \cdot M}{10} \qquad (16-9)$$

例 16-1　某化合物的摩尔质量为 125g/mol，摩尔吸光系数 2.5×10^5 L/（mol·cm），配制该化合物溶液 1L，将其稀释 200 倍，于 1.00cm 吸收池中测得其吸光度 0.587，问需要该化合物的质量是多少？

解：已知 $M = 125$g/mol，$\varepsilon = 2.5 \times 10^5$ L/（mol·cm），$L = 1.00$cm，$A = 0.587$，$V = 1$L。设需要该化合物的质量为 x。

根据公式 $A = \varepsilon cL$ 得：

$$0.587 = 2.5 \times 10^5 \times \frac{\dfrac{x}{125}}{1 \times 200} \times 1.00$$

解得 $x = 0.0587$ （g）

答：需要该化合物质量为 0.0587g。

例 16 – 2 用氯霉素（摩尔质量为 323.15g/mol）纯品配制 100mL 含 2.00mg 的溶液，在 1.00 cm 厚的吸收池中，于 278 nm 波长处测得其吸光度为 0.614，试计算氯霉素在 278 nm 波长处的百分吸光系数和摩尔吸光系数。

解： 已知 $M = 323.15$g/mol，$\rho_B = 2.00$mg/100mL $= 2.00 \times 10^{-3}$g/100mL，$A = 0.614$，$L = 1.00$cm。

根据公式
$$E_{1cm}^{1\%} = \frac{A}{\rho_B L}$$

得
$$E_{1cm}^{1\%} = \frac{0.614}{2.00 \times 10^{-3} \times 1.00} = 307 \left[100\text{mL}/(\text{g} \cdot \text{cm})\right]$$

根据公式
$$\varepsilon = \frac{E_{1cm}^{1\%} \cdot M}{10}$$

得
$$\varepsilon = \frac{307 \times 323.15}{10} = 9921 \left[\text{L}/(\text{mol} \cdot \text{cm})\right]$$

答：氯霉素在 278 nm 波长处的百分吸光系数和摩尔吸光系数分别为 307 [100mL/(g·cm)] 和 9921L/(mol·cm)。

吸光系数在一定条件下是一个常数，它与入射光的波长、溶质的本性以及溶液的温度有关，也与仪器的质量优劣有关，它的数值越大，说明有色溶液对光越容易吸收，测定的灵敏度越高。一般 ε 值在 10^3 以上即可用于定量测定。

不同物质对同一波长单色光可以有不同的吸光系数。同一物质对不同波长单色光也会有不同的吸光系数。一般用物质最大吸收波长（λ_{max}）处的吸光系数作为一定条件下衡量灵敏度的特征常数，因此，吸光系数是吸光光度法进行定性和定量分析的重要依据。

四、吸收光谱

吸收光谱又称吸收光谱曲线或吸收曲线，它是在浓度一定的条件下，以波长（λ）为横坐标，以吸光度（A）为纵坐标，所绘制的曲线。例如将不同波长的单色光依次通过一定浓度的高锰酸钾溶液，便可测出该溶液对各种单色光的吸光度。然后以波长（λ）为横坐标，以吸光度（A）为纵坐标，绘制曲线，曲线上吸光度最大的地方称为最大吸收峰，它所对应的波长称为最大吸收波长，用 λ_{max} 表示。图 16 – 4 为不同浓度高锰酸钾溶液的吸收光谱曲线。

从图 16 – 4 中四种不同浓度高锰酸钾溶液的吸收光谱曲线可以看出：

1. 高锰酸钾溶液的 λ_{max} 为 525nm，说明高锰酸钾溶液对波长 525nm 附近的绿色光有最大吸收，而对紫色光和红色光则吸收很少，故高锰酸钾溶液显现绿色光的互补色即紫红色。

2. 四种不同浓度的高锰酸钾溶液在相同的波长范围内所形成的吸收峰高度不同，浓度越大，吸收峰越高，即吸光度越大。因此在相同条件下，吸光度的大小与浓度有关。这是分光光度法定量分析的依据。

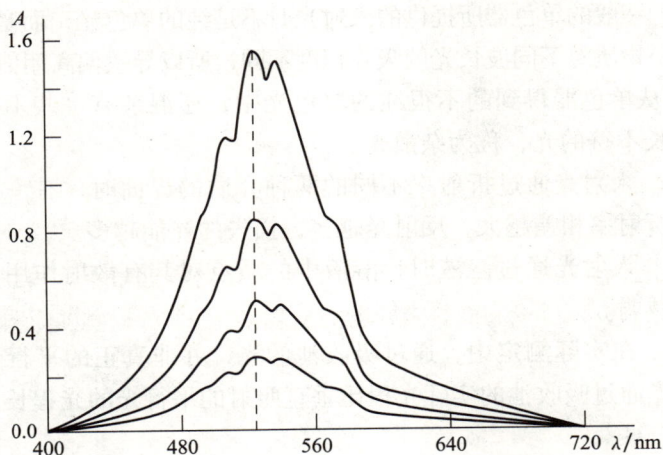

图 16 - 4　高锰酸钾溶液的吸收光谱曲线

3. 在相同条件下四种不同浓度的高锰酸钾溶液，其吸收光谱曲线的形状非常相似，最大吸收波长相同，说明吸收光谱的形状与溶液中溶质的结构有关。这是分光光度法定性分析的依据。

4. 当溶液的浓度、温度、液层的厚度一定时，溶液对 λ_{max} 的光吸收程度最大。因此，常用 λ_{max} 的光作为测定溶液吸光度的入射光，以获得较高的测定灵敏度。

五、影响朗伯 - 比尔定律的主要因素

在定量分析时，如果吸收池的厚度保持不变，按照朗伯 - 比尔定律，以吸光度对浓度作图，应得到一条通过原点的直线。在实际工作中，很多因素可能导致标准曲线发生弯曲，偏离朗伯 - 比尔定律，给测定带来误差，如图 16 - 5 所示。

偏离朗伯 - 比尔定律的原因很多，主要原因有化学方面和光学方面的因素。

(一) 化学因素

严格地说，朗伯 - 比尔定律只适用于浓度小于 0.01mol/L 的稀溶液。一是因为浓度高时，吸光粒子间的平均距离减小，受粒子间电荷分布相互作用的影响，其摩尔吸收系数发生改变，导致偏离朗伯 - 比尔定律。二是由于浓度较大时，因溶液对光折射率的显

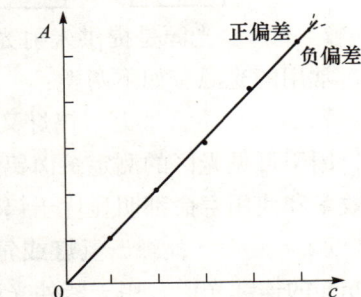

图 16 - 5　偏离光的吸收定律示意图

著改变而使观测到的吸光度发生较显著的变化，导致偏离朗伯 - 比尔定律。

另外，溶液中的吸光物质可因浓度或其他因素改变而发生解离、缔合、形成新化合物或互变异构等化学变化，导致明显偏离朗伯 - 比尔定律。

(二) 光学因素

1. 非单色光的影响　严格地说，光的吸收定律只适用于单色光，但实际上，难以得

到纯粹的单色光。一般的单色器所提供的入射光并不是纯的单色光，而是波长范围较窄的复合光。由于同一物质对不同波长光的吸收程度不同，所以导致偏离朗伯－比尔定律。

2. 杂散光　从单色器得到的不很纯的单色光中，还混杂有一些不在谱带宽度范围内、与所需的波长不符的光，称为杂散光。

3. 反射现象　入射光通过折射率不同的两种介质的界面时，有一部分被反射而损失。两种介质的折射率相差越大，反射光越多，损失的光能越多。

4. 散射现象　入射光通过溶液时，溶液中的质点对其有散射作用，造成光的部分损失而使透过光减弱。

5. 非平行光　在实际测定中，通过吸收池的光，并非真正的平行光，而是稍有倾斜的光束，倾斜光通过吸收池的实际光程比垂直照射的平行光的光程长，从而影响 A 的测量值。

第三节　紫外－可见分光光度计

在紫外光区（200～400nm）和可见光区（400～760nm），用于测定待测物质对一定波长光的吸光度或透光率的仪器称为紫外－可见分光光度计。目前常用的紫外－可见分光光度计可测定的波长范围为 200～800nm，在该波长范围内，能够任意选择不同波长的单色光来测定溶液的吸光度和透光率。

一、紫外－可见分光光度计的基本结构

各种型号的紫外－可见分光光度计，就其基本结构来说，都是由光源、单色器、吸收池、检测器及显示器五个主要部件组成：

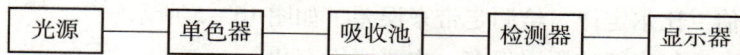

光源 → 单色器 → 吸收池 → 检测器 → 显示器

1. 光源　光源是提供入射光的部件。要求能够发射出强度足够而且稳定的连续光谱，常用的光源有如下两类：

（1）**钨灯或卤钨灯**　钨灯又称白炽灯，可以发射波长范围为 350～800nm 的连续光谱，用于可见光区的测定。卤钨灯是钨灯灯泡内充入碘或溴的低压蒸气制成的灯，其发光效率和使用寿命都明显优于钨灯。

（2）**氢灯或氘灯**　氢灯或氘灯都是气体放电发光体，可以发射波长范围为 150～400nm 的连续光谱，用于紫外光区的测定。

2. 单色器　单色器是将光源发射的复合光色散分离出单色光的光学装置。其由入射狭缝、准直镜（透镜或凹面反射镜，它可使入射光变成平行光）、色散元件、聚焦元件和出射狭缝等几个部分组成。其核心部分是色散元件，起分光作用。狭缝在决定单色器性能上起着重要作用，狭缝宽度过大时，谱带宽度太大，入射光单色性差；狭缝宽度过小时，又会减弱光强。

色散元件主要有棱镜和光栅。

（1）**棱镜**　有玻璃和石英两种材料。不同波长的光通过棱镜时有不同的折光率，

因而棱镜可将不同波长的光分开。由于玻璃会吸收紫外光，所以玻璃棱镜适用于可见光区，石英棱镜适用于紫外光区。

（2）光栅　光栅是依据光的衍射和干涉原理而制成的，是在高度抛光的玻璃表面上每毫米刻有大约 1200 个等宽、等距的平行条纹的色散元件。它可用于紫外、可见和近红外光谱区域，在整个波长区域中具有良好的、几乎均匀一致的色散率，并且具有适用波长范围宽、分辨本领高、成本低、便于保存和易于制作等优点，所以光栅是目前用得最多的色散元件。光栅也有不足之处，其缺点是形成的各级光谱会重叠而产生干扰。

3. 吸收池　吸收池是用于盛放分析液的器皿，又称比色皿或比色杯。吸收池一般有玻璃和石英两种材质的。玻璃吸收池只能用于可见光区。石英吸收池可用于可见光区及紫外光区。吸收池的大小规格从几毫米到几厘米不等。最常用的是 1cm 的吸收池。为减少光的反射损失，吸收池的光学面必须严格垂直于光束方向。在分析测定过程中，吸收池要挑选配对，使它们的性能基本一致。因为吸收池材料本身及光学面的光学特性以及吸收池光程长度的精确性等，对吸光度的测量结果都有直接影响。吸收池上的指纹、油污或池壁上的沉积物都会影响其透光性，因此，不能用手接触透光面，使用前后必须彻底清洗，并用擦镜纸吸干外壁上黏附的水分。

4. 检测器　检测器是一种光电转换元件，是检测单色光通过溶液后透过光的强度、把光信号转变为电信号的装置。检测器有光电池、光电管和光电倍增管等。

（1）光电池　是一种光敏半导体元件。主要是硒光电池和硅光电池，其特点是不必经过放大就能产生直接推动微安表或检流计的光电流。但由于它容易出现"疲劳效应"、寿命较短而只能用于低档的仪器中。

（2）光电管　光电管在紫外－可见分光光度计上应用很广泛。它以一弯成半圆柱且内表面涂上一层光敏材料的镍片作为阴极，以置于圆柱形中心的一金属丝作为阳极，密封于高真空的玻璃或石英中构成的。与光电池比较，光电管具有灵敏度高、光敏范围宽、不易疲劳等优点。

（3）光电倍增管　光电倍增管实际上是一种加上多级倍增电极的光电管。与光电管比较，光电倍增管灵敏度更高，对光谱的精细结构有较好的分辨能力。

5. 显示器　就是信号显示系统，其作用是放大信号并以适当的方式显示或记录。常用的信号显示系统有指针式、数字式等。现在许多分光光度计配有微电脑处理工作站，一方面可以对仪器进行控制，另一方面可以对数据自动进行处理。

课堂互动

　　简述分光光度计的主要部件及各部件的作用。

二、常见的紫外－可见分光光度计

（一）722 型可见分光光度计

722 型可见分光光度计的外形如图 16－6 所示。

图 16 - 6　722 型可见分光光度计
1. 试样室盖　2. 数字显示屏　3. 确认键　4. 0% T 键　5. 100% T 键　6. 功能键
7. 波长读数窗　8. 波长旋钮　9. 试样室　10. 试样架推拉杆

722 型可见分光光度计的光源为 12V、25W 的钨灯，可测定的波长范围为 330 ~ 800nm。色散元件为光栅；吸收池由光学玻璃制成，每台配有一套厚度分别为 0.5cm、1.0cm、2.0cm、3.0cm、5.0cm 等规格的吸收池供选用；检测器为真空光电管；显示器为数字式。这种仪器构造简单，单色性差，故常用于可见光区的一般定量分析。

（二）　UV755 型紫外 - 可见分光光度计

UV755 型紫外 - 可见分光光度计的外形如图 16 - 7 所示。

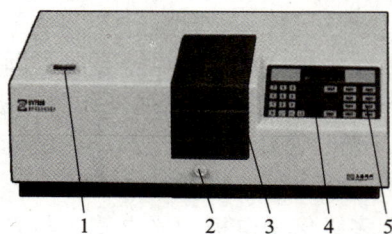

图 16 - 7　UV755 型紫外 - 可见分光光度计
1. 波长读数窗　2. 试样架推拉杆　3. 试样室盖
4. 数字显示屏　5. 功能键

UV755 型紫外 - 可见分光光度计可测定的波长范围为 190 ~ 1100nm。自动切换光源，自动控制氘灯和钨灯的开关，自动校准波长等；单色器的色散元件是一个平面光栅；吸收池有玻璃和石英材质的各一套；样品室宽大，可容纳 5 ~ 100mm 各种规格的吸收池；采用液晶显示器，可直接显示浓度、吸光度或透光率，也可显示标准曲线，并可选配打印机打印，主机可存储测试数据；USB 数据输出接口，可选配专业软件进行联机操作；薄膜按键，操作简单方便。可测定各种物质在紫外光区、可见光区和近红外光区的吸收光谱，进行各种物质的定性及定量分析。

（三）　T6 紫外 - 可见分光光度计

T6 紫外 - 可见分光光度计的外形如图 16 - 8 所示。

T6 紫外 - 可见分光光度计可测定的波长范围为 190 ~ 1100nm。具有自动切换钨灯、氘灯光源，自动校准波长，自动记录点灯时间等功能；单色器的色散元件是光栅；样品室可容纳 5 ~ 100mm 各种规格的吸收池，可支持 8 联池的操作；采用炫彩蓝色 LCD 显示屏，可直接显示浓度、吸光度或透光率，也可显示标准曲线，并可选配打印机打印结果；主机可存储测试数据，也可连接计算机，利用专业软件进行光谱扫描和时间扫描，

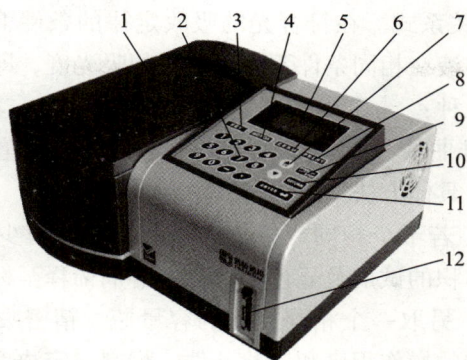

图 16 – 8　T6 紫外 – 可见分光光度计

1. 样品室盖　2. 数字键　3. 设置按钮　4. 波长按钮　5. LCD 显示屏　6. 清零键　7. 上下键
8. 打印按钮　9. 读数键　10. 返回按钮　11. 确认键　12. 功能扩展卡

可对三维谱图进行显示、光照、着色、分层等效果处理，使用该机的功能扩展卡，可进行 DNA/蛋白质、蔬菜农药残留物的定量测定。可在紫外区、可见区和近红外区进行各种物质的定性及定量分析。这种经济型的紫外 – 可见分光光度计具有超低的杂散光指标。

第四节　定性和定量分析

一、定性分析方法

1. 比较吸收光谱的一致性　在相同条件下，分别测定未知物和标准品的吸收光谱曲线，对比二者是否一致。当没有标准品时，可以将未知药物的吸收光谱与权威工具书中收录的该药物的标准图谱进行严格的对照比较。如果这两个吸收光谱曲线的形状和光谱特征（如吸收曲线的形状、肩峰、吸收峰的数目、峰位和强度等）完全一致，则可以初步认为二者是同一化合物。需要注意的是，只有在用其他光谱方法进一步证实后，才能得出较为肯定的结论。因为主要官能团相同的物质，可能会产生非常相似、甚至相同的紫外 – 可见吸收光谱曲线，所以，吸收光谱曲线相同，可能不一定是同一种化合物。但如果这两个吸收光谱曲线的形状和光谱特征有差异，则可以肯定二者不是同一种化合物。

2. 比较吸收光谱的特征数据　最大吸收波长（λ_{max}）和吸光系数是用于定性鉴别的主要光谱特征数据。在不同化合物的吸收光谱中，最大吸收波长（λ_{max}）可以相同，但因相对分子质量不同，百分吸光系数值会有差别。有些化合物的吸收峰较多，而各吸收峰对应的吸光度或百分吸光系数的比值是一定的，因此，也可以通过比较吸光度或百分吸光系数的比值的一致性，进行定性鉴别。

二、定量分析方法

朗伯 – 比尔定律是分光光度法定量分析的依据。被测溶液的吸光度与其浓度、液层

的厚度之间符合 $A = KcL$ 关系式。在符合光的吸收定律的条件下，选用 λ_{max} 光作为入射光，对标准溶液和试样溶液在相同条件下测出它们的吸光度，即可计算出被测组分的含量。常用的方法主要有三种：

1. 标准曲线法　标准曲线法是分光光度法中最常用的定量分析方法，特别适合于大批量试样的定量测定。具体方法如下：

（1）**配制标准系列**　若干个相同规格的容量瓶，按照由少到多的顺序依次加入标准溶液，并分别加入等体积的试剂及显色剂，再加溶剂稀释至标线，摇匀备用。

（2）**配制试样溶液**　另取一个相同规格的容量瓶，精密吸取一定体积的原试样溶液，按照与标准系列相同的操作程序和实验条件，配制一定浓度的试样溶液。

（3）**测定标准系列和试样溶液的吸光度**　选择合适的参比（空白）溶液，在相同的条件下，以该溶液最大吸收波长（λ_{max}）的光作为入射光，分别测定标准系列各溶液和试样溶液所对应的吸光度。

（4）**绘制标准曲线**　根据测定结果，以标准溶液浓度（c）为横坐标，所对应的吸光度（A）为纵坐标，绘制吸光度 - 浓度曲线，称为标准曲线，也称为工作曲线或 $A-c$ 曲线。如图 16 - 9 所示。

（5）**计算原试样溶液的浓度**　根据测定的试样溶液的吸光度，在标准曲线上的纵坐标上找到试样的吸光度（A_x），再在标准曲线的横坐标上确定所对应的试样溶液的浓度（c_x），如图 16 - 9 所示。最后，根据配制试样溶液时所取的原试样溶液的体积以及容量瓶的容积，用下式计算原试样溶液的浓度（$c_{原样}$）。

$$c_{原样} = c_x \times 稀释倍数 \qquad (16 - 10)$$

使用标准曲线法一般要用 4~7 个标准溶液，其浓度范围应在溶液的吸光度与其浓度呈线性关系的区间内，且溶液的吸光度（A）最好控制在 0.2~0.8 范围内。

如果标准系列的浓度适当，测定条件合适，那么理想的标准曲线就是一条通过坐标原点的直线，如图 16 - 9 所示。在实际工作中，由于单色光不纯、溶液浓度过高或过低、吸光物质性质不稳定等导致偏离光的吸收定律，出现标准曲线在高浓度端发生弯曲现象，如图 16 - 5，将给测定结果带来误差。

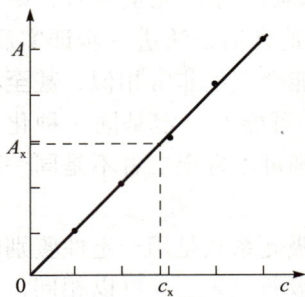

图 16 - 9　标准曲线（$A-c$ 曲线）

2. 标准品对照法　在相同的条件下，配制浓度为 $c_{标}$ 的标准溶液和浓度为 $c_{样}$ 的试样溶液，在最大吸收波长 λ_{max} 处，分别测定二者的吸光度值为 $A_{标}$、$A_{样}$，依据朗伯 - 比尔定律，则：

$$A_{标} = K_{标} c_{标} L_{标}$$
$$A_{样} = K_{样} c_{样} L_{样}$$

由于是同一种物质，用同一台仪器、相同厚度的吸收池在同一波长处测定，其 $K_{标} = K_{样}$，则：

$$c_{样} = c_{标} \frac{A_{样}}{A_{标}} \qquad (16 - 11)$$

再根据稀释倍数求出原试样液的浓度：$c_{原样} = c_{样} \times$ 稀释倍数。

一般来说，为了减少误差，标准品对照法配制的标准溶液浓度常与试样溶液的浓度相接近。

例 16-3　精密吸取 $KMnO_4$ 试样溶液 5.00mL，加蒸馏水稀释至 25.00mL。另配制 $KMnO_4$ 标准溶液的浓度为 25.0μg/mL。在 $\lambda_{max} = 525nm$ 处，用 1cm 厚的吸收池，测定试样溶液和标准溶液的吸光度分别为 0.220 和 0.250，求原试样溶液中 $KMnO_4$ 的浓度。

解　已知 $A_{标} = 0.250$，$A_{样} = 0.220$，$c_{标} = 25.0$ μg/mL。

根据公式 $c_{样} = c_{标} \dfrac{A_{样}}{A_{标}}$，得：

$$c_{样} = c_{标} \frac{A_{样}}{A_{标}} = 25.0 \times \frac{0.220}{0.250} = 22.0(μg/mL)$$

根据公式 $c_{原样} = c_{样} \times$ 稀释倍数，得：

$$c_{原样} = c_{样} \times 稀释倍数 = 22.0 \times \frac{25.0}{5.00} = 110(μg/mL)$$

答：原试样溶液中 $KMnO_4$ 的浓度为 110μg/mL。

3. 吸光系数法　吸光系数法又称绝对法，是直接利用朗伯-比尔定律的数学表达式 $A = KcL$ 进行计算的定量分析方法。在相关的手册中查出待测物质在最大吸收波长 λ_{max} 处的吸光系数（ε 或 $E_{1cm}^{1\%}$），并在相同条件下测量试样溶液的吸光度 A，则其浓度可根据式 16-7 或式 16-8 计算。

例 16-4　维生素 B_{12} 的水溶液在 $\lambda_{max} = 361nm$ 处的百分吸光系数 $E_{1cm}^{1\%} = 207$ [100mL/(g·cm)]。若用 1cm 的吸收池，测得维生素 B_{12} 试样溶液在 361nm 波长处的吸光度 $A = 0.621$，试求该溶液的质量浓度。

解　已知 $E_{1cm}^{1\%} = 207$ [100mL/(g·cm)]，$L = 1.00cm$，$A = 0.621$。

根据公式 $\rho_B = \dfrac{A}{E_{1cm}^{1\%} L}$，得：

$$\rho_B = \frac{A}{E_{1cm}^{1\%} L} = \frac{0.621}{207 \times 1.00} = 0.00300(g/100mL)$$

答：该溶液的质量浓度为 0.00300g/100mL。

视域拓展

红外分光光度法

红外分光光度法是利用物质对红外光的吸收光谱而建立起来的分析方法，又称为红外吸收光谱法，用 IR 表示。其特点是光谱与分子结构密切相关，吸收峰既多又密，信息量多，特征性强。主要应用于有机化合物的定性鉴别和结构分析。也可用于定量分析，但其灵敏度、准确度较低。

同 步 训 练

一、单选题

1. 有色物质的浓度、最大吸收波长、吸光度三者的关系是（　　）
   - A. 增加、增加、增加
   - B. 减小、不变、减小
   - C. 减小、增加、增加
   - D. 增加、不变、减小

2. 某浓度的溶液在 1 cm 吸收池中测得透光率为 T，若浓度增大 1 倍，则透光率为
（　　）
   - A. T^2
   - B. $2\sqrt{T}$
   - C. $2T$
   - D. $\sqrt{T}$

3. 以下说法错误的是（　　）
   - A. 吸光度随浓度增加而增加
   - B. 吸光度随液层厚度增加而增加
   - C. 吸光度随入射光的波长减小而增加
   - D. 吸光度随透光率的增大而减小

4. 下列关于吸收光谱曲线的描述中，不正确的是（　　）
   - A. 吸收光谱曲线表明了吸光度随波长的变化情况
   - B. 吸收光谱曲线以波长为纵坐标，以吸光度为横坐标
   - C. 吸收光谱曲线中，最大吸收峰处的波长为最大吸收波长
   - D. 同一物质不同浓度溶液的吸收光谱曲线形状相似，最大吸收波长相同

5. 用 1 cm 吸收池测定某有色溶液的吸光度为 A，若改用 2 cm 吸收池，则吸光度为
（　　）
   - A. $2A$
   - B. $A/2$
   - C. A
   - D. $4A$

6. 吸收光谱曲线是（　　）
   - A. 吸光度（A）- 时间（t）曲线
   - B. 吸光度（A）- 波长（λ）曲线
   - C. 吸光度（A）- 浓度（c）曲线
   - D. 吸光度（A）- 温度（T）曲线

7. 分光光度法中的标准曲线是（　　）
   - A. 吸光度（A）- 时间（t）曲线
   - B. 吸光度（A）- 波长（λ）曲线
   - C. 吸光度（A）- 浓度（c）曲线
   - D. 吸光度（A）- 温度（T）曲线

8. 高锰酸钾能选择吸收白光中的（　　）
   - A. 蓝色光
   - B. 绿色光
   - C. 黄色光
   - D. 青色光

9. 紫外 - 可见分光光度计的使用波长（nm）范围为（　　）
   - A. 200 ~ 400
   - B. 400 ~ 760
   - C. 200 ~ 1000
   - D. 780 ~ 1000

10. 在绘制标准曲线和测定试样时，应保持一致的是（　　）
    - A. 浓度
    - B. 温度
    - C. 标样量
    - D. 吸光度

二、填空题

1. 已知某有色配合物在一定波长下用 2 cm 吸收池测定时其透光率 $T = 0.60$，若在相

同条件下改用 1cm 吸收池测定，吸光度 A 为_____；用 3cm 吸收池测量，透光率 T 又为_____。

2. 测量某有色配合物的透光率时，若吸收池厚度不变，当有色配合物浓度为 c 时的透光率为 T，当其浓度变为原来的三分之一时的透光率为_____。

3. 吸收曲线上吸光度最大的地方称为_____，它对应的波长称为_____，吸收曲线的_____和_____与物质的分子结构有关，因此，吸收曲线的特征可作为对物质进行_____的基础。

4. 对于同一物质的不同浓度溶液来说，其吸收曲线的形状_____，最大吸收波长_____，只是吸收程度_____，表现在曲线上就是曲线的_____。

5. 吸收光谱是在浓度一定的条件下，以_____为横坐标，以_____为纵坐标，所绘制的曲线。

6. 分光光度计根据所用的光源不同，可分为_____、_____、_____。

7. 紫外－可见分光光度计由_____、_____、_____、_____、_____ 五个主要部件组成。

8. 棱镜单色器有玻璃和石英两种材料，玻璃棱镜适用于_____，石英棱镜适用于_____。

9. 吸收池一般有玻璃和石英两种材质制成。玻璃吸收池只能用于_____。石英吸收池可用于_____，也可用于_____。

10. 分光光度法中常用的定量分析方法主要有三种，分别是_____、_____、_____。

三、简答题

1. 试述朗伯－比尔定律及其数学表达式。
2. 试述偏离朗伯－比尔定律的主要原因。

四、计算题

1. 维生素 B_{12} 标准溶液的浓度为 10.0mg/L，其吸光度为 0.618，有一液体试样，在同一条件下测得吸光度为 0.206，求试样溶液中维生素 B_{12} 的含量（mg/L）？

2. 安络血的相对摩尔质量为 236，将其配成 100mL 含安络血 0.4300mg 的溶液，盛于 1cm 吸收池中，在 λ_{max} =355nm 处测得 A 值为 0.483，试求安络血的 ε 值。

第十七章　色谱法基础

学习要点

1. 基本概念：色谱法；固定相；流动相；分配系数；比移值；吸附色谱；分配色谱；柱色谱；薄层色谱；纸色谱。
2. 基本理论：色谱分离原理。
3. 基本知识：经典色谱法的基本理论。
4. 基本方法：柱色谱法；平面色谱法。
5. 基本技能：柱色谱、纸色谱和薄层色谱的操作方法。

第一节　色谱法的原理和分类

一、色谱法的原理

色谱法是利用试样中不同组分在流动相与固定相中的分配系数不同而实现分离和分析的一种方法。

分配系数是指在低浓度和一定温度下，各组分以固定规律分散于互不相溶的二相中，达到平衡状态时，任一组分在固定相（s）与流动相（m）中的浓度（c）之比为常数，称为分配系数。以 K 表示：

$$K = \frac{c_s}{c_m}$$

通过两相的相对运动，使试样中不同组分在两相中进行多次反复分配，分配系数大的组分迁移速率慢，分配系数小的组分迁移速率快，从而达到分离目的，再逐个分析。

例如，将 A、B 混合物的溶液加入到以氧化铝为固定相的色谱柱中，刚开始，A、B 都被吸附在柱上端的氧化铝上，形成起始色带如图 17 - 1a 所示，然后以石油醚为流动相进行洗脱，当流动相通过起始色带时，被吸附在固定相上的组分溶解于流动相中，称为解吸附。已解吸附的组分随着流动相向前移行，遇到新的氧化铝颗粒，又再次被吸附，如此在色谱柱中不断地进行吸附、解吸附，再吸附、再解吸附⋯⋯由于 A、B 的性质存在微小差异，因而被吸附的能力和被解吸附的能力也略有不同，经过反复多次的吸附、解吸附后，A、B 的微小差异逐渐被扩大，最终被分离开，在柱中形成两个色带，如图 17 – 1b 所示，继续用流动相进行洗脱，B 和 A 两组分依次流出色谱柱，见图 17 – 1c。

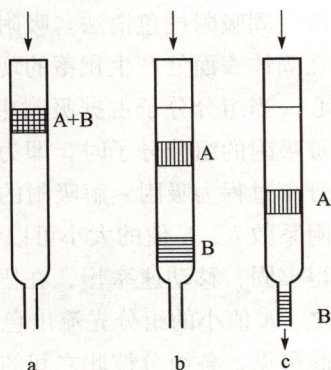

图 17 – 1 色谱洗脱过程示意图
a. 试样上柱　b. 试样分离　c. 洗脱

二、色谱法的分类

（一）按流动相与固定相的所处状态分类

1. 气相色谱法（GC）　流动相是气体。当固定相是固体吸附剂时，称为气 – 固色谱；当固定相是液体时，称为气 – 液色谱。

2. 液相色谱法（LC）　流动相是液体。当固定相是固体吸附剂时，称为液 – 固色谱；当固定相是液体时，称为液 – 液色谱。

（二）按分离原理分类

1. 吸附色谱法　利用吸附剂表面或吸附剂的某些基团对不同组分吸附能力的差异来达到互相分离目的的色谱法。

2. 分配色谱法　利用不同组分在固定相和流动相中的溶解度的不同，引起分配系数上的差异来实现分离的色谱法。

3. 离子交换色谱法　利用离子交换树脂与溶液中各种离子发生交换反应能力的差异进行分离的色谱法。

4. 空间排阻色谱法　利用特殊凝胶（固定相）对不同大小分子产生的阻滞差异而进行分离的色谱法。

（三）按操作形式分类

1. 柱色谱法　将固定相装于柱管内构成色谱柱，流动相携带试样自上而下移动的分离方法。

2. 纸色谱法　用滤纸作固定液的载体，点样后用流动相（展开剂）展开使组分互相分离的方法。

3. 薄层色谱法　将固定相涂在玻璃或铝箔板等板上，形成薄层，点样后，用流动相（展开剂）展开的分离方法。

本章主要介绍柱色谱法、纸色谱法、薄层色谱法。

第二节　柱色谱法

一、吸附柱色谱

（一）基本原理

吸附柱色谱中，将固体吸附剂装在管状柱内，用液体作流动相进行洗脱的色谱法称为液-固吸附柱色谱法。吸附是指当流体与多孔固体接触时，流体中某一组分或多个组分在固体表面处产生积蓄的现象。吸附剂一般为多孔性微粒状物质，其表面有许多吸附中心。当组分分子占据吸附中心，即被吸附，流动相（洗脱剂）分子从吸附中心置换出被吸附的组分分子时，即为解吸附。吸附剂对不同极性的物质具有不同的吸附能力，其分离过程为吸附-解吸附的过程。在吸附-解吸附的平衡中，不同的物质拥有不同的吸附系数 K，K 值的大小可以说明组分被吸附的情况。通常极性强的组分 K 值大，被吸附得牢固，移动速率慢，在固定相中停留时间长（也称保留时间长），后流出色谱柱。反之，K 值小的组分先流出色谱柱。若 K 值为 0，则该组分不被吸附并随流动相流出。由此可见，各组分彼此之间的 K 值相差越大，越容易被分离。

课堂互动

若某组分的 K 值为 0，说明什么问题？

（二）吸附剂的性质

吸附柱色谱法常用的吸附剂有氧化铝、硅胶和聚酰胺等。

1. 氧化铝　色谱用氧化铝有碱性、中性和酸性 3 种，以中性氧化铝使用最多。

碱性氧化铝（pH9~10）适用于碱性和中性化合物的分离。如生物碱等。

酸性氧化铝（pH4~5）适用于分离酸性物质。如某些氨基酸、酸性色素等。

中性氧化铝（pH7.5）用途广泛，凡是酸性、碱性氧化铝能分离的化合物，中性氧化铝均能适用。如用于分离生物碱、挥发油、萜类、甾体以及在酸、碱中不稳定的苷类、酯、内酯等化合物。

吸附剂的活性与含水量密切相关。活性的强弱用活性级（Ⅰ~Ⅴ）表示。含水量越高，活性级数越大，活性越低，吸附能力越差。活性强弱与含水量的关系可参阅表 17-1。

表 17-1　氧化铝、硅胶的含水量与活性的关系

活性级	氧化铝含水量（%）	硅胶含水量（%）	吸附能力
Ⅰ	0	0	大
Ⅱ	3	5	↑
Ⅲ	6	15	
Ⅳ	10	25	↓
Ⅴ	15	38	小

在适当的温度下加热，除去水分可使氧化铝的吸附能力增强（活化），反之，加入一定量水分可使活性降低，称为脱活性。

氧化铝活化方法：将需要活化的氧化铝置于铝盘内，铺 2~3cm 的厚度，于 400℃左右的干燥箱内，恒温 6 小时，取出，置于干燥器内，冷却，备用。这样得到的氧化铝

活性可达Ⅰ～Ⅱ级。

2. 硅胶　硅胶具有微酸性，适用于分离酸性或中性物质，如有机酸、氨基酸、甾体等。

硅胶的吸附能力比氧化铝稍弱，是最常见的吸附剂。硅胶表面能吸附较多水分，将硅胶加热到100℃左右，水分被除去。硅胶的活性与含水量关系见表17-1，含水量高，活性级数高，吸附力能差。一般使用前于120℃烘2小时活化后，即可使用。

3. 聚酰胺　是由酰胺聚合而成的高分子化合物，色谱常用的是聚己内酰胺，为白色多孔的非晶形粉末，不溶于水和一般有机溶剂，易溶于浓盐酸、酚、甲酸等。

除上述3种主要的吸附剂外，硅藻土、硅酸镁、活性炭、天然纤维素等也可作为吸附剂。

（三）吸附剂和流动相的选择

流动相的洗脱作用是流动相分子与被分离的组分分子竞争占据吸附剂表面活性吸附中心的过程。强极性的流动相分子，占据表面活性吸附中心的能力强，洗脱作用就强；极性弱的流动相占据表面活性吸附中心的能力弱，洗脱作用就弱。因此，为了使试样中吸附能力稍有差异的各组分分离，就必须同时考虑到被分离物质的性质、吸附剂的活性和流动相的极性3种因素。

1. 被分离物质的极性　烷烃＜烯烃＜醚＜硝基化合物＜二甲胺＜酯类＜酮类＜醛类＜硫醇＜胺类＜酰胺＜醇类＜酚类＜羧酸类。

2. 流动相的极性顺序　石油醚＜环己烷＜四氯化碳＜苯＜甲苯＜乙醚＜氯仿＜乙酸乙酯＜正丁醇＜丙酮＜乙醇＜甲醇＜水＜醋酸。

3. 吸附剂和流动相的选择原则　以硅胶或氧化铝为吸附剂，分离极性较强的组分，一般选用吸附性能较弱的吸附剂，用极性较强的洗脱剂洗脱；分离组分的极性较弱，则应选择吸附性较强的吸附剂，用极性较弱的洗脱剂洗脱。为了得到极性适当的流动相，在实际工作中多采用混合溶剂作为流动相。

（四）操作方法

1. 装柱　在填充吸附剂前，色谱柱应先垂直固定于支架上，色谱柱的下端垫少许脱脂棉或玻璃棉，然后装入吸附剂，为保持一个平整表面，最好在上面加5mm左右清洁而干燥的砂子或少许脱脂棉，有助于分离时色层边缘整齐，加强分离效果。色谱柱的直径与长度比一般为1：10～1：20，如需保温，可用加有套管的色谱柱。

色谱柱的装填要均匀，不能有裂隙和气泡，否则被分离组分的移动速率不一致，影响分离效果。

装柱的方法有：

（1）**干法装柱**　选用80～120目活化后的吸附剂经过玻璃漏斗不间断地倒入柱内，边装边轻轻敲打色谱柱，使填充均匀，并在吸附剂上面加少许脱脂棉。然后沿管壁慢慢滴加洗脱剂，使吸附剂湿润，并使柱中空气全部排除。如有气泡，会使柱中的吸附剂形成裂缝，影响分离效果，甚至使实验失败。

（2）湿法装柱　将所需足量的吸附剂与适当的洗脱剂调成浆状，然后缓慢连续不断地倒入柱内，勿使气泡产生，过剩洗脱剂则让它流出。从顶端再加入一定量的洗脱剂，使其保持一定液面。让吸附剂自由沉降而填实，在柱顶上加少许脱脂棉。湿法装柱效果较好，是目前经常使用的方法。

2. 加样　将试样溶液小心滴加到柱顶部，加样完毕，打开柱下端活塞，使溶液缓缓流下至液面与吸附剂顶面平齐，再用少量洗脱剂冲洗盛试样溶液的容器 2 ~ 3 次，并轻轻滴入色谱柱内。

3. 洗脱　可用一种溶剂或混合溶剂作为洗脱剂。在洗脱过程中应不断加入洗脱剂，保持色谱柱顶表面有固定高度的液面，注意控制洗脱剂的流速。流速过快，柱中不易达到吸附平衡，影响分离效果。随着洗脱，各组分因被吸附和解吸附的能力不同而逐渐分离，先后流出色谱柱。可采用分段定量地收集洗脱液，并对洗液进行定性分析，将同一组分的洗脱液合并，即可对单一组分进行定量。

二、分配柱色谱

有些物质（如脂肪酸或多元醇类）极性大，能被吸附剂强烈吸附，很难洗脱，不适合使用吸附色谱法，可用液 – 液分配色谱法进行分离。

（一）基本原理

分配色谱法是利用试样中几种组分在两种互不相溶的溶剂间分配系数不同而达到分离的方法。将一种溶剂附着在载体（支持剂）的表面作为固定相；而另一种溶剂作为流动相冲洗色谱柱。

各组分之间的分配系数相差越大，越易分离，当各组分的分配系数相差不大时，可通过增加柱长，使分配次数增多，达到较好的分离效果。

（二）载体、固定相

载体在分配色谱中起负载固定相的作用。载体本身是惰性的，对试样组分不能有吸附作用。载体必须具有较大的表面积，能附着大量的固定相液体，在分配色谱中常用的载体有吸水硅胶、硅藻土、纤维素以及微孔聚乙烯小球等。

（三）流动相

一般分配色谱固定相的极性都较大，所以应选择极性较小的流动相，这样可以避免互溶，使组分在两相中建立起分配平衡。常用的流动相有石油醚、醇类、酮类、酯类、卤代烃类、苯等或其混合物。具体选择要根据试样各组分在二相中的分配系数而定，也可以根据被分离组分的性质选择洗脱剂。

课堂互动

1. 载体、固定相和流动相在分配色谱法中各自的作用是什么？

2. 物质在两相中的分配系数与哪些因素有关？K 值大的组分，移动速度怎样？

3. 在吸附柱色谱和分配柱色谱中，柱内填充的硅胶作用相同吗？

（四）操作方法

1. 装柱 先将固定相液体与载体充分混合，然后再装柱。装柱的要求与吸附柱色谱基本相同。为防止流动相流经色谱柱时将固定相破坏，在使用前先将种溶剂加到分液漏斗中用力振摇，使种溶剂互相饱和，待静止分层时，再分别取出使用。

2. 加样 分配色谱的加样方法有以下种：

（1）将被分离试样配成浓溶液，用吸管轻轻沿着管壁加到含有固定相载体的上端，然后加流动相洗脱。

（2）试样溶液先用少量含有固定相的载体吸收，待溶剂挥发后，加到色谱柱上端，然后用洗脱剂洗脱。

（3）用一块比色谱柱直径略小的滤纸吸附试样溶液，待溶剂挥发后，放在色谱柱载体表面上，然后用洗脱剂洗脱。

洗脱剂的收集与处理和吸附柱色谱相同。

除了上述两种柱色谱法之外，还有离子交换柱色谱法和空间排阻柱色谱法等。离子交换柱色谱法是以离子交换树脂（高分子聚合物）作固定相，以水、酸或碱的水溶液等作为流动相，用于分离和提纯离子型化合物的色谱法。在色谱过程中，试样的某些组分与固定相发生离子交换，由于不同离子与固定相发生离子交换的能力不同，随流动相移动的速度也不同，从而实现分离。空间排阻柱色谱法是以葡聚糖凝胶为固定相，以有机溶剂为流动相，用于分离不同粒径物质的色谱法。在色谱过程中，不同粒径的组分向凝胶孔穴渗透的能力不同，随流动相移动的速度也不同，从而实现分离。离子交换柱色谱法和空间排阻柱色谱法的操作方法与吸附柱色谱法大同小异。

第三节 纸色谱法

一、纸色谱法的原理

纸色谱法是以滤纸作为载体的色谱法，按分离原理属于分配色谱法的范畴。固定相一般为滤纸纤维上吸附的水，流动相为不与水相溶的有机溶剂。但在实际应用中，也常选用与水部分相溶的溶剂作流动相。因为滤纸纤维所吸附的水中约有 6% 通过氢键与纤维上的羟基结合成缔合物，这部分水和与水部分相溶的溶剂仍能形成不相溶的两相。除水以外，滤纸也可吸留其他物质做固定相，如甲酰胺、各种缓冲溶液等。

当纸色谱固定相采用极性很小的溶剂作为固定相（如石蜡油、硅油），用水或极性有机溶剂作为展开剂，称为反相色谱，用于分离非极性物质。

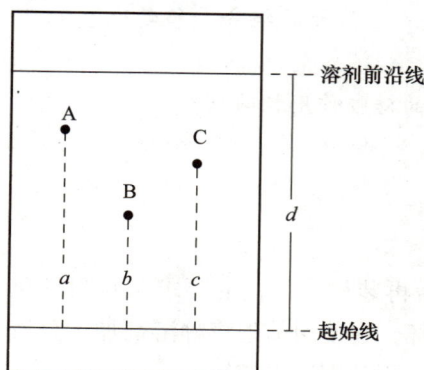

图 17 – 2　R_f 值的测量示意图

操作时，在色谱滤纸条的一端，点加试样溶液适量，待干后，将滤纸悬挂于密闭的层析缸内，选择适当的溶剂系统作为展开剂，利用毛细现象从点样的一端向另一端展开，在此过程中，各组分随着展开剂的向前移动，在两相之间不断进行分配（连续萃取）。由于各组分在两相间的分配系数不同，其移动速率亦不同，从而达到分离的目的。展开后，取出滤纸条，画出溶剂前沿，晾干，用适当方法显色，各组分在滤纸上移动的位置用比移值 R_f 表示（图 17 – 2）。

$$R_f = \frac{\text{原点到斑点中心的距离}}{\text{原点到溶剂前沿的距离}}$$

$$\text{试样 A 的 } R_f = \frac{a}{d}$$

$$\text{试样 B 的 } R_f = \frac{b}{d}$$

$$\text{试样 C 的 } R_f = \frac{c}{d}$$

根据 R_f 值的定义，其值在 0 ~ 1 之间变化。若该组分的 $R_f = 0$，表示它没有随展开剂移动，仍停留在原点上；若组分的 $R_f = 0.6$，则表示该组分从原点移动到溶剂前沿的 6/10 处。分配系数愈小，R_f 值愈大。组分之间的分配系数相差越大，则各组分的 R_f 值相差也越大，表示越易分离。由于试样中各组分在两相之间有固定的分配系数，它们在纸色谱上也必然有相对固定的比移值，因此，可以利用 R_f 值定性。

在实践中，影响 R_f 值的因素很多，如展开剂的组成、展开时的温度、展开剂蒸气的饱和程度及滤纸的性能等。要提高 R_f 值的重现性，必须严格控制色谱条件。经常采用与对照品在同一条件下进行操作的方法，求得相对比移值 R_s。

$$R_s = \frac{\text{原点到样品斑点中心的距离}}{\text{原点到对照品斑点中心的距离}}$$

对照品可选用标准品，也可用试样中某一组分作为对照品，$R_s = 1$，表示试样与对照品一致。用 R_s 可以减小误差。

二、色谱滤纸的选择和处理

（一）对滤纸的一般要求

1. 质地均匀、纯净、平整无折痕，边缘整齐，以保证溶剂展开速度均匀。

2. 纸质的松紧和厚度适宜。过紧过厚则展开速度太慢；过于疏松易使斑点扩散。

3. 应有一定的机械强度，不易断裂。

（二）色谱滤纸的预处理

为了适应某些特殊需要，可将滤纸进行预处理，使滤纸具有新的性能。例如，将滤纸浸入一定 pH 的缓冲溶液中处理后，使滤纸维持恒定的酸碱度，用于分离酸、碱性物质。用甲酰胺、二甲基甲酰胺等代替水作固定相，以增加物质在固定相中的溶解度，用于分离一些极性较小的物质，降低 R_f 值，改善分离效果。

三、操作方法

（一）点样

取滤纸条一张，在距纸一端 2～3cm 处用铅笔轻轻画一条起始线，在线上画一"×"号表示点样位置。用内径为 0.5mm 的平头毛细管或微量注射器点样。

将 1～2μL 的试样溶液（一般含试样几微克到几十微克）均匀地点在已做好标记的起始线上（点样斑点称为原点），点样斑点直径不宜超过 2～3mm，斑点之间的间距为 2cm，若试样溶液浓度太稀，可反复点几次，每次点样后用红外灯或电吹风迅速干燥。

（二）展开

1. 展开剂的选择 选择展开剂主要是根据试样组分在两相中的溶解度，即分配系数来考虑，选择展开剂应注意：

（1）展开剂不与被测组分发生化学反应。

（2）被测组分用展开剂展开后，R_f 值应在 0.05～0.85 之间，分离 2 个以上组分时，其 R_f 值相差至少要大于 0.05。

（3）易于获得边缘整齐的圆形斑点。

（4）尽可能不用高沸点溶剂做展开剂，便于滤纸干燥。

在纸色谱中常用的展开剂为正丁醇、正戊醇、酚等或其混合溶剂。展开剂预先要用水饱和，否则展开过程中会把固定相中的水夺去。

2. 展开方式 根据色谱滤纸的形状，选择合适的色谱缸。先用展开剂蒸气饱和色谱缸，然后再将点样后的滤纸展开。

纸色谱的展开方式有：

（1）**上行展开** 让展开剂利用毛细管效应沿滤纸自下而上移动，适用于分离 R_f 值相差较大的试样，这是最常用的展开方式。

（2）**下行展开** 让展开剂借助重力及毛细管效应沿滤纸自上而下移动，适用于分离 R_f 值较小的组分。

（3）**双向展开** 先用一种溶剂系统展开，然后将滤纸旋转90°，再用另一种溶剂系统展开，适用于分离成分复杂的试样。

（4）**径向展开**　就是将试样溶液点在圆形滤纸中央，展开剂经过试样原点时，携带各组分向滤纸周围展开。

（三）显色

展开完毕后，取出滤纸，在展开剂到达的前沿用铅笔轻轻画一条线，在室内晾干后，先观察有无色斑，然后置紫外灯下观察荧光斑点，标出位置、大小、记录颜色和强度。若某些组分既不显色斑，又不显荧光，可根据被分离物质的性质，喷洒合适显色剂显色。必须注意，不能使用腐蚀性的显色剂（如浓硫酸），以免腐蚀色谱纸。

（四）定性

经过显色反应可初步知道试样属于哪一类物质。但具体要知道每个色斑是哪一种物质，则需测定斑点的 R_f 值。R_f 值是物质的定性基础，但是影响 R_f 值的因素较多，使 R_f 值不易重现。因此，常将试样与对照品同时在同一块滤纸上随行展开并进行比较，测量各斑点的 R_s 值后进行定性。

课堂互动

在纸色谱上，组分 A 和 B 的分配系数分别是 1.6 和 4.9，经展开后，距离展开剂前沿近的斑点是哪一个组分？

（五）定量

1. 目测法　将标准系列溶液和试样溶液同时点在一张滤纸上，展开和显色后，经过目视比较，估算试样的近似含量。

2. 剪洗法　先将确定部位的色斑剪下，经溶剂浸泡、洗脱，再用比色法或分光光度法定量。

3. 光密度测定法　用色谱斑点扫描仪直接测定斑点的光密度，即可计算含量。

四、应用

纸色谱仪器简单，操作方便，所需试样量少，试样分离后各组分的定性、定量都较方便，被广泛用于混合物的分离、鉴定、微量杂质的检查等。如对中草药成分的研究、卫生检查及毒物分析、生化检验中氨基酸的分离鉴别等都可采用纸色谱。

取色谱滤纸一条，用毛细管将甘氨酸、丙氨酸和谷氨酸的混合溶液与对照品溶液分别点于滤纸的起始线上，吹干，将滤纸悬挂于盛有展开剂的色谱缸中，饱和半小时，用正丁醇∶冰醋酸∶水（4∶1∶2）作展开剂，然后将点有试样的滤纸一端浸入展开剂中约 1.5cm 处（点样处应在距纸一端至少 2cm）展开，展开剂前沿上升到一定高度后，取出，用铅笔在溶剂到达的前沿画一条线，晾干。喷茚三酮（显色剂）溶液，在 80℃ ~ 100℃烘箱中加热数分钟，取出即出现各氨基酸的蓝紫色斑点，分别测量 R_f 值。

第四节　薄层色谱法

一、薄层色谱法的原理

将固定相均匀地涂铺在具有光洁表面的玻璃、塑料或金属板上形成薄层，在此薄层上进行色谱分离的方法称为薄层色谱法。铺好固定相的板称为薄层板，简称薄板。

按分离原理薄层色谱法可分为吸附薄层、分配薄层等。吸附薄层是通过吸附剂对各组分吸附能力的差异进行分离；分配薄层是利用各组分在两相中分配系数不同来达到分离目的。因此有人称薄层色谱法为敞开的柱色谱，可作为选择柱色谱条件的预备方法。

本节主要介绍吸附薄层色谱法。

二、吸附剂的选择

吸附薄层色谱法的固定相为吸附剂，常用氧化铝和硅胶。

（一）硅胶

薄层色谱法常用的硅胶有硅胶 H、硅胶 G 和硅胶 HF_{254} 等。

1. **硅胶 H**　为不含黏合剂的硅胶，制备硬板时常需另加黏合剂。

2. **硅胶 G**　是硅胶和煅石膏混合而成，制备硬板时不用另加黏合剂。

3. **硅胶 HF_{254}**　不含黏合剂而含有一种荧光剂的硅胶，在 254nm 紫外光下呈强黄绿色荧光背景。用含荧光剂的吸附剂制成的荧光薄层板可用于本身不发光且不易显色物质的色谱分析研究。

（二）氧化铝

薄层色谱法常用的氧化铝有氧化铝 H、氧化铝 G 和氧化铝 HF_{254} 等。

在薄层色谱中，吸附剂的颗粒大小对展开速率、R_f 值和分离效能都有明显影响。颗粒太大，则展开速度快，展开后斑点较宽，分离效果差；颗粒太小，则展开速度太慢，往往产生拖尾，而且不易用于干法铺板。因此，应该选用颗粒大小适宜的吸附剂。

吸附剂颗粒大小通常有两种表示方法，一是颗粒直径（以 μm 表示），另一种是筛子单位面积的孔数（以目表示）。

干法铺板吸附剂颗粒直径一般为 $75 \sim 100 \mu m$（$150 \sim 200$ 目），湿法铺板吸附剂颗粒为 $10 \sim 40 \mu m$（$250 \sim 300$ 目）。吸附剂颗粒大小要均匀，如不均匀，则制成的薄板不均匀，影响分离效果。

三、展开剂的选择

薄层色谱中，展开剂的选择原则与柱色谱中流动相的选择原则类似。分离极性较强的组分时，宜选用活性较低的吸附剂，用极性大的展开剂展开，否则组分的 R_f 值太小，分离效果不好。分离极性弱的组分时，则宜选用活性高的吸附剂和极性弱的展开剂，否则 R_f 值太大，也不利于分离。展开后，如果被测组分的 R_f 值太大，则应降低展开剂的极性，如果被测组分的 R_f 值太小，则应适当增大展开剂极性。

四、操作方法

（一）薄层板的制备

载板通常采用玻璃板，其大小根据操作需要而定，要求载板表面光滑、平整清洁，使用前应洗涤干净，烘干备用。

1. 软板的制备（干法铺板） 吸附剂中不加黏合剂铺成的薄板称为软板。

将吸附剂置于玻璃板的一端，另取一根玻璃棒，在它的两端套上一段乳胶皮管，其厚度即为所铺薄层厚度，然后从玻璃板有吸附剂的一端，用力均匀向前推挤，中途不能停顿，速度不宜过快，否则铺出的薄层不均匀，影响分离效果。

干法铺板简单，只适用于氧化铝和硅胶，铺成的软板不坚固，易松散、展开时只能近水平展开，显色时易吹散，因此操作时应非常小心、细致。软板一般用于摸索色谱分离的条件。

2. 硬板的制备（湿法铺板） 在吸附剂中加入黏合剂进行铺板，干燥后形成的薄板即为硬板。黏合剂的作用是使吸附剂牢固地固定在薄板上。目前常用的黏合剂有煅石膏（G），羧甲基纤维素钠（CMC – Na）和某些聚合物（如聚丙烯酸）等。

知识链接

常用的黏合剂及其用量

煅石膏的用量一般为吸附剂的 5% ~ 15%，羧甲基纤维素钠（CMC – Na）的用量一般为 0.5% ~ 1%。市售的吸附剂如硅胶 G 或氧化铝 G 已混有一定比例的煅石膏，使用时，加适量水调成均匀的糊状物即可铺板。煅石膏作黏合剂制成的硬板机械性能差、易脱落，但能耐受腐蚀性试剂（如浓硫酸等）。用羧甲基纤维素钠作为黏合剂时，把 0.5 ~ 1g CMC – Na 溶于 100mL 水中加热煮沸，冷却后，加入适量的吸附剂调成糊状物铺板。为防止搅拌时产生气泡，可加入少量乙醇。用羧甲基纤维素钠作黏合剂制成的硬板，机械性能好，可用铅笔在薄板上写字或标记，但不宜在强腐蚀性试剂存在时加热。

铺板方法：

（1）倾注法制板 取适量调制好的吸附剂糊倾注于准备好的玻璃板上，用洁净玻璃棒将糊状物涂铺成一均匀薄层，在较为水平的工作台上轻轻振动，使表面平坦光滑，放置在工作台上晾干后再置烘箱内活化。

（2）平铺法制板 平铺法制板又称刮板法。将洁净的载板放置在水平台面上，在载板两边加上玻璃条做成的框边（框边的厚度稍高于中间载板 0.25～1mm），将吸附剂倾倒在载板上，再用一块边缘平整的玻璃片或塑料板，将吸附剂从一端刮向另一端，然后在空气中干燥后活化备用。

上述两法所铺薄层板只适于一般定性分离，不适宜于定量分离。

（3）**机械涂铺法制板**　适于制备一定规格的定量薄层板，用涂铺器可以一次铺成多块薄板，且所得薄板的质量高、分离效果好、重现性好。

铺好的硅胶板晾干后，在 105℃～110℃ 活化 0.5～1 小时，冷却后即可使用，也可保存于干燥器中备用。制好的板应表面平整、厚薄一致，没有气泡和裂纹。

（二）点样

薄层色谱法的点样方法与纸色谱相同，即点样起始线一般离玻璃板一端 1.5～2cm，原点直径不超过 2～3mm，为了避免在空气中吸湿而降低活性，一般点样时间以不超过 10 分钟为宜。点样后待溶剂挥发，即可放入色谱缸内展开。应注意滴加试样的量要均匀，否则影响分离效果。

薄层色谱的点样、展开、显色、定性、定量方法与纸色谱基本相同。

（三）展开

薄层色谱的展开方式与纸色谱基本相同。需在密闭容器内进行并根据所用薄层板的大小、形状、性质选用不同的色谱缸和展开方式。软板常选用近水平展开方式，而硬板常用上行法展开，对于复杂组分的分离常常采用双向展开，多次展开等展开方式。薄层色谱的部分展开方式，见图 17-3。

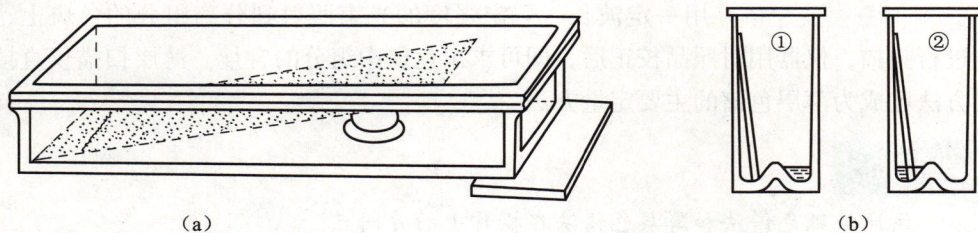

图 17-3　薄层色谱展开示意图
a. 色谱槽近水平展开　b. 色谱缸上行展开

（四）显色

展开结束后斑点的检查方法和纸色谱相同。先在日光下观察并画出有色物质的斑点，或在紫外灯下观察有无荧光斑点，如为硬板可用铅笔画出斑点位置并记录荧光颜色。软板可用小针划痕并做记录。也可利用在荧光薄层板上待测物质产生荧光淬灭的暗斑进行定位。还可根据各种待测组分的性质，喷洒适宜的显色剂，通过显色反应，使组分显色。

知识链接

各类物质的显色剂

生物碱、氨基酸衍生物、肽类、脂类及皂苷等均可用碘显色；硫酸对大部分有机化合物显色；氨基酸、脂肪族伯胺可用茚三酮显色；羧酸可用酸碱指示剂显色；酚类可用三氯化铁－铁氰化钾试剂显色；生物碱可用碘化铋钾试剂显色等。

（五）定性

薄层色谱定性分析的依据是：在固定的色谱条件下，相同物质的 R_f 值相同。常用的定性方法是已知物对照法，即将试样与对照品在同一薄板上展开，比较试样组分与对照品的 R_f 值，如果两者相同，表示该组分与对照品可能为同一物质。还可采用相对比移值（R_s）进行定性鉴别。

（六）定量

1. 目视定量法　将一系列已知浓度的对照品溶液与试样溶液点在同一薄层板上，展开并显色后，以目视法直接比较试样斑点与对照品斑点的颜色深度或面积大小，可以近似判断出试样中待测组分的含量。

2. 洗脱定量法　试样和对照品在同一块薄板上展开后，将试样从薄板上连同吸附剂一起刮下，用适当的溶剂将斑点中的组分洗脱下来，再用适当方法进行定量测定。

3. 薄层扫描仪定量　用一定波长、一定强度的光束照射到分离组分的色斑上，用仪器进行扫描，仪器用对照品校正后，即可求出色斑中组分的含量。薄层扫描仪直接定量的方法已成为薄层色谱的主要定量方法。

课堂互动

请比较纸色谱法和薄层色谱法在操作上的异同点。

五、应用

薄层色谱法适用于绝大多数物质的分离分析，如生物碱、氨基酸、核苷酸、肽、蛋白质、糖类、酯类、甾类、酚类、激素类等，被广泛用于医药、化工、天然植物化学、生物化学和生命科学等诸多领域。

在药学领域中，薄层色谱法不但用于合成药物的成分分析、中间体测定、杂质检查等，还应用于天然药物成分的研究、提纯及制备。在体内药物分析、复方制剂分析等各个领域中的应用也日趋广泛。

视域拓展

盐酸四环素的鉴别

　　取试样与盐酸四环素对照品，分别加甲醇制成每1mL中含0.5mg的溶液，吸取上述两种溶液各1μL，分别点于同一块用pH为7.5的5%乙二胺四乙酸二钠处理过的硅胶G薄层板上，以丙酮：醋酸乙酯：水（23∶3∶1）为展开剂，展开后取出，用热空气干燥，用氨气熏后，置紫外光（365nm）下检视。试样所显主斑点的颜色与位置应和对照品的斑点相同。

　　由于四环素能与许多金属离子（铜、锌、镁、钙、铁等）形成有色配位化合物，故加5%的乙二胺四乙酸二钠处理硅胶G板，先和吸附剂中的金属离子形成配位化合物，以解决色谱过程中的干扰；在碱性条件下，四环素的降解产物具强烈荧光，故用氨气熏蒸。

第五节 其他色谱法简介

一、气相色谱法

（一）气相色谱法的分类

以气体为流动相的色谱法称为气相色谱法，简称GC。气相色谱法分类如下：

1. 按固定相的物态　可分为气-固色谱、气-液色谱。

2. 按色谱原理不同　可分为吸附色谱、分配色谱。气-固色谱中固定相用吸附剂，属于吸附色谱；气-液色谱中固定相为涂有固定液的载体，属分配色谱。

3. 按色谱柱不同　可分为填充柱色谱法、毛细管柱色谱法。

填充柱是将固定相装在一根玻璃或金属管中，管的内径为2~6mm。毛细管柱可分为开管毛细管柱和填充毛细管柱等。

（二）气相色谱法特点

气相色谱法具有分辨效能高、选择性好、试样用量少、灵敏高度、分析速率快（几秒至几十分钟）及应用广泛等特点。它主要用来分离测定一些气体及易挥发性物质。对于挥发性较差的液体、固体，需采用制备衍生物或裂解等方法，增加挥发性。

气相色谱法所用的仪器称为气相色谱仪，一般由5个系统组成，即载气系统、进样系统、分离系统、检测系统和记录系统。试样中的各组分在气相色谱仪中被分离，并将各组分含量的变化，转变为电信号记录下来，即可获得色谱图，根据色谱图中色谱峰的位置和面积大小可以进行定性和定量分析。

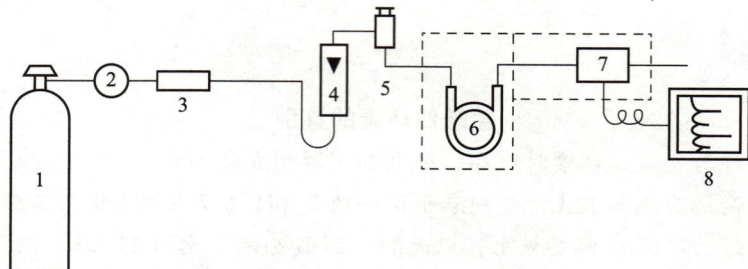

图 17-4　气相色谱仪示意图
1. 载气钢瓶　2. 减压阀　3. 净化器　4. 流量计　5. 进样器　6. 色谱柱　7. 检测器　8. 记录仪

气相色谱法以测定有机物为主，但也可以测定一些无机物质，它是分析复杂组分混合物的有力工具，目前已被广泛用于石油化学、化工、有机合成、医药卫生、环境监测、食品检验等领域。

二、高效液相色谱法

高效液相色谱法，简称 HPLC，是以经典液相色谱法为基础，引入了气相色谱的理论与实验方法，以高压输送流动相，采用高效固定相和在线检测手段，发展而成的现代分离分析方法。

高效液相色谱法具有以下的特点：

1. 高压　流动相在高压泵作用下能迅速通过色谱柱。使复杂组分得到良好分离。

2. 高效　高效液相色谱法较经典液相色谱法的分离效率大大提高，有时一根色谱柱可分离 100 种以上的组分。

3. 高速　高效液相色谱法的流动相在色谱柱内的流速较经典液相色谱法高得多，分析一个试样所需时间较经典液相色谱法所需时间少得多。

4. 高灵敏度　由于广泛使用了高灵敏度的检测器（紫外、荧光、电化学等）从而进一步提高了分析的灵敏度，最小检测量可达 $10^{-9} \sim 10^{-11}$g。

高效液相色谱仪一般由高压泵、进样器、色谱柱、检测器四部分组成，近年来将高效液相色谱仪与光谱仪连接成一个整体仪器，实现在线检测，称为两谱联用仪。两谱联用仪能给出试样的色谱图，并能快速给出每个色谱组分的红外光谱图、质谱图或核磁共振谱，同时获得定性定量信息。

高效液相色谱法在药物分析领域应用日益广泛，不仅用于原料的含量测定和杂质检查、药剂分析、中草药及中成药的有效成分研究，还用于药物代谢等研究领域。

同 步 训 练

一、单选题

1. 碱性氧化铝为吸附剂时，适用于分离（　　）

A. 任何物质   B. 酸性物质

C. 酸性或中性化合物   D. 碱性或中性化合物

2. 设某试样斑点离原点的距离为 x，试样斑点离溶剂前沿的距离为 y，则 R_f 值为（　　）

A. x/y B. y/x C. $x/(x+y)$ D. $y/(x+y)$

3. 已知三种氨基酸 a、b、c，其中 R_f 值分别为 0.17、0.26、0.50，斑点在色谱纸上距原点由近到远的顺序是（　　）

A. a、b、c   B. c、b、a   C. a、c、b   D. c、a、b

4. CMC – Na 表示何种物质（　　）

A. 氧化铝   B. 羧甲基纤维素钠

C. 硅酸钠   D. 煅石膏

5. 某物质的 R_f 等于"零"，说明此种物质（　　）

A. 试样中不存在   B. 在固定相中不溶解

C. 没有随展开剂移动位置   D. 与溶剂反应生成新物质

6. 吸附柱色谱和分配柱色谱的根本区别是（　　）

A. 所用的洗脱剂不同   B. 溶剂不同

C. 被分离的物质不同   D. 色谱机制不同

7. 在薄层色谱中，硬板和软板的主要区别是（　　）

A. 制板所用的吸附剂不同

B. 制板时所用的玻璃不同

C. 所分离的组分不同

D. 制板时，一个加黏合剂，一个无黏合剂

8. 薄层色谱点样线一般距玻璃板底端（　　）

A. 0.2～0.3cm   B. 0.3～0.5cm   C. 1.5～2cm   D. 2～3cm

9. 常用作检识氨基酸的试剂是（　　）

A. 氢氧化钠溶液   B. 1%盐酸

C. 碱性酒石酸铜试液   D. 茚三酮试液

10. 吸附剂的活性与含水量密切相关，下列哪种说法是正确的（　　）

A. 含水量越高，活度级数越小，活性越低，吸附能力越差

B. 含水量越高，活度级数越大，活性越低，吸附能力越差

C. 含水量越高，活度级数越大，活性越高，吸附能力越差

D. 含水量越高，活度级数越大，活性越低，吸附能力越强

11. 用薄层色谱法分离碱性物质时，可适当加入下列哪种溶剂（　　）

A. 氨水   B. 盐水   C. 硫酸   D. 醋酸

12. 下列各项除哪项外，都是色谱中选择吸附剂的要求（　　）

A. 有较大的表面积和足够的吸附力

B. 对不同的化学成分的吸附力不同

C. 与洗脱剂、溶剂及试样中各组分不起化学反应

D. 密度要大

二、填空题

1. 色谱法按色谱过程的机制分为_____、_____、_____、_____。

2. 色谱法按操作形式不同分为_____、_____、_____。

3. 常用的吸附剂有_____、_____和_____。

4. 在分配色谱中，硅胶作_____使用。

5. 纸色谱法是以_____作为载体的色谱法，按原理属于_____的范畴。固定相一般为滤纸纤维上吸附的_____。

6. 纸色谱展开后，R_f 值应在_____之间，分离两个以上组分时，其 R_f 值相差至少要大于_____。

7. 薄层色谱的操作方法包括_____、_____、_____、_____、_____和_____。

8. 分离极性较强的组分时，宜选用活性较_____的薄层板，用_____的展开剂展开。

9. 高效液相色谱法的英文缩写为_____，气相色谱法的英文缩写为_____。

三、简答题

1. 以吸附柱色谱为例，说明试样中各组分是如何分离的？

2. 什么是分配色谱？什么是分配系数？

3. 什么是 R_f 值和 R_s 值？

四、计算题

1. 某试样和标准品经过薄层色谱分离后，试样斑点中心距原点 12.6cm，标准品斑点中心距原点 8.4cm，溶剂前沿距原点 16.0cm，试求试样和标准品的 R_f 值及 R_s 值？

2. A 试样斑点在薄层板上距原点 7.9cm 处时，溶剂前沿离原点 16.2cm。①求 A 试样的 R_f 值是多少？②若溶剂前沿离原点 14.8cm，A 试样斑点应在何处？

实 验 指 导

实验一　化学实验的基本操作

一、实验目的

1. 复习初中学过的部分仪器的使用方法。
2. 学会本课程的部分化学实验基本操作。
3. 培养学生的观察能力、动手能力和思维能力。
4. 引导学生感受科学研究的态度、方法和精神。

二、实验原理

1. 玻璃被加热到 600℃ ~ 800℃，可以变软，从而可以被弯曲、变形、拉丝。酒精灯的温度约为 450℃，酒精喷灯的温度约为 1000℃，煤气喷灯的温度约为 1300℃。应根据实验项目选择适宜的加热工具。

2. 玻璃器皿洗净的标志是内壁不挂水珠。

3. 粗食盐的主要成分是氯化钠，其中还混有泥沙，可以用重结晶的方法进行提纯精制。

三、仪器试剂

1. 仪器　玻璃棒、玻璃管、锉刀、酒精灯、酒精喷灯、小烧杯、带柄坩埚、三脚架、石棉网、漏斗、漏斗架、定性滤纸、台秤（或电子秤）。

2. 试剂　粗食盐。

四、实验步骤

（一）制备玻璃棒和小滴管

1. 用锉刀截出数根适当长度的玻璃棒和玻璃管。
2. 点燃酒精喷灯，旋转加热截好的玻璃棒和玻璃管，使之两端熔圆。玻璃管熔圆时，趁热压向石棉网，使管口变粗，便于套上橡胶帽。

3. 双手托住截好的玻璃管两端，旋转加热玻璃管的正中部位，软化后，移离灯焰，轻轻拉伸，冷却后，从正中截开，加热熔圆。

（二）洗涤实验器皿

化学实验用到的烧杯、坩埚、漏斗、玻璃棒等器皿污染较轻时，可以用毛刷蘸取去污粉（或肥皂水）清洗之。如果器皿污染严重，或是量筒、移液管、容量瓶、滴定管等，只能用铬酸洗液浸泡之后，先用自来水洗净，再用蒸馏水洗涤 2~3 次。

（三）精制粗食盐

1. 用台秤称取粗食盐 10.00g 置于洁净的小烧杯中，加蒸馏水 35mL，搅拌使之溶解。

2. 过滤粗食盐溶液，并用 3mL 蒸馏水洗涤烧杯、玻璃棒和滤纸 2 次，滤液收集于洁净的坩埚中。

3. 用酒精灯加热坩埚，蒸发水分，近干时，熄灭酒精灯，利用坩埚的余热干燥精食盐。

4. 称量精食盐的质量 $m(g)$，计算粗食盐中氯化钠的含量。

五、数据记录及处理结果

粗食盐的质量（g）	精食盐的质量 m（g）	氯化钠含量（%）
10.00		

计算公式：

$$NaCl\% = \frac{m}{10.00} \times 100\%$$

六、注意事项

1. 加热时应小心谨慎，以免烫伤。

2. 点燃精灯时，应用火柴或打火机，严禁两灯对燃；熄灭酒精灯时，应用酒精灯帽盖灭，严禁吹灭。

七、思考题

1. 实验中用到的台秤（或电子秤），能否称取 9.538g 药品？

2. 用蒸馏水溶解粗食盐时，是否严格控制为 35mL？为什么？

3. 蒸发滤液过程中，为什么要不停搅拌？

实验二 重要的非金属元素的性质

一、实验目的

1. 认识卤素单质水溶液的颜色和气味。
2. 掌握卤素原子氧化性的强弱顺序。
3. 熟悉碘单质的特性和氨的性质。
4. 熟悉卤素离子、硫酸根离子的检验方法。
5. 熟悉碳酸氢钠和碳酸钠的热稳定性。

二、实验原理

1. 卤素原子的电子构型均为 ns^2np^5，很容易获得 1 个电子，是非常活泼的非金属，卤素单质均为氧化剂，其氧化性强弱的顺序为：

$$F_2 > Cl_2 > Br_2 > I_2$$

卤素离子具有一定的还原性，可以被其前面的卤素单质氧化成对应的单质。

2. 氯气可以与水反应生成次氯酸（$HClO$），次氯酸有漂白作用。碘遇淀粉显蓝色，反应十分灵敏。

3. 卤素离子与硝酸银反应生成不同颜色的沉淀，硫酸根离子与可溶性钡盐反应生成白色沉淀。这些沉淀均不溶于水，不溶于硝酸。

4. 碳酸氢钠受热易分解，碳酸钠在高温下才能分解。碳酸氢钠和碳酸钠分解时均能产生二氧化碳，从而使澄清的石灰水变浑浊。

三、仪器试剂

1. 仪器 铁架台、玻璃棒、酒精灯、试管夹、试管、水槽、导气管等。

2. 试剂 氯水、溴水、碘水、碘、淀粉溶液、酚酞试液、石蕊试纸、$AgNO_3$ 溶液、$NaCl$ 溶液、KBr 溶液、KI 溶液、$BaCl_2$ 溶液、$AgNO_3$ 溶液、Na_2SO_4 溶液、稀 H_2SO_4、稀 HNO_3、$Ca(OH)_2$ 固体、NH_4Cl 固体、$NaHCO_3$ 固体、Na_2CO_3 固体、石灰水等。

四、实验内容

（一）卤素的性质

1. 氯水的性质 观察新制氯水的颜色，并小心地扇闻氯气的气味。取一张红色或蓝色纸片，滴加氯水 1~2 滴，观察颜色变化。

2. 卤素氧化性的比较 取二支洁净试管，分别加入 0.1mol/L KBr 溶液和 1mL 0.1mol/L KI 溶液各 1mL，再分别加新制氯水数滴，振荡，观察溶液颜色变化，写出反应方程式。

　　另取一支洁净试管，加入 1mL 0.1mol/L KI 溶液，再加溴水数滴，振荡，观察溶液颜色变化，写出反应方程式。

　　3. 碘的特殊性　取一支洁净试管，加入 1mL 碘水，再加淀粉溶液 1~2 滴，观察现象。另取一支洁净试管，加入 1mL 淀粉溶液，再加碘水 1~2 滴，观察现象。

　　4. 卤离子的检验　取三支洁净试管，分别加入 0.1mol/L 的氯化钠、溴化钠、碘化钾溶液各 2mL，再分别加入 0.1mol/L 硝酸银溶液 3~5 滴，观察现象，写出反应方程式。再加稀硝酸 5~10 滴，观察现象。

（二）硫酸根离子的检验

　　取二支洁净试管，分别加入 1mL 的稀硫酸、硫酸钠溶液，各加 $BaCl_2$ 溶液 2 滴，观察现象，写出反应方程式。再向上述二支试管分别依次加入 0.5mL 浓盐酸、浓硝酸，观察现象。

（三）氨的性质

　　称取 $Ca(OH)_2$ 和 NH_4Cl 固体各 2g，装入一支干燥的大试管中，安装导气管，固定于铁架台上，管口倾斜向下，用酒精灯加热，用向下排空气法收集氨气。

　　将湿润的红色石蕊试纸靠近盛满氨气的试管口，观察试纸颜色变化。

　　将盛满氨气的试管倒置在盛有水的水槽中，在水下打开试管的塞子，观察现象。在水下用拇指堵住试管口，取出试管，然后向试管中加入 2 滴酚酞指示剂，观察溶液的颜色。

（四）碳酸盐的热稳定性

　　1. 在大试管内装入 $NaHCO_3$ 固体约 3g，安装导气管，固定于铁架台上，管口倾斜向下，导气管插入一装有澄清石灰水的烧杯，用酒精灯加热，观察石灰水的变化，写出反应方程式。

　　2. 用 Na_2CO_3 代替 $NaHCO_3$，重复上述实验，观察石灰水的变化。

五、数据记录及处理结果

（一）卤素的性质

　　1. 氯水的性质　新制氯水呈_____色，具有_____气味。取一张红色或蓝色纸片，滴氯水 1~2 滴，红色或蓝色_____。

　　2. 卤素氧化性的比较　KBr 溶液加新制氯水，溶液逐渐变为_____色，反应方程式为_____。KI 溶液加新制氯水，溶液逐渐变为_____色，反应方程式为_____。

　　KI 溶液加入溴水，溶液逐渐变为_____色，反应方程式为_____。

　　3. 碘的特殊性　碘水滴加淀粉溶液，溶液立即出现_____色。淀粉溶液，滴加碘水，溶液立即出现_____色。

4. 卤离子的检验 氯化钠溶液、溴化钠溶液、碘化钾溶液分别加入硝酸银溶液，试管里析出沉淀的颜色依次为_____色、_____色、_____色，反应方程式依次为_____、_____、_____。滴加稀硝酸后，三支中的沉淀均不溶解。

（二）硫酸根离子的检验

向稀硫酸和硫酸钠溶液加入 $BaCl_2$ 溶液后，均产生_____色沉淀，反应方程式分别为_____和_____。滴加浓盐酸、浓硝酸，两支试管中的沉淀均_____。

（三）氨的性质

将湿润的红色石蕊试纸靠近盛满氨气的试管口，试纸变为_____色。

将盛满氨气的试管倒置在盛有水的水槽中，在水下打开试管的塞子，试管内的水面_____水槽的水面。氨气溶于水后，滴加酚酞指示剂，溶液变_____色。

（四）碳酸盐的热稳定性

1. 碳酸氢钠受热后分解，反应方程式为_____。将放出的气体通入澄清石灰水，看到石灰水_____，反应方程式为_____。

2. 用 Na_2CO_3 代替 $NaHCO_3$，重复上述实验，看到石灰水_____。

六、注意事项

1. 卤素单质都有毒、有腐蚀性，使用氯水、溴水、碘水时要特别注意。

2. 加热 $Ca(OH)_2$ 和 NH_4Cl 固体制备 NH_3 时，大试管的管口应略低于尾部。

七、思考题

1. 根据实验结果，谈谈卤素单质的氧化性和卤离子还原性的强弱顺序。

2. 为什么氯水久置后就没有漂白能力？

3. 地下水中常含有 $Ca(HCO_3)_2$，加热沸腾之后，为什么会出现白色沉淀？

实验三　重要的金属元素的性质

一、实验目的

1. 验证重要的金属元素及其化合物的主要性质。

2. 训练和提高化学实验的操作技能。

3. 学会焰色反应实验的操作技术。

二、实验原理

1. 碱金属元素的价电子层构型为 ns^1，很容易失去 1 个电子，化学性质非常活泼，是典型的金属元素，其单质能与许多非金属和化合物反应。

2. 碱土金属元素的价电子层构型为 ns^2，很容易失去 2 个电子，化学性质很活泼，也是典型的金属元素，但活泼性比同周期的碱金属元素稍弱，因此，氢氧化物的碱性弱于同周期的碱金属氢氧化物，在水中的溶解度也较小，有的以沉淀形式析出。

3. 很多碱金属和碱土金属元素都能发生特殊颜色的焰色反应。

4. 铬原子的价电子构型为 $3d^5 4s^1$，常见化合价为 +3 价和 +6 价，其中 +3 价比较稳定。在酸性介质中，重铬酸钾是强氧化剂。铁原子的价电子构型是 $3d^6 4s^2$，常见化合价是 +2、+3，Fe^{2+} 具有还原性。铜原子的价电子构型是 $3d^{10} 4s^1$，常见化合价为 +1 价和 +2 价。锌原子的价电子构型是 $3d^{10} 4s^2$，常见化合价为 +2 价。

5. 铬、铁、铜、锌等都是过渡金属，有的氢氧化物具有两性。过渡金属阳离子大都有相应的特性反应，可以用来定性鉴别。

三、仪器试剂

1. 仪器　试管、小烧杯、小刀、镊子、铂金丝、酒精喷灯。

2. 试剂　金属钠、镁条，酚酞试液、Na_2CO_3、$NaHCO_3$ 固体、2mol/L HCl、2mol/L HAc、1mol/L H_2SO_4、浓 HNO_3、2mol/L NaOH（新制）、澄清石灰水、2mol/L $NH_3 \cdot H_2O$、3% H_2O_2、0.1mol/L Na_2CO_3、0.1mol/L NaCl、0.1mol/L $NaSO_4$、1mol/L NaCl、1mol/L KCl、1mol/L $K_3[Fe(CN)_6]$、0.1mol/L KCl、0.1mol/L $CuSO_4$、0.1mol/L $MgCl_2$、0.1mol/L $CaCl_2$、0.1mol/L $BaCl_2$、0.1mol/L $K_2Cr_2O_7$、1mol/L $FeSO_4$、0.1mol/L $FeCl_3$、0.1mol/L KSCN、0.1mol/L $ZnSO_4$、1mol/L $SrCl_2$ 溶液。

四、实验内容

（一）钠及其化合物的性质

1. 钠单质的性质　在一小烧杯中加入至水，用镊子从煤油中取出一小块金属钠，用干燥滤纸吸干钠表面的煤油，用小刀切取约米粒大的钠，观察新鲜切的颜色及变化。然后将金属钠放入盛有 25～30mL 水的小烧杯中，观察现象，写出反应方程式。

2. 碳酸钠和碳酸氢钠的性质　取两支试管，分别加入少量的碳酸钠、碳酸氢钠固体粉末，再向每支试管中加入适量 2mol/L 的盐酸，将放出的气体分别通入澄清的石灰水，观察现象，写出反应方程式。

（二）镁及其化合物的性质

1. 镁单质的性质

（1）**镁条的燃烧**　取一小段镁条，用砂纸打磨掉表面的氧化层，点燃，观察燃烧现象、产物的颜色和状态，写出反应方程式。

（2）**镁和水的反应** 截取一小段镁条，用砂纸打磨掉镁条表面的氧化层，投入盛有 2mL 冷水的试管中，观察现象。然后加热至沸，观察又有何现象发生，加入一滴酚酞试液，观察溶液颜色有无变化，解释原因并写出反应方程式。

2. 镁、钙、钡的硫酸盐的溶解性 取 3 支洁净的试管，分别加入 0.5mL 浓度均为 0.1mol/L 的 $MgCl_2$、$CaCl_2$、$BaCl_2$ 溶液，再分别加入 0.5mL 0.1mol/L Na_2SO_4 溶液，比较现象，写出反应方程式。再分别加入数滴 6mol/L HCl 溶液，观察现象，写出反应方程式。

（三）重铬酸钾的氧化性

取两支洁净的试管，各加 5 滴 0.1mol/L $K_2Cr_2O_7$ 和 5 滴 2mol/L 硫酸溶液，然后，向一支试管中加入一小粒硫酸亚铁晶体，另一支试管中加入少量亚硫酸钠的固体，观察溶液的颜色变化。

（四）铁的化合物的性质

1. Fe^{2+} 的还原性 取一支洁净的试管，加入 1mL 新配制的 1mol/L $FeSO_4$ 溶液，然后加入 5 滴 1mol/L 的氢氧化钠溶液，观察现象，写出反应方程式。将 $Fe(OH)_2$ 沉淀放置于空气中，观察沉淀的颜色变化。

2. Fe^{2+} 和 Fe^{3+} 的鉴别 取一支洁净的试管，加入 1mL 新配制的 1mol/L $FeSO_4$ 溶液，再加 2 滴 1mol/L $K_3[Fe(CN)_6]$ 溶液，观察现象。另取一支洁净的试管，别加入 1mL 0.1mol/L 的 $FeCl_3$ 溶液，再加 2 滴 0.1mol/L KSCN 溶液，观察现象。

（五）Cu^{2+} 的鉴别

取一支洁净的试管，加入 5 滴 0.1mol/L $CuSO_4$ 溶液，逐滴加入 2mol/L 的 $NH_3\cdot H_2O$，边滴边摇，观察沉淀的生成、溶解及颜色的变化，写出反应方程式。另取一支洁净的试管，加入 1mL 0.1mol/L $CuSO_4$ 溶液，再加入数滴 0.1mol/L 亚铁氰化钾溶液，观察现象，写出反应方程式。

（六）锌的化合物的性质

1. 氢氧化锌的两性 取一支洁净的试管，加入 1mL 0.1mol/L 的 $ZnSO_4$ 溶液和 0.5mL 2mol/L NaOH 溶液，观察沉淀的颜色和状态。将沉淀分成两份，分别加入数滴 2mol/L 硫酸和 6mol/L 氢氧化钠溶液，观察沉淀是否溶解，写出反应方程式。

2. $[Zn(NH_3)_4]^{2+}$ 的生成 在试管中加入 5 滴 0.1mol/L $ZnSO_4$ 溶液，然后逐滴加入 2mol/L $NH_3\cdot H_2O$，边加边振摇，观察沉淀的生成和溶解。

（七）焰色反应

用洁净的铂丝分别蘸取 1mol/L 的 LiCl、NaCl、KCl、$CaCl_2$、$BaCl_2$、$SrCl_2$ 溶液，在

酒精灯氧化焰上灼烧，观察火焰的颜色。

五、数据记录及结果处理

（一）钠及其化合物的性质

1. 钠单质的性质　钠的新鲜切面在空气中的变化：_____，反应方程式为_____；钠与水接触后的现象：_____，反应方程式为_____。

2. 碳酸钠和碳酸氢钠的性质　Na_2CO_3 和 $NaHCO_3$ 加入稀 HCl 后，放出的气体能够使澄清的石灰水_____，反应方程式为_____。

（二）镁及其化合物的性质

1. 镁单质的性质

（1）镁条的燃烧　镁条在空气中燃烧，火焰呈_____色，反应产物呈_____色粉末状，反应方程式为_____。

（2）镁和水的反应　镁条与冷水_____，与沸腾的水_____，反应方程式为_____，加入酚酞后溶液_____。

2. 镁、钙、钡的硫酸盐的溶解性　向 $MgCl_2$、$CaCl_2$、$BaCl_2$ 溶液中分别加入 Na_2SO_4 溶液，看到的现象是_____，反应方程式为_____、_____、_____。加入数滴 6mol/L HCl 溶液，看到的现象是_____，反应方程式为_____。

（三）重铬酸钾的氧化性

$K_2Cr_2O_7$ 可以与硫酸亚铁、亚硫酸钠等还原性物质发生氧化还原反应，$K_2Cr_2O_7$ 溶液由_____色变为_____色。

（四）铁的化合物的性质

1. Fe^{2+} 的还原性　$FeSO_4$ 与 NaOH 反应生成_____色沉淀，反应方程式为_____。沉淀放置于空气中，颜色逐渐变为_____色。

2. Fe^{2+} 和 Fe^{3+} 的鉴别　$FeSO_4$ 溶液与 $K_3[Fe(CN)_6]$ 溶液反应，生成_____色沉淀。$FeCl_3$ 溶液与 KSCN 溶液反应，溶液变为_____色。

（五）Cu^{2+} 的鉴别

向 $CuSO_4$ 溶液中逐滴加入 $NH_3 \cdot H_2O$，边滴边摇，看到的现象是_____，反应方程式为_____。向 $CuSO_4$ 溶液，加入亚铁氰化钾溶液，看到的现象是_____，反应方程式为_____。

（六）锌的化合物的性质

1. 氢氧化锌的两性　向 $ZnSO_4$ 溶液中加入 NaOH 溶液，看到的现象是_____。

Zn(OH)$_2$ 沉淀滴加稀硫酸后，看到的现象是_____，反应方程式为
_____。Zn(OH)$_2$ 沉淀滴加氢氧化钠溶液后，看到的现象是_____，反应方程式为_____。

2. [Zn(NH$_3$)$_4$]$^{2+}$ 的生成　向 ZnSO$_4$ 溶液中逐滴加入 NH$_3$·H$_2$O，边加边振摇，看到的现象是_____。

（七）焰色反应

对 LiCl、NaCl、KCl、CaCl$_2$、BaCl$_2$、SrCl$_2$ 溶液进行焰色反应时，酒精灯焰分别呈
_____色、_____色、_____色、_____色、_____色、_____色。

六、注意事项

1. 在进行金属钠的性质实验时，用镊子夹取米粒大小的金属钠即可，务必不能取多，以防剧烈反应发生危险。

2. 在观察钾盐的焰色时，要用一块钴玻璃片滤掉钠离子的黄色光后，才能观察到钾离子的紫色光。

七、思考题

1. 保存与使用金属钠时应注意哪些事项？为什么？
2. 用什么措施能够使铂丝达到洁净？

实验四　溶胶的性质

一、实验目的

1. 掌握溶胶的主要性质。
2. 熟悉溶胶的制备方法。
3. 进一步理解胶粒带电的原因。
4. 能够根据聚沉和电泳实验结果判断胶粒的电性。

二、实验原理

制备溶胶的方法有分散法和凝聚法。前者是将较大的固体颗粒粉碎成胶粒。后者是在适当的条件下，使化学反应中生成的难溶性物质聚集成胶体粒子。

溶胶粒子的直径为 1~100nm，具有丁铎尔效应、布朗运动、电泳现象和一定的稳定性。溶胶具有稳定性的主要因素是胶粒存在布朗运动、胶粒带电、胶粒表面有水化膜。一旦减弱或消除溶胶的稳定因素，溶胶中分散相粒子就会相互聚集变大而发生沉淀，即聚沉。

三、仪器试剂

1. 仪器 烧杯、试管、低压电源、手电筒、酒精灯、U 型管、石棉网、导线、滤纸、黑纸、剪刀。

2. 试剂 20% $FeCl_3$、1mol/L H_2SO_4、1mol/L $Na_2S_2O_3$、0.1% 单宁酸（新配制）、0.1mol/L Na_2CO_3、0.01mol/L $AgNO_3$、0.4% 酒石酸锑钾、饱和 H_2S、1.5% $KMnO_4$、1% $Na_2S_2O_4$、0.02mol/L KI、0.02mol/L $AgNO_3$、2% $FeCl_3$、0.02mol/L $K_4[Fe(CN)_6]$、0.1mol/L KNO_3、0.05mol/L NaCl、0.05mol/L $BaCl_2$、0.05mol/L $AlCl_3$、1% 动物胶溶液。

四、实验步骤

（一）溶胶的制备

1. 凝聚法

（1）**利用水解反应制备氢氧化铁溶胶** 在 250mL 烧杯中加 100mL 蒸馏水，加热至沸，慢慢滴入 20% $FeCl_3$ 溶液 5～10mL，并不断搅拌，加完后继续煮沸 5 分钟使水解完全，即得红棕色 $Fe(OH)_3$ 溶胶，冷却待用（冷却时反应会逆向进行，故需渗析处理），观察溶液颜色变化。

（2）**硫溶胶** 取 1mol/L H_2SO_4 0.5mL 稀释成 5mL，另取 1mol/L $Na_2S_2O_3$ 0.5mL 稀释成 5mL，将两者混合，立即观察硫溶胶的生成，观察散射光颜色变化，直至浑浊度增加至光路看不清为止。

（3）**银溶胶** 在试管中加入 2mL 新配制的 0.1% 单宁酸溶液，再加入 2～3 滴 0.1mol/L Na_2CO_3 溶液，摇匀后再逐滴加入 0.01mol/L $AgNO_3$ 溶液，适当加热即生成红棕色的银溶胶（单宁酸量少时，生成溶胶呈橙黄色）。

（4）**三硫化二锑（Sb_2S_3）溶胶** 向 20mL 0.4% 酒石酸锑钾溶液中滴入饱和 H_2S 水溶液，振荡试管，直到溶胶变成橙红色为止。

（5）**MnO_2 溶胶** 取 1.5% $KMnO_4$ 溶液 5mL 稀释成 50mL，滴入 1.5～2mL 1% $Na_2S_2O_4$ 溶液，即得到深红色 MnO_2 溶胶。

（6）**AgI 溶胶** 当银盐和碘盐两种稀溶液相混合时应析出沉淀，但其中之一过剩，则不产生沉淀而形成溶胶。取 1 个洁净锥形瓶，先加 10mL 0.02mol/L KI 溶液，再在不断振荡下慢慢滴入 2mL 0.02mol/L $AgNO_3$ 溶液，观察实验现象。

2. 分散法 取 3mL 2% $FeCl_3$ 溶液注入试管中，加入 1mL 0.02mol/L $K_4[Fe(CN)_6]$ 溶液，用滤纸过滤，并以少量水洗涤所生产的沉淀，滤液为普鲁士蓝溶胶。

（二）溶胶的性质

1. 丁铎尔现象 在手电筒圆玻璃片上蒙一层黑纸，在中间开一个小孔，在暗处分别照射上面制备的各溶胶，从垂直于入射光的方向观察并解释实验现象。

2. 氢氧化铁溶胶的电泳现象 先将 U 型管洗净烘干。加入本次实验制备的氢氧化铁溶胶，然后用滴管沿 U 型管壁在两边分别注入蒸馏水，使两边液面升高约 2cm。分别在两边各滴加 1 滴 0.1mol/L KNO$_3$ 溶液。插入铜电极，接通直流电源，电压调至 30~40V。保持 20 分钟，观察溶胶和水之间的界面是否发生移动。根据界面移动的方向来判断 Fe(OH)$_3$ 溶胶的粒子所带电荷的正负，并写出 Fe(OH)$_3$ 溶胶的胶粒和胶团的结构。

3. 溶胶的聚沉

（1）加入电解质溶液 取三支干燥的试管，分别加入 2mL Sb$_2$S$_3$ 溶胶，边振荡边向试管中分别滴加 0.05mol/L 的 NaCl、BaCl$_2$、AlCl$_3$ 溶液，直到聚沉现象出现为止。记下引起溶胶聚沉所需加入的每种电解质溶液的体积，并加以解释。

（2）相反电荷溶胶混合 把 2mL Fe(OH)$_3$ 溶胶和 2mL Sb$_2$S$_3$ 溶胶混合在一起，振荡试管，观察并解释实验现象。

（3）加热 把 Sb$_2$S$_3$ 溶胶、普鲁士蓝溶胶分别加热至沸腾，观察并解释实验现象。

（三）高分子化合物溶液对溶胶的保护作用

取两支试管，在第一支试管中加入 1mL 蒸馏水，第二支试管中加入 1mL 0.1% 的动物胶。然后向每支试管中各加入 5mL Sb$_2$S$_3$ 溶胶，振荡。再向试管中各加入 1mL 5% NaCl 溶液，摇匀，观察并解释两支试管中的现象。

五、数据记录及处理结果

1. 丁铎尔现象 用手电筒照射所制备的溶胶，观察各溶胶是否有丁铎尔现象，将观察到的现象填入下表。

FeCl$_3$ 溶胶	硫溶胶	银溶胶	Sb$_2$S$_3$ 溶胶	MnO$_2$ 溶胶	AgI 溶胶

2. 氢氧化铁溶胶的电泳现象 溶胶和水之间的界面向阴极移动，表明 Fe(OH)$_3$ 溶胶的粒子带 _____ 电荷，Fe(OH)$_3$ 溶胶的胶粒和胶团的结构分别为 _____、_____。

3. 溶胶的聚沉

（1）加入电解质溶液 使 2mL Sb$_2$S$_3$ 溶胶出现聚沉现象，分别需用 0.05mol/L 的 NaCl、BaCl$_2$、AlCl$_3$ 电解质溶液的体积依次为 _____、_____、_____。使相同体积的溶胶出现聚沉现象，需用电解质的量却不同，其原因是 _____
_____。

（2）两种溶胶混合 把 2mL Fe(OH)$_3$ 溶胶和 2mL Sb$_2$S$_3$ 溶胶混合，出现聚沉现象，其原因是_____。

（3）加热 把 Sb$_2$S$_3$ 溶胶、普鲁士蓝溶胶分别加热至沸腾，均出现_____现象，其原因是_____。

4. 高分子化合物溶液对溶胶的保护作用　取两支试管，在第一支试管中加入 1mL 蒸馏水，第二支试管中加入 1mL 0.1% 的动物胶。然后向每支试管中各加入 5mL Sb$_2$S$_3$ 溶胶，振荡。再向试管中各加入 1mL 5% NaCl 溶液，摇匀，前者_____，其原因是_____。后者_____，其原因是_____。

六、注意事项

1. 实验所用的各种玻璃仪器必须清洗干净。

2. 本次实验药品很多，切勿混淆和交叉污染。实验结束后，废液要倒入指定废液回收桶中。

3. 配制银溶胶时，如果单宁酸量少时，生成溶胶呈橙黄色。

七、思考题

1. 分别改变下列条件，把 FeCl$_3$ 溶液注入冷水中，把 1mol/L Na$_2$S 溶液注入浓酒石酸锑钾溶液，能否得到 Fe(OH)$_3$ 和 S$_2$b$_3$ 溶胶？为什么？

2. 溶胶为什么稳定？如何破坏胶体？举出日常生活或生产上应用和破坏胶体的实例各两种。

3. 制备胶体时，是否只控制分散相物质的分散度就够了？

实验五　溶液的配制和稀释

一、实验目的

1. 深刻理解质量浓度、物质的量浓度、体积分数的意义。

2. 熟练使用托盘天平、量筒或量杯等实验仪器。

3. 学会溶液的配制和稀释的基本操作。

二、实验原理

溶液是由溶质和溶剂组成的混合物，溶质在溶液或溶剂中的相对含量称为浓度，可以用不同的方法来表示溶液浓度，医药上常用的表示方法主要有物质的量浓度、质量浓度、体积分数和质量分数等。

配制一定浓度的溶液时，首先根据溶液的量计算出所需要的溶质和溶剂的量，然后称取或量取所需溶质和溶剂混合制成溶液。

三、仪器试剂

1. 仪器　托盘天平、50mL 烧杯、100mL 量杯或量筒、玻璃棒、药匙、称量纸、试剂瓶。

2. 试剂　氯化钠（固体）、市售浓硫酸、药用酒精（体积分数 $\varphi_B = 0.95$）。

四、实验步骤

（一）配制 100mL 9g/L 的氯化钠溶液

1. 计算　计算出配制 100mL 质量浓度（ρ_{NaCl}）为 9g/L 的氯化钠溶液所需固体氯化钠的质量 m（g）。

计算公式为：

$$m = \frac{100}{1000} \times \rho_{NaCl}$$

2. 称量　用托盘天平称取所需氯化钠的质量 m（g）放入小烧杯中。

3. 溶解　向小烧杯中加少量蒸馏水，用玻璃棒搅拌使氯化钠溶解。将已溶解的氯化钠溶液倾入 100mL 量筒中，用少量蒸馏水洗涤小烧杯 2~3 次，并将洗涤液全部倒入 100mL 量筒中。缓缓向 100mL 量筒中加入蒸馏水，至溶液凹液面底部与 100mL 刻度线相切，用玻璃棒搅匀，即可得到将 100mL 质量浓度为 9g/L 的氯化钠溶液。

4. 保存　将量筒中配制好的溶液转移到试剂瓶中，贴好标签，保存备用。

（二）配制 50mL 3mol/L 的硫酸溶液

1. 计算　计算出配制 50mL 3mol/L 的硫酸溶液需要市售浓硫酸（$\omega = 0.98$，$\rho = 1.84$kg/L）的体积（mL）。

计算公式为：

$$c_{H_2SO_4} = \frac{1.84 \times 1000 \times 0.98}{98} = 18.4 (\text{mol/L})$$

$$c_1V_1 = c_2V_2 (\text{稀释前后溶质的物质的量不变})$$

2. 量取浓 H_2SO_4　用干燥的量筒准确量取所需要浓 H_2SO_4 的体积。

3. 稀释　将量取的浓 H_2SO_4 沿烧杯壁慢慢倒入盛有 40mL 蒸馏水的烧杯中，边加边搅拌，慢慢让它冷却。把冷却后的 H_2SO_4 溶液转移到 100mL 量杯中，用适量蒸馏水洗涤烧杯 2~3 次，将洗涤液倒入 100mL 量杯中。缓缓向量杯中注入蒸馏水，至溶液凹液面底部与 50mL 刻度线相切，用玻璃棒搅匀，即可得到 50mL 物质的量浓度为 3mol/L 的硫酸溶液。

4. 保存　将量杯中的溶液转移到试剂瓶中，贴好标签，保存备用。

（三）配制 50mL 消毒酒精（体积分数 $\varphi_B = 0.75$）

1. 计算　计算出配制 50mL 体积分数为 0.75 的消毒酒精所需市售药用酒精（体积分数 $\varphi_B = 0.95$）的体积 V（mL）。

计算公式为：

$$\varphi_1 V_1 = \varphi_2 V_2 (稀释前后溶质的体积不变)$$

2. 量取市售药用酒精 用 100mL 量杯量取所需的市售药用酒精。

3. 稀释 缓缓向量杯中注入蒸馏水，至溶液凹液面底部与 50mL 刻度线相切，用玻璃棒搅匀，即可得到 50mL 体积分数为 0.75 的消毒酒精。

4. 保存 将量杯中的消毒酒精转移到试剂瓶中，贴好标签，保存备用。

五、数据记录及处理结果

溶液名称	100mL 9g/L 氯化钠溶液	50mL 3mol/L 硫酸溶液	50mL 消毒酒精
溶质或浓溶液	NaCl（g）	浓 H_2SO_4（mL）	0.95 酒精（mL）
需用的量			

六、注意事项

1. 量取浓 H_2SO_4 的量筒应干燥无水。稀释浓硫酸时，应将浓 H_2SO_4 沿烧杯壁慢慢地倒入盛有蒸馏水的烧杯中，并用玻璃棒不断搅拌，切勿将蒸馏水倒入浓 H_2SO_4 中。

2. 配好的溶液要及时装入试剂瓶中，盖好瓶塞并贴上标签（标签中应包括溶液的名称和浓度），放到相应的试剂柜中。

七、思考题

1. 用浓 H_2SO_4 配制稀硫酸时候应该注意什么？能否在量筒中稀释浓硫酸？

2. 本实验配制的溶液，其体积能否精确到 0.01mL？

实验六   化学反应速度和化学平衡

一、实验目的

1. 会进行浓度、温度、催化剂对化学反应速度的影响的实验操作。

2. 会进行浓度、温度对化学平衡的影响的实验操作。

二、实验原理

1. $Na_2S_2O_3 + H_2SO_4 \Longrightarrow Na_2SO_4 + SO_2 + S \downarrow + H_2O$

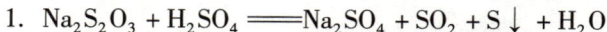

反应物浓度越大，反应速度越快，溶液出现浑浊的时间越短。反应物温度越高，反应速度也越快，溶液出现浑浊的时间也越短。

2. $2H_2O_2 \Longrightarrow 2H_2O + O_2 \uparrow$

过氧化氢（双氧水）在通常条件下分解速度较慢，在二氧化锰的催化下，迅速分解。

3. $FeCl_3 + 6KSCN \Longrightarrow K_3[Fe(SCN)_6] + 3KCl$

增加反应物浓度，化学平衡向正反应方向移动，生成物的浓度就越大。

4. $2NO_2(g) \rightleftharpoons N_2O_4(g) + 56.93kJ$

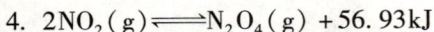

对于放热反应来说，降低反应温度，化学平衡向放热反应方向移动；升高温度，化学平衡向吸热反应方向移动。

三、仪器试剂

1. 仪器 试管、试管架、试管夹、烧杯、量筒、玻璃棒、酒精灯、秒表、铁架台、石棉网、火柴、二氧化氮平衡仪、药匙。

2. 试剂 0.1mol/L 硫代硫酸钠、0.1mol/L 硫酸、质量分数为0.03 的双氧水、二氧化锰、6mol/L 盐酸、1mol/L 三氯化铁溶液、1mol/L 硫氰化钾溶液、6mol/L 氢氧化钠溶液。

四、实验步骤

1. 化学反应速度的影响因素

（1）**浓度** 取两支洁净试管，一支试管中加入 0.1mol/L 硫代硫酸钠（$Na_2S_2O_3$）溶液4mL；另一支试管中加入 0.1mol/L 硫代硫酸钠溶液和蒸馏水各2mL，摇匀。然后向两支试管各加0.1mol/L H_2SO_4 溶液2mL，记录两支试管里出现浑浊现象的时间，解释原因。

（2）**温度** 取两支洁净试管，各加入 0.1mol/L $Na_2S_2O_3$ 溶液2mL，一支置于高于室温20℃的水浴中，另一支置于试管架上。然后向两支试管各加0.1mol/L H_2SO_4 溶液2mL，记录两支试管里出现浑浊现象的时间，解释原因。

（3）**催化剂** 取两支洁净试管，各盛质量分数为0.03 的过氧化氢溶液2mL，向其中一支加少量的二氧化锰。观察两支试管产生气体的剧烈程度，解释原因，写出 H_2O_2 分解的化学反应方程式。

2. 影响化学平衡的因素

（1）**浓度** 在一个洁净小烧杯中加入蒸馏水 20mL 和6mol/L 盐酸数滴，然后滴加1mol/L 三氯化铁（$FeCl_3$）溶液和1mol/L 硫氰化钾（KSCN）溶液各 3 滴，混合均匀，溶液立即变成红色。把上述溶液平均分装于四支试管中，在第一支试管中加入1mol/L 硫氰化钾溶液 3 滴，在第二支试管中加入 1mol/L 三氯化铁溶液 3 滴，在第三支试管中加入少量6mol/L 氢氧化钠溶液 3 滴。观察这三支试管中溶液颜色的变化，并与第四支试管相比较，解释颜色变化的原因。

（2）**温度** 用导管连通两个烧瓶，装入 NO_2 和 N_2O_4 混合气体（已达平衡状态），用夹子夹住橡皮管，将一个烧瓶放进热水中，另一个放入冷水或冰水中，如右图所示。几分钟后，观察两个烧瓶中混合气体的颜色变化，解释变化原因。

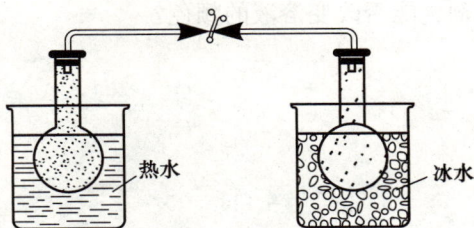

五、数据记录及处理结果

1. 化学反应速度的影响因素

（1）浓度　4mL 硫代硫酸钠溶液加 2mL H_2SO_4 溶液，_____秒出现浑浊；2mL 硫代硫酸钠溶液加 2mL 蒸馏水，再加 2mL H_2SO_4 溶液，_____秒出现浑浊。前者出现浑浊现象的时间较短，原因是_____。

（2）温度　硫代硫酸钠溶液加入 H_2SO_4 溶液后，水浴中的试管_____秒出现浑浊；室温下的试管_____秒出现浑浊。前者出现浑浊现象的时间较短，原因是_____。

（3）催化剂　过氧化氢溶液加少量二氧化锰，分解反应比较_____，原因是_____，H_2O_2 分解反应的化学方程式为_____。

2. 影响化学平衡的因素

（1）浓度　三氯化铁（$FeCl_3$）溶液和硫氰化钾（KSCN）溶液反应生成血红色配合物，溶液立即变成红色。将实验现象及原因填入下表。

红色溶液	1 号试管	2 号试管	3 号试管	4 号试管
加入的试剂	$FeCl_3$ 溶液	KSCN 溶液	NaOH 溶液	无
颜色变化				
颜色变化原因				

（2）温度　NO_2 和 N_2O_4 混合气体，热水中的烧瓶颜色_____，冷水中的烧瓶颜色_____，原因是_____。

六、注意事项

1. 记录两支试管中的溶液出现浑浊时间时，应注意两支试管中溶液达到同样的浑浊程度。

2. 过氧化氢的分解实验，二氧化锰和过氧化氢的用量不能太多。

七、思考题

1. 影响化学反应速度的主要因素有哪些？在实验中，如果把盛有 $Na_2S_2O_3$ 溶液的试管浸入温度较高的水中，立即滴加 H_2SO_4 溶液并开始计时，这种做法妥当吗？为什么？

2. 影响化学平衡的因素有哪些？假如向 $FeCl_3$ 与 KSCN 反应的平衡体系中加入催化剂，能否改变溶液的颜色？

实验七　电解质溶液的性质

一、实验目的

1. 掌握电解质的有关知识。

2. 学会用 pH 试纸和酸碱指示剂测定不同类型盐溶液的酸碱性。

3. 掌握并验证浓度、温度对盐类水解平衡的影响。

4. 培养学生观察和分析问题的能力。

二、实验原理

1. 电解质可分为强电解质和弱电解质。在水溶液中，强电解质能够几乎全部解离，弱电解质只能部分解离。向弱电解质溶液中加入含有相同离子的另一强电解质时，使弱电解质的解离程度降低，即产生同离子效应。

2. 用酸碱指示剂可以判断溶液的酸碱性，例如，甲基橙在酸性溶液中显红色，在碱性溶液中显黄色；酚酞在酸性溶液中为无色，在碱性溶液中显红色。用 pH 试纸可以测出溶液的近似 pH。

三、仪器试剂

1. 仪器 试管、滴管、白色点滴板。

2. 试剂 1mol/L HCl 溶液、1mol/L CH_3COOH 溶液、1mol/L $(NH_4)_2SO_4$ 溶液、1mol/L Na_2CO_3 溶液、1mol/L NaCl 溶液、1mol/L $Al_2(SO_4)_3$ 溶液、1mol/L Na_2HPO_4 溶液、1mol/L NaH_2PO_4 溶液、锌粒、乙酸钠晶体、氯化铵晶体、酚酞试液、甲基橙试液、pH 试纸。

四、实验步骤

（一）强电解质和弱电解质

1. 在两支洁净试管中各放一粒大小相同的锌粒，再分别加入 1mol/L HCl 和 1mol/L CH_3COOH 各约 1mL。观察现象，解释原因，写出有关反应的离子方程式。

2. 取二片 pH 试纸分别置于白色点滴板的二个凹穴，分别加一滴 1mol/L HCl 溶液和 1mol/L CH_3COOH 溶液，测试并记录两个溶液的 pH，解释二者不同的原因，写出解离方程式。

（二）同离子效应

1. 取两支洁净试管，各加入 1mL 蒸馏水，加 5 滴 1mol/L $NH_3 \cdot H_2O$ 溶液，再滴入一滴酚酞指示剂，混合均匀，观察溶液的颜色。向其中一支试管中加入少量 NH_4Cl 晶体，振荡使之溶解，观察溶液的颜色，并与另一试管中的溶液比较。

2. 取两支洁净试管，各加入 1mL 蒸馏水，加 5 滴 1mol/L CH_3COOH 溶液，再滴入一滴甲基橙指示剂，混合均匀，观察溶液的颜色。向其中一支试管中再加入加入少量乙酸钠（CH_3COONa）晶体，振荡使之溶解，观察溶液的颜色，并与另一试管中的溶液比较。

（三）盐类的水解

1. 取五片 pH 试纸分别置于白色点滴板的五个凹穴，分别加一滴 1mol/L $(NH_4)_2SO_4$ 溶液、1mol/L Na_2CO_3 溶液、1mol/L NaCl 溶液、1mol/L Na_2HPO_4 溶液、1mol/L NaH_2PO_4 溶液，测试并记录五个溶液的 pH，解释原因。

2. 取两支洁净试管，分别加入 3mL 1mol/L Na_2CO_3 溶液、2mL 1mol/L $Al_2(SO_4)_3$ 溶液，先用 pH 试纸分别测定其 pH，然后混合，观察现象，测试混合溶液的 pH，解释原因，写出反应的离子方程式。

五、数据记录及处理结果

（一）强电解质和弱电解质

1. 锌粒与 CH_3COOH 反应的现象分别是＿＿＿＿＿＿＿＿＿，反应现象不同的原因是＿＿＿＿＿＿＿＿＿，离子反应方程式分别是＿＿＿＿＿＿＿＿＿、＿＿＿＿＿＿＿＿＿。

2. 1mol/L HCl 溶液和 1mol/L CH_3COOH 溶液的 pH 分别为＿＿＿＿＿＿、＿＿＿＿＿＿，二者不同的原因是＿＿＿＿＿＿＿＿＿，解离方程式分别为＿＿＿＿＿＿＿＿＿、＿＿＿＿＿＿＿＿＿。

（二）同离子效应

1. 在 $NH_3·H_2O$ 溶液中滴加酚酞指示剂，溶液颜色呈＿＿＿＿＿＿色。加入少量 NH_4Cl 晶体后，溶液的颜色＿＿＿＿＿＿。

2. 在 CH_3COOH 溶液中滴加甲基橙指示剂，溶液颜色呈＿＿＿＿＿＿色。加入少量乙酸钠（CH_3COONa）晶体，溶液的颜色＿＿＿＿＿＿。

（三）盐类的水解

	溶液的 pH	现象及原因	反应式
$(NH_4)_2SO_4$ 溶液			
Na_2CO_3 溶液			
NaCl 溶液			
Na_2HPO_4 溶液			
NaH_2PO_4 溶液			
Na_2CO_3 溶液			
$Al_2(SO_4)_3$ 溶液			
$Na_2CO_3 + Al_2(SO_4)_3$ 溶液			

六、注意事项

1. 反应剩余的锌粒应回收至指定容器中。

2. 用 pH 试纸时，不能把试纸全部浸入被测试液中。

3. 使用滴瓶中的滴管取用液体试剂时，用后必须把滴管放回原试剂瓶中，不可放错试剂瓶或置于实验台上，以免交叉污染试剂。

七、思考题

1. 试解释 Na_2HPO_4、NaH_2PO_4 均属酸式盐，但前者的溶液呈弱碱性，后者却呈弱酸性，为什么？

2. 盐的水溶液酸碱性和盐的组成有何关系？

实验八 缓冲溶液的性质

一、实验目的

1. 学会配制缓冲溶液，试验缓冲溶液的性质。
2. 加深对缓冲溶液缓冲作用的理解。
3. 培养学生的观察和分析问题的能力。

二、实验原理

弱酸及其强碱盐或弱碱及其强酸盐组成的混合溶液，当将其被稀释或在其中加入少量的酸或碱时，溶液的 pH 几乎不变，这种溶液称作缓冲溶液。当稀释时，弱酸或弱碱的浓度降低了，但其解离度会增大，溶液的 pH 几乎不变；当加酸或加碱时，[H^+] 或 [OH^-] 与溶液中的抗碱成分或抗酸成分结合生成弱酸或弱碱，[H^+] 或 [OH^-] 不会明显升高，所以，溶液的 pH 几乎不变。

三、仪器试剂

1. **仪器** 试管、10mL 刻度吸量管、洗耳球。

2. **试剂** 0.5mol/L HCl 溶液、0.5mol/L NaOH 溶液、1mol/L CH_3COOH 溶液、1mol/L CH_3COONa 溶液、精密 pH 试纸。

四、实验步骤

（一）试液及缓冲溶液的制备

取四支洁净试管，分别编号为 1、2、3、4。用刻度吸量管依次向 1～3 号试管加入 3.00mL 蒸馏水、3.00mL 1mol/L CH_3COOH、3.00mL 1mol/L CH_3COONa 溶液，向 4 号试管加入 1.50mL 1mol/L CH_3COOH 和 1.50mL 1mol/L CH_3COONa 溶液，混匀备用。

另取五支洁净试管，分别将 1～3 号试管里的溶液平均分二份，将 4 号试管里的溶液平均分呈三份，分别用精密 pH 试纸测试各个试管溶液的 pH。

（二）试液及缓冲溶液的性质

分别向 1~3 号试管加入 1 滴 0.5mol/L HCl 溶液及 0.5mol/L NaOH 溶液，混匀。向 2 号试管加 1.00mL 蒸馏水混匀，即稀释至 2 倍，再分别加入 1 滴 0.5mol/L HCl 溶液及 0.5mol/L NaOH 溶液。

分别用精密 pH 试纸测试各个试管溶液的 pH。

五、数据记录及处理结果

试管编号	溶液成分	pH	滴加试剂	加试剂后的 pH
1	蒸馏水		HCl 溶液	
	蒸馏水		NaOH 溶液	
2	CH_3COOH		HCl 溶液	
	CH_3COOH		NaOH 溶液	
3	CH_3COONa		HCl 溶液	
	CH_3COONa		NaOH 溶液	
4	$CH_3COOH + CH_3COONa$		HCl 溶液	
	$CH_3COOH + CH_3COONa$		NaOH 溶液	
	$CH_3COOH + CH_3COONa$		蒸馏水	

六、注意事项

1. 用刻度吸量管量取溶液时要准确。
2. 用精密的 pH 试纸测定混合溶液的 pH，读数要准确。

七、思考题

1. 在缓冲溶液中加入少量酸、碱或稀释时，溶液的 pH 为什么无明显变化？
2. 谈谈缓冲溶液在医药上的意义。

实验九　电子天平称量练习

一、实验目的

1. 学会直接称量法、减量称量法、固定质量称量法的操作方法，能够正确称量固体试样并记录称量数据。
2. 熟悉电子天平的基本结构。
3. 培养学生善于动手、勤于思考的优良品质。

二、实验原理

1. 电子天平的称量方法有直接称量法、减量称量法、固定质量称量法、累计称量法和下称法等多种。

2. 电子天平有去皮功能，应指导学生巧妙利用该功能进行操作。

三、仪器试剂

1. 仪器　托盘天平、电子天平、干燥器（180mm）、称量瓶（25mm×40mm）、锥形瓶（250mL）、小烧杯（50mL）、小滴瓶（30mL）、药匙。

2. 试剂　基准物质 $K_2Cr_2O_7$、NaCl 溶液（置于 30mL 小滴瓶中）。

四、实验步骤

1. 观察　重点观察电子天平的操作面板，熟悉各按键的布局和功能。

2. 称量前的准备

（1）清扫　取下天平罩，折叠整齐。用软毛刷清扫称盘。

（2）检查、调节水平　调整水平调节螺丝使水泡在水平仪中心。

（3）预热　接通电源，在"OFF"状态下，预热 30 分钟。（实验课前已经接通电源，这一步可省略）。

（4）开启显示器　按开关键，在"ON"状态下，天平进行自检，完毕后，显示"0.0000g"，如不是"0.0000g"，则按清零键（Tare）。

（5）校准　根据电子天平的型号，只能选择内校或外校中的一种方法进行校准。

3. 称量操作练习

（1）不去皮直接称量法　将一干燥洁净的小烧杯从边门放置称盘中央，关闭天平门，记下空烧杯的质量 m_1。用药匙从天平边门将试样加入小烧杯中，关闭天平门，称出小烧杯和试样的总质量为 m_2。两次称量质量之差（$m_2 - m_1$）即为试样的质量。

（2）去皮直接称量法　将一干燥洁净的小烧杯从边门放置称盘中央，关闭天平门，按清零键（Tare），显示"0.0000g"后，用药匙从天平边门将试样加入小烧杯中，关闭天平门，显示值即为试样的质量 m。

（3）减量称量法称取 0.5g 基准物质 $K_2Cr_2O_7$（去皮法）　用手套或纸条将装有约 1.5g（托盘天平上粗称）基准物质 $K_2Cr_2O_7$ 的称量瓶放在称盘中央，关闭天平门，按清零键（Tare），显示"0.0000g"。用手套或纸条取出称量瓶，瓶盖轻敲称量瓶上口，将 $K_2Cr_2O_7$ 倾入洁净的锥形瓶中，倾出一定量后，放回天平盘上，关闭天平门后读数，显示值为"－"值，其数值即为所倾出 $K_2Cr_2O_7$ 的质量，要求倾出的量控制在 ±10% 以内（即 0.45～0.55g），记下第一份样品质量。若倾出的量不够，可继续倾出，如过量了，则弃去重称，继续称取第二份样品于第二个锥形瓶中。

（4）减量称量法称取 0.8g NaCl 溶液（去皮法）　用手套或纸条将装有 NaCl 溶液的小滴瓶放入称盘中央，关闭天平门，按清零键（Tare），显示"0.0000g"。用手套或纸条拿出小滴瓶，同样用手套或纸条取出滴管，将 NaCl 溶液滴入锥形瓶中，与上述的固体称量相似，要求倾出的量控制在 ±10% 以内（即 0.72～0.88g），记录数据。取出二份样品分别置于二个锥形瓶中。

(5) **固定质量称量法称取 0.6129g 基准物质 $K_2Cr_2O_7$** 将一干燥洁净的小烧杯从边门放于称盘中央，关闭天平门，按清零键（Tare），显示"0.0000g"后，用药匙取基准物质 $K_2Cr_2O_7$，从天平边门伸入，将试样慢慢抖入小烧杯中，直至天平显示屏上读数恰好达为 0.6129g，关闭天平门，再次核实显示屏上的数值，并作记录。如不慎加多了，用药匙取出多余的试样，再重复上述操作，直到恰好达到固定质量 0.6129g。

4. 称量结束 取下称量物，置于原位。按清零键（Tare），显示"0.0000g"后，按开关键（ON/OFF），天平处于待机状态，不要拔电源。用软毛刷清扫称盘，罩上天平罩，将凳子放回原处，并在登记本上记录使用情况。

五、数据记录及处理结果

1. 不去皮直接称量法 空烧杯 $m_1 =$ _____；烧杯和试样 $m_2 =$ _____。试样 $m_2 - m_1 =$ _____。

2. 去皮直接称量法 试样 $m =$ _____。

3. 减量称量法称取 0.5g 基准物质 $K_2Cr_2O_7$ 第一份样品 $m_1 =$ _____；第二份样品 $m_2 =$ _____。

4. 减量称量法称取 0.8g NaCl 溶液 第一份样品 $m_1 =$ _____；第二份样品 $m_2 =$ _____。

5. 固定质量称量法 称取 0.6129g 或_____ g 基准物质 $K_2Cr_2O_7$。

六、注意事项

本实验中的电子天平的称量数据要求精确到 0.0001g，数据记录在实验报告或记录本上。如果记录错误，将错误的数据画一条横线，横线后签名，以示负责，并将正确的数据写在错误数据的下面。

七、思考题

1. 电子天平是根据什么原理实现称量的？为什么本实验中称得的数值可以看作是物质的质量？

2. 为什么减量称量法通常借助于手套或小纸条接触称量瓶和称量瓶盖子？

实验十 滴定分析仪器的洗涤及使用练习

一、实验目的

1. 掌握滴定分析仪器的洗涤方法。

2. 学会滴定分析仪器的正确使用。

3. 学会滴定终点的观察与判断。

二、实验原理

滴定分析法是将滴定液滴加到被测物质溶液中，当反应达到化学计量点时，根据滴定液的浓度和消耗的体积，计算被测组分含量的分析方法。准确测量溶液的体积是获得良好分析结果的重要前提之一，因此，必须掌握滴定管、移液管和容量瓶等常用滴定分析仪器的洗涤和使用方法。

三、仪器试剂

1. 仪器 50mL 酸式滴定管、50mL 碱式滴定管、250mL 锥形瓶、25mL 移液管、10mL 移液管、100mL 容量瓶、洗耳球、烧杯。

2. 试剂 0.1mol/L NaOH 溶液、0.1mol/L HCl 溶液、0.1% 酚酞指示剂、0.1% 甲基橙指示剂、铬酸洗液。

四、实验步骤

（一）滴定分析仪器的洗涤

滴定分析仪器在使用前必须洗干净，洗净的标准是仪器内壁应能被水均匀润湿而不挂水珠。

滴定分析的辅助仪器如锥形瓶、烧杯、试剂瓶、玻璃棒等，可用毛刷蘸取去污粉或肥皂水或洗涤剂刷洗，用自来水冲洗后，再用蒸馏水冲洗。

滴定分析的容量仪器如滴定管、容量瓶、移液管等，一般不用刷子刷洗，以免容器内壁磨损而影响量器测量的准确度。应先检查其是否破损并试漏（必要时对酸式滴定管旋塞涂抹凡士林），再用自来水冲洗或洗涤剂冲洗，如果不能冲洗干净，可用铬酸洗液润洗或浸泡，将洗液倒回原容器后，用自来水冲洗仪器，再用蒸馏水冲洗。

1. 滴定管的洗涤

（1）**酸式滴定管** 先关闭旋塞开关，直接倒入铬酸洗液大约 10mL，将滴定管倾斜并慢慢转动滴定管，使其内壁全部被洗液润湿，直立酸式滴定管，打开旋塞开关，将洗液倒回原洗液瓶中，依次用自来水、蒸馏水冲洗。

（2）**碱式滴定管** 倒立滴定管插入铬酸洗液瓶中，用洗耳球将洗液吸入其中，打开玻璃珠开关，将洗液倒回洗液瓶中，依次用自来水、蒸馏水冲洗。

2. 容量瓶的洗涤 直接倒入铬酸洗液大约 10mL，倾斜并旋转容量瓶，使洗液润湿内壁，然后将洗液倒回原洗液瓶中，依次用自来水、蒸馏水冲洗。

3. 移液管的洗涤 将移液管插入铬酸洗液瓶中，用洗耳球将洗液吸入其中，移开洗耳球，将洗液倒回洗液瓶中，依次用自来水、蒸馏水冲洗。

（二）滴定分析法仪器的使用练习

1. 滴定管的使用练习 向滴定管加蒸馏水至"0"刻线以上，排气泡。酸式滴定管可打开旋塞，使溶液急速下流，除去气泡。碱式滴定管可将乳胶管向上弯曲，捏挤稍高于玻璃珠所在处的橡皮管，使溶液从尖嘴处流出，除去气泡。然后调节零点，用右手拇指、食指、中指轻轻捏住滴定管上端，保持其垂直于地面，左手操作滴定管开关使液面慢慢下降至液面的凹月面最低处与"0"刻线相切。

将滴定管垂直夹在滴定夹上，左手操作滴定管开关，右手握住锥形瓶上部，边滴定边振摇锥形瓶，使锥形瓶内的溶液做旋转运动，反复练习，熟练掌握操作要领。

2. 容量瓶的使用练习 将蒸馏水沿玻璃棒倒入容量瓶至近刻线处，用胶头滴管逐滴加蒸馏水，直至溶液凹月面最低处与环形刻线相切，盖紧瓶塞，用检查是否漏水的方法握住容量瓶，上下颠倒约 20 次，使溶液充分混匀。

3. 移液管的使用练习 用一只手的拇指和中指捏住管口，食指用于堵管口，其余手指自然轻扶移液管的上部，移液管插入盛蒸馏水的烧杯中至液面下 1cm 处；另一只手挤压洗耳球，让洗耳球的尖嘴抵住移液管的管口，缓慢松开洗耳球，蒸馏水被吸入其中，当管内液面高于移液管最上面的刻线时，移走洗耳球，迅速用食指堵住管口，将移液管提起来离开液面，稍稍松开食指，使溶液凹月面最低处缓缓下降至与移液管最上端刻线相切时，堵紧管口，管尖轻抵烧杯内壁，插入另外一个容器，松开食指使水流出。如果将水全部放出，应使管尖与容器内壁接触超过 15 秒钟，确保溶液全部放出。反复练习，熟练掌握操作要领。

4. 滴定操作练习

（1）0.1mol/L NaOH 滴定液滴定 0.1mol/L HCl 溶液

① 用少量 0.1mol/L NaOH 溶液将碱式滴定管润洗 3 次，然后装入 0.1mol/L NaOH 溶液至"0"刻线以上，排除气泡，调好零点。

② 用移液管准确量取 20.00mL HCl 溶液于洁净的 250mL 锥形瓶中，再加 2 滴酚酞指示剂。

③ 用 0.1mol/L NaOH 溶液滴定 HCl 溶液至由无色变浅红色，半分钟不退为终点，记录用去 NaOH 溶液的体积。

重复上述操作，至每次消耗 NaOH 滴定液体积之差小于 0.02mL 为止。

（2）0.1mol/L HCl 滴定液滴定 0.1mol/L NaOH 溶液

① 用少量 0.1mol/L HCl 溶液将酸碱式滴定管润洗 3 次，然后装入 0.1mol/L HCl 溶液至"0"刻线以上，排除气泡，调好零点。

② 用移液管准确量取 20.00mL NaOH 溶液于洁净的 250mL 锥形瓶中，再加入 2 滴甲基橙指示剂。

③ 用 0.1mol/L HCl 溶液滴定 NaOH 溶液至由黄色变为橙色，即为终点，记录用去 HCl 溶液体积。

重复上述操作，至每次消耗 HCl 滴定液体积之差小于 0.02mL 为止。

五、数据记录及处理结果

滴定操作练习记录

滴定程序	消耗滴定液的体积（mL）
NaOH 滴定 HCl	
HCl 滴定 NaOH	

六、注意事项

1. 铬酸洗液的腐蚀性很强，能灼伤皮肤、腐蚀衣物，使用时应特别小心，如不慎把洗液洒在皮肤、衣物和实验台上，应立即用水冲洗。铬酸洗液变为绿色时，表明已经丧失去污能力，不能继续使用。

2. 滴定管、容量瓶和移液管是带有刻度的精密玻璃量器，不能加热或放入干燥箱中烘干，也不能用于量取过热或过冷的溶液，以免影响测量的准确度。

3. 滴定分析仪器使用完毕，应立即洗涤干净，并放在规定的位置。

七、思考题

1. 衡量玻璃仪器洗净的标准是什么？
2. 滴定管和移液管为什么要用待装液润洗？容量瓶、锥形瓶和烧杯是否也要用待装液润洗？为什么？
3. 滴定分析仪器正确读数的原则是什么？

实验十一　盐酸滴定液的配制

一、实验目的

1. 掌握减量法准确称取基准物的方法。
2. 掌握酸碱滴定操作并学会正确判断滴定终点。
3. 学会配制盐酸滴定液的方法。

二、实验原理

由于浓盐酸容易挥发，不能用直接法配制滴定液，因此，配制 HCl 滴定液时，只能先配制成近似浓度的溶液，然后用基准物质标定其准确浓度，或者用另一已知准确浓度的滴定液标定该溶液，从而计算其准确浓度。标定 HCl 溶液的基准物质常用无水 Na_2CO_3，其反应式如下：

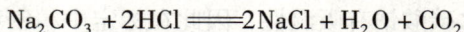

$$Na_2CO_3 + 2HCl =\!=\!= 2NaCl + H_2O + CO_2$$

滴定至反应完全时，溶液 pH 为 3.89，通常选用溴甲酚绿 – 甲基红混合液或甲基橙作指示剂。

三、仪器试剂

1. 仪器　50mL 酸式滴定管、烧杯、锥形瓶、玻璃棒、500mL 烧杯、分析天平、托盘天平、电炉、表面皿、称量瓶。

2. 试剂　浓盐酸（密度为 1.19，浓度为 37%）、无水 Na_2CO_3、甲基橙或者溴甲酚绿 – 甲基红混合液指示剂。

四、实验步骤

1. 配制近似 0.1mol/L 的 HCl 溶液　用小量筒量取 2.2mL 浓盐酸，倒入 500mL 烧杯中，加入 250mL 蒸馏水，摇匀备用。

2. 标定盐酸滴定液　取在 270℃～300℃ 干燥至恒重的基准无水碳酸钠约 0.15g，精密称定，置于洁净的锥形瓶中，加 50mL 蒸馏水溶解，加甲基红 – 溴甲酚绿混合指示液 10 滴，用本液滴定至溶液由绿色转变为紫红色时，煮沸 2 分钟，冷却至室温，继续滴定至溶液由绿色变为暗紫色，即为滴定终点。平行测定三次，根据本液的消耗量与无水碳酸钠的取用量，算出本液的浓度，即得。

五、数据记录及处理结果

	I	II	III
无水碳酸钠质量（g）			
初始读数（mL）			
终点读数（mL）			
消耗 HCl 体积（mL）			
HCl 滴定液浓度（mol/L）			
平均浓度（mol/L）			

HCl 滴定液浓度的计算式：

$$c = \frac{\frac{m}{M} \times 2 \times 1000}{V}$$

式中：c——HCl 滴定液的物质的量浓度（mol/L）；

　　　m——无水碳酸钠的质量（g）；

　　　V——消耗 HCl 溶液的体积（mL）；

　　　M——无水碳酸钠的摩尔质量（g/mol）。

六、注意事项

1. 干燥至恒重的无水碳酸钠有吸湿性，因此在标定中精密称取基准无水碳酸钠时，宜采用"减量法"称取，并应迅速将称量瓶加盖密闭。

2. 在滴定过程中产生的二氧化碳，使终点变色不够敏锐。因此，在溶液滴定进行至临近终点时，应将溶液加热煮沸或剧烈摇动，以除去二氧化碳，待冷至室温后，再继续滴定。

七、思考题

1. 在滴定过程中产生的二氧化碳会使终点变色不够敏锐，在溶液滴定进行至临近终点时，应如何处理？

2. 当碳酸钠试样从称量瓶转移到锥形瓶的过程中，不小心有少量试样撒出，如仍用它来标定盐酸浓度，将会造成分析结果偏大还是偏小？

实验十二 氢氧化钠滴定液的配制

一、实验目的

1. 掌握氢氧化钠滴定液的配制方法。
2. 巩固减量法称量基准物质的操作技术。
3. 掌握滴定操作及正确判断滴定终点。

二、实验原理

NaOH 易吸收空气中 CO_2 而生成 Na_2CO_3，反应式为：

$$2NaOH + CO_2 =\!\!=\!\!= Na_2CO_3 + H_2O$$

由于 Na_2CO_3 在饱和 NaOH 溶液中不溶解，因此将 NaOH 制成饱和溶液，其含量约 52%（W/W），相对密度为 1.56。待 Na_2CO_3 沉淀后，量取一定量的上清液，稀释至一定体积即可。用来配制 NaOH 溶液的蒸馏水，应加热煮沸放冷，除去水中的 CO_2。

标定 NaOH 的基准物质有草酸（$H_2C_2O_4 \cdot 2H_2O$）、苯甲酸（$C_7H_6O_2$）、邻苯二甲酸氢钾（$KHC_8H_4O_4$）等。通常用邻苯二甲酸氢钾标定 NaOH 滴定液，标定反应如下：

$$\text{（苯环）}{\overset{COOH}{\underset{COOK}{}}} + NaOH =\!\!=\!\!= \text{（苯环）}{\overset{COONa}{\underset{COOK}{}}} + H_2O$$

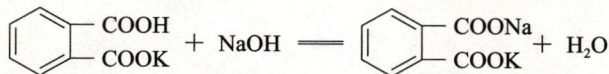

计量点时，生成的弱酸强碱盐水解，溶液为碱性，采用酚酞作指示剂。

三、仪器与试剂

1. 仪器 分析天平、托盘天平、碱式滴定管（50mL）、玻璃棒、量筒、试剂瓶、称量瓶、锥形瓶、烧杯。

2. 试剂 固体 NaOH、基准邻苯二甲酸氢钾、酚酞指示剂。

四、实验步骤

1. 配制近似 0.1mol/L 的 NaOH 溶液

（1）NaOH 饱和溶液的配制 用托盘天平称取 120g NaOH 固体，倒入装有 100mL

纯水的烧杯中，搅拌使之溶解成饱和溶液。贮于塑料瓶中，静置数日，澄清后备用。

（2）NaOH 滴定液的配制（0.1mol/L） 取澄清的饱和 NaOH 溶液 2.8mL，加新煮沸的冷蒸馏水 500mL，摇匀密塞，贴上标签，备用。

2. 标定 NaOH 滴定液 用减量法精密称取在 105℃～110℃ 干燥至恒重的基准物邻苯二甲酸氢钾约 0.6g，置于 250mL 锥形瓶中，加蒸馏水 50mL，使之完全溶解，加酚酞指示剂 2 滴，用待标定的 NaOH 溶液滴定至溶液呈淡红色，且 30 秒不退色即可。根据 NaOH 溶液的消耗量与邻苯二甲酸氢钾的取用量，算出 NaOH 溶液的浓度。平行测定三次，取平均值作为 NaOH 滴定液的浓度。

五、数据记录及处理结果

试样编号	I	II	III
邻苯二甲酸氢钾质量（g）			
初始读数（mL）			
终点读数（mL）			
消耗 NaOH 体积（mL）			
NaOH 滴定液浓度（mol/L）			
平均浓度（mol/L）			

NaOH 滴定液浓度的计算式：

$$c = \frac{\frac{m}{M} \times 1000}{V}$$

式中：c——氢氧化钠滴定液的量浓度（mol/L）；

m——邻苯二甲酸氢钾的质量（g）；

V——氢氧化钠溶液的用量（mL）；

M——邻苯二甲酸氢钾的摩尔质量（g/mol）。

六、注意事项

1. 固体氢氧化钠应放在表面皿上或小烧杯中称量，不能在称量纸上称量，因为氢氧化钠极易吸潮。而且称量速度要尽量快。

2. NaOH 饱和溶液侵蚀性很强，长期保存最好用聚乙烯塑料化学试剂瓶贮存。在一般情况下，也可用玻璃瓶贮存，但必须用橡皮塞。

3. 盛放基准物的三个锥形瓶应编号，以免混淆，防止过失误差。

七、思考题

1. 为什么配制氢氧化钠滴定液时，需要先配制饱和溶液并放置数天而后再稀释配制相应浓度的溶液呢？

2. 如果用 $H_2C_2O_4 \cdot 2H_2O$ 标定氢氧化钠滴定液时，应该如何操作？

实验十三　药用氢氧化钠的含量测定

一、实验目的

1. 掌握双指示剂法测定 NaOH 和 Na_2CO_3 混合物中各组分含量的原理和方法。
2. 学会使用移液管和容量瓶。
3. 熟练掌握酸式滴定管的滴定操作和滴定终点的判定。
4. 巩固减量法称取固体物质的操作技术。

二、实验原理

NaOH 易吸收空气中的 CO_2 形成 NaOH 与 Na_2CO_3 的混合物。由于滴定 Na_2CO_3 时有两个计量点，可采用双指示剂滴定法分别测定 NaOH 和 Na_2CO_3 的含量。

首先在被测溶液中加入酚酞指示剂，用盐酸滴定液滴定至酚酞红色刚消失为第一计量点，设用去盐酸滴定液的体积为 V_1。

此时，NaOH 全部被滴定完，Na_2CO_3 全部变成 $NaHCO_3$，滴定反应为：

$$Na_2CO_3 + HCl \xlongequal{\quad} NaHCO_3 + H_2O$$

$$NaOH + HCl \xlongequal{\quad} NaCl + H_2O$$

然后加入甲基橙指示剂，用盐酸滴定液继续滴定至甲基橙由黄色转变为橙红色时，达到第二计量点，设这次用去盐酸滴定液的体积为 V_2。

此时，$NaHCO_3$ 全部生成 H_2CO_3（CO_2 和 H_2O），滴定反应为：

$$NaHCO_3 + HCl \xlongequal{\quad} NaCl + CO_2 + H_2O$$

则测定 Na_2CO_3 消耗的盐酸滴定液的体积为 $2V_2$，滴定 NaOH 所消耗的盐酸滴定液的体积为 $V_1 - V_2$，可根据消耗的盐酸滴定液的体积和盐酸滴定液的浓度计算 NaOH 和 Na_2CO_3 的含量。

三、仪器试剂

1. **仪器**　酸式滴定管、锥形瓶、烧杯、100mL 容量瓶、称量瓶、电子天平。
2. **试剂**　0.1mol/L 盐酸滴定液、酚酞指示剂、甲基橙指示剂、药用氢氧化钠。

四、实验步骤

1. **配制试样溶液**　精密称取药用 NaOH 约 0.4g，置于小烧杯中，加少量蒸馏水溶解后，定量转移至 100mL 容量瓶中，加水稀释至刻度，摇匀。
2. **滴定**　用移液管准确移取 25.00mL 试样溶液三份，分别置于 250mL 锥形瓶中，各加入 2 滴酚酞指示剂，以盐酸滴定液（0.1mol/L）滴定至酚酞的红色消失为止，记录所用盐酸液体积 V_1。再加入 2 滴甲基橙指示剂，继续用盐酸滴定液（0.1mol/L）滴定，小心滴定至溶液颜色由黄色变为橙色为止，记录所用 HCl 滴定液体积 V_2。

五、数据记录与处理结果

	I	II	III
药用 NaOH 试样溶液体积（mL）	25.00	25.00	25.00
第一计量点消耗 HCl 体积 V_1（mL）			
第二计量点消耗 HCl 体积 V_2（mL）			
NaOH 含量（%）			
Na_2CO_3 含量（%）			
NaOH 含量平均值（%）			
Na_2CO_3 含量平均值（%）			

药用氢氧化钠试样中 NaOH 和 Na_2CO_3 含量的计算公式：

$$NaOH\% = \frac{\left[c(V_1 - V_2)\right]_{HCl} \times M_{NaOH}}{1000 \times m_s \times \dfrac{25.00}{100.0}} \times 100\%$$

$$Na_2CO_3\% = \frac{(c \times 2V_2)_{HCl} \times M_{Na_2CO_3}}{2 \times 1000 \times m_s \times \dfrac{25.00}{100.0}} \times 100\%$$

式中：c——HCl 滴定液的浓度（mol/L）；

V_1——第一计量点消耗 HCl 体积（mL）；

V_2——第二计量点消耗 HCl 体积（mL）；

m_s——药用氢氧化钠试样的质量（g）。

六、注意事项

1. 滴定之前，试样溶液不应在空气中久置，否则容易吸收 CO_2 使 NaOH 的量减少，而 Na_2CO_3 的量增多。

2. 第一计量点以酚酞为指示剂，终点颜色为红色退去，不易判断，要细心观察。

3. 第二计量点时，要充分旋摇，以防止形成 CO_2 的过饱和溶液使终点提前。

4. 由于试样中所含 Na_2CO_3 较少，所以第二计量点需用的盐酸量较少，滴定时要小心。

七、思考题

1. 使用移液管时应注意些什么？

2. 如果试样中含有 $NaHCO_3$，应如何计算其含量？

实验十四　生理盐水中氯化钠的含量测定

一、实验目的

1. 加深对莫尔法基本原理的理解。

2. 学会配制硝酸银滴定液，正确判断莫尔法的滴定终点。

3. 掌握沉淀滴定法测定氯化钠含量的基本过程。

二、实验原理

生理盐水是临床工作最常用的液体药品之一，其主要成分是氯化钠（NaCl），可以用莫尔法定其中的 Cl^-，从而确定氯化钠的含量。

莫尔法（铬酸钾指示剂法）是以 $AgNO_3$ 为滴定液，铬酸钾为指示剂，在中性或弱碱性溶液中，直接测定氯化物的方法。

根据分步沉淀的原理，溶液中先析出 AgCl 白色沉淀；当溶液中的 Cl^- 被定量沉淀完全后，继续滴加的稍过量的 Ag^+ 即与 CrO_4^{2-} 反应，生成 Ag_2CrO_4 的砖红色沉淀而指示终点。基本反应如下：

滴定终点前 $\qquad Ag^+ + Cl^- \Longrightarrow AgCl\downarrow（白色）$

滴定终点时 $\qquad 2Ag^+ + CrO_4^{2-} \Longrightarrow Ag_2CrO_4\downarrow（砖红色）$

三、仪器试剂

1. 仪器 棕色酸式滴定管、锥形瓶、移液管、量筒。

2. 试剂 $AgNO_3$（AR）、NaCl（基准试剂）、K_2CrO_4 溶液（5%）、生理盐水试样。

四、实验步骤

1. 配制 0.1mol/L AgNO₃ 滴定液 用托盘天平称取 $AgNO_3$ 固体 17g，于小烧杯中，用少量蒸馏水溶解，并稀释至 1000mL，摇匀，转入棕色试剂瓶中，置于暗处，备用。

准确称取 0.18g 基准 NaCl，置于锥形瓶中，加 25mL 水溶解，滴加 K_2CrO_4 指示剂 1mL，用 $AgNO_3$ 滴定液滴定，充分振摇，至白色沉淀中出现砖红色为滴定终点，记录消耗 $AgNO_3$ 滴定液的体积，计算 $AgNO_3$ 滴定液的浓度。

平行测定三次，取平均值作为 $AgNO_3$ 滴定液的准确浓度。

2. 测定生理盐水中氯化钠的含量 准确量取生理盐水 7.00mL 于 250mL 锥形瓶中，加入蒸馏水 20mL，K_2CrO_4 指示剂 1mL，充分振摇，用 $AgNO_3$ 滴定液滴定至白色沉淀中出现砖红色为滴定终点。根据 $AgNO_3$ 滴定液的浓度和消耗的体积，计算生理盐水中氯化钠的含量。平行测定三次。

五、数据记录及处理结果

AgNO₃ 滴定液的配制

	I	II	III
m_{NaCl}			
V_{AgNO_3}			
c_{AgNO_3}			
c_{AgNO_3} 平均值			

计算公式：

$$c_{AgNO_3} = \frac{m_{NaCl}}{V_{AgNO_3} M_{NaCl}} \times 1000$$

生理盐水中氯化钠的含量测定

	I	II	III
V_{AgNO_3} （mL）	7.00	7.00	7.00
NaCl% （W/V）			
NaCl% 平均值			

计算公式：

$$NaCl\%(W/V) = \frac{c_{AgNO_3} \times V_{AgNO_3} \times M_{NaCl} \times 10^{-3}}{7.00 \times 10} \times 100\%$$

六、注意事项

1. $AgNO_3$ 见光易分解，故 $AgNO_3$ 溶液需保存在棕色瓶中。

2. 指示剂 K_2CrO_4 的用量要合适，指示剂的用量若过多，终点提前，反之，则终点延迟，都会影响滴定准确度。

3. 由于 $AgCl$ 沉淀的吸附性较强，所以滴定过程中要剧烈振摇锥形瓶，使被 $AgCl$ 吸附的 Cl^- 及时释放出来，防止终点提前。

七、思考题

1. 指示剂 K_2CrO_4 浓度的大小对氯离子测定有何影响？

2. 本实验是否可以用荧光黄代替 K_2CrO_4 作指示剂？为什么？

实验十五 水的总硬度的测定

一、实验目的

1. 掌握配位滴定法测定水的硬度的原理和操作技术。
2. 掌握计算水的硬度的方法。
3. 学会用铬黑 T 确定滴定终点。

二、实验原理

水的总硬度是指溶解于水中的钙盐和镁盐的总含量。通常将水中所含 Ca^{2+}、Mg^{2+} 的总量折算成 $CaCO_3$ 的质量，以每升水中有多少毫克 $CaCO_3$ 表示总硬度。《中国生活饮用水国家标准》规定，生活饮用水的硬度不超过 450mg/L。

EDTA 和金属指示剂铬黑 T（H_3In）分别与 Ca^{2+}、Mg^{2+} 形成络合物，稳定性为 $CaY^{2-} > MgY^{2-} > MgIn^- > CaIn^-$。测定时，用 $NH_3 - NH_4Cl$ 缓冲溶液调节 $pH \approx 10$，当水样中加入少量铬黑 T 指示剂时，它首先和 Mg^{2+} 生成红色络合物 $MgIn^-$，然后与 Ca^{2+} 生成红色络合物 $CaIn^-$。滴定开始后，EDTA 与 Ca^{2+}、Mg^{2+} 反应生成 CaY^{2-}、MgY^{2-}。在化学计量点附近，Mg^{2+} 的浓度降至很低，加入的 EDTA 夺取 $MgIn^-$ 中的 Mg^{2+}，使指示剂 HIn^{2-} 游离出来，此时溶液呈现出蓝色，指示滴定终点的到达。滴定过程的反应为：

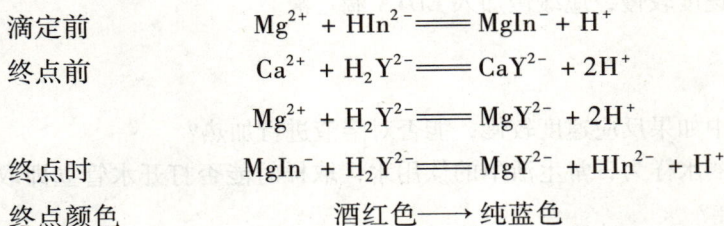

滴定前 $\qquad Mg^{2+} + HIn^{2-} \Longrightarrow MgIn^- + H^+$

终点前 $\qquad Ca^{2+} + H_2Y^{2-} \Longrightarrow CaY^{2-} + 2H^+$

$\qquad\qquad Mg^{2+} + H_2Y^{2-} \Longrightarrow MgY^{2-} + 2H^+$

终点时 $\qquad MgIn^- + H_2Y^{2-} \Longrightarrow MgY^{2-} + HIn^{2-} + H^+$

终点颜色 $\qquad$ 酒红色 $\longrightarrow$ 纯蓝色

三、仪器试剂

1. 仪器 容量瓶（250mL）、移液管（50mL）、量筒（10mL）、酸式滴定管、锥形瓶（250mL）、洗耳球、烧杯、玻璃棒、滴管。

2. 试剂 0.05mol/L EDTA 溶液、水样、铬黑 T 指示剂、$NH_3 \cdot H_2O - NH_4Cl$ 缓冲溶液（pH = 10）。

四、实验步骤

1. 配制 0.01mol/L EDTA 滴定液 用移液管精密吸取 0.05mol/L EDTA 滴定液 50.00mL，移入 250mL 容量瓶中，加蒸馏水稀释至标线，摇匀备用。

2. 测定水的总硬度 用移液管准确量取自来水样 100.0mL，置于 250mL 锥形瓶中，加 $NH_3 \cdot H_2O - NH_4Cl$ 缓冲溶液 5mL，铬黑 T 指示剂 2 滴，用 0.01mol/L EDTA 滴定液滴定至溶液由酒红色变为纯蓝色为终点，记录消耗 EDTA 滴定液的体积 V_{EDTA}，计算水试样的总硬度。平行测定三次。

五、数据记录及处理结果

	I	II	III
水样体积 $V_{水样}$（mL）	100.0	100.0	100.0
EDTA 滴定液的浓度 c_{EDTA}（mol/L）			
消耗 EDTA 滴定液的体积 V_{EDTA}（mL）			
水的总硬度 ρ_{CaCO_3}（mg/L）			
水的总硬度平均值 $\bar{\rho}_{CaCO_3}$（mg/L）			

计算公式：

$$\rho_{CaCO_3} = \frac{c_{EDTA}V_{EDTA}M_{CaCO_3}}{V_{水样}} \times 1000 \qquad (M_{CaCO_3} = 100.09)$$

六、注意事项

1. 本实验的取样量适用于硬度（以 $CaCO_3$ 计）不大于 $500mg/L$ 的水样，若硬度太大，应适当减少水样的取用量。

2. 水样中加入缓冲溶液后，应立即滴定，防止生成沉淀。

3. 近终点时，反应速度较慢，应缓慢加入 EDTA 滴定液。

七、思考题

1. 本实验滴定过程中如果反应速度较慢，能否对溶液进行加热？

2. 假设本实验测定的水样为日常生活中的饮用水，取样时能否打开水管立即取样，为什么？应如何正确取样？

3. 本实验加入 $NH_3 \cdot H_2O - NH_4Cl$ 缓冲溶液的目的是什么？

实验十六　双氧水的含量测定

一、实验目的

1. 掌握 $KMnO_4$ 法测定 H_2O_2 含量的原理。

2. 学会用 $KMnO_4$ 法直接测定 H_2O_2 的含量。

二、实验原理

双氧水是过氧化氢（H_2O_2）的俗称。市售的双氧水有两种规格：一种是含 H_2O_2 30% 的溶液，一种是含 H_2O_2 3% 的溶液。对于 H_2O_2 含量为 30% 的浓双氧水，稀释后方可测定。

在酸性溶液中，H_2O_2 和 $KMnO_4$ 可发生氧化还原反应：

$$2MnO_4^- + 5H_2O_2 + 6H^+ =\!=\!= 2Mn^{2+} + 5O_2\uparrow + 8H_2O$$

该反应可以定量进行，所以可以用 $KMnO_4$ 滴定液来测定 H_2O_2 的含量。

三、仪器试剂

1. 仪器　容量瓶（100mL）、玻璃棒、移液管（5mL、25mL）、洗耳球、酸式滴定管（50mL）、锥形瓶（250mL）、烧杯。

2. 试剂　0.02mol/L $KMnO_4$ 滴定液、双氧水试样、3mol/L H_2SO_4。

四、实验步骤

准确量取双氧水试样（3%）5.00mL，置于100mL容量瓶中并稀释至标线，混合均匀。精密吸取稀释试样液 25.00mL 于锥形瓶中，加 3mol/L H_2SO_4 溶液 10mL，用 0.02mol/L $KMnO_4$ 滴定液滴定至溶液显微红色且 30 秒内不退色即为终点。记录消耗 $KMnO_4$ 滴定液的体积，计算双氧水的含量。平行测定三次。

五、数据记录及处理结果

	I	II	III
双氧水试样体积 $V_{试样}$（mL）	5.00	5.00	5.00
$KMnO_4$ 滴定液浓度 c_{KMnO_4}（mol/L）			
消耗 $KMnO_4$ 滴定液的体积 V_{KMnO_4}（mL）			
双氧水含量（W/V）$\omega_{H_2O_2}$（%）			
双氧水含量平均值（W/V）$\omega_{H_2O_2}$（%）			

计算公式：

$$\omega_{H_2O_2} = \frac{\frac{5}{2}c_{KMnO_4} V_{KMnO_4} M_{H_2O_2} \times 10^{-3}}{V_{试样} \times \frac{25.00}{100.0}} \times 100\% \quad (M_{H_2O_2} = 34.01)$$

六、注意事项

1. 在强酸性介质中，$KMnO_4$ 可按下式分解：

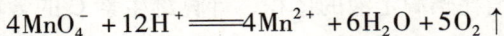

$$4MnO_4^- + 12H^+ = 4Mn^{2+} + 6H_2O + 5O_2 \uparrow$$

所以，滴定开始时，滴定速度不能过快，以防止来不及反应的 $KMnO_4$ 分解。滴加第一滴 $KMnO_4$ 时，要充分摇动锥形瓶至红色退去后再滴加第二滴。随着反应进行，生成的 Mn^{2+} 有自催化作用，可适当加快滴定的速度，但也不宜过快，尤其是在终点附近，要小心滴加。

2. H_2O_2 溶液有很强的腐蚀性，应防止溅到皮肤和衣物上。

七、思考题

1. 用 $KMnO_4$ 溶液测定双氧水含量时，能否加热？

2. 用 $KMnO_4$ 溶液测定双氧水含量时，使用了什么滴定方式？

实验十七 维生素 C 的含量测定

一、实验目的

1. 熟练掌握直接碘量法的基本原理。

2. 学会用直接碘量法测定维生素 C 含量的方法。

3. 学会使用淀粉指示剂确定滴定终点。

二、实验原理

维生素 C（$C_6H_8O_6$）又称抗坏血酸，有较强的还原性，其二羟基能被碘氧化成二酮基。用淀粉做指示剂，滴定终点时，溶液显蓝色。

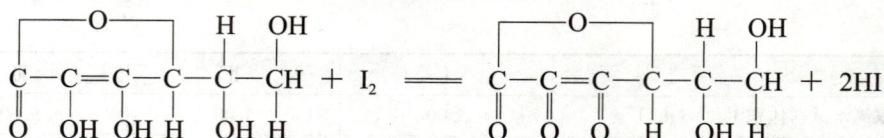

$$
\begin{array}{c}
\overset{\displaystyle O}{|} \quad \overset{\displaystyle O}{|} \quad\quad H\ OH \\
C-C=C-C-C-CH + I_2 = C-C=C-C-C-CH + 2HI \\
\overset{\displaystyle |}{O}\ \ OH\ OH\ H\ \ OH\ H
\end{array}
$$

维生素 C 的还原性很强，在空气中极易被氧化，尤其在碱性介质中更易反应，因此测定时加入稀醋酸使溶液呈弱酸性，以减小维生素 C 的副反应。

三、仪器试剂

1. 仪器　电子天平、酸式滴定管（50mL）、锥形瓶（250mL）、量筒（100mL）、量筒（10mL）、滴管、烧杯。

2. 试剂　维生素 C 试样、0.05mol/L 碘滴定液、稀醋酸、淀粉指示剂。

四、实验步骤

取维生素 C 试样约 0.2g，精密称定，加新沸放冷的蒸馏水 100mL 与稀醋酸 10mL 溶解，加淀粉指示剂 1mL，立即用 0.05mol/L 碘滴定液滴定，至溶液显蓝色并在 30 秒钟内不退色为终点。记录消耗碘滴定液的体积，计算维生素 C 的含量，平行测定三次，计算含量的平均值。

五、数据记录及处理结果

	I	II	III
维生素 C 试样的质量 m_s（g）			
I_2 滴定液的浓度 c_{I_2}（mol/L）			
消耗 I_2 滴定液的体积 V_{I_2}（mL）			
维生素 C 含量 $\omega_{维生素C}$（%）			
维生素 C 含量平均值 $\bar{\omega}_{维生素C}$（%）			

计算公式：

$$\omega_{维生素C} = \frac{c_{I_2} V_{I_2} M_{维生素C}}{m_s \times 1000} \times 100\% \qquad (M_{维生素C} = 176.12)$$

六、注意事项

1. 应用新沸放冷的蒸馏水溶解样品，以减少溶解在水中的氧的影响。

2. 维生素 C 溶解后，易被空气中的 O_2 氧化而引起误差，故应逐份溶解，不宜三份同时溶解。

3. 操作过程中应注意避光防热，因为维生素 C 易被光热破坏。

七、思考题

1. 维生素 C 含量的测定属于什么滴定方式？
2. 维生素 C 含量测定时为什么要用稀醋酸而不用硫酸？

实验十八　直接电位法测定饮用水的 pH

一、实验目的

1. 学会正确使用酸度计，熟悉电极的日常养护。
2. 学会用酸度计测定溶液 pH 的操作技术。
3. 加深对直接电位法测定溶液 pH 基本原理的理解。

二、实验原理

直接电位法测定溶液的 pH，常以饱和甘汞电极（SCE）为参比电极，玻璃电极（GE）为指示电极，将两电极同时插入待测溶液构成原电池，通过测定原电池的电动势，求得待测溶液的 pH。原电池的电池符号为：

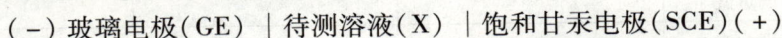

(－) 玻璃电极(GE) │ 待测溶液(X) │ 饱和甘汞电极(SCE)(＋)

测定时采用两次测量法，即先用已知 pH_s 的标准缓冲溶液来校正 pH 计，然后再测定待测溶液的 pH_x，计算公式如下：

25℃时，溶液的 pH 可用公式 $pH_x = pH_s + \dfrac{E_x - E_s}{0.0592}$ 计算求得，酸度计通常具有这种运算功能，在正常操作时，直接显示溶液的 pH 读数。

用酸度计测定饮用水的 pH，一般使用复合电极，它同时具备参比电极和指示电极的功能。

三、仪器试剂

1. 仪器　pHS－3C 型酸度计、复合电极。
2. 试剂　磷酸盐标准缓冲液（pH＝6.86）、硼砂标准缓冲液（pH＝9.18）、自来水水样。

四、实验步骤

1. pHS－3C 酸度计的连接与预热　将事先用纯化水浸泡过的复合电极安装在电极夹上，拔去短路插头，插入复合电极插头，接通电源，打开仪器开关，预热 30 分钟。
2. 仪器的校准
(1) 将【pH/mV】钮调至 pH 档。

（2）将仪器的【温度】钮旋至与待测溶液温度一致。

（3）将【斜率】钮顺时针旋转到底，即100%位置。

（4）用蒸馏水清洗电极，并用滤纸吸干水分，将电极插入盛有磷酸盐标准缓冲液（pH = 6.86）的小烧杯，轻摇烧杯，待示数稳定后调节【定位】钮使酸度计读数为6.86。

（5）取出电极，用蒸馏水清洗电极，并用滤纸吸干水分，再插入盛有硼砂标准缓冲液（pH = 9.18）的小烧杯，轻摇烧杯，待示数稳定后调节【斜率】钮使酸度计读数为9.18。

3. 测定饮用水水样的 pH 取出电极，用蒸馏水清洗电极，再用待测水样淋洗电极数次，用滤纸吸干水分，将电极放入待测水样中，轻摇烧杯，待示数稳定后读数，平行测定三次，取平均值，即得。

4. 结束工作 测定任务全部完成之后，取出电极，清洗干净。用滤纸吸干电极外壁附着的蒸馏水，将电极保护帽套上，帽内加入少量补充液，妥善保管。关闭酸度计电源。

五、数据记录及处理结果

	I	II	III
饮用水 pH 测量值			
饮用水 pH 平均值			

六、注意事项

1. 在测量时，应下移电极上端的橡皮套露出加液口，以保持电极内 KCl 溶液的液位差，取下电极下端的橡皮帽。事先将电极浸入纯化水浸泡24小时以上。

2. 每次更换溶液之前，都应用蒸馏水充分洗涤电极，然后用滤纸吸干水分，也可用所换的溶液充分洗涤。

3. 电极插口必须保持清洁，不使用时将短路插头插入，使仪器输入处于短路状态，这样能防止灰尘进入，并能保护仪器不受静电影响。

4. 测量过程中，切忌硬物接触塑料保护栅内的敏感玻璃膜，以免损坏电极。电极短时间不用，可浸泡在蒸馏水中；长时间不用，将电极保护帽套上，帽内放入少量补充液，以保持电极球泡湿润。

七、思考题

1. 校准酸度计时，为什么要使标准缓冲溶液与待测溶液 pH 接近？校准后，能否再调整定位旋钮和斜率旋钮？

2. 如何正确使用与维护复合电极？

实验十九　高锰酸钾溶液吸收曲线的绘制

一、实验目的

1. 复习绘制吸收曲线的方法和使用 722 型分光光度计的相关知识。
2. 学会 722 型分光光度计的操作和绘制吸收光谱曲线的一般方法。
3. 养成科学严谨的工作态度、实事求是和精益求精的工作作风。

二、实验原理

吸收曲线又称吸收光谱或光谱曲线，是通过测量一定浓度的溶液对不同波长单色光的吸光度，以入射光波长（λ）为横坐标，以波长对应的光的吸光度（A）为纵坐标，所绘制的曲线。在吸收曲线中，吸收峰最高处所对应的波长称为最大吸收波长，用 λ_{max} 表示。吸收曲线的形状和最大吸收波长与吸光物质的本性有关，吸收峰的高度与吸光物质的浓度有关，定量测定的准确度与测定时所选的波长有关。因此，吸收曲线是对物质进行定性鉴别的重要依据之一。

三、仪器试剂

1. 仪器　722 型分光光度计、电子天平、称量瓶、容量瓶（100mL、50mL）、移液管（20mL）、烧杯（100mL）、洗瓶、洗耳球。

2. 试剂　$KMnO_4$（AR）。

四、实验步骤

1. 配制 $KMnO_4$ 标准溶液　精密称取 $KMnO_4$（AR）试剂 0.0125g，置于洁净的小烧杯中，加适量的蒸馏水溶解后，定量转入 100mL 容量瓶中，用蒸馏水稀释至标线，摇匀备用。此 $KMnO_4$ 溶液的浓度为 0.125g/L。

2. 绘制 $KMnO_4$ 溶液的吸收曲线

（1）精密吸取 $KMnO_4$ 标准溶液 20.00mL 置于洁净的 50mL 容量瓶中，加蒸馏水稀释至标线处，摇匀备用。此时 $KMnO_4$ 溶液的浓度为 50μg/mL。

（2）将稀释好的 $KMnO_4$ 溶液和参比溶液（蒸馏水）分别置于 1cm 的比色皿中，并放入 722 型分光光度计的吸收池架上，按照操作规程测定其吸光度。

（3）分别以波长为 420 ~ 640nm（详见记录表）的光作为入射光，测定其吸光度，并做好数据的记录。

（4）根据测定结果，以入射光波长（λ）为横坐标，以波长对应的光的吸光度（A）为纵坐标，将测得的吸光度数值逐点描绘在坐标纸上，将各点连成平滑的曲线，即得吸收光谱曲线。

3. 找出最大吸收波长　在吸收光谱曲线中，找到吸收峰最高处所对应的波长，即是 $KMnO_4$ 溶液的最大吸收波长。

附：722 型可见分光光度计的使用方法

1. 接通电源，依次打开试样室盖和仪器开关，将选择开关置于"T"位（透过率），波长旋钮调整至测定所需波长值、灵敏度旋钮调至低位，预热 30 分钟。

2. 将空白溶液、标准溶液、待测溶液依次在仪器的试样架上放好。

3. 使空白溶液处于光路位置，打开试样室盖，调节"0％T"旋钮，使 T 读数显示为"0"，盖上试样室盖，调节"100％T"旋钮，使 T 读数显示为"100.0"。

4. 反复调节"0％T"和"100％T"旋钮，使打开试样室盖时，T 读数为"0"，盖上试样室盖时，T 读数为"100"，直至稳定不变。

5. 盖上试样室盖，依次拉出吸收池架推拉杆，将标准溶液、待测溶液置入光路，分别记录透光率读数。

6. 若测定吸光度 A，将选择开关置于"A"位，调节"消光零"旋钮，使显示数字为"0.000"，然后将标准溶液、待测溶液移入光路，则显示的数值为吸光度。

7. 若测量浓度 c，将选择开关旋至"c"，将标准溶液置于光路，调节"浓度"旋钮，使数字显示为标定值，将被测试样移入光路，即可读出被测试样的浓度值。

8. 测定完毕，关闭仪器开关，切断电源，将各旋钮恢复至原位，将比色皿清洗干净，置于滤纸上晾干后装入比色皿盒，罩好仪器。做好仪器使用记录。

五、数据记录及处理结果

1. 绘制 $KMnO_4$ 溶液的吸收曲线实验数据记录表。

λ (nm)	A	λ (nm)	A	λ (nm)	A
440		523		555	
460		525		560	
480		527		565	
490		530		570	
500		533		580	
505		535		590	
510		540		600	
515		545		620	
520		550		640	

2. 绘制 $KMnO_4$ 溶液的吸收曲线。

以入射光波长 λ 为横坐标，对应的吸光度 A 为纵坐标，逐点描绘在坐标纸上，绘制 $KMnO_4$ 溶液的吸收光谱曲线。从曲线上读出其最大吸收波长为_____ nm。

六、注意事项

1. 仪器的试样室盖应轻开轻放。

2. 比色皿拿其磨砂面，液体装入约 3/4 高度，并用擦镜纸吸掉外壁的溶液，每次用完后，用蒸馏水冲洗干净，倒置于滤纸上。

3. 倒取试液时不能在仪器上方操作，仪器上不能放置任何物品。

4. 每调换一次波长，都应将空白溶液的吸光度调至 "0"。

七、思考题

1. 用不同浓度的 $KMnO_4$ 溶液绘制的吸收光谱曲线，最大吸收波长是否相同？

2. 同一波长下，不同浓度的 $KMnO_4$ 溶液吸光度的变化有什么规律？

3. 吸收曲线在实际应用中有何意义？

实验二十　维生素 B_{12} 注射液的含量测定

一、实验目的

1. 巩固紫外 – 可见分光光度计的相关知识。

2. 学会紫外 – 可见分光光度计的操作技术。

3. 学会用吸光系数法测定维生素 B_{12} 注射液的含量。

二、实验原理

维生素 B_{12} 是含钴的有机药物，为深红色结晶，又称为红色维生素 B_{12} 或氰钴胺，是唯一含有主要矿物质的维生素。维生素 B_{12} 吸收光谱上有三个吸收峰：278nm、361nm、550nm。维生素 B_{12} 在 361nm 的吸收峰干扰因素少，吸收又最强，《中国药典》规定以 361nm 处吸收峰的百分吸收系数 $E_{1cm,361nm}^{1\%} = 207$ 为计算含量依据。本实验选择 361nm 为测定波长，利用紫外 – 可见分光光度计，采用吸光系数法测定维生素 B_{12} 的含量。测得溶液吸光度 A 后，即可用下式计算浓度：

$$\rho_{VB_{12}}(g/100mL) = \frac{A_{样}}{E_{1cm}^{1\%} \cdot L}$$

将 $\rho_{VB_{12}}$（μg/100mL）单位换算成 μg/mL：

$$\rho_{VB_{12}}(\mu g/100mL) = \frac{A_{样}}{E_{1cm}^{1\%} \cdot L} \times \frac{10^6}{100} = \frac{A_{样}}{207 \times 1} \times \frac{10^6}{100} = A_{样} \times 48.31$$

标示百分含量：　　标示量% $= \dfrac{n \times A_{样} \times 48.31}{标示量（标签）} \times 100\%$

公式中的 n 为稀释倍数。

三、仪器试剂

1. 仪器　紫外 – 可见分光光度计、移液管（5mL）、容量瓶（100mL）、洗耳球、擦镜纸、作图用计算纸和铅笔。

2. 试剂　维生素 B_{12} 注射液 （1mL ∶ 0.5mg）。

四、实验步骤

1. 试液的配制　精密量取本品 5.00mL 置于 100mL 容量瓶中，加水稀释至刻度，该维生素 B_{12} 溶液的浓度为 25 $\mu g/mL$。

2. 定量分析　取上述试液，在 361nm 处测吸光度，平行测定二次。

五、数据记录及处理结果

1. 测得维生素 B_{12} 注射液的吸光度为 $A_1 = _____$、$A_2 = _____$ 。

2. 取上述 A 值的平均值 $A_样$，按下列公式计算标示量%：

$$标示量 \% = \frac{n \times A_样 \times 48.31}{标示量(标签)} \times 100\%$$

根据测定结果判定该维生素 B_{12} 注射液是否合格。

维生素 B_{12} 标示百分含量在 90.0% ~110.0% 内均为合格。

六、注意事项

1. 本实验需避光操作。
2. 计算标示量时注意单位。

七、思考题

1. 吸收系数法中为什么吸光度乘以 48.31 即得每毫升维生素 B_{12} 的微克数？
2. 紫外 – 可见分光光度法有哪些常用的定量方法？

实验二十一　混合金属离子的柱色谱分离

一、实验目的

1. 加深对柱色谱法分离原理的理解。
2. 掌握柱色谱的操作技术。
3. 学会用柱色谱法分离混合金属离子。

二、实验原理

柱色谱常用的有吸附柱色谱和分配柱色谱两类。本实验采用吸附柱色谱法，其原理是：混合物中各组分被固定相吸附的能力和被流动相解吸附的能力不同，在色谱柱中移动的速度也不同，当混合物随流动相流过固定相时，各组分将发生多次的吸附和解吸附过程，微小差异的多次累积，最终到达混合物中各组分的分离。

三、仪器试剂

1. 仪器 玻璃色谱柱、石英砂、玻璃漏斗、小烧杯、脱脂棉。

2. 试剂 金属离子 Fe^{3+}、Cu^{2+} 和 Co^{2+} 混合液、硅胶、洗脱剂（pH 为 1 的稀盐酸）。

四、实验步骤

1. 湿法装柱 用镊子取少许脱脂棉放于干净的色谱柱管的底部，轻轻塞紧，在脱脂棉上盖上一层厚 0.5cm 的石英砂，打开活塞。将硅胶用洗脱剂调成糊状，倒入柱管中，控制洗脱剂流出速度为每秒 1~2 滴，使硅胶沉降压实至柱高的 3/4 处，在上面加一层厚 0.5cm 的石英砂。

2. 加样 当洗脱剂液面流至石英砂面上约 1cm 时，立即沿柱管内壁加入 1mL 金属离子 Fe^{3+}、Cu^{2+} 和 Co^{2+} 混合液（溶剂为洗脱剂），当液面接近石英砂面时，再加入少量的洗脱剂将黏附于壁上的试样冲洗下来。

3. 洗脱 待金属离子混合溶液与硅胶完全接触之后，加入洗脱剂继续洗脱，控制流出速度如前。与吸附剂吸附力较小的组分向下移动较快，与吸附剂吸附力较强的组分则移动较缓慢，从而形成不同的色带。当最先下行的色带快流出时，更换接受瓶，继续洗脱至该色带全部流出柱子。更换接受瓶，收集第二个色带。再更换接受瓶，收集第三个色带。

4. 分析 用 Fe^{3+}、Cu^{2+} 的特性反应，鉴别三个接受瓶中的金属离子。

五、数据记录及处理结果

先后流出柱子的色带分别呈_____色、_____色、_____色，分别代表_____离子、_____离子、_____离子。

六、注意事项

1. 在装柱、洗脱过程中，液面不能低于石英砂的上表面。

2. 在洗脱过程中，应控制洗脱剂的流速。流速太快，分离不完全；流速太慢，耗时太多。

七、思考题

1. 吸附柱色谱法分离的原理是什么？

2. 柱色谱法如何进行定性、定量分析？

实验二十二　混合氨基酸的纸色谱分离

一、实验目的

1. 巩固纸色谱法的相关知识。

2. 掌握纸色谱分离混合氨基酸的操作技术。

3. 学会在纸色谱上测量相关数据并计算 R_f 值。

二、实验原理

纸色谱法是以滤纸为载体，以滤纸上所吸附的水分或其他物质为固定相，以与水互不相溶的有机溶剂为展开剂而进行分离分析的分配色谱法。纸色谱属于正相分配色谱，化合物在两相中的分配情况与化合物的分子结构及展开剂的种类、极性有关。

氨基酸是无色的化合物，可与茚三酮反应产生颜色，因此，滤纸挥干溶剂后，喷上茚三酮溶液后加热，可形成色斑而确定其位置。

三、仪器试剂

1. 仪器　色谱缸、色谱滤纸（16cm×8cm）、毛细管、显色用喷雾器、电吹风。

2. 试剂　氨基酸混合液（甘氨酸、丙氨酸和谷氨酸）、对照品、展开剂（正丁醇：冰醋酸：水 =4：1：2）、0.5%茚三酮溶液。

四、实验步骤

1. 饱和　取展开剂 25mL 置于色谱缸中，饱和 15 分钟。

2. 点样　取一块 16cm×8cm 的色谱滤纸，在距离底边 2cm 处用铅笔画起始线，在起始线上分别点上对照品及氨基酸混合液，样点间距 2cm，点样直径控制在 2~4mm，然后将其晾干或用电吹风吹干。

3. 展开　将点有试样的一端浸入展开剂约 1cm 处，上行展开，当展开剂扩散到滤纸长度的 4/5 处时，取出滤纸，用铅笔标记展开剂前沿线。

4. 显色　用电吹风将展开之后的滤纸吹干，喷上 0.5% 的茚三酮溶液，再用电吹风吹干，即出现氨基酸的色斑。

5. 定性　分别测量并计算试样斑点和对照品斑点的 R_f 值，并进行对照，得出分析结论，即 R_f 相同的斑点为同一种物质。

五、数据记录及处理结果

原点到溶剂前沿的距离为_____ cm。

	试样色斑1	试样色斑2	试样色斑3	甘氨酸色斑	丙氨酸色斑	谷氨酸色斑
原点到斑点中心的距离（cm）						
R_f						
结论						

R_f 的计算公式为：

$$R_f = \frac{原点到斑点中心的距离}{原点到溶剂前沿的距离}$$

六、注意事项

1. 色谱滤纸应平整无折痕、边缘整齐，纸面洁净无斑点。
2. 点样量不能太大，以免出现拖尾现象。
3. 展开剂液面不能高于或接近起始线。

七、思考题

1. 为什么展开剂必须事先倒入色谱缸？
2. 纸色谱中，为什么起始线不能浸泡在展开剂中？
3. 纸色谱法所依据的原理是什么？

实验二十三　磺胺类药物的薄层色谱分离

一、实验目的

1. 加深对薄层色谱法相关知识的理解。
2. 掌握薄层色谱的操作技术。
3. 养成认真细致的工作作风。

二、实验原理

薄层色谱法是将固定相均匀地涂铺在具有光洁表面的玻璃、塑料或金属板上形成薄层，在此薄层上进行色谱分离分析的方法。本实验采用吸附薄层色谱法，即利用试样各组分被固定相吸附的能力和被流动相解吸附的能力不同而实现分离。根据试样各组分的比移值进行定性分析，根据斑点的大小和颜色深浅进行定量分析。

联磺甲氧苄啶片是一种常用的磺胺类药物复方制剂，含有磺胺甲噁唑（SMZ）、磺胺嘧啶（SD）和甲氧苄啶（TMP）。联磺甲氧苄啶片试样经薄层分离后，与对照品进行对比，可以做出初步鉴别。

三、仪器试剂

1. 仪器　玻璃板（15cm×8cm）、恒温干燥箱、研钵、色谱缸（直径10cm）、干燥器、毛细管。

2. 试剂　羧甲基纤维素钠、薄层用硅胶、氯仿：甲醇（10：1）、含2%对二甲氨基苯甲醛和1%HCl的溶液、联磺甲氧苄啶片溶液、磺胺甲噁唑（SMZ）对照品溶液、磺胺嘧啶（SD）对照品溶液、甲氧苄啶（TMP）对照品溶液。

四、实验步骤

1. 制备硅胶硬板　将硅胶和0.5%羧甲基纤维素钠溶液按1g与2mL的比例混合，

在研钵中研磨均匀，倾倒于洁净的玻璃板上，用玻璃棒滩涂均匀，用手轻敲玻璃板，使薄层表面平整光滑，置于水平台上，室温下干燥24小时，置于110℃恒温干燥箱中活化30分钟，取出后放入干燥器冷却备用。

2. 点样　在薄板上距一端2cm处用铅笔轻轻画一条起始线，在起始线上画"×"作为原点，分别用毛细管吸取联磺甲氧苄啶片的澄清溶液和各种对照品溶液，点在原点处，原点扩散直径不能超过3mm。

3. 展开　将薄板放入盛有氯仿∶甲醇（10∶1）的密闭色谱缸内饱和约10分钟，然后进行展开，展开剂浸没下端的高度不宜超过1cm，展开剂前沿线达到板的3/4高度后取出，用铅笔记下溶剂前沿线。

4. 显色　薄板展开后，挥干溶剂，喷洒含2%对二甲氨基苯甲醛和1% HCl的溶液，标出斑点中心位置，测定各斑点 R_f 值。

五、数据记录及处理结果

原点到溶剂前沿的距离为_____ cm。

	试样色斑1	试样色斑2	试样色斑3	SMZ 色斑	SD 色斑	TMP 色斑
原点到斑点中心的距离（cm）						
R_f						
结论						

测量有关数据的方法、计算 R_f 的公式均与纸色谱法相同。

六、注意事项

1. 薄板要铺得均匀，对光观察应透光一致。如表面厚薄不均匀，会造成展开剂前沿线不整齐，影响 R_f 值。

2. 制备磺胺类药物混合溶液时，取联磺甲氧嘧啶4片置于10mL蒸馏水中崩解、混匀、离心分离，取其澄清液。

七、思考题

1. 影响薄层色谱 R_f 值的因素有哪些？

2. 试述薄层色谱法和纸色谱法的异同点？

附录一　化学实验室须知

化学实验是无机与分析化学教学的重要环节。通过实验课教学，让学生学习和训练常用实验仪器的基本操作方法，帮助学生理解和巩固课堂所学的基本理论知识，培养和提高学生观察事物、发现问题、分析问题和解决问题的能力。每个学生必须高度重视实验课，珍惜每次实验机会，自觉养成实事求是、严肃认真、理论联系实际的科学态度和良好的工作作风，提高实践操作能力和创新意识。为确保实验教学顺利进行，达到预期效果，学生必须熟悉实验室的有关常识，自觉遵守实验室规则，妥善处理实验过程中出现的突发事件。

一、实验室规则

1. 在化学实验课之前，应认真阅读实验指导，查阅有关资料，作好预习，明确实验目的、要求、原理、方法、步骤及注意事项。

2. 进入化学实验室之后，要按带教老师指定的座位就座，保持安静，检查所需仪器是否齐全、试剂是否完备，如有缺损，应及时报告老师，申请补领。未经老师允许，不得随意动用与实验无关的其他仪器设备和药品，不能大声喧哗、随意走动、乱扔杂物、随地吐痰。

3. 开始实验之前，应认真聆听带教老师讲解，注意观察教师的示范操作。在实验过程中，仪器的连接和安装要稳固，接通电源、点火加热、接触药品或动力时，要切实注意安全，严格按照操作规程和实验步骤进行，及时记录实验的现象和检测的数据。如有不同见解和建议，应与老师协商后方可实施。

4. 要爱护公物，要严格按照规定用量取用药品，不得随意增减、遗弃和浪费，节约水电及实验材料。洗涤和使用玻璃仪器时，应小心谨慎，以免损坏，仪器洗净之后，不能用抹布擦拭其内壁。使用贵重精密仪器时，不得随意安装或卸载软件，如果发现异常情况，要立即报告带教老师，不得擅自挪动或拆卸。未经带教老师同意，实验室内一切设施和用品，均不得擅自动用或带出室外。

5. 保持实验室环境、实验桌面和仪器设备整洁，放置仪器和试剂药品要井然有序。废弃溶液可倒入水槽内放水冲走，废弃的强酸、强碱溶液必须先用水稀释后，再放水冲走；强腐蚀性废弃试剂药品、废纸及其他固体废物或带有渣滓沉淀的废液均应倒入废物缸内或指定处，不能随手倒入水槽内。

6. 实验结束后，应将自己所用的玻璃器皿清洗干净，将实验仪器、试剂、物品恢复原状。使用精密仪器之后，要及时填写使用记录，经带教老师允许后方可离开实验室。值日生应对实验室进行全面整理和清扫，倾倒废物和垃圾，检查并关好水、电、煤气和门窗等。

二、实验室安全常识

1. 遵守实验室规则，严格按照仪器操作规程进行实验是确保安全的前提。

2. 实验之前应检查仪器装置的线路、管路，如有漏电、漏液和漏气现象，应及时报告带教老师。使用电器时，应注意保持手和衣服干燥，以免触电。

3. 加热试管内的液体时，不要把试管口对着自己或别人，也不要俯视正在加热的液体，以免液体溅出造成伤害。经加热之玻璃仪器或其他未能确知温度之器具，须使用挟持器具，不可贸然用手触摸，以免烫伤。

4. 注意实验室内通风排气，涉及有毒、恶臭或产生剧烈刺激性气味物质的实验操作，都应该在通风橱中进行。实验产生的有害废物应按规定处理，以免造成人体伤害或环境污染。

5. 实验室内禁止饮食、吸烟，禁止用实验器皿作食具。严禁用手（包括皮肤）接触，或口尝，或直接嗅闻任何化学药品。操作完毕，应认真洗手，防止中毒。

6. 若有机溶剂（如乙醚、苯、乙醇等）着火时，应立即用消火器或湿布、细沙等扑灭，切勿用水。不慎将药品试剂洒在实验台或地板上，应立即用湿抹布或拖布多次擦拭干净，必要时用水冲洗。

7. 对于易燃易爆试剂要妥善保管，不得靠近火焰和高温物质，以免引起爆炸和火灾。

8. 应熟悉消防器材和救护设备的存放地点和使用方法，熟悉急救措施，以便对突发事故进行处理和急救。

三、实验室急救常识

在实验过程中，如果有人不慎受伤，应立即采取适当的急救措施。

1. 受玻璃割伤及其他机械损伤时，首先检查伤口内有无玻璃或金属等碎片，然后用硼酸水洗净，再涂擦碘酒或红汞水，必要时用纱布包扎。若伤口较大或过深而大量出血，应迅速在伤口上部和下部扎紧血管止血，并立即送至医院诊治。

2. 烫伤时，一般用消毒酒精消毒后，涂上苦味酸软膏。如果伤处红痛或红肿，可擦医用橄榄油或用棉花沾酒精敷盖伤处；若皮肤起泡，不要弄破水泡，防止感染；若伤处皮肤呈棕色或黑色，应用干燥而无菌的消毒纱布轻轻包扎好，急送医院治疗。

3. 强碱（如氢氧化钠、氢氧化钾）、钠、钾等触及皮肤而引起灼伤时，要先用大量自来水冲洗，再用5%硼酸溶液或2%乙酸溶液涂洗。

4. 强酸、溴等触及皮肤而致灼伤时，应立即用大量自来水冲洗，再以5%碳酸氢钠溶液或5%氢氧化钴溶液洗涤。

5. 吸入毒气或煤气中毒时，通常把中毒者移到空气新鲜的地方，解松衣服（但要注意保暖），使其安静休息，必要时给中毒者吸入氧气，但切勿随便使用人工呼吸。若吸入溴蒸气、氯气、氯化氢等，可吸少量酒精和乙醚的混合物蒸气，使之解毒。吸入少量硫化氢者，立即送到空气新鲜的地方。中毒较重的，应立即送到医院诊治。

6. 如水银不慎进入体内引起急性中毒，通常用碳粉或呕吐剂彻底洗胃，也可食入大量蛋白（如1L牛奶加三个鸡蛋清）或蓖麻油解毒，使之呕吐，并送入医院就诊。

7. 触电急救时，应立即切断电源或用干木棒使导线与伤者分开。在未切断电源之前，切不可用手拉触电者，也不能用金属或潮湿的东西挑电线。

四、常用玻璃仪器的洗涤和干燥

玻璃仪器洗涤干净的标准是内壁不挂水珠。仪器内壁除了有一层水膜之外，不得有其他任何物质。洗涤干净的仪器清洁透明，器壁上只留下一层既薄又均匀的水膜，而器壁不挂水珠。洗净的仪器，决不能用布或纸擦干，否则，布或纸上的纤维将会附着在仪器上。

1. 玻璃仪器的洗涤方法

（1）用去污粉洗　去污粉是由碳酸钠、白土、细沙等混合而成的白色粉末。将要洗涤的烧杯或试管先用自来水湿润，再用毛刷蘸取少量去污粉擦洗。仪器内外壁经擦洗后，先用自来水洗去去污粉颗粒，再用少量蒸馏水洗三次。

（2）用铬酸洗液洗　铬酸洗液是由浓硫酸和重铬酸钾配制而成的深褐色溶液，具有强酸性、强氧化性，对有机物、油污等的去污能力特别强。定量分析仪器如滴定管、移液管和容量瓶等，不能用去污粉擦洗，只能用铬酸洗液来洗。洗涤时装入少量洗液，将仪器倾斜转动，使器壁全部被洗液湿润，然后将洗液倒回原洗液瓶中，再用自来水把残留在仪器中的洗液洗去，最后用少量蒸馏水洗三次。

使用铬酸洗液时应注意：①洗液应密封保存，使用时尽量把仪器内的水倒掉，以免冲稀洗液。②洗液用完后应倒回原瓶内。③洗液具有很强的腐蚀性，用时注意安全，如不慎把洗液洒在皮肤、衣物和桌面上，应立即用水冲洗。④洗液变成绿色时，不能继续使用。

2. 玻璃仪器的干燥方法

（1）烘干　洗净的仪器可以放在电热干燥箱内烘干。放置仪器时，应尽量把水倒净，并使仪器的口朝下（倒置后不稳的仪器则应平放）。可以在电热干燥箱的最下层放一个搪瓷盘，以接受从仪器上滴下的水珠，以免损坏电炉丝。

（2）烤干　洗净的仪器可以放在石棉网上用小火烤干。试管可以直接用小火烤干，操作时，试管要略为倾斜，管口向下，并不时地来回移动，把水珠赶掉。

（3）晾干　洗净的仪器可倒置在干净的仪器架上，让其自然干燥。

（4）吹干　用压缩空气或吹风机把仪器吹干。

（5）用有机溶剂干燥　带有精密刻度的计量仪器，不能用上述方法干燥，否则，会影响仪器的精密度。可以用少量易挥发的有机溶剂（如酒精或酒精与丙酮的混合液）加到洗净的仪器中，把仪器倾斜并来回转动，使器壁上的水与有机溶剂混合，然后倾出，少量残留在仪器内的混合液，很快挥发使仪器干燥。

3. 滴定分析仪器的用前处理　在以水为溶剂的滴定分析法中，玻璃仪器洗涤干净之后，应该用少量蒸馏水将其内壁洗涤三次，不必进行干燥处理。仪器内壁上黏附的蒸馏水是溶剂，而不是杂质。蒸馏水的存在，会降低待量取或盛放的溶液的浓度，但不会改变溶质的质量，也不会干扰滴定反应。

当待量取或盛放的溶液浓度（或溶质质量）很精确时，引入微量蒸馏水则会影响实验测定。如果用适量待量取或盛放的溶液将仪器内壁洗涤三次，使仪器内壁上黏附的溶液与待量取或盛放的溶液完全相同，则不会影响实验测定。如果待量取或盛放的溶液浓度本身不精确，则仪器内壁黏附的微量蒸馏水也不会影响实验测定。因此，玻璃仪器经自来水、蒸馏水洗涤干净之后，一定要根据具体情况正确使用，确保符合滴定分析要求。

(1) **须用待量取或盛放溶液洗涤的仪器**　这类仪器包括滴定管和移液管等。滴定管是用于测定滴定液消耗体积的量器，滴定液的浓度和消耗体积都必须准确测定，否则，影响计算结果。移液管是用于准确移取具有准确浓度溶液的量器，其内壁黏附的蒸馏水能影响溶液的浓度。因此，滴定管和移液管经过洗涤之后，必须用待盛放或移取的溶液洗涤三次。

(2) **沥干蒸馏水直接使用的仪器**　这类仪器包括锥形瓶、容量瓶、量筒、量杯、烧杯和玻璃棒等，用前沥干蒸馏水即可。锥形瓶是用于盛放被滴定溶液的容器，其中的溶质的物质的量已经确定，引入微量蒸馏水并不影响滴定反应的计量关系。容量瓶是用于配制（或稀释）一定体积溶液的容器，要求其容积必须精确，无论是用溶质配制溶液，还是用浓溶液制备稀溶液，最后都要滴加蒸馏水至环形刻线处，所以，事先引入的蒸馏水并不影响浓度的计算结果。量筒和量杯自身的刻度不很精确，常用于量取浓度不很精确的溶液，如盐酸、硫酸、缓冲溶液等，仪器内壁的微量蒸馏水不会对分析测定产生实质性影响。烧杯是一般性容器，玻璃棒是辅助性工具，它们均不涉及"准确质量"和"准确浓度"。因此，这些仪器经过洗涤之后，不必用待盛放的溶液洗涤。

(3) **储存滴定液的试剂瓶**　虽然试剂瓶是辅助性容器，但用于储存滴定液时直接涉及"准确质量"和"准确浓度"。当用于储存直接法配制的滴定液时，滴定液的浓度已经确定，事先必须用少量待储存的滴定液洗涤三次，确保其内壁黏附的溶液浓度与待储存的滴定液浓度相同。当用于储存间接法配制的滴定液时，滴定液的准确浓度需要经过标定之后才能确定，因此，试剂瓶内壁黏附的蒸馏水并不影响标定的结果，此时，直接将近似浓度的滴定液直接倒入即可。

五、试剂的取用规则

1. 公用试剂一般不得随意移动位置，若有移动，用毕应立即归放原处，方便其他同学取用。

2. 取用固体试剂时，要用清洁、干燥的药匙，用过的药匙必须洗净和擦干后才能再使用，以免沾污试剂。取用试剂后应立即盖紧瓶盖。称量固体试剂时，必须注意不要取多，多取的药品，不能倒回原试剂瓶。一般的固体试剂可以放在干净的纸或表面皿上称量。具有腐蚀性、强氧化性或易潮解的固体试剂不能在纸上称量，应放在玻璃容器内称量。

3. 从滴瓶中取液体试剂时，要用滴瓶中的滴管。一个滴瓶配备一个滴管，严禁混用，以免交叉污染。吸有液体的滴管不得横置或滴管口向上斜放，以免液体流入滴管的胶帽中。从细口瓶中取出液体试剂时，先将瓶塞取下，反放在桌面上，手握住试剂瓶上贴标签的一面，逐渐倾斜瓶子，让试剂沿着洁净的容器内壁流入或沿着洁净的玻璃棒流入接收容器。取出所需量后，将试剂瓶口在容器上靠一下，再逐渐竖起瓶子，以免遗留在瓶口的液体滴流到试剂瓶的外壁。倒入试管里的溶液量，一般不超过其容积的1/3。定量取用液体试剂时，可根据需要选用不同量度的量筒或移液管。

4. 嗅气体的气味时，用手将逸出的气体扇向自己，切勿用鼻直接嗅闻；严谨品尝试剂的味道。

5. 试剂瓶瓶盖、滴管或吸管用完后立即放回原瓶，不可乱盖、乱插，严防"张冠李戴"，以免交叉污染。

6. 试剂应按规定用量取用，注意节约；已取出的试剂未用完时，不得再倒回原试剂瓶中，应倒入指定的容器中。

7. 使用试剂时要看清楚试剂的名称、等级和浓度，切勿弄错。应根据检测工作的具体情况不同而选用不同等级的试剂，既不能盲目追求高纯度，造成浪费，也不能随意降低试剂的等级而影响分析结果的准确性。化学试剂的等级及用途见附表1。

附表1　化学试剂的规格及用途

等级	名称	符号	标签标志	用　途
一级品	优级纯	GR	绿色	纯度最高，杂质含量最少的试剂，适用于最精确分析及研究工作
二级品	分析纯	AR	红色	纯度较高，杂质含量较低，适用于精确的微量分析工作，为分析实验室广泛使用
三级品	化学纯	CP 或 P	蓝色	质量略低于二级试剂，适用于一般的微量分析实验，包括要求不高的工业分析和快速分析
四级品	实验试剂	BR 或 CR	棕色等	纯度较低，但高于工业用的试剂，适用于一般定性检验
	生物试剂	LR	黄色等	根据说明使用

六、实验数据记录和实验报告

（一）实验数据记录

1. 实验课前必须认真预习，弄清原理和操作方法，并在实验记录本上写出扼要的预习报告，内容包括实验基本原理、操作步骤（可用流程图等表示）和记录数据的表格等。

2. 实验中观察到的现象、结果和测试的数据应及时记录在实验记录本上，切忌事后追记，也不能记录在单片纸上，防止丢失。当发现实验现象或结论与教材不一致时，要尊重客观，如实记录，留待分析原因，总结经验教训或重做验证。

3. 记录检测数据时，如称量物的重量、滴定管的读数、分光光度计的读数等，应根据仪器的精确度准确保留有效数字，还应详细记录所用仪器的型号和规格、化学试剂的等级和浓度以及实验条件等，以便在总结和分析时进行核对，并作为查找实验成败原因的参考依据。

4. 实验记录须用钢笔或圆珠笔书写，写错时可以准确地划去重记。不能用铅笔记录，也不能对检测数据进行擦抹及涂改。

5. 如果怀疑所记录的检测数据，或将实验记录遗漏、丢失，都必须重新实验，切忌拼凑实验数据和结果，一定要自觉养成一丝不苟、严谨求实的科学作风。

（二）实验报告

实验结束，应认真对实验的检测数据进行处理，及时写出实验报告，并上交带教老师批阅。实验报告一般包括以下内容。

1. 实验项目　每个实验都有明确的实验题目，在此之下应列出实验日期和实验目的要求。

2. 实验原理　简明扼要地概括出实验的原理，涉及化学反应，最好用化学反应式表示。

3. 试剂和仪器　应列出所用的主要仪器和试剂，特殊的仪器要画出仪器装置简图，并有合适的图解，避免使用未被普遍接受的商品名或俗名作为试剂名称。

4. 实验方法和步骤　在预习的基础上，简要描述实验的方法和主要步骤，以便审阅人明白实验的过程和检测数据的来历。避免照抄实验指导。

5. 实验数据与处理结果　将实验的数据、现象和分析结果等以文字、表格、图形等形式表示出来，并说明数据处理的方法。

6. 实验结论　是根据实际的实验现象和数据得出的实验结果，而不是照抄实验指导所应观察到的实验结果。

7. 问题讨论　探讨关于实验方法或操作技术的一些问题，如实验异常结果的分析，对于实验设计的认识、体会和建议，对实验课的改进意见等。

8. 解答思考题　应简要解答实验指导中所列出的思考题。

附录二　常见元素及其相对原子量

元素	符号	原子量	元素	符号	原子量	元素	符号	原子量
银	Ag	107.8682	铪	Hf	178.49	铷	Rb	85.4678
铝	Al	26.98154	汞	Hg	200.59	铼	Re	186.207
氩	Ar	39.948	钬	Ho	164.9304	铑	Rh	102.9055
砷	As	74.9216	碘	I	126.9045	钌	Ru	101.07
金	Au	196.9655	铟	In	114.82	硫	S	32.066
硼	B	10.81	铱	Ir	192.22	锑	Sb	121.75
钡	Ba	137.33	钾	K	39.0983	钪	Sc	44.9559
铍	Be	9.01218	氪	Kr	83.80	硒	Se	78.96
铋	Bi	208.9804	镧	La	138.9055	硅	Si	28.0855
溴	Br	79.904	锂	Li	6.941	钐	Sm	150.36
碳	C	12.011	镥	Lu	174.967	锡	Sn	118.710
钙	Ca	40.08	镁	Mg	24.305	锶	Sr	87.62
镉	Cd	112.41	锰	Mn	54.9380	钽	Ta	180.9479
铈	Ce	140.12	钼	Mo	95.94	铽	Tb	158.9254
氯	Cl	35.453	氮	N	14.0067	碲	Te	127.60
钴	Co	58.9332	钠	Na	22.98977	钍	Th	232.0381
铬	Cr	51.995	铌	Nb	92.9064	钛	Ti	47.88
铯	Cs	132.9054	钕	Nd	144.24	铊	Tl	204.383
铜	Cu	63.543	氖	Ne	29.179	铥	Tm	168.9342
镝	Dy	162.50	镍	Ni	58.69	铀	U	238.0289
铒	Er	167.26	镎	Np	237.0482	钒	V	50.9415
铕	Eu	151.96	氧	O	15.9994	钨	W	183.85
氟	F	18.998403	锇	Os	190.2	氙	Xe	131.29
铁	Fe	55.847	磷	P	30.97376	钇	Y	88.9059
镓	Ga	69.72	铅	Pb	207.2	镱	Yb	173.04
钆	Gd	157.25	钯	Pd	106.42	锌	Zn	65.38
锗	Ge	72.59	镨	Pr	140.9077	锆	Zr	91.22
氢	H	1.00794	铂	Pt	195.08			
氦	He	4.00260	镭	Ra	226.0254			

附录三　常见化合物的式量
（根据 2005 年公布的相对原子质量计算）

分子式	相对分子质量	分子式	相对分子质量
AgBr	187.77	KBr	119.00
AgCl	143.32	KBrO₃	167.00
AgI	234.77	KCl	74.551
AgNO₃	169.87	KClO₄	138.55
Al₂O₃	101.96	K₂CO₃	138.21
As₂O₃	197.84	K₂CrO₄	194.19
BaCl₂·2H₂O	244.26	K₂Cr₂O₇	294.19
BaO	153.33	KH₂PO₄	136.09
Ba(OH)₂·8H₂O	315.47	KHSO₄	136.17
BaSO₄	233.39	KI	166.00
CaCO₃	100.09	KIO₃	214.00
CaO	56.077	KIO₃·HIO₃	389.91
Ca(OH)₂	74.093	KMnO₄	158.03
CO₂	44.010	KNO₂	85.100
CuO	79.545	KOH	56.106
Cu₂O	143.09	K₂PtCl₆	486.00
CuSO₄·5H₂O	249.69	KSCN	97.182
FeO	71.844	MgCO₃	84.314
Fe₂O₃	159.69	MgCl₂	95.211
FeSO₄·7H₂O	278.02	MgSO₄·7H₂O	246.48
FeSO₄·(NH₄)₂SO₄·6H₂O	392.14	MgNH₄PO₄·6H₂O	245.41
H₃BO₃	61.833	MgO	40.304
HCl	36.461	Mg(OH)₂	58.320
HClO₄	100.46	Mg₂P₂O₇	222.55
HNO₃	63.013	Na₂B₄O₇·10H₂O	381.37
H₂O	18.015	NaBr	102.89
H₂O₂	34.015	NaCl	58.489
H₃PO₄	97.995	Na₂CO₃	105.99
H₂SO₄	98.080	NaHCO₃	84.007
I₂	253.81	Na₂HPO₄·12H₂O	358.14
KAl(SO₄)₂·12H₂O	474.39	NaNO₂	69.000

分子式	相对分子质量	分子式	相对分子质量
Na_2O	61.979	SiO_2	60.085
$NaOH$	39.997	SO_2	64.065
$Na_2S_2O_3$	158.11	SO_3	80.064
$Na_2S_2O_3 \cdot 5H_2O$	248.19	ZnO	81.408
NH_3	17.031	CH_3COOH（醋酸）	60.052
NH_4Cl	53.491	$H_2C_2O_4 \cdot 2H_2O$	126.07
NH_4OH	35.046	$KHC_4H_4O_6$（酒石酸氢钾）	188.18
$(NH_4)_3PO_4 \cdot 12MoO_3$	1876.4	$KHC_8H_4O_4$（邻苯二甲酸氢钾）	204.22
$(NH_4)_2SO_4$	132.14	$K(SbO)C_4H_4O_6 \cdot 1/2H_2O$（酒石酸锑钾）	333.93
$PbCrO_4$	321.19	$Na_2C_2O_4$（草酸钠）	134.00
PbO_2	239.20	$NaC_7H_5O_2$（苯甲酸钠）	144.11
$PbSO_4$	303.26	$Na_3C_6H_5O_7 \cdot 2H_2O$（枸橼酸钠）	294.12
P_2O_5	141.94	$Na_2H_2C_{10}H_{12}O_8N_2 \cdot 2H_2O$（EDTA 二钠盐）	372.24

附录四 市售常用试剂溶液的浓度

溶液名称	化学式	式量	密度（g/mL）	含量（%）	物质的量浓度（mol/L）
盐酸	HCl	36.5	1.18~1.19	36~38	11.6~12.4
硝酸	HNO_3	63	1.39~1.40	65~68	14.4~15.2
硫酸	H_2SO_4	98	1.83~1.84	95~98	17~18
磷酸	H_3PO_4	98	1.69	85	14.6
高氯酸	$HClO_4$	100.5	1.68	70~72	11.7~12.0
冰醋酸	CH_3COOH	60	1.05	99.8（GR）	17.5
				99.0（AR、CP）	17.3
氢氟酸	HF	20	1.13	40	22.5
氢溴酸	HBr	81	1.49	47	8.6
甲酸	HCOOH	46	1.06	26	6
氨水	$NH_3 \cdot H_2O$	35	0.88~0.90	27（以 NH_3 计）	14.3
过氧化氢	H_2O_2	34	1.11	30	9.8

附录五　常见离子和化合物的颜色

一、离子

1. 无色离子

阳离子：Na^+　K^+　NH_4^+　Mg^{2+}　Ca^{2+}　Ba^{3+}　Al^{2+}　Sn^{4+}　Pb^{2+}　Bi^{3+}　Ag^+　Zn^{2+}　Cd^{2+}　Hg_2^{2+}　Hg^{2+}

阴离子：$C_2O_4^{2-}$　Ac^-　CO_3^{2-}　SiO_3^{2-}　NO_3^-　NO_2^-　PO_4^{3-}　SO_3^{2-}　SO_4^{2-}　S^{2-}　$S_2O_3^{2-}$　$S_4O_6^{2-}$　F^-　Cl^-　ClO_3^-　Br^-　BrO_3^-　I^-　SCN^-　$[CuCl_2]^-$

2. 有色离子

Cu^{2+}	Cr^{3+}	Cr^{2+}	Fe^{3+}	Mn^{2+}	CrO_4^{2-}	$Cr_2O_7^{2-}$	MnO_4^{2-}	MnO_4^-
天蓝色	绿色	蓝绿色	棕黄色	肉色	黄色	橙红色	绿色	紫红色

$[Fe(NCS)_n]^{3-n}$	$FeCl_6^{3-}$	FeF_6^{3-}	I_3^-
血红色	黄色	无色	浅棕黄色

二、化合物

1. 氧化物

CuO	Cu_2O	Ag_2O	ZnO	Hg_2O	HgO	Cr_2O_3	MnO_2	SiO_2
黑色	暗红色	暗棕色	白色	黑褐色	红色或黄色	绿色	绿色	无色或白色

FeO	Fe_2O_3	Fe_3O_4	As_2O_3	PbO	PbO_2	Pb_3O_4	Pb_2O_3
棕褐色	红棕色	黑色	砖红色	黄色	棕褐色	红色	橙色

2. 氢氧化物

NaOH	KOH	$Zn(OH)_2$	$Ca(OH)_2$	$Mg(OH)_2$	$Mn(OH)_2$	$Fe(OH)_2$
白色	白色	白色	白色	白色	白色	白色或苍绿色

$Fe(OH)_3$	$Cd(OH)_2$	$Al(OH)_3$	$Bi(OH)_3$	$Cu(OH)_2$	CuOH	$Cr(OH)_3$
红棕色	白色	白色	白色	浅蓝色	黄色	灰绿色

3. 氯化物

AgCl	Hg_2Cl_2	$PbCl_2$	CuCl	$CuCl_2$	$CuCl_2 \cdot 2H_2O$	$Hg(NH_3)Cl$	$FeCl_3 \cdot 6H_2O$
白色	白色	白色	白色	棕色	蓝色	白色	黄棕色

NH_4Cl $SnCl_2$ $NaCl$ KCl $BaCl_2$ $ZnCl_2$
白色　白色　白色　白色　白色　白色

4. 溴化物

$AgBr$　$CuBr_2$　$PbBr_3$

淡黄色　黑紫色　白色

5. 碘化物

KI　AgI　Hg_2I_2　HgI_2　PbI_2　CuI

白色　黄色　黄褐色　红色　黄色　白色

6. 卤酸盐

$Ba(IO_3)_2$　$AgIO_3$　$KClO_4$　$AgBrO_3$

白色　　白色　　白色　　白色

7. 硫化物

Ag_2S　PbS　CuS　Cu_2S　FeS　Fe_2S_3　HgS　　CdS

灰黑色　黑色　黑色　黑色　棕黑色　黑色　红色或黑色　黄色

MnS　ZnS　As_2S_3

肉色　白色　黄色

8. 硫酸盐

Ag_2SO_4　Hg_2SO_4　$PbSO_4$　$CaSO_4$　$BaSO_4$　$[Fe(NO)]SO_4$　$(NH_4)_2SO_4$

白色　　白色　　白色　　白色　　白色　　深棕色　　　白色

$CuSO_4 \cdot 5H_2O$　$Cr_2(SO_4)_3 \cdot 6H_2O$　$Cr_2(SO_4)_3$　$MgSO_4$　$CuSO_4$

蓝色　　　　绿色　　　　紫色或红色　白色　　白色

9. 碳酸盐

Ag_2CO_3　$BaCO_3$　$CaCO_3$　$MnCO_3$　$FeCO_3$　Na_2CO_3　K_2CO_3　$(NH_4)_2CO_3$　NH_4HCO_3

白色　　白色　　白色　　白色　　白色　　白色　　白色　　白色　　　白色

10. 磷酸盐

$Ca_3(PO_4)_2$　$CaHPO_4$　$Ba_3(PO_4)_2$　Li_2CO_3　$FePO_4$

白色　　　白色　　　白色　　　白色　浅黄色

11. 铬酸盐

Ag_2CrO_4　$PbCrO_4$　$BaCrO_4$　$CaCrO_4$　$K_2Cr_2O_7$

砖红色　　黄色　　黄色　　黄色　　橙红色

12. 硅酸盐

Na_2SiO_3　$CuSiO_3$　$Fe_2(SiO_3)_3$　$MnSiO_3$　$ZnSiO_3$

白色　　蓝色　　棕红色　　肉色　白色

13. 氢氰酸盐和硫氰酸盐

$AgCN$　$CuCN$　$AgSCN$　$Cu(CN)_2$　$Cu(SCN)_2$

白色　　白色　　白色　　浅棕黄色　黑绿色

14. 其他化合物

$Cu_2[Fe(CN)_6]$　　$Ag_3[Fe(CN)_6]$　　$Zn_3[Fe(CN)_6]_2$　　$Co_2[Fe(CN)_6]$　　$Ag_4[Fe(CN)_6]$

　　红棕色　　　　　　橙色　　　　　　　黄褐色　　　　　　　绿色　　　　　　　白色

$K_2[PtCl_6]$

　　黄色

附录六　难溶化合物的溶度积（K_{sp}）[1]

化合物	K_{sp}	化合物	K_{sp}	化合物	K_{sp}
Ag_3AsO_4	1.0×10^{-22}	$Ca(OH)_2$	5.5×10^{-6}	$MgCO_3$	3.5×10^{-8}
$AgBr$	5.0×10^{-13}	$Ca_3(PO_4)_2$	2.0×10^{-29}	MgC_2O_4	8.5×10^{-5}[3]
$AgCl$	1.56×10^{-10}[3]	$CaSiF_6$	8.1×10^{-4}	MgF_2	6.5×10^{-9}
$AgCN$	1.2×10^{-16}	$CaSO_4$	9.1×10^{-6}	$MgNH_4PO_4$	2.5×10^{-13}
$Ag_2C_2O_4$	2.95×10^{-11}	$Cd[Fe(CN)_6]$	3.2×10^{-17}	$Mg(OH)_2$	1.9×10^{-13}
$AgSCN$	1.0×10^{-12}	$Cd(OH)_2$（新）	2.5×10^{-14}	$Mg_3(PO_4)_3$	$10^{-28} \sim 10^{-27}$
Ag_2SO_4	1.4×10^{-5}	$Cd_3(PO_4)_2$	2.5×10^{-33}	$Mn(OH)_2$	1.9×10^{-13}
Ag_2CO_3	8.1×10^{-12}	CdS	3.6×10^{-29}[3]	MnS	1.4×10^{-15}[3]
$Ag_3[CO(NO_2)_6]$	8.5×10^{-21}	$Co_2[Fe(CN)_5]$	1.8×10^{-15}	$Ni(OH)_2$（新）	2.0×10^{-15}
Ag_2CrO_4	1.1×10^{-12}	$Co[Hg(SCN)_4]$	1.5×10^{-6}	NiS	1.4×10^{-24}[3]
$Ag_2Cr_2O_7$	2.0×10^{-7}	$CoHPO_4$	2×10^{-7}	$Pb_3(AsO_4)_2$	4.0×10^{-36}
$Ag_4[Fe(CN)_6]$	1.6×10^{-41}	$Co(OH)_2$（新）	1.6×10^{-15}	$PbCO_3$	7.4×10^{-14}
AgI	1.5×10^{-16}[3]	$Co(PO_4)_2$	2×10^{-35}	$PbCl_2$	1.6×10^{-5}
Ag_3PO_4	1.4×10^{-16}	CoS	3×10^{-26}[3]	$PbCrO_4$	1.8×10^{-14}[3]
Ag_2S	6.3×10^{-50}	$Cu_3(AsO_4)_2$	7.6×10^{-36}	PbF_2	2.7×10^{-8}
$Al(OH)_3$	1.3×10^{-33}	$CuCN$	3.2×10^{-20}	$Pb_2[(CN)_6]$	3.5×10^{-15}
$AlPO_4$	6.3×10^{-19}	$Cu[Hg(CN)_6]$	1.3×10^{-16}	$PbHPO_4$	1.3×10^{-10}
As_2S_3	4.0×10^{-29}	$Cu_3(PO_4)_2$	1.3×10^{-37}	PbI_2	7.1×10^{-9}
$Ar(OH)_3$	6.3×10^{-31}	$Cu_2P_2O_7$	8.3×10^{-16}	$Pb(OH)_2$	1.2×10^{-15}
Ba_3AsO_4	8.0×10^{-51}	$CuSCN$	4.8×10^{-15}	$Pb_3(PO_4)_2$	8.0×10^{-48}
$BaCO_3$	8.1×10^{-9}[3]	CuS	6.3×10^{-36}	PbS	8.0×10^{-28}
BaC_2O_4	1.6×10^{-7}	$FeCO_3$	3.2×10^{-11}	$PbSO_4$	1.6×10^{-8}
$BaCrO_4$	1.2×10^{-10}	$Fe_4[Fe(CN)_6]$	3.3×10^{-41}	$Sb(OH)_3$	4×10^{-42}[2]
BaF_2	1.0×10^{-9}	$Fe(OH)_2$	8.0×10^{-16}	Sb_2S_3	2.9×10^{-59}[2]
$BaHPO_4$	3.2×10^{-7}	$Fe(OH)_3$	1.1×10^{-36}[3]	SnS	1.0×10^{-25}
$Ba_3(PO_4)_2$	3.4×10^{-23}	$FePO_4$	1.3×10^{-22}	$SrCO_3$	1.6×10^{-9}[3]
$Ba_2P_2O_7$	3.2×10^{-11}	FeS	3.7×10^{-19}	SrC_2O_4	5.6×10^{-8}[3]
$BaSiF_6$	1×10^{-6}	Hg_2Cl_2	1.3×10^{-18}	$SrCrO_4$	2.2×10^{-5}
$BaSO_4$	1.1×10^{-10}	$Hg_2(CN)_2$	5×10^{-40}	SrF_2	2.5×10^{-9}
$Bi(OH)_3$	4×10^{-31}	Hg_2I_2	4.5×10^{-29}	$Sr_3(PO_4)_2$	4.0×10^{-28}
Bi_2S_3	1×10^{-97}	Hg_2S	1×10^{-47}	$SrSO_4$	3.2×10^{-7}
$BiPO_4$	1.3×10^{-23}	HgS（红）	4×10^{-53}	$Zn_2[Fe(CN)_6]$	4.0×10^{-16}
$CaCO_3$	8.7×10^{-9}[3]	HgS（黑）	1.6×10^{-52}	$Zn[Hg(SCN)_4]$	2.2×10^{-7}
CaC_2O_4	4×10^{-9}	$Hg_2(SCN)_2$	2.0×10^{-20}	$Zn(OH)_2$	1.2×10^{-17}
$CsCrO_4$	7.1×10^{-4}	$K[B(C_6H_5)_4]$	2.2×10^{-8}	$Zn_3(PO_4)_2$	9.0×10^{-33}
CaF_4	2.7×10^{-11}	$K_2Na[Co(NO_2)_6]H_2O$	2.2×10^{-8}	ZnS	1.2×10^{-23}[3]
$CaHPO_4$	1×10^{-7}	$K_2[PtCl_6]$	1.1×10^{-5}		

① 摘自 J. A. Dean. Lange's Handbook of chemistry. 11th ed. Mc Graw – Hill Book Co. 1973.
② 摘自余志英. 普通化学常用数据表. 北京：中国工业出版社，1956.
③ 摘自 R. C. Geart. Handbook of chemistry and physics. 55th ed. CRC Press，1974.

附录七　常用弱酸、弱碱的解离常数
（浓度 0.01 ~ 0.003mol/L，温度 25℃）

名称	化学式	解离常数 K	pK
偏铝酸	$HAlO_2$	6.3×10^{-13}	12.20
砷酸	H_3AsO_4	$K_1 = 6.3 \times 10^{-3}$	2.20
		$K_2 = 1.05 \times 10^{-7}$	6.98
		$K_3 = 3.2 \times 10^{-12}$	11.50
亚砷酸	$HAsO_2$	6×10^{-10}	9.22
*硼酸	H_3BO_3	5.8×10^{-10}	9.24
氢氰酸	HCN	4.93×10^{-10}	9.31
碳酸	H_2CO_3	$K_1 = 4.30 \times 10^{-7}$	6.37
		$K_2 = 5.61 \times 10^{-11}$	10.25
铬酸	H_2CrO_4	$K_1 = 1.8 \times 10^{-1}$	0.74
		$K_2 = 3.20 \times 10^{-7}$	6.49
次氯酸	$HClO$	3.2×10^{-8}	7.50
氢氟酸	HF	3.53×10^{-4}	3.45
碘酸	HIO_3	1.69×10^{-1}	0.77
高碘酸	HIO_4	2.8×10^{-2}	1.56
亚硝酸	HNO_2	4.6×10^{-4} （285.5K）	3.37
磷酸	H_3PO_4	$K_1 = 7.52 \times 10^{-3}$	2.12
		$K_2 = 6.31 \times 10^{-8}$	7.20
		$K_3 = 4.4 \times 10^{-13}$	12.36
氢硫酸	H_2S	$K_1 = 1.3 \times 10^{-7}$	6.88
		$K_2 = 1.1 \times 10^{-12}$	11.96
亚硫酸	H_2SO_3	$K_1 = 1.54 \times 10^{-2}$ （291K）	1.81
		$K_2 = 1.02 \times 10^{-7}$	6.91
硫酸	H_2SO_4	$K_2 = 1.20 \times 10^{-2}$	1.92
硅酸	H_2SiO_3	$K_2 = 1.7 \times 10^{-10}$	9.77
		$K_2 = 1.6 \times 10^{-12}$	11.80

名称	化学式	解离常数 K	pK
甲酸	HCOOH	1.8×10^{-4}	3.75
乙酸	HAc	1.76×10^{-5}	4.75
草酸	$H_2C_2O_4$	$K_1 = 5.90 \times 10^{-2}$	1.23
		$K_2 = 6.40 \times 10^{-5}$	4.19
一氯乙酸	$CH_2ClCOOH$	1.4×10^{-3}	2.86
二氯乙酸	$CHCl_2COOH$	5.0×10^{-2}	1.30
三氯乙酸	CCl_3COOH	2.0×10^{-1}	0.70
氨基乙酸	NH_2CH_2COOH	1.67×10^{-10}	9.78
丙酸	CH_3CH_2COOH	1.35×10^{-5}	4.87
丙二酸	$HOCOCH_2COOH$	$K_1 = 1.4 \times 10^{-3}$	2.85
		$K_2 = 2.2 \times 10^{-6}$	5.66
丙烯酸	$CH_2\!=\!\!=\!CHCOOH$	5.5×10^{-5}	4.26
苯酚	C_6H_5OH	1.1×10^{-10}	9.96
苯甲酸	C_6H_5COOH	6.3×10^{-5}	4.20
水杨酸	$C_6H_4(OH)COOH$	$K_1 = 1.05 \times 10^{-3}$	2.98
		$K_2 = 4.17 \times 10^{-13}$	12.38
*邻苯二甲酸	$C_6H_4(COOH)_2$	$K_1 = 1.12 \times 10^{-3}$	2.95
		$K_2 = 3.91 \times 10^{-6}$	5.41
柠檬酸	$(HOOCCH_2)_2C(OH)COOH$	$K_1 = 7.1 \times 10^{-4}$	3.14
		$K_2 = 1.76 \times 10^{-6}$	4.76
		$K_3 = 4.1 \times 10^{-7}$	6.39
酒石酸	$(CH(OH)COOH)_2$	$K_1 = 1.04 \times 10^{-3}$	2.98
		$K_2 = 4.55 \times 10^{-5}$	4.34
*8-羟基喹啉	C_9H_6NOH	$K_1 = 8 \times 10^{-6}$	5.1
		$K_2 = 1 \times 10^{9}$	9.0
*对氨基苯磺酸	$H_2NC_6H_4SO_3H$	$K_1 = 2.6 \times 10^{-1}$	0.58
		$K_2 = 7.6 \times 10^{-4}$	3.12
*乙二胺四乙酸 (EDTA)	$(CH_2COOH)_2NH^+CH_2CH_2NH^+$ $(CH_2COOH)_2$	$K_5 = 5.4 \times 10^{-7}$	6.27
		$K_6 = 1.12 \times 10^{-11}$	10.95
铵离子	NH_4^+	$K_b = 5.56 \times 10^{-10}$	9.25
氨水	$NH_3 \cdot H_2O$	$K_b = 1.76 \times 10^{-5}$	4.75
联胺	N_2H_4	$K_b = 8.91 \times 10^{-7}$	6.05
羟氨	NH_2OH	$K_b = 9.12 \times 10^{-9}$	8.04
氢氧化铅	$Pb(OH)_2$	$K_b = 9.6 \times 10^{-4}$	3.02
氢氧化锂	LiOH	$K_b = 6.31 \times 10^{-1}$	0.2

续表

名称	化学式	解离常数 K	pK
氢氧化铍	Be(OH)$_2$	$K_b = 1.78 \times 10^{-6}$	5.75
	BeOH$^+$	$K_b = 2.51 \times 10^{-9}$	8.6
氢氧化铝	Al(OH)$_3$	$K_b = 5.01 \times 10^{-9}$	8.3
	Al(OH)$_2{}^+$	$K_b = 1.99 \times 10^{-10}$	9.7
氢氧化锌	Zn(OH)$_2$	$K_b = 7.94 \times 10^{-7}$	6.1
*乙二胺	H$_2$NC$_2$H$_4$NH$_2$	$K_{b1} = 8.5 \times 10^{-5}$	4.07
		$K_{b2} = 7.1 \times 10^{-8}$	7.15
*六亚甲基四胺	(CH$_2$)$_6$N$_4$	1.35×10^{-9}	8.87
*尿素	CO(NH$_2$)$_2$	1.3×10^{-14}	13.89

摘自 R. C. Weast，Handbook of Chemistry and Physics D – 165，70th. edition，1989—1990
*摘自其他参考书。

附录八　标准电极电位表

（温度 25℃）

编号	电极反应	$\varphi^{\ominus}(\mathrm{V})$
1	$\mathrm{Li^+ + e \rightleftharpoons Li}$	-3.024
2	$\mathrm{K^+ + e \rightleftharpoons K}$	-2.924
3	$\mathrm{Ba^{2+} + 2e \rightleftharpoons Ba}$	-2.90
4	$\mathrm{Ca^{2+} + 2e \rightleftharpoons Ca}$	-2.87
5	$\mathrm{Na^+ + e \rightleftharpoons Na}$	-2.714
6	$\mathrm{Mg^{2+} + 2e \rightleftharpoons Mg}$	-2.34
7	$\mathrm{Al^{3+} + 3e \rightleftharpoons Al}$	-1.67
8	$\mathrm{ZnO_2^{2-} + 2H_2O + 2e \rightleftharpoons Zn + 4OH^-}$	-1.216
9	$\mathrm{Sn(OH)_6^{2-} + 2e^- \rightleftharpoons HSnO_2^- + 3OH^- + H_2O}$	-0.96
10	$\mathrm{SO_4^{2-} + H_2O + 2e \rightleftharpoons SO_3^{2-} + 2OH^-}$	-0.90
11	$\mathrm{2H_2O + 2e \rightleftharpoons H_2 + 2OH^-}$	-0.828
12	$\mathrm{HSnO_2^- + H_2O + 2e \rightleftharpoons Sn + 3OH^-}$	-0.79
13	$\mathrm{Zn^{2+} + 2e \rightleftharpoons Zn}$	-0.762
14	$\mathrm{Cr^{3+} + 3e \rightleftharpoons Cr}$	-0.71
15	$\mathrm{AsO_4^{3-} + 2H_2O + 2e \rightleftharpoons AsO_2^- + 4OH^-}$	-0.71
16	$\mathrm{SO_3^{2-} + 3H_2O + 6e \rightleftharpoons S^{2-} + 6OH^-}$	-0.61
17	$\mathrm{2CO_2 + 2H^+ + 2e \rightleftharpoons H_2C_2O_4}$	-0.49
18	$\mathrm{Fe^{2+} + 2e \rightleftharpoons Fe}$	-0.441
19	$\mathrm{Cr^{3+} + e \rightleftharpoons Cr^{2+}}$	-0.41
20	$\mathrm{Cd^{2+} + 2e \rightleftharpoons Cd}$	-0.402
21	$\mathrm{Cu_2O + H_2O + 2e \rightleftharpoons 2Cu + 2OH^-}$	-0.361
22	$\mathrm{AgI + e \rightleftharpoons Ag + I^-}$	-0.151
23	$\mathrm{Sn^{2+} + 2e \rightleftharpoons Sn}$	-0.140
24	$\mathrm{Pb^{2+} + 2e \rightleftharpoons Pb}$	-0.126
25	$\mathrm{CrO_4^{2-} + 4H_2O + 3e \rightleftharpoons Cr(OH)_3 + 5OH^-}$	-0.12
26	$\mathrm{Fe^{3+} + 3e \rightleftharpoons Fe}$	-0.036
27	$\mathrm{2H^+ + 2e \rightleftharpoons H_2}$	0.0000
28	$\mathrm{NO_3^- + H_2O + 2e \rightleftharpoons NO_2^- + 2OH^-}$	0.01
29	$\mathrm{AgBr + e \rightleftharpoons Ag + Br^-}$	0.073

续表

编号	电极反应	$\varphi^{\ominus}$(V)
30	$S + 2H^+ + 2e \Longrightarrow H_2S$	0.141
31	$Sn^{4+} + 2e \Longrightarrow Sn^{2+}$	0.15
32	$Cu^{2+} + e \Longrightarrow Cu^+$	0.167
33	$S_4O_6^{2-} + 2e \Longrightarrow 2S_2O_3^{2-}$	0.17
34	$SO_4^{2-} + 4H^+ + 2e \Longrightarrow H_2SO_3 + H_2O$	0.20
35	$AgCl + e \Longrightarrow Ag + Cl^-$	0.222
36	$IO_3^- + 3H_2O + 6e \Longrightarrow I^- + 6OH^-$	0.26
37	$Hg_2Cl_2 + 2e \Longrightarrow 2Hg + 2Cl^-$	0.267
38	$Cu^{2+} + 2e \Longrightarrow Cu$	0.345
39	$[Fe(CN)_6]^{3-} + e \Longrightarrow [Fe(CN)_6]^{4-}$	0.36
40	$2H_2SO_3 + 2H^+ + 4e \Longrightarrow 3H_2O + S_2O_3^{2-}$	0.40
41	$O_2 + 2H_2O + 4e \Longrightarrow 4OH^-$	0.401
42	$2BrO^- + 2H_2O + 2e \Longrightarrow Br_2 + 4OH^-$	0.45
43	$4H_2SO_3 + 4H^+ + 6e \Longrightarrow 6H_2O + S_4O_6^{2-}$	0.48
44	$Cu^+ + e \Longrightarrow Cu$	0.522
45	$I_2 + 2e \Longrightarrow 2I^-$	0.534
46	$I_3^- + 2e \Longrightarrow 3I^-$	0.535
47	$MnO_4^- + e \Longrightarrow MnO_4^{2-}$	0.54
48	$H_3AsO_4 + 2H^+ + 2e \Longrightarrow H_3AsO_3 + H_2O$	0.559
49	$IO_3^- + 2H_2O + 4e^- \Longrightarrow IO^- + 4OH^-$	0.56
50	$MnO_4^- + 2H_2O + 3e \Longrightarrow MnO_2 + 4OH^-$	0.57
51	$BrO^- + 3H_2O + 6e \Longrightarrow Br^- + 6OH^-$	0.61
52	$ClO_3^- + 3H_2O + 6e \Longrightarrow Cl^- + 6OH^-$	0.62
53	$O_2 + 2H^+ + 2e \Longrightarrow H_2O_2$	0.682
54	$Fe^{3+} + e \Longrightarrow Fe^{2+}$	0.771
55	$Hg_2^{2+} + 2e \Longrightarrow 2Hg$	0.789
56	$Ag^+ + e \Longrightarrow Ag$	0.7991
57	$2Hg^{2+} + 2e \Longrightarrow Hg_2^{2+}$	0.920
58	$NO_3^- + 3H^+ + 2e^- \Longrightarrow HNO_2 + H_2O$	0.94
59	$HIO + H^+ + 2e \Longrightarrow I^- + H_2O$	0.99
60	$HNO_2 + H^+ + 2e \Longrightarrow NO + H_2O$	1.00
61	$Br_2 + 2e \Longrightarrow 2Br^-$	1.0652
62	$IO_3^- + 6H^+ + 6e \Longrightarrow I^- + 3H_2O$	1.085
63	$IO_3^- + 6H^+ + 5e \Longrightarrow 1/2I_2 + 3H_2O$	1.195
64	$O_2 + 4H^+ + 4e \Longrightarrow 2H_2O$	1.229
65	$MnO_2 + 4H^+ + 2e \Longrightarrow Mn^{2+} + 2H_2O$	1.23

编号	电极反应	$\varphi^{\ominus}(V)$
66	$HBrO + H^+ + 2e \Longrightarrow Br^- + H_2O$	1.33
67	$Cr_2O_7^{2-} + 14H^+ + 6e \Longrightarrow 2Cr^{3+} + 7H_2O$	1.33
68	$ClO^- + 8H^+ + 2e \Longrightarrow 1/2Cl_2 + 4H_2O$	1.34
69	$Cl_2 + 2e \Longrightarrow 2Cl^-$	1.3595
70	$BrO_3^- + 6H^+ + 6e \Longrightarrow Br^- + 3H_2O$	1.44
71	$ClO_3^- + 6H^+ + 6e \Longrightarrow Cl^- + 3H_2O$	1.45
72	$HIO + H^+ + e \Longrightarrow 1/2I_2 + H_2O$	1.45
73	$PbO_2 + 4H^+ + 2e \Longrightarrow Pb^{2+} + 2H_2O$	1.455
74	$ClO_3^- + 6H^+ + 5e \Longrightarrow 1/2Cl_2 + 3H_2O$	1.47
75	$HClO + H^+ + 2e \Longrightarrow Cl^- + H_2O$	1.49
76	$MnO_4^- + 8H^+ + 5e \Longrightarrow Mn^{2+} + 4H_2O$	1.51
77	$BrO_3^- + 6H^+ + 5e \Longrightarrow 1/2Br_2 + 3H_2O$	1.52
78	$HBrO + H^+ + e \Longrightarrow 1/2Br_2 + H_2O$	1.59
79	$Ce^{4+} + e \Longrightarrow Ce^{3+}$	1.61
80	$2HClO + 2H^+ + 2e \Longrightarrow Cl_2 + 2H_2O$	1.63
81	$Pb^{4+} + 2e \Longrightarrow Pb^{2+}$	1.69
82	$MnO_4^- + 4H^+ + 3e \Longrightarrow MnO_2 + 2H_2O$	1.695
83	$H_2O_2 + 2H^+ + 2e \Longrightarrow 2H_2O$	1.77
84	$S_2O_8^{2-} + 2e \Longrightarrow 2SO_4^{2-}$	2.01
85	$O_3 + 2H^+ + 2e \Longrightarrow O_2 + H_2O$	2.07
86	$F_2 + 2e \Longrightarrow 2F^-$	2.87

主要参考书目

[1] 中国药品生物制品鉴定所，中国药品检验总所. 药品检验仪器操作规程. 北京：中国医药科技出版社，2010.

[2] 许海霞，王秀丽. 医用化学基础. 郑州：郑州大学出版社，2013.

[3] 石宝钰. 无机与分析化学基础. 第 2 版. 北京：人民卫生出版社，2008.

[4] 陈虹锦. 无机与分析化学. 北京：科学出版社，2008.

[5] 陈学泽. 无机及分析化学. 第 2 版. 北京：中国林业出版社，2008.

[6] 王英健，尹兆明. 无机与分析化学. 北京：化学工业出版社，2011.

[7] 王充，李银花. 无机及分析化学. 北京：科学出版社. 2013.

[8] 和玲，高敏，李银环. 无机与分析化学. 第 2 版. 西安：西安交通大学出版社，2013.

[9] 周纯宏. 无机与分析化学基础. 北京：科学出版社，2010.

[10] 贾之慎. 无机及分析化学. 第 2 版. 北京：高等教育出版社，2012.

[11] 天津大学无机化学教研室. 无机化学. 第 4 版. 北京：高等教育出版社，2012.

[12] 北京师范大学. 无机化学实验. 第 3 版. 北京：高等教育出版社，2011.

[13] 冯务群. 无机化学. 第 2 版. 北京：人民卫生出版社，2010.

[14] 张国升，靳学远. 无机化学. 北京：化学工业出版社，2013.

[15] 冯务群. 无机化学. 第 2 版. 北京：人民卫生出版社，2010.

[16] 谢庆娟，杨其绛. 分析化学. 北京：人民卫生出版社，2012.

[17] 李发美. 分析化学. 北京：人民卫生出版社. 2011.

[18] 牟晓红，冷宝林. 化学分析. 北京：中国石化出版社，2013.

[19] 谢庆娟，李维斌. 分析化学. 第 2 版. 北京：人民卫生出版社，2013.

[20] 潘国石. 分析化学. 第 3 版. 北京：人民卫生出版社，2014.

[21] 谢美红，李春. 分析化学. 北京：化学工业出版社，2013.

[22] 李桂馨. 分析化学. 第 3 版. 北京：人民卫生出版社，2013.

[23] 张凌，李锦. 分析化学. 北京：人民卫生出版社，2012.

[24] 李自刚，弓建红. 现代仪器分析技术. 北京：中国轻工业出版社，2011.

[25] 张韶虹. 医用化学检测技术. 北京：化学工业出版社，2013.

[26] 闫冬良. 药品仪器检验技术. 北京：中国中医药出版社，2013.